U0304331

黄河三角洲深层卤水高效开采关键技术

崔兆杰　主编

科学出版社

北　京

内 容 简 介

本书通过对黄河三角洲的特殊地形地质,深层卤水开采存在的能耗高、结盐、结垢、腐蚀及其潜在的环境污染和风险等关键难点问题研究,形成了黄河三角洲深层卤水高效开采的防腐、抑垢除垢、减阻降耗等系列关键技术;开发了抑垢剂、管道输送减阻剂,并获得相关的自主知识产权;准确识别了黄河三角洲深层卤水资源开采过程中的污染来源、污染特征和环境影响,建立了有效的生态环境风险评价和预警技术体系;建立了单井示范工程,从而增强了我国深层卤水资源的开采能力,降低了深层卤水的开采成本,为黄河三角洲深层卤水资源的保护性开发与高值高效利用提供技术保障与支撑,为黄河三角洲生态高效战略目标的实现奠定基础。

本书可作为环境科学、环境工程、环境管理等专业领域的研究生、本科生的参考用书,也适合从事资源环境领域研究的科研人员、工程技术人员和管理人员参阅。

图书在版编目(CIP)数据

黄河三角洲深层卤水高效开采关键技术/崔兆杰主编. —北京:科学出版社,2015.10

ISBN 978-7-03-046040-0

Ⅰ.①黄… Ⅱ.①崔… Ⅲ.①黄河-三角洲-地下卤水-地下开采-土壤污染-污染防治 Ⅳ.①X754

中国版本图书馆 CIP 数据核字(2015)第 247916 号

责任编辑:朱 丽 杨新改 / 责任校对:赵桂芬
责任印制:赵 博 / 封面设计:耕者设计工作室

科 学 出 版 社 出版
北京东黄城根北街 16 号
邮政编码:100717
http://www.sciencep.com
文林印务有限公司印刷
科学出版社发行 各地新华书店经销

*

2015 年 10 月第 一 版 开本:720×1000 1/16
2015 年 10 月第一次印刷 印张:23
字数:450 000

定价:118.00 元
(如有印装质量问题,我社负责调换)

《黄河三角洲深层卤水高效开采关键技术》
编委会及项目研究成员

崔兆杰　洪静兰　魏云鹤　谭现锋

宋婷婷　孙晓梅　冯守涛　张　鑫

邵倩倩　宋国栋　陈　伟　宋其亮

前　言

黄河三角洲位于渤海南部黄河入海口沿岸地区,其自然资源丰富、生态系统独特、产业基础良好、区位条件优越,被誉为我国最具开发潜力的大河三角洲。卤水资源是黄河三角洲的特色优势资源,呈带状平行分布,面积3000多平方公里。黄河三角洲盐化工产业基础雄厚,是全国最大的盐化工基地,具有产业规模大、产能高、产业关联性强等特点。国家高度重视黄河三角洲的可持续发展,明确要求这一地区要大力发展高效生态经济。2009年11月国务院批复的《黄河三角洲高效生态经济区发展规划》,将黄河三角洲地区的发展上升为国家战略,成为国家区域协调发展战略的重要组成部分,是国家区域协调发展战略的先行区和示范区,是后备土地资源开发区。

尽管该地区深井卤水资源储量和丰度远优于浅层卤水,但由于受储量分布不明和开采技术的制约,尚未得到有效利用,卤水资源短缺已成为制约黄河三角洲相关产业持续发展的重要瓶颈。因此,开展深井卤水资源的高效开发利用有利于破解深层卤水资源高效开发利用的关键技术瓶颈,有利于实现消除卤水资源短缺对国民经济持续发展的制约,有利于为黄河三角洲高效生态战略目标的实现提供重要支撑,有利于形成科学创新、人才培养基地。

本书内容为国家高技术研究发展计划("863"计划)资源环境技术领域"深井盐卤资源综合利用技术研究"项目"黄河三角洲深层卤水高效开采关键技术"课题(2012AA061705)的主要研究成果,并在该项目资助下出版。

全书共5章,以黄河三角洲深层卤水高效开采关键技术为主要研究内容展开。第1章介绍研究背景和意义、研究目标及研究思路和总体方案。第2章在掌握国内外钻探成井工艺、开采方式和设备以及设备结盐、腐蚀处理工艺的基础上,开发了适合黄河三角洲深层卤水高效开采的钻头和护壁钻井液,通过对比确定最佳的适合黄河三角洲深层卤水钻探与成井工艺技术。第3章研究了深层卤水对采卤设备、输卤管线和取卤构筑物的结垢与腐蚀机制,建立了采卤设备、输卤管线和取卤构筑物的防腐、抑垢、除垢技术体系。第4章研究了输卤过程的减阻机理和减阻技术,研发出新型高效减阻剂。第5章在卤水开采全过程中进行生态环境风险预防和控制。

本书是项目组集体智慧的结晶,感谢国家高技术研究发展计划资源环境技术领域"深井盐卤资源综合利用技术研究"项目对本书出版的资助!感谢项目实施过程中相关专家和管理人员给予的指导和建议！感谢科学出版社的编辑，是他们的努力和耐心促成了本书的出版。

　　由于各种局限，书中遗漏、不当之处在所难免，恳请各位专家和读者批评指正。

2015 年 7 月

目　　录

第1章 引　言

1.1　研究背景和意义

黄河三角洲位于渤海南部黄河入海口沿岸地区,包括山东省的东营、滨州和潍坊、德州、淄博、烟台市的部分地区,共涉及 19 个县(市、区),总面积为 2.65 万平方公里,占山东省陆域面积的 1/6。其自然资源丰富、生态系统独特、产业基础良好、区位条件优越,被誉为我国最具开发潜力的大河三角洲。

卤水资源是黄河三角洲的特色优势资源,呈带状平行分布,面积 3000 多平方公里。据调查,区内浅层卤水资源总量约为 8.08×10^9 m³,深井卤水资源净储量超过 1.0×10^{11} m³。具有分布广、储量大、资源丰度高等特点。据调查,黄河三角洲深井卤水资源的分布面积约 1300 km²,埋深 2500~3100 m,矿化度约为 150~250 g/L,品质优,含丰富的钠、氯、钙、碘、溴、锂等元素,原盐(氯化钠)、钾盐(氯化钾)、碘、溴的预计可开采量分别为 73 865.6×10⁴ t、2826.4×10⁴ t、14.81×10⁴ t、55.03×10⁴ t。

黄河三角洲盐化工产业基础雄厚,是全国最大的盐化工基地,具有产业规模大、产能高、产业关联性强等特点。据统计,2008 年该区卤水化工行业工业增加值占山东省工业增加值总量的 9.3%,其原盐、纯碱产能分别占全国的 2/5 和 1/6,溴素产能超过 90%。

国家高度重视黄河三角洲的可持续发展,明确要求这一地区要大力发展高效生态经济。2009 年 11 月国务院批复的《黄河三角洲高效生态经济区发展规划》,将黄河三角洲地区的发展上升为国家战略,成为国家区域协调发展战略的重要组成部分,是国家区域协调发展战略的先行区和示范区,是后备土地资源开发区。

尽管该地区深井卤水资源储量和丰度远优于浅层卤水,由于受储量分布不明和开采技术的制约,尚未得到有效利用,卤水资源短缺已成为制约黄河三角洲相关产业持续发展的重要瓶颈。

因此,开展深井卤水资源的高效开发利用有利于破解深层卤水资源高效开发利用的关键技术瓶颈,有利于实现消除卤水资源短缺对国民经济持续发展的制约,有利于为黄河三角洲高效生态战略目标的实现提供重要支撑,有利于形成科学创新、人才培养基地。

1.2　研究目标

针对黄河三角洲的特殊地形地质,深层卤水开采存在的能耗高、结盐、结垢、腐蚀及其潜在的环境污染和风险等关键难点问题,形成了黄河三角洲深层卤水高效开采的防腐、抑垢除垢、减阻降耗等系列关键技术;开发出抑垢剂、管道输送减阻剂,并获取相关的自主知识产权;准确识别了黄河三角洲深层卤水资源开采过程中的污染来源、污染特征和环境影响,建立了有效的生态环境风险评价和预警技术体系;建立单井采卤量 500 m³/d 的示范工程,从而增强我国深层卤水资源的开采能力,降低深层卤水的开采成本,为黄河三角洲深层卤水资源的保护性开发与高值高效利用提供技术保障与支撑,为黄河三角洲生态高效战略目标的实现奠定基础。

1.3　研究思路和总体方案

本书课题研究将按照关键技术研究和示范带动相结合的思路进行,首先在掌握国内外钻探成井工艺、开采方式和设备以及设备结盐、腐蚀处理工艺的基础上,开发适合黄河三角洲深层卤水高效开采的钻头和护壁钻井液,通过对比确定最佳的适合黄河三角洲深层卤水钻探与成井工艺技术;研究深层卤水对采卤设备、输卤管线和取卤构筑物的结垢与腐蚀机制,建立采卤设备、输卤管线和取卤构筑物的防腐、抑垢、除垢技术体系;研究输卤过程的减阻机理和减阻技术,研发新型高效减阻剂;在卤水开采全过程中进行生态环境风险预防和控制;同时通过对卤水地质条件、矿化度、富水性等的分析,结合课题关键技术的研究成果,建立黄河三角洲深层卤水高效开采示范工程并进行推广应用。本书课题总体研究思路见图 1-1。

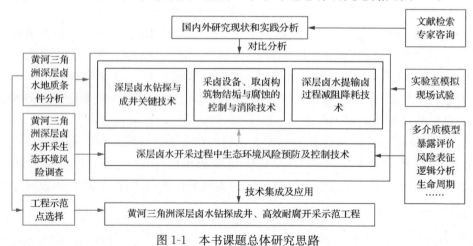

图 1-1　本书课题总体研究思路

本书课题研究过程中整体采用实验室模拟和野外钻探试验相结合的方法,并充分利用化学分析、仪器分析等技术方法。此外,课题研究过程中还用到了以下原理、机理、算法、模型等,主要包括:依据极限抑制机理、结垢抑垢机理进行抑垢防垢技术研发;依据腐蚀机理研究腐蚀的控制与消除技术;依据范宁公式、减阻机理、减阻剂室内环道评价系统进行减阻剂的开发及评价;依据生命周期影响评价方法、生命周期基本函数演变法、蒙特卡罗模型、多介质模型、模糊数学和逻辑分析方法、泰勒系列展开衍生方程以及质量平衡原理等进行生态环境风险预防及控制技术的研究。

第2章 黄河三角洲深层卤水钻探成井关键技术

黄河三角洲地区拥有丰富卤水资源,但浅层卤水(埋深 100 m 以浅)已无法满足市场的需求。同时浅层卤水在开发过程中易形成降落漏斗,使卤水浓度降低,产能下降,产生环境地质问题等。因此,深层地下卤水的开发利用开始受到关注。但由于深层地下卤水埋藏深,地质状况复杂,勘探和开采难度大,需要专门研发匹配的钻探工艺和设备开展钻探、成井等施工。

针对黄河三角洲卤水矿藏地层特点,钻探及成井施工中需要对钻进钻头、钻具组合、钻井液及完井工艺开展系统的研究和开发,从而为该地区深层卤盐矿资源的勘探开发提供技术支撑。

2.1 高效仿生耦合 PDC 钻头

钻头是钻井施工的重要工具,其性能的好坏直接影响钻井质量、钻井效率和钻井成本。根据钻进地层和钻进工艺要求,目前应用比较广泛的有牙轮钻头、PDC(polycrystalline diamond compact)钻头、孕镶金刚石钻头、表镶金刚石钻头等。PDC 钻头是在钻进软—中硬岩层中最有效的碎岩工具,而卤水地层多为沉积地层,属于软—中硬岩层,且易造成钻头泥包、钻进效率低等难题。因此针对上述难题,本项目开展了一种将仿生学和钻头结构设计相结合的新型 PDC 钻头的研究。

2.1.1 仿生学与 PDC 钻头

随着生产的需要和科学技术的发展,从 20 世纪 50 年代以来,人们已经认识到生物系统是开辟新技术的主要途径之一,自觉地把生物界作为各种技术思想、设计原理和创造发明的源泉。人们用化学、物理学、数学以及技术模型对生物系统开展了深入的研究,促进了生物学的极大发展,对生物体内功能机理的研究也取得了迅速的进展。此时模拟生物不再是引人入胜的幻想,而成了可以做到的事实。生物学家和工程师们积极合作,开始将从生物界获得的知识用来改善旧的或创造新的工程技术设备。生物学开始跨入各行各业技术革新和技术革命的行列,而且首先在自动控制、航空、航海等军事部门取得了成功。于是生物学和工程技术学结合在一起,互相渗透孕育出一门新生的科学:仿生学(马祖礼,1984)。

仿生学是指通过模仿生物来建造技术装置的一门科学,它是在 20 世纪中期才出现的一门新的边缘科学。仿生学通过研究生物体的结构、功能以及它们的工作原理,并将这些原理移植到现有的工程技术之中,发明出性能优越的仪器、装置和机器,创造出新型技术(任露泉和丛茜,1997;任露泉等,2005,1995)。从仿生学的诞生、发展到现在短短几十年的时间内,它的研究成果已经非常可观。仿生学的问世开辟了独特的技术发展道路,它为科学技术创新提供了新思路、新原理和新方法,也就是向生物界索取蓝图的道路,大大开阔了人们的眼界,显示了极强的生命力。

　　1960 年在美国俄亥俄州举办的第一届全美国仿生学研讨会标志着仿生学已经作为一门新的学科诞生了。随后许多国家如英国、日本、德国、俄罗斯等相继对仿生学的研究投入大量人力和物力,我国也加入研究仿生学的行列,在仿生学方面的研究也有了很大的进步,从而推动了仿生学的快速发展。仿生学作为一门多学科交叉的典型新领域,很大程度上推动了科学发展和技术进步,比如:基于鸟类翅膀剖面而生产的飞机翼型;基于蜂巢和龟背形状以及功能的仿生洗衣机;基于土壤洞穴动物表面特征以及功能的仿生防粘和仿生减阻技术;基于壁虎足形态的仿生附着技术;基于昆虫感受器的应变测量;基于鲨鱼皮表面形态的流体作用下的减阻结构而制造出的人工仿生鲨鱼皮;等等。

　　仿生耦合是近几年才兴起的一个叫法,它的前身就是仿生非光滑理论。仿生非光滑理论是仿生耦合理论的一个研究方向,它仅仅是从结构或形态方面对生物的几何非光滑体表进行模仿。除了对生物几何非光滑体表的研究,仿生耦合理论还包括对生物材料和生物功能等方面的研究。例如光滑表面与非光滑表面的接触耦合,超硬材料与软材料的耦合,韧性材料与脆性材料的耦合等。生物的几何结构、躯体材料和它的功能是一个完整的体系,如果单单对某一个方面进行研究,就会存在很多考虑不到的因素,得不到满意的结果。因此对仿生耦合理论的研究,应该系统全面地掌握每一个研究因素,达到最优的模仿效果(林雁,2002;Senosiain,2003;黄河,2008)。

　　PDC 钻头,是美国石油钻井工程 20 世纪 70 年代末 80 年代初的一项重大技术成就。实践证明,PDC 钻头在钻进软至中硬的低研磨性地层中,钻速快,平均机械钻速很高,可达 10～30 m/h,单个钻头的寿命更是高达 3000 m,体现了 PDC 钻头良好的钻进效率和长久的寿命,是钻头界的一次技术革命。有资料显示,2000年,PDC 钻头的钻井进尺仅占世界钻井总进尺的 26%;到 2003 年,这一数字已增加到 50%;2006 年,更是上升到了 60%。

　　对 PDC 钻头的改进,主要包括增加 PDC 齿的强度和合理的布齿方式。影响钻头性能的因素主要有钻头稳定性、机械钻速、耐用性及导向性。美国史密斯钻头公司本着以上四点因素,对钻头进行整体性能的改进。该公司推出的 ARCS 钻头上带有两种不同规格的切削齿,每种齿都能在不同的精密集合形状条件下实现单独和完全的井底覆盖,这种独特的切削结构改善了 PDC 钻头的稳定性,提高了其机械钻速且同时又不损失其耐用性,而常规 PDC 钻头是不可能实现这种效果的。

为了补充 ARCS 钻头的性能,史密斯钻头公司同时推出了新型 GeoMax 系列优质 PDC 切削齿,对碳化钨界面以及齿的烧结工艺都作了改进,以便减小碳化钨和金刚石层内部的应力。通过这些改进,最大限度地减小了 GeoMax 齿上 PDC 金刚石层的掉块、剥落和脱层现象,而且这种齿比其他 PDC 齿上的金刚石量要多 $50\%\sim80\%$,所以其耐用性要比其他齿好很多。史密斯钻头公司典型的刚体 PDC 钻头还包括 Velocity 钻头和 Geodiamond 钻头,Velocity 是新一代的刚体 PDC 钻头,为了提高机械钻速,此种钻头上使用 22 mm 的 PDC 齿,除了在其整个碳化钨界面上拥有更一致的金刚石层以外,这种新型切削齿的金刚石层厚度也特别厚,鉴于此,Geodiamond 钻头正在刷新过去钻井工业界所创下的机械钻速记录。

美国休斯·克里斯坦森公司推出的称为 Genesis XT 的新型 PDC 钻头,采用新一代切削齿和已获专利的切削深度控制技术,在恶劣的钻井环境中提高钻头的稳定性和耐用性,能够用于钻进硬度和研磨性更大的地层;其新一代切削齿称之为 Odyssey ™ 系列齿,工程技术人员对齿上碳化钨基体与人造金刚石层之间的界面进行了优化,从而使这种齿的韧性大为改善;由于采用了 EZSteer ™ 切削深度控制技术,该钻头在钻进一般地层时更为平滑和稳定;另外该新型钻头因采用了多层式金刚石层技术而具有优良的耐磨性能,这些技术的综合应用延长了钻头寿命、提高了钻井效率。

美国得克萨斯州 Waskom 的 Bit-Tech 公司推出的钻头系列 45X ™ 是该公司 B2 ™ 系列八翼 PDC 钻头的更新换代产品,其结构为五翼,钻头上装有 13 mm 的非平面型 PDC 齿、5 个喷嘴并具有其他一些特殊结构功能,其刮刀呈凸出、大间距和曲线形,以前冲方向定位,或者说是相对于钻头中心有一定的曲率,钻头刀翼上镶装的圆柱形切削原件能有效地刮削地层并使钻井液以最优的方式流动;与其他 PDC 钻头相比,45X 钻头通用性更强,并已在多次现场使用中创下了性能记录。

美国史密斯钻头公司的 SHARC 高耐磨结构 PDC 钻头在棉花谷等高度研磨性和有夹层的地层中的钻井性能一直都很优良。该公司用专有钻头设计软件设计出的钻头切削结构极为稳定,能够最大限度地减小齿的损坏与磨损,实现最大的钻井进尺,同时还不牺牲钻头的机械钻速。SHARC 钻头每个刀翼上有两排齿,能够最大限度地提高钻头头部和肩部的耐用性。双排切削齿的定向还有助于保持钻头水力的清洗和冷却效率。该公司独家拥有一系列用于钻研磨性地层的耐磨切削齿,钻头的内在稳定性也使其拥有优良的耐磨性能(申守庆,2002;罗肇丰等,1984;申守庆和南继春,2001;Beims,1999;彭军生和杨利,2001;申守庆,2006;卢芬芳等,2004;邹德永和梁尔国,2004)。

PDC 钻头在油气钻井软—中硬岩层中钻进是最有效的碎岩工具,但在高研磨性和硬地层中,PDC 钻头使用效果却很差。中原油田在四川普光 E-3 井钻进中生界三叠系须家河组地层(硬、研磨性强地层)时,引入美国贝克休斯公司生产的

$\varPhi$314 mm HC509ZX 型 PDC 钻头（价格 50 万元人民币），钻进 10 h，进尺不到 10 m，即出现掉齿、胎体严重磨损等问题而不得不宣布钻头报废。因此，钻进硬且研磨性强的地层，一般不选择 PDC 钻头。

由于东方蝼蛄能在稀泥里钻洞而不沾泥，独特的挖掘足有很高的掘土效率，因此通过分析东方蝼蛄的形态学特征，可以得出其特性规律，在学术上有很重要的研究价值，在钻探工程工作部件上也会带来重要的应用前景。本书项目研究将以东方蝼蛄爪趾作为仿生对象。

动物的仿生一般分以下几种：形态仿生、结构仿生、材料仿生、分子仿生、功能仿生。按照研究领域又可以分为运动仿生、工程仿生、化学仿生、数学仿生等。随着科学技术的进步，仿生学也得到了飞速的发展，在许多领域也得到极大发展，同样也扩展到了钻探领域，但正式将钻探与仿生学结合起来尚不多见。国外有苏联曾经按照古代恐龙牙齿配置了二重"钻头"，使钻探速度提高一倍半到两倍。国内有吉林大学建设工程学院孙友宏教授带领的课题组系统地对仿生金刚石钻头进行了研究，包括对仿生学原理及金刚石钻头做系统的研究。经过大量的试验证明，仿生金刚石钻头不论是钻进时效还是钻头寿命都优越于普通金刚石钻头。在此背景下，仿生 PDC 钻头也成了一种新型的研究方向。

目前，全世界各种大口径深井钻井广泛使用的是 PDC 钻头（屠厚泽，1990；赵尔信等，2010；马保松等，1998；邹德永和梁尔国，2004；彭军生和杨利，2001；Ohno et al.，2002），尤其是在软—中—硬地层中，与牙轮钻头相比，机械钻速、钻井成本和单只钻头进尺优势都很明显，尤其在深井和高压井下，优势更加明显。然而，目前国内外 PDC 存在如下不足：一是 PDC 聚晶层表面要磨成镜面，使得 PDC 复合片制造成本大幅度提高；二是 PDC 钻头随着 PDC 工作部位磨损成平面，复合片与岩石的接触面积在加大，致使其切削岩石速度下降和磨损加快；三是 PDC 钻头在水基泥浆中钻进时，钻头容易吸附岩屑产生泥包，导致扭矩增加，切削能力减弱，钻速下降，水力效率降低，甚至发生卡钻现象。以上三点是 PDC 钻头寿命短、破岩效率低、泥包和单位进尺费用高的主要原因。

2.1.2　牙轮钻头和常规 PDC 钻头调研与评价

黄河三角洲地区深层卤水地层岩性具有研磨性强、泥砂互层等特点，易造成钻头磨损及泥包现象，影响钻进速度、能耗和使用寿命等，因此把相关的仿生耦合理论应用到 PDC 钻头的 PDC 齿的设计中。研究钻速快、能耗低、耐腐蚀的仿生耦合 PDC 钻头，可以解决黄河三角洲地区深层卤水开采的卡钻、缩径、泥包等技术难题。

1. 牙轮钻头的使用效果调研与评价

根据黄河三角洲的地质构造和地质特征的调查结果，结合深层油井钻探、地热资源勘探和开发等研究和工作情况调研,特别是针对勘探的研究内容,我们重点对前期 10 余口地热井施工中使用的常规钻头磨损情况进行了系统的跟踪调研,分析和研究了常规牙轮钻头的磨损情况。具体调研和评价结果如下:

易产生牙轮断裂与断齿:由牙轮裂纹形成的,钻压过大或因操作不当等造成的冲击荷载过大,井下异物存在,由于磨损或腐蚀造成的牙轮和钻齿保护胎体变薄等问题,易造成牙轮断裂或断齿,影响钻井的效率和效益。

易产生泥包:由于水解性泥岩或泥页岩,水力参数和喷嘴组合不合理,操作不当造成的钻压过大,钻头选型不合理,泥浆性能不佳、协粉能力不强等问题,易造成泥包的形成,影响钻进效率。

易产生牙轮相碰或卡死等问题:由于轴承密封失效,钻头包泥,钻井操作不合理或井下有落物,钻压过小导致卡死非密封轴承,钻头装卸时受到碰撞造成牙轮被挤等问题,影响钻进效率。

磨心:落物损坏;钻压过大,冲蚀现象严重;钻头选型不合理,胎体偏软;使用时间过长;操作不当,造成偏心磨损。

齿缺损:钻头胎体偏软,选型不合理;钻压过大、转速过高,存在硬夹层。

冲蚀:泵压与泵量不足或泥浆固相含量过高,造成重复破碎岩屑;高速射流产生局部涡流;地层研磨性强。

热龟裂:钻压过小,牙轮咬死;缩颈井段高转速扫孔;在强研磨性地层中高速钻进。

掉喷嘴:装喷嘴程序不当或喷嘴型号不合适;冲蚀损坏致使喷嘴脱落;钻头包泥致使喷嘴锁定松动。

堵喷嘴:水力清洗不好;泵入外来材料。

2. 常规 PDC 钻头调查与评价

PDC 钻头是一种常用的钻头,在各地均有采用。根据黄河三角洲的地质构造和地质特征的调查结果,结合深层油井钻探、地热资源勘探和开发等研究和工作情况调研,特别是针对勘探的研究内容,我们也对前期地热井施工中使用的常规PDC 钻头磨损情况进行了系统的调研,结果如下所述。

易产生黏结层脱落或断齿:钻头选型不合理,PDC 齿与地层匹配不合理;钻压过大或因操作不当等引起的冲击荷载过大,造成钻头跳动,引起黏结层脱落;钻遇软硬夹层时,由于镶齿问题,引起黏结层脱落或断齿,影响钻井效率。

泥包:①钻遇水解性黏性地层;②水力参数或喷嘴组合不合理,泥浆性能不佳;③钻头选型不合理。上述原因,易造成常规 PDC 钻头产生泥包,影响携粉效果,造成糊钻事故,影响钻进效率。

磨心:①操作不当造成落物损坏;②选型不合理,钻头偏软。上述原因,会引起钻头在孔底受力不均匀,造成钻头不均匀磨损,引起钻孔轨迹发生偏斜,发生狗腿钻孔,造成折钻事故。

聚晶层脱落:①选型不合理,钻头偏软;②钻压或冲击荷载过大,存在软硬夹层。由于上述原因,引起钻头 PDC 层受力不均匀,造成聚晶层脱落,严重降低钻进效率。

冲蚀:①泵量和泵压不足,泥浆固相含量过高,造成孔底重复破碎;②喷嘴组合不合理,高速射流产生涡流,造成孔底流场分布不均匀,形成孔底泥浆激振力,造成对钻头的冲蚀,影响钻进效率。

热龟裂:①泵量不足,冷却差;②高转速钻进研磨性较强地层。造成钻进时,钻头与地层摩擦生热不能顺利冷却,造成钻头高温引起热龟裂,降低钻头寿命,影响经济效益。

掉喷嘴:①装喷嘴程序不当或喷嘴型号不合适;②固相含量高引起水眼冲蚀;③钻头泥包致使喷嘴锁定松动;④钻头老化,工作时间太长。上述原因,导致钻头喷嘴脱落,影响携粉和钻头的冷却,造成埋钻和烧钻,降低钻进效率。

综上所述,常用的牙轮钻头和常规 PDC 钻头在黄河三角洲地区使用时存在诸多问题,影响钻进效率和效益,特别是在深井钻探时问题更加明显,且盐卤的腐蚀更重,这也是研制新型钻头和钻具应该解决的问题。

2.1.3　仿生原型选择

土壤动物如蜣螂、东方蝼蛄、穿山甲等长期生活在土壤和岩石中,经过亿万年的进化,其体表触土部位呈现出凹坑、凸包、鳞片、波纹等各种耦合形态,使其不仅具有良好的减黏、降阻的功能,并且具有高耐磨性和再生功能。通过观察得出,以上几种土壤生物的爪趾前部大都呈楔形,穿山甲与蚂蚁爪趾呈圆锥楔,蝼蛄呈方形楔,蜣螂呈扁圆楔。楔面能分散土壤压力,减小触土面积,从而降低土壤阻力,使楔具有较强的入土能力和较优的脱土效果;它们的爪趾顶端大都圆钝,因为这样的形状接近与土体的形状,土壤动物在土壤中行进时可以减少土壤的黏附,并能在一定程度上减少土壤对爪趾的应力集中现象;爪趾表面上的凸棱和凹沟也在一定程度上减少了土壤对它们的黏附力,因为土壤动物爪趾表面有凸棱和凹沟,成为表面非光滑的形态,这样爪趾表面就和土壤接触有一定的间隙存在,这些间隙也存在大气压力,大大减少了土体对爪趾的压力,从而降低了黏附力。

经吉林大学任露泉教授等测定(任露泉等,2005),上述动物爪趾的楔角:穿山甲为 20°,蚂蚁为 50°,蝼蛄为 30°,蜣螂为 20°。根据一些学者的研究,当楔入速度很低时,楔入浅土层楔角 50°所产生的阻力最小,楔入深土层楔角 30°阻力最小,当楔角大于 50°时,楔前就会出现被压实的土核,被压实的土易于聚集楔端部并黏附于其上,并作为楔的黏结部分随其运动。显然,上述四种土壤动物的楔角均未超过 50°,这是长期进化的结果。蝼蛄大多掘土于地下 15~20 cm 处,形成长的孔道,无疑是选择了阻力最小的楔角。穿山甲为在潮湿的林地或较硬的土坡掘洞,蜣螂为在黏性极强的粪土中有效脱附,因而选择20°楔角更为有利。蚂蚁生活在松软表土,故选了较大的楔角。早在1992年原吉林工业大学的任露泉教授就对该问题进行了详细研究(任露泉等,1995),发现生物的非光滑体表大致分为凸包形、凹坑形、鳞片形和波纹形。模仿生物的非光滑体表,通过数学和计算机手段,模拟出不同的非光滑结构。如图2-1为东方蝼蛄前足爪趾结构图。

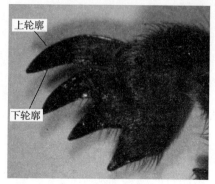

图 2-1　东方蝼蛄前足爪趾上、下轮廓

根据岩石破碎学中楔形压头的碎岩比功较小理论,在钻进过程中,由于钻头底唇面与地层接触面积小,受力集中,齿下岩石在较大的接触应力作用下产生破裂裂纹,因此楔形齿容易压入地层。随着钻进过程的延续,钻入地层的部位逐渐出现沟槽,一定程度上释放了围压,降低了岩石的抗压力和抗剪力。根据东方蝼蛄爪趾的生物特性和结构特征,东方蝼蛄在土壤中行进时也近似为爪趾切削土壤的过程,因此本书的研究利用呈方形楔的蝼蛄为仿生原型,进行形态仿生。

仿生耦合PDC钻齿将主要应用于中硬岩钻探施工。对于十分致密的岩石来说(何龙飞,2009;张绍和等,2001;Neville et al.,2000;Shen et al.,2011;Koc and Kodambake,2000;王传留等,2011),复合片钻进是比较困难的,因为复合片切削钻齿不容易压入到地层中,特别是地层是受三轴围压的影响。为此我们研制的仿生耦合PDC切削钻齿可在岩石上形成多个环状沟槽、多个自由面,使岩石自身受到围压的拉应力作用而破碎。根据岩石的软硬程度可以设计成以下几种齿形,如图2-2所示;根据示范工程地层需要,将仿生PDC钻齿的结构做了一定的修正,见图2-3。

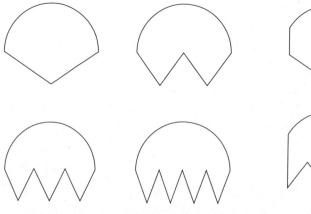

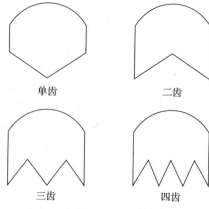

单齿　　　二齿

三齿　　　四齿

图 2-2　PDC复合片仿生齿类类型　　　　图 2-3　修正后复合片

另外有文章指出,前后复合片齿的改变也是有利于复合片齿耐磨性能的提高,而且已经在煤矿钻进中用的锚杆钻头上得到了证实,证实锚杆钻头上用的复合片由于将环状边缘切割成矩形,耐磨性和寿命都有了很大程度的提高。

PDC 钻头切削齿以圆片形式切削岩石时,是将复合片的一个弧面压入岩石,在钻进的过程中对岩石进行切削,而以上每个尖齿都可以看作是集中力作用于岩石。由于岩石受到了轴向钻压的作用,内部分子结构受到了压应力,岩石即产生相应的变形,出现不同的等应力球面。如图 2-4 尖齿复合片作用下等应力球面和图 2-5 圆片复合片作用下等应力球面。

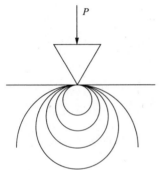

图 2-4　尖齿复合片作用下等应力球面　　　　图 2-5　圆片复合片作用下等应力球面

因此,针对黄河三角洲深层卤水地层特性,仿生耦合 PDC 钻齿的设计应考虑仿生形态作用下的地层应力分布特性。

2.1.4　黄河三角洲地层钻进用仿生耦合 PDC 钻头研制

黄河三角洲地层钻进用仿生耦合 PDC 钻头采用中等抛物线冠部,等间距方式布齿,五刀翼布局,具体如图 2-6 所示。内锥角度 70°,能较好适应地层要求,其中内锥部分布齿后倾角稍小,分别在 12°～14°之间,其中副刀翼(第三刀翼)第一颗齿离中心距离为 61.75 mm,增加了内锥部分的切削能力,防止磨出坑槽。主齿后倾角分别在 15°～17°之间,能适应以均质泥砂岩为主的地层高速钻进需求。

采用双排齿设计,副齿比主齿高度稍低,在既保证主齿的切削效率情况下,又有效增强了钻头鼻尖部分的二次切削能力;并且能在主齿破损的情况下继续保持有效钻速,延长了钻头的使用寿命,副齿还能在一定程度上限制鼻尖部分主齿切入深度,保护主齿由于过度切削而产生破损;辅助加强钻头的稳定性。抛物线外锥长并均匀过渡到保径,后倾角在 18°～20°之间,分散了鼻尖部分切削齿的切削压力。保径部分采用 25°的后倾角,并且每个刀翼都增加了 1 颗切削齿,能更好地修整井壁,使井壁更规整。

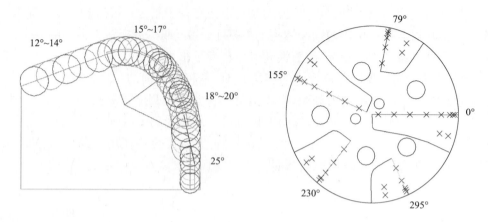

图 2-6　仿生耦合 PDC 钻头布齿及底唇面结构

1. 仿生耦合 PDC 钻头切削齿设计

1）结构设计

设计仿生耦合 PDC 聚晶金刚石和硬质合金结合形式（图 2-7），以提高 PDC 齿的强度和降低分层失效的概率。仿生耦合 PDC 包括 4 层：聚晶金刚石层、过渡层、过渡层与硬质合金层结合面和硬质合金层。

图 2-7　仿生耦合 PDC 聚晶金刚石与硬质合金结合方式

2）聚晶金刚石表面非光滑形态设计

设计仿生耦合 PDC 聚晶金刚石表面非光滑形态（图 2-8）。考虑到设计形态与制备工艺的协调一致，PDC 纵截面凸包顶角和圆弧半径要合理。

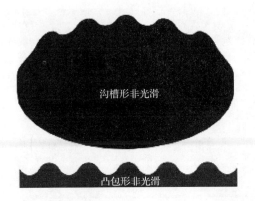

图 2-8　仿生耦合 PDC 聚晶金刚石表面非光滑设计

通过图 2-8 所示,靠近作用力的区域,应力最大,离作用力越远,应力越小。结合理论分析进行设计研发的仿生耦合 PDC 钻齿实物图如图 2-9 所示。

图 2-9　仿生耦合 PDC 钻齿实物图

2. 仿生耦合 PDC 钻头设计与制作

根据黄河三角洲地层岩性和井身结构,设计五刀翼 Φ241.3 mm 仿生耦合 PDC 钻头,钻头设计参数见表 2-1,设计的效果图见图 2-10,研制的仿生耦合 PDC 钻头实物图如图 2-11 所示。

表 2-1　仿生耦合 PDC 钻头设计参数

钻头直径 /mm	钻头参数			
	喷嘴直径及数量/(mm×个)	保径长度/mm	API 接头	切削齿直径及数量/(mm×个)
241.3	10×6(可换)	52	4½REG	19×20,16×12

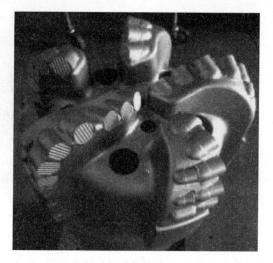

图 2-10　仿生耦合 PDC 钻头设计效果图　　　图 2-11　仿生耦合 PDC 钻头实物图

2.1.5　仿生耦合 PDC 钻头性能测试及野外试验

将研制的仿生耦合 PDC 钻齿(图 2-9)与同尺寸的常规 PDC 钻齿(图 2-12)进行室内磨损试验对比。磨耗比是在规定的压力、转速和时间下,将材料试块与 80 目的专用碳化硅陶瓷砂轮平行对磨,以砂轮的磨耗量和摩擦材料的磨耗量之比为磨耗比值。

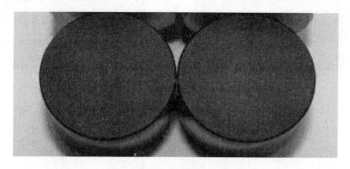

图 2-12　常规 PDC 钻齿

测试参数:砂轮线速度为 15 m/s,接触压力为 5 N。

从表 2-2 数据可以看出,仿生耦合 PDC 钻齿比常规 PDC 钻齿磨耗比提高了 18.4%,砂轮磨损速度提高了 1.67 倍。产生此结果的主要原因是与砂轮磨削平面接触的是仿生耦合 PDC 钻齿沟槽形非光滑的法向纵切面,该面具有数个凸包,在砂轮高速旋转时对砂轮产生较强的切削效应,使砂轮产生体积破碎而脱落。同时,砂轮对 PDC 钻齿的磨粒磨损表面积大幅度降低,对 PDC 钻齿的磨损能力下降。

因此,仿生耦合 PDC 钻齿的耐磨性和切削效率都有较大提高。

表 2-2　Φ13.44 mm 仿生耦合 PDC 钻齿和常规 PDC 钻齿磨损对比表

仿生耦合 PDC 钻齿磨耗比					
编号	砂轮磨损量/g	PDC 磨损量/g	时间/s	磨耗比/万	砂轮磨损速度/(g/s)
01	68.4	0.00021	95	32.6	0.7200
02	75.8	0.0002	94	37.9	0.8064
03	80.7	0.00022	99	36.7	0.8152
04	72.4	0.00022	90	32.9	0.8044
05	75.8	0.00022	97	34.5	0.7814
平均	74.62	0.000214	95	34.92	0.7855
常规 PDC 钻齿磨耗比					
编号	砂轮磨损量/g	PDC 磨损量/g	时间/s	磨耗比/万	砂轮磨损速度/(g/s)
01	70.8	0.00023	233	30.8	0.3039
02	70.4	0.00024	235	29.3	0.2996
03	73.1	0.00025	240	29.2	0.3046
04	67	0.00022	225	30.5	0.2978
05	55.4	0.0002	207	27.7	0.2676
平均	67.34	0.000228	228	29.5	0.2947

1. 仿生耦合 PDC 钻头在 Y40-3 井的现场应用试验

试验地点:Y40-3 油井,伊通地堑莫里青油田伊 40 区块;设计井深:2285 m。

钻机:40 钻机;转速:一档 68 r/min;二档 120 r/min;三档 180 r/min。

钻压:30～40 kN;泵压:10.2～10.7 MPa;排量:30～32 L/s;泥浆性能:密度 1.18 g/cm³,黏度 43 s,失水 4 mL,泥饼 0.4 mm,含砂 0.4%,pH＝9。

地层情况:主要以灰黑色泥岩、页岩为主,夹杂部分砂岩,有夹层,但是整体比较完整。

Φ215.9 mm 仿生钻头基本情况(图 2-13):直径 Φ215.9 mm,五刀翼,主切削齿采用本书研究设计的仿生 Φ19.05 mm 复合片;保径采用双排 Φ13.44 mm 复合片;保径长度为 63.5 mm;6 个可换喷嘴。

Y40-3 油井的钻头及钻井参数设计见表 2-3,实际使用情况见表 2-4。

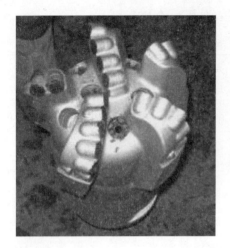

图 2-13　仿生 PDC 钻头下井前

表 2-3　Y40-3 井预计使用钻头情况

序号	尺寸/mm	型号	数量/只	钻进井段/m	进尺/m
1	444.5	P2	1	0～302	302
2	311	P2	0.5	扫水泥塞	
3	244.5	P2	1	～600	298
4	228.6	PDC	1	～1600	1000
5	215.9	PDC	1	～1900	250
6～10	215.9	HJ547	5	～2285	435

表 2-4　Y40-3 油井的实际钻头使用情况

序号	尺寸/mm	型号	数量/只	钻进井段/m	进尺/m	机械钻速/(m/h)
1	444.5	P2	1	0～297.55	297.55	24.65
2	311	P2	0.5	扫水泥塞		
3	228.6	PDC	1	～1237.05	939.5	28.61
4	215.9	PDC	1	～1901.55	664.5	11.14
5	215.9	仿生耦合 PDC	1	～2072.55	171	7.18
6	215.9	PDC	1	～2290	217.45	6.99

　　试验结果:仿生耦合 PDC 钻头试验井段为 1901.55～2072.55 m,累计进尺为 171 m,纯钻进时间为 23.83 h;机械钻速为 7.176 m/h,钻速提高 2.7%。钻头提出后整体情况:钻头底面部分复合片有轻微磨损,水眼正常没有磨损,钻头基体完好。提钻后仿生耦合 PDC 钻头的表面状态见图 2-14。

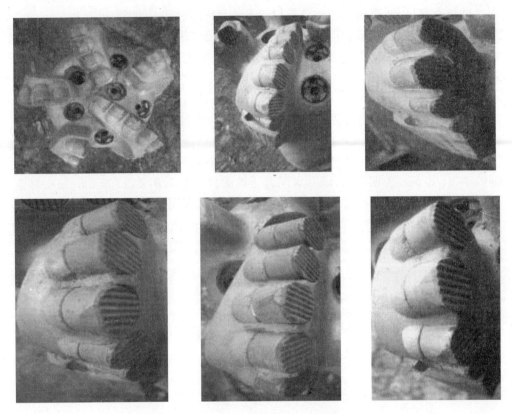

图 2-14　提钻后仿生耦合 PDC 钻头的表面状态

　　该钻头在钻进初期保持了较高的机械钻速（井段：1902～2010 m；转盘：180 r/min），最快钻速可以达到 20 m/h。中期有"憋跳"现象，及时调整转盘至 60 r/min，钻速有所下降，尝试钻压提升到 50～60 kN 后钻速无明显变化，之后又恢复到 20～30 kN。到后期，由于转速和泵量不能满足钻头设计要求，因此钻速较慢。

　　该钻头从设计理念上，采用了深内锥、短抛物线冠部设计，较大的出刃高度，实现了高钻速的设计；并使用了仿生耦合复合片，在钻进前期也实现了较高的机械钻速。为了进一步检验该钻头的性能与钻进地层适应情况和钻探工艺优化，选择了山西晋城市沁水县郑村镇 SH-U1-2 井进行了试验。

2. 仿生耦合 PDC 钻头在 SH-U1-2 井的现场应用试验

　　试验在位于山西晋城市沁水县郑村镇 SH-U1-2 井中进行，属于寺河煤矿井。该地区煤层瓦斯含量较高，为了减轻瓦斯对煤矿安全、高效生产构成严重制约，该矿区成功实施了一系列煤层气抽采钻探井（蒋青光等，2008；贾美玲等，2003；宋月清和孙毓超，2005；Anon，1997）。

试验地点:山西晋城市沁水县郑村镇 SH-U1-2 井,设计井深:1133 m。

地层情况:泥岩或砂质泥岩、粉砂岩、碳质泥岩,非水平层理比较发育,常有透镜体状夹层,含植物化石。岩相在纵横剖面上的变化很大,并具有旋回结构特征。其工程地质条件复杂。中间夹有 3 层不等厚煤层。

钻井参数:钻压 30～50 kN,转速 60 r/min(转盘)＋ 180 r/min(螺杆),排量 20 L/s,泵压 3 MPa。直井段:钻压 50～160 kN;排量 15～25 L/s。定向段:钻压 20～50 kN;排量 8～16 L/s。

井身结构:一开采用 Φ311.15 mm 钻头钻入稳定基岩 10 m(图 2-15),下入 J55 钢级 Φ244.5 mm 表层套管,固井水泥返至地面。二开采用 Φ215.9 mm 钻头钻进至见 3 号煤,下入 J55 钢级 Φ139.7 mm 技术套管至煤层顶板以上 10 m 处,固井水泥返至地面。垂直深度 623 m。三开采用 Φ118 mm 钻头钻进,进入 3 号煤层后,沿煤层钻进,最终与直井连通,裸眼完井。水平井段 500 m。

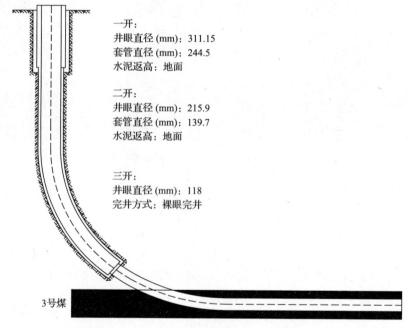

一开:
井眼直径 (mm): 311.15
套管直径 (mm): 244.5
水泥返高: 地面

二开:
井眼直径 (mm): 215.9
套管直径 (mm): 139.7
水泥返高: 地面

三开:
井眼直径 (mm): 118
完井方式: 裸眼完井

3号煤

图 2-15　井身结构

钻具组合:直井段:Φ215.9 mm 钻头＋Φ127 mm 螺杆＋双母接头(挡板)＋Φ165 mm 无磁钻铤×1 根＋Φ165 mm 钻铤×3 根＋Φ114 mm 钻杆。定向段:Φ215.9 mm PDC 钻头/牙轮钻头＋Φ127 mm 螺杆＋Φ165 mm 1.5°单弯螺杆钻具×1 根＋转换接头＋Φ127 mm 无磁承压钻杆×1 根＋MWD(无线随钻仪器)＋Φ127 mm 无磁承压钻杆×1 根＋Φ114 mm 钻杆串＋Φ127 mm 加重钻杆串＋Φ114 mm 钻杆。

钻进数据与邻井同地层使用的常规 PDC 钻头钻进数据对比见表 2-5。

表 2-5　仿生耦合 PDC 钻头与邻井同地层使用的常规 PDC 钻头钻进数据对比

钻头名称	钻进井段/m	进尺/m	钻时/min	机械钻速/(m/h)
仿生耦合 PDC 钻头	150.19～459.92	309.73	1830	10.16
常规 PDC 钻头	258.92～353.76	94.84	1390	4.09

由表 2-5 可知,仿生耦合 PDC 钻头的碎岩速度是普通 PDC 钻头的 2.6 倍,由于钻头均完好,无法精确对比钻头的使用寿命。

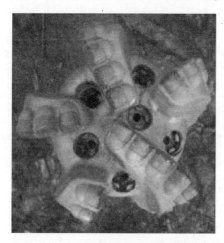 

(a) 仿生耦合PDC钻头　　　　　　　　　　　(b) 常规PDC钻头

图 2-16　提钻后的 PDC 钻头

如图 2-16 所示,提钻后仿生耦合 PDC 齿钻头和常规 PDC 钻头的胎体均完好,钻头都可再用。但从钻头的钻进速度数据来看,钻进同样地层 300 m 深度,仿生耦合 PDC 钻头用时 29.53 h,常规 PDC 钻头用时 73.34 h,可节省近 60% 纯钻进时间。本钻井队日费为 4 万元/天,本次试验为钻井队节约钻井成本约 8 万元。照此计算,每年使用仿生耦合 PDC 钻头进尺 10 000 m,可节约钻井成本 260 万元,经济效益显著。

3. 仿生耦合 PDC 钻头在黄河三角洲深层卤水试验井现场应用

针对国家"863"计划资源环境技术领域"黄河三角洲深层卤水高效开采关键技术"课题"深层卤水钻进用仿生 PDC 钻头"项目,在完成仿生 PDC 钻头的研制、性能测试和现场应用试验的基础上,将研制的仿生耦合 PDC 钻头在黄河三角洲深层卤水示范井进行应用。

试验地点:山东省东营市垦利县永安镇的深层卤水示范工程,设计井深 2500 m,实际成井深 2498.50 m。

钻机:RPS-2600 型转盘式钻机。

工艺参数:钻机转速为 108 r/min,钻压为 30～40 kN,泵量为 20 L/s。

地层情况:360.00～1040.00 m 为新近纪明化镇组,厚 680.00 m;岩性为棕黄色、浅灰色、棕红色泥岩夹浅灰色、棕黄色粉砂岩。1514.10～1720.00 m 为古近纪东营组,厚 205.90 m;为灰绿色、紫红色泥岩夹灰白色细砂岩、含砾砂岩。1720.00～1909.30 m 为古近纪沙河街组一段,厚 189.30 m;为灰色、灰绿色、灰褐色泥岩,夹薄层灰白色粉细砂岩。1909.30～2080.40 m 为古近纪沙河街组二段,厚 171.10 m;为紫红色、灰色、灰绿色泥岩与灰色砂岩、含砾砂岩互层。2080.40～2498.50 m 为古近纪沙河街组三段,揭露厚度 418.10 m;为灰色、浅灰绿色泥岩夹灰色、灰白色粉细砂岩。

利用本书课题研究研制的仿生耦合 PDC 钻头和常规牙轮钻头交替全面钻进,钻进过程中采用相同的钻机转速、钻压、泵量(钻机转速 108 r/min、钻进压力 30～40 kN,泵量 20 L/s),详细记录了钻进井段、钻进时间和消耗的电量。仿生耦合 PDC 钻头钻进井段为 950.15～979.14 m、1625.68～1749.28 m 和 2051.42～2092.77 m,累计进尺 193.94 m,钻遇的地层岩性主要为灰色泥岩、砂岩和含砾砂岩互层,与相邻的牙轮钻头钻遇的地层相似,易产生钻具泥包,对钻头研磨性强,岩石可钻性为 6～7 级。由表 2-6 可知,在相似地层条件下,采用相同的钻机转速(108 r/min)、钻压(30～40 kN)、泵量(20 L/s),仿生耦合 PDC 钻头的平均钻速为 0.66～2.05 m/h,牙轮钻头的平均钻速为 0.31～1.41 m/h,钻速提高约 37.5%～113%,其中仿生耦合 PDC 钻头比常规钻头 1 钻速提高 113%,比常规钻头 2 钻速提高 37.5%,比常规钻头 3 钻速提高 45%。由图 2-17 可知,在相似井段仿生耦合 PDC 钻头与普通钻头相比,钻头泥包现象有较大改善,几乎没有泥包,基体和仿生复合片完整。

表 2-6　仿生耦合 PDC 钻头和常规钻头的钻进效果对比

钻头类型	钻进井段/m	钻进进尺/m	纯钻进时间/h	时效/(m/h)	时效均值
常规钻头 1	940.63～941.15	0.52	1.67	0.31	0.31
仿生耦合 PDC 钻头	950.15～951.45	1.3	3	0.43	0.66
	951.45～956.95	5.5	8	0.69	
	956.95～964.77	7.67	7.82	0.98	
	970.77～975.77	5	8	0.63	
	975.77～979.14	3.37	5.83	0.58	
常规钻头 2	980.14～985.14	5	8	0.63	0.48
	985.68～994	4.32	8	0.54	
	1624.96～1625.68	0.72	2.5	0.29	

续表

钻头类型	钻进井段/m	钻进进尺/m	纯钻进时间/h	时效/(m/h)	时效均值
仿生耦合 PDC 钻头	1625.88～1626.68	0.8	1.17	0.68	2.05
	1640.07～1655.70	9.63	4.83	1.99	
	1656.35～1665.35	9	2.5	3.60	
	1665.35～1670.35	5	1.83	2.73	
	1670.35～1675	4.65	2.83	1.64	
	1675～1680	5	3.5	1.43	
	1684.63～1694.29	9.66	3.33	2.90	
	1694.29～1695.92	1.67	1.63	1.02	
	1695.92～1703.92	8	5.17	1.55	
	1703.92～1710.12	6.2	2.67	2.32	
	1713.52～1721.35	8.23	4	2.06	
	1732.90～1737.00	4.1	4.33	0.95	
	1737～1742.63	5.63	1.5	3.75	
	1742.63～1749.28	6.65	3.33	2.00	
常规钻头 3	1752.28～1752.92	0.64	1.33	0.48	1.41
	1752.92～1761.92	9	3.67	2.45	
	1896.78～1905.13	8.35	6.5	1.28	
	2041.72～2051.42	9.7	2.17	4.47	4.47
仿生耦合 PDC 钻头	2051.42～2061.05	9.63	1.83	5.26	4.85
	2061.05～2070.70	9.65	2.17	4.45	
	2070.70～2076.04	5.34	3	1.78	1.40
	2076.04～2080.44	4.4	1.83	2.40	
	2080.44～2088.07	7.63	5.83	1.31	
	2088.07～2091.67	3.6	3.33	1.08	
	2091.67～2092.77	1.1	2.5	0.44	
常规钻头 4	2092.77～2096.37	2.6	5	0.52	0.99
	2096.37～2099.67	3.3	2.83	1.17	
	2099.67～2105.89	6.22	4.83	1.29	

注：时效均值同颜色的相互比较，地层相近具有可比性。

通过理论分析研究和实际钻进试验结果，均表明仿生耦合 PDC 钻头具有快速钻进、耐磨和抗腐的性能。经德州市能源利用监测中心现场检测，仿生耦合 PDC 钻头的能耗明显低于牙轮钻头。仿生耦合 PDC 钻头的能耗为 69.3～156.1 kW·h/m

图 2-17 提钻后仿生耦合 PDC 钻头情况

（表 2-7），对应的牙轮钻头的能耗为 $74.9 \sim 165.4 \ kW \cdot h/m$，仿生耦合 PDC 钻头的能耗降低了 $5.62\% \sim 13.70\%$。

表 2-7 仿生耦合 PDC 钻头与常规牙轮钻头钻进能耗对比表

序号	钻头类型	钻进深度/m		进尺/m	单位能耗 /(kW · h/m)	能耗对比 /%
		自	至			
1	仿生耦合 PDC	950.15	979.14	28.99	156.1	−5.62
	牙轮钻头	979.14	1036.6	57.46	165.4	
2	牙轮钻头	1513.91	1625.68	111.77	74.9	
	仿生耦合 PDC	1625.68	1749.28	123.6	69.3	−7.48
3	仿生耦合 PDC	2051.42	2092.77	41.35	73.1	−13.70
	牙轮钻头	2092.77	2198.16	105.39	84.7	

注："−"表示能耗降低。

综上所述，仿生耦合 PDC 钻头在该示范井相近井段较常规钻头性能上有较大提高。具体如下：耐磨性提高 $18\% \sim 25\%$；钻进速度提高 37.5% 以上。在示范工程试验过程中，通过调变钻进规程参数（钻压、转速、泵量），实现钻进速度和钻头磨损的可控调整，优化了钻进工艺，为高效仿生耦合 PDC 钻头的推广应用提供了理论基础。

2.1.6 结论

（1）通过选择仿生原型、仿生耦合 PDC 钻齿的研制，开展了 PDC 切削齿的仿生耦合方式、材料选型优化及 PDC 钻齿表面形态仿生形态研究，分析测试了仿生耦合 PDC 齿的耐磨性能和切削效率，研制出了仿生耦合 PDC 钻头。测试结果表明：仿生耦合 PDC 钻齿的耐磨性比常规 PDC 钻齿的耐磨性提高了 18.4%，砂轮磨损速度提高了 1.67 倍。

（2）将研制的仿生耦合 PDC 钻头在 Y40-3 和 SH-U1-2 油井进行现场应用，结果表明：该钻头在以黑色泥岩、页岩为主，夹杂部分砂岩累计钻进 480.73 m，水眼正常无磨损，钻头基体完好，通过钻速提升使整体能耗降低 35%，仿生耦合 PDC 钻头具有很好的适应性。钻进速度快 2.6 倍，钻探成本节约 260 元/m，为高效仿生耦合 PDC 钻头的推广应用提供了理论基础。

（3）仿生耦合 PDC 钻头在垦利县东兴地区深层卤水示范井的试验结果表明：仿生耦合 PDC 钻头累计进尺 193.9 m，仿生耦合 PDC 钻齿轻微磨损，耐磨性提高 18%～25%；与常规钻头相比，同一地层钻速提高了 37.5%～113.0%，脱附减阻效果明显，克服了泥包问题。

2.2　黄河三角洲深层卤水高效钻进钻具组合及工艺优化

2.2.1　卤水钻探钻具组合研究现状及进展

在甘肃省定西市漳县，利用卤水制盐有着悠久的历史。但由于制盐方法的落后和卤水的逐渐淡化，致使盐产量一直徘徊在 1500 t 左右，严重阻碍了制盐工业的发展，因此采用钻探手段对卤水矿的远景储量作一评价。卤水矿井施工质量要求高，岩心采取率必须大于 70%，矿心采取率大于 80%。因此为保证取芯要求，防止泥岩变形、缩径卡钻、孔斜，全孔采用硬质合金肋骨钻头加长钻具的钻进方法，并在钻进中依据地层的变化，采用相应的技术工艺，对疏松、易塌地层，采用失水量小、黏度较大的优质泥浆钻进；对于地层较为破碎的孔段，采取增大钻压、适当减小泵量的方法钻进。为防止钻孔偏斜，采用加长钻具的方法施工。岩矿心的采取视地层而异，对非岩盐段选用硬质合金单管钻具投卡料法采心；岩盐矿层则因性脆、易碎、易磨损、遇水易溶、易冲蚀的特征，采用干钻卡取，即在钻进回次结束后干钻一小段，利用孔内未排除的岩粉挤塞住岩心，通过钻机再回转的方法将其扭断取出。通过采取以上技术措施，取芯效果很好，岩心采取率达 82%，矿心采取率达 92%。

安徽省定远盐矿年产 10 万 t 真空制盐工程，结束了安徽从不产盐的历史。该矿区地表为第四系沉积层覆盖，主要是黄棕色黏土、亚黏土，层厚 21 m 左右。地表下伏基岩为新生界第三系地层，主要包括风化（半风化）泥岩、粉砂质泥岩、膏质泥岩、含膏含芒硝泥岩、岩盐等。矿层厚度 120～210 m，埋深大都超过 350 m。该矿区地层主要特点是松、散、软，属水敏性地层，易出现缩径、超径、泥糊钻头等复杂情况，岩盐易溶蚀，具腐蚀性，岩矿层倾角较平稳。卤井设计井深均在 500～560 m 之间，终孔井径均为 91 mm，使用 60.3 mm 钻杆施工，且卤水具腐蚀性，考虑设备技术性能指标和经济效益等因素,选用 XY-4-3 型钻机、4135G 型柴油机、BW-300型变量泥浆泵、SGZ-23 型钻塔。井身结构:一开井径为 270 mm,揭穿第四系松散层并进入基岩 25 m(该矿区一般钻深约 45 m),下 219 mm 表层套管,固井;二开井径为 158.7 mm,钻深至第一开采梯段 0.5 m 止(一般钻深 450~520 m),下 114.3mm 技术套管,固井;三开井径为 91 mm,穿盐层进入底板 2 m 后终孔(一般钻深510~550 m),然后下 60.3 mm 中心管,至盐层底部以上 1.5 m 处。其钻进方法一、二开采用"小打大扩",使用硬质合金肋骨钻头钻进,经 2~3 次扩孔达到设计口径。钻具组合为:60.3 mm 钻杆 + 70 mm 钻铤 + 108 mm 外肋骨接头 +89 mm 取芯筒 + 110 mm 外肋骨硬质合金钻头。三开直接用 91 mm 普通硬质合金钻头钻到终孔。钻具组合为 60.3 mm 钻杆 + 70 mm 钻铤 + 91 mm 接头 +89 mm 取芯筒 + 91 mm 普通硬质合金钻头。取芯技术:岩层使用硬质合金单管钻具卡料法采心,可以取得满意效果。矿层结构松散,易碎、易磨损,水敏性强,怕冲蚀,为此,矿层及矿顶、底板使用单动双管钻具卡簧法取芯。从完工的卤井来看,全部是优质井,平均井深 530 m,终孔平均井斜 1°10′,平均岩心采取率 90%,平均矿心采取率 91%,固井质量好。

青海省柴达木盆地盐湖遍布,蕴藏着极为丰富的盐类矿产资源。盐湖存在的状态和类型多种多样,湖区内固、液矿并存,以液态卤水型矿产为主,有地下卤水和地表卤水。在地下卤水的钻探过程中,开孔前必须认真下好孔口管,根据湖底岩性的坚硬程度,分别采用直接冲击贯入或机械回转插入。前者用于粉软泥质层,后者用于坚硬盐层,即开孔时用 Φ127 mm,岩心管带无内出刃的齿状钻头,钻进 0.30~0.50 m,不提钻将岩心管留入孔内作为定向管,视具体情况采取长短套管随时拆接,以保证孔口的工作平面。以 Φ110 mm 钻具钻进,按其地质限定的 2 m 深度为一自然取样段,投入黏土球并捣实下入 Φ108 mm 套管进行止水,提干管内水柱并经止水效果检查合格后,换用 Φ91 mm 钻具钻进至下一取样段,随之进行提水取样,然后拔套管、扩孔,再跟下 Φ108 mm 套管止水,按此工序依次循环,将钻孔引深至终孔。根据地层特点和地质要求,采用硬质合金无泵钻进方法,一般选用高水口、大出刃合金钻头,其种类有三大出刃钻头、长水口钻头、四牙轮钻头及接箍钻头等。为满足较高的岩矿心采取率和保持原状结构,除采用现代盐湖专用取芯工具——"两瓣取芯管"外,尚需严格控制回次进尺长度和辅以正确的操作。

湖南省澄县卤水矿,主要是第四系和第三系地层,第四系地层主要包括表土层、砂卵石及砂砾层与薄层流砂夹含枯土或互层,岩层主要特点是黏结性差、松散、易垮塌缩径。下第三系地层主要包括含矿段、涌卤段及其底板。涌卤段主要是带承压硫酸盐型浓卤水。底板主要是泥质云岩夹沥青质页岩、紫红色砂质泥岩,岩石硬度不一,平均 V 级以下。钻进方法全部采用硬质合金钻进。坚持分层钻进,套管隔离,一般采用 Φ150 mm 开孔,Φ91 mm 终孔。第四系地层采用普通细分散泥浆,在矿层采用单一型无固相冲洗液,在涌卤段及底板采用清水作冲洗液。卤水取芯采用自行设计加工的 $\Phi75$ mm 定深采取器,使用效果良好。为防止揭穿涌卤层后造成止水困难,采取提前下入技术套管的办法。目前该方法已经取得良好的效果。

老挝甘蒙省地区的钾镁盐矿钻探施工项目中,从钻探施工角度出发,矿区地层主要可以分为以下 3 大类:①浅部泥岩为第四系松散无胶结、弱胶结泥岩,砂砾层,淤泥层。这一层主要由砂质黏土组成,局部含有砂和砾石,砾石成分以石英和砂岩为主,粒径大小不一,一般在 3～5 mm,磨圆度较差,多为次棱角状,含量约 70%。在砾石之间分布有泥、砂。其工程地质特征表现为松散、破碎,在冲洗液的冲刷作用下容易出现坍塌和掉块现象。②泥岩层主要为红褐色泥岩、黄褐色泥岩、青灰色泥岩或棕褐色泥岩,主要由泥岩和砂质泥岩组成,有时夹有石膏层,块状构造或薄层状构造。硬度在 3 级左右,部分孔段达到 5 级左右。泥岩层在冲洗液的冲刷和浸泡后即变得松软,并具可塑性,容易出现钻孔缩径现象。③盐层分为 3 类,分别为石盐层、钾石盐层(矿层)、光卤石层(矿层)。其矿物组成主要为石盐($NaCl$)、钾石盐(KCl) 和光卤石($MgCl_2 \cdot KCl \cdot 6H_2O$) 三种矿物。三者的含量在不同的地层变化较大。石盐层主要以石盐组成(含量占 98% 左右),矿层主要组成仍然以石盐为主,其他两种矿物含量大约占到 40% 左右。该 3 类地层有溶-易溶于水的物理特征,而且受钻孔中多种情况(钻孔深度、泥浆处理机的物化作用和钻具的机械作用等)的影响极易造成钻孔中温度升高,从而导致各类盐层(尤其钾石盐与光卤石)溶解度的增加,这种情况对在该类盐层中的采取芯工作带来了不利的影响。矿层中主要成分为 $NaCl$、KCl 和 $MgCl_2$,三者的总量达 80% 以上。根据老挝钾盐矿地层的特征和采样要求(终孔孔径≤91 mm,岩心样直径达到 70 mm 以上),以及在施工过程中孔内遇到的问题(漏失),结合沉积岩的钻探经验,钻孔以 168 mm 钻具开孔,孔径 180 mm,下入 $\Phi168$ mm 套管,下入深度主要封隔上部第四系植被层及砂砾石层,防止上部地层掉块和坍塌影响下部地层和矿层取芯。下部采用 110/89 mm 单动双管钻具和 110 mm 单管钻具进行钻进,孔径为 120 mm。预留一级技术套管。第四系覆盖层采用 168 mm 钻具,钻头采用四翼肋骨片式球齿形硬质合金钻头或加强性复合片钻头,外径为 180 mm。泥岩段采用 108 mm 单管钻具进行钻进,钻头采用四翼阶梯式硬质合金钻头或 80° 单尖复合片钻头,钻头外径 120 mm。石盐层和矿层采用三层单动双管钻具进行钻进,底喷阶梯式硬质合金钻头或底喷阶梯式复合片钻头,钻头外径 120 mm。

2.2.2　黄河三角洲深层卤水高效钻进钻具组合要求

黄河三角洲分布有丰富的地下卤水资源。通过对黄河三角洲地区卤水地层的理化学性质、分布规律、矿床沉积特征、海岸地质环境和成因理论进行研究,并结合

勘探,得到如下结果:

(1) 深层地下卤水矿体主要赋存在东营凹陷、惠民凹陷、阳信凹陷及车镇凹陷内古近纪济阳群沙河街组四段中。东营凹陷深层地下卤水矿床位于东营市和垦利县境内,东起东营市广利镇,西到垦利县郝家镇,北起垦利县胜坨镇,南到东营区六户镇,区域上呈椭圆形分布,面积约 1200 km²;惠民凹陷区内深层地下卤水矿床主要分布在临邑县西部到商河县东部地区,面积约 600 km²;阳信凹陷区内深层地下卤水矿床主要分布在阳信南部到惠民县北部之间,面积约 120 km²;车镇凹陷区内深层地下卤水矿床主要分布在东风港周围,面积约 170 km²。

(2) 深层卤水资源与盐岩矿为同一矿床,发育在盐矿上部及四周。卤水主要赋存在新生界沙河街组的沙三、沙四段及沙二段中。沙河街组四段,为灰、灰褐色泥岩,页岩夹油页岩,岩盐,石膏,杂卤及白云岩,厚 400～900 m。沙河街组三段,下部为泥岩、油页岩及石英岩,厚 150～200 m;中部主要为深灰色厚层泥岩,夹少量细砂岩、粉砂岩,厚 600 m;上部为细砂岩、粉砂岩、泥岩及页岩,厚 500 m 左右。沙河街组二段,上部以紫红色、灰绿色泥岩为主,夹细砂岩、砂岩、中粗粒砂岩及含砾砂岩;下部为灰绿、深灰、紫红色泥岩,砂岩,砾状砂岩互层,局部地区夹碳质页岩及煤线,该段最大厚度 480 m。沙河街组一段,分布广泛,与沙二段为连续沉积,上部以灰绿色泥岩为主,下部为灰色泥岩夹生物灰岩、白云岩、油页岩及粉砂岩,最大厚度 315 m。

(3) 根据含卤水岩层的沉积相、岩性分布特征、岩层埋藏条件分布规律及其沉积旋回、卤水的分布范围及其化学特征分布规律,将本区划分为三个卤水层,由下向上依次为:沙河街组四段卤水层、沙河街组三段卤水层、沙河街组二段卤水层,如表 2-8 所示。

表 2-8　黄河三角洲深层卤水层划分表

卤水层	埋深/m	卤水层沉积相	卤水层岩性	卤水层厚度/m	卤水水质特征	
					矿化度/(g/L)	水化学类型
沙四段	1230～3000	近岸水下扇、扇三角洲和半深湖-滨浅湖滩坝、滑塌浊积扇、冲积扇、浅水型三角洲相	砂砾岩、含砾砂岩、粗砂岩、中细砂岩、细砂岩和粉砂岩	25～370	51.1～336.5	Cl-Na
沙三段	1480～2720	近岸水下扇、滨浅湖滩坝、三角洲相、三角洲前缘、河流三角洲平原、浊积扇	含砾砂岩、细砂岩、粉砂砂、细砂岩、泥质粉砂岩	10～400	52.7～339.4	Cl-Na
沙二段	1225～2542	河流相、三角洲相	含砾砂岩、砂岩、粉砂岩	25～130	51.0～261.8	Cl-Na

因此,根据上述黄河三角洲地区的地层特点,对钻具提出了如下要求:

地层复杂多变,主要有:泥岩、油页岩、石英岩、细砂岩、砂岩、中粗粒砂岩及含砾砂岩,并且存在砂岩和泥岩互层,软硬不均,在钻探过程中,容易造成钻孔弯曲,而钻孔对钻孔垂直度要求较高。因此,要求钻具组合具有很高的保直能力,防止钻孔发生偏斜。

细砂岩、砂岩、中粗粒砂岩及含砾砂岩存在胶结性差、结构松散的情况,所以在钻进过程中碎块不能稳定受力,容易发生滚动,产生多个切削面,使得破岩效率降低,岩心采取率低,容易堵塞岩心管,频繁提钻,容易出现垮孔、掉块和卡钻等事故。因此,要求钻具组合具有解卡能力,在钻进破碎地层时能提高钻进效率,并防止发生卡钻事故。

液动冲击回转钻就是在回转钻进的基础上利用液动冲击器对钻头施加具有一定频率的冲击能量,因此回转着的钻头不但对岩石有静的给进压力和扭矩,而且附加了一种连续的冲击动载荷(王人杰等,1988)。液动冲击器具有钻进中所需的轴向压力较小,转速较低,所以钻孔不易弯曲;在破碎地层不停地进行解卡,并防止发生卡钻事故;提高钻进效率和切削刃具磨损减少。

综上所述,针对黄河三角洲地区地层复杂多变,岩层胶结性差、结构松散的特点,结合液动冲击器的技术优势,运用钻井地层评价技术和综合选型评价技术进行液动冲击器钻具组合的综合选型具有实际应用意义。

2.2.3　黄河三角洲地区卤水钻探钻具组合优选

1. 液动冲击器原理、适用性评价及优选

针对黄河三角洲地区地层复杂多变,岩层胶结性差、结构松散的特点,课题组利用钻井地层评价技术和综合选型评价技术进行液动冲击器钻具组合的综合选型,提出一种最优的液动冲击器钻具组合方式,优化其钻进工艺,提高钻进效率。

目前液动冲击器根据结构不同可分为阀式液动冲击器和无阀式液动冲击器。阀式液动冲击器分为正作用阀式液动冲击器、反作用阀式液动冲击器、双作用阀式液动冲击器。无阀式液动冲击器又可分为射流式液动冲击器和射吸式液动冲击器。

阀式液动冲击器工作原理如图 2-18 所示。

正作用阀式液动冲击器的基本结构和工作原理见图 2-18(a)。当钻具接触孔底后,冲锤活塞 5 在锤簧 6 的作用下处于上位,当其中心孔被活阀 4 盖住时,液流瞬时被阻,液压急剧增高而产生水锤增压。在高压液流作用下,活塞和活阀一同下行压缩阀簧与锤簧。这称为闭阀启动加速运行阶段。当活阀下行到相当位置时,活阀 4 被活阀座 2 限制,停止下行并与冲锤脱开,此时冲洗液可以自由地流径冲击

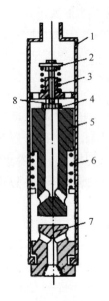

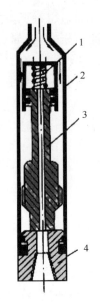

1-外壳；2-活阀座 垫圈；3-阀簧；　　　　1-工作弹簧；2-外壳；　　　　1-活阀座；2-活阀；3-外套；4-支撑座；
4-活阀；5-冲锤活塞；6-锤簧；　　　　　3-活塞冲锤；4-铁砧　　　　5-导向密封件；6-塔形冲锤活塞；
7-铁砧；8-缓冲垫圈　　　　　　　　　　　　　　　　　　　　7-导向密封件；8-节流环；9-铁砧

　　　　(a) 正作用　　　　　　　　　　　(b) 反作用　　　　　　　　　　(c) 双作用

图 2-18　阀式液动冲击器工作原理示意图

器中孔而至孔底,液压下降。此后,活阀在阀簧作用下返回原位,而冲锤活塞 5 在动能作用下继续下行。活阀下行一定距离后,受到限位座的限制,停止下行,而活塞由于高速运动的惯性,继续下行,压缩弹簧,打击铁砧 7。此时,活塞与活阀瞬时脱开,打开水流通道,活阀在阀簧 3 的作用下回位。由于阀区压力骤减,冲锤打击铁砧后在弹簧作用下也迅速上返复位,关闭液流通道而产生第二次冲击。冲击器如此周而复始地连续工作(代常友,2007)。

　　反作用液动冲击器的工作原理与正作用冲击器正好相反,它是利用高压液流的压力增高来推动活塞冲锤上升,并同时压缩弹簧,储备能量,一旦当工作室压力下降时,弹簧便释放弹性能推动活塞冲锤加速向下运动,产生冲击而做功。反作用冲击器的结构原理及工作过程见示意图 2-18(b)。当高压液流进入冲击器后,作用于活塞冲锤的下部,当液流的作用使活塞的上下端压力差超过工作弹簧 1 的压缩力和活塞冲锤本身的重量时,迫使活塞冲锤上行,同时压缩工作弹簧 1 使其储存能量,与此同时,铁砧 4 的水路逐步打开,高压液流开始流向孔底,此时活塞冲锤仍以惯性作用继续上升。当活塞冲锤 3 上升到上死点时,活塞冲锤下部的液流已通畅地流向孔底,此时工作室压力降低。由于活塞冲锤自身的容量和工作弹簧 1 释放出的能量的同时作用,驱动活塞冲锤急剧向下运动而冲击铁砧。产生冲击时,由于活塞冲锤与铁砧 4 相接触而又封闭了液流通向孔底的通路。此后,高压液流再一次作用于活塞冲锤 3 的下部而循环重复上一次的动作(赵洪激和董家梅,1995)。

双作用液动冲击器的结构及工作原理如图 2-18(c)所示。在外壳中有带孔 a 的活阀座 1,活阀 2 处于活阀座中。活阀是上下异径柱状活塞,小径段在阀座腔内。阀座腔以通孔 a 与钻具外相通。活阀下有支撑座 4,它是限制活阀下行的装置。活阀的活动行程为 h。塔形冲锤活塞 6 的小径端在支撑座内,由导向密封件封闭,同时它也是 d 与 e 两腔之分割装置。塔形冲锤活塞(直径为 d 与 D)中有内通道。冲锤活塞的大径部分沿外套 3 内的导向密封件 7 上下运动。在导向密封件 5 和 7 及冲锤活塞和外壳之间形成空间 e,该空间由通道 b 与钻具外部相通。铁砧 9 的下端与粗径钻具连接。砧子能沿轴向活动,这样当冲锤冲击砧子时,外壳就不受冲击作用。铁砧 9 内有通水孔,孔内有一节流环 8,它起限流作用,用来确保在冲击器内腔与钻具外套周围建立必要的启动压力差(四川省地质局四○二地质队探矿科,1982)。

无阀式液动冲击器工作原理如图 2-19 所示。

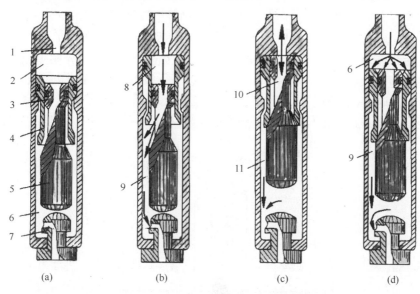

图 2-19　射吸式液动冲击器工作原理

(a) 未送水时之起始状态;(b) 送水时之起始状态;(c) 举锤时的回程状态;(d) 冲程开始

1-喷嘴;2-上腔;3-活塞;4-阀;5-冲锤;6-下腔;7-砧子;8-低压腔;9-高压腔;10-水击区;11-降压区

射吸式液动冲击器(付加胜等,2014;贾涛等,2012;杨顺辉,2009)的工作原理参见图 2-20。静止状态时,阀与冲锤均处于工作位置下限,如图 2-19(a)所示。当工作泵启动之后,喷嘴射出高速射流束,使阀与锤活塞上下腔之间产生压力差(上腔压力低于下腔压力),推动阀与冲锤逆工作液流迅速上升。由于阀的质量小,运动速度比冲锤快,而先抵工作位置上限[图 2-19(b)]。紧接着冲锤高速上升,当阀与冲锤上的锥面闭合时[图 2-19(c)],液流通道陡然切断而发生水击。原处于低压状态的阀与活塞上腔顿时呈高压,下腔则由于液流的惯性,在与上腔发生水击的同时相应呈低压状态,使阀与冲锤受上腔高压液流的推力同步迅速向下运动[图 2-19(d)]。当阀抵工作位置上限后,由于高速运动的惯性,使冲锤迅速向下运动,冲击砧子,完成一个冲程。此时,阀与冲锤锥面已离开,液流畅通,阀与冲锤重新进入下一个循环的回程。如此反复循环,形成连续冲击运动(蒋宏伟等,2007)。

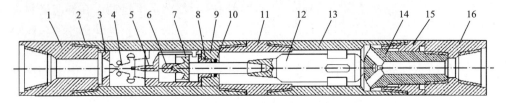

图 2-20　射流式液动冲击器结构

1-上接头;2-外缸;3-上压盖;4-射流元件;5-缸体;6-调整套;7-活塞;8-钢套;9-下压盖;
10-密封圈;11-中接头;12-冲锤;13-外筒;14-砧子;15-八方套;16-下接头

　　射流式液动冲击器工作原理如图 2-21 所示(张海平等,2011)。钻井泵输出的高压钻井液,经过钻柱射流元件的喷嘴时产生附壁效应,假如先附壁于右侧,则由 E 输出道进入缸体的上腔,推动活塞及冲锤下行撞击砧子,完成 1 次冲击。在 E 输出道输出同时,反馈信号回至 B 放空孔,在活塞行程末使主射流切换附壁于左侧并经 C 输出道进入缸体的下腔,推动活塞及冲锤回程,同样在 C 输出道输出的

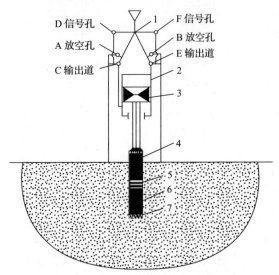

图 2-21　射流式液动冲击器工作原理

1-射流元件;2-缸体;3-活塞;4-冲锤;5-砧子;6-岩心管;7-钻头

同时,反馈信号又回到 D 信号孔,将主射流切换到右侧,如此往返,实现冲击动作,上、下缸体内回水,则通过 C、E 输出道而排到放空孔,再经水道到达井底钻头,冲洗井底后返回到地表井口。

基于 5 种液动冲击器的结构和工作原理,本课题组得出其优点和缺点如表 2-9 所示。

表 2-9　液动冲击器的优点和缺点

名称	优点	缺点
正作用阀式液动冲击器	冲击器结构简单,工作性能稳定,调试容易	①冲击器中弹簧的反作用要消耗一部分能量,抵消了很大一部分高压液流所产生的冲击力;②弹簧在 1500 次/min 或更高的循环压缩、伸张下,容易损坏
反作用阀式液动冲击器	①对冲洗液的适应能力较强;②由于被压缩弹簧释放出来的能量与活塞冲锤的重量同时向下作用,故可获得较大的单次冲击功;③冲击器内部的压力损失较小,故效率较高	①需要刚度较大的弹簧,此种弹簧需采用特殊的工艺制造;②其工作寿命也只有 40～100 h
双作用阀式液动冲击器	冲锤的工作冲程与反冲程均由液压推动,而不依赖弹簧的作用,液流能利用率大	①只能在冲洗液清洁的条件下工作,应用不广;②结构复杂,部分零件磨损快
射吸式液动冲击器	结构简单,零件少,无易损弹簧,因此工作寿命较长。输出输入技术参数范围较宽,能在高频状态下稳定冲击,耐背压特性好	冲击功小,不适用于大直径
射流式液动冲击器	①结构简单,零件少,易于操作;②无弹簧及配水活阀等零件,寿命较长;③能量利用率也较高;④工作时不易产生堵水现象,能较好地预防烧钻头及蹩泵等事故;⑤钻进中产生的高压水锤波比阀式冲击器小,钻具工作较平稳,能减少水泵、冲击器及高压管路等零件损坏	射流元件寿命受泥浆性能影响较大,在泥浆含砂量较大的情况下,射流元件寿命短,导致使用成本高

采用射流式液动冲击器进行冲击回转钻进,不仅可以防止钻孔弯曲,提高破碎地层的钻进效率,防止卡钻,还能有效地降低钻进成本;钻进效率提高;钻头消耗降低;钻压和钻头转数较低,从而减轻了钻杆和所有管材的磨损,断钻杆事故较少;动力消耗少。综上所述,根据地层情况及各种冲击器的特点进行综合选型,最终选择射流式液动冲击器。

2. 液动冲击器钻具组合及优化

1) 钻具组合

根据黄河三角洲深层卤水示范工程场地地层情况,对冲击器进行优选后形成一套钻具组合(图 2-22):选用仿生耦合 PDC 钻头,采用射流式液动冲击器,加多道扶正器,加钻铤为钻头加压,配合扶正器进行钻孔保直,具体参数见表 2-10。

图 2-22　钻具组合图

表 2-10　射流式液动冲击器优选钻具组合

钻头	液动冲击器	扶正器	钻铤	钻杆
Φ241.3 mm(仿生耦合 PDC)	Φ178 mm 射流式	Φ239.3 mm	Φ127 mm	Φ127 mm

该钻具组合有较好的保直效果,对破碎地层具有较高的钻进效率,符合黄河三角洲深层卤水地层高效钻进的要求。

2) 参数的优化

液动射流式冲击器参数的优化是在冲击器外径、冲击功或冲击频率的约束条件下,确定出一组合理的设计参数,使冲击器的性能指标达到最优值。影响射流冲击器性能参数的因素很多,如冲击行程、活塞直径、活塞杆直径、冲锤质量、射流元件结构参数、泵压、泵量等。各因素之间有互相制约,在优化时,采用试验最优化的直接求优方法,确定最优设计参数和方案。

冲击功是设计冲击器的关键,也是决定破碎岩石效果的基本条件。确定冲击器的单次冲击功要考虑到岩石的性质、钻孔直径、钻头上切削齿的数目及水泵能量。确定最大单次冲击功为 700 J。在其他技术参数相同的条件下,冲击频率设计为 15~25 Hz。

影响冲击器性能参数的主要因素有冲击行程、冲锤质量、活塞直径、活塞杆直径。为确定冲击器合理的结构参数,需在一定的约束条件下,对射流式冲击器进行正交试验。根据正交设计理论,拟定四因素三水平的正交试验方案。四因素为冲击行程 s、冲锤质量 m、活塞直径 d、活塞杆直径 D。选定四因素的 3 个不同水平,如表 2-11 所示。

表 2-11　三水平四因素数据

水平	冲击行程 s/mm	冲锤质量 m/kg	活塞直径 d/mm	活塞杆直径 D/mm
Ⅰ	40	40	Φ85	Φ25
Ⅱ	60	45	Φ80	Φ30
Ⅲ	80	50	Φ95	Φ35

利用 $L_{12}(4^3)$ 正交表安排 12 个设计方案,选择冲击功、冲击功率、能量利用率、流量利用率为优化目标进行试验,可以分析出影响优化目标函数的主要因素。

（1）以冲击功（W）为优化目标函数，分别计算 I、II、III 水平所对应的平均效果 I_w、II_w、III_w 以及它们之间的极差 R。然后取 I_w、II_w、III_w 为纵坐标值，诸因素为横坐标，作出诸因素与冲击功之间的关系，如图 2-23 所示。

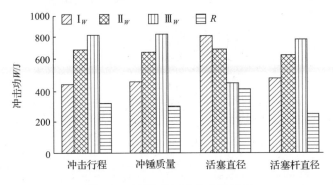

图 2-23　诸因素与冲击功的关系

按极差大小排序，影响冲击功的因素主次顺序为：活塞直径→冲击行程→冲锤质量→活塞杆直径。活塞直径的极差最大，说明活塞直径影响冲击功最为显著，其次是冲击行程、冲锤质量、活塞杆直径。

（2）若以能量利用率（η_1）为优化目标，分别计算 I、II、III 水平所对应的平均效果 I_{η_1}、II_{η_1}、III_{η_1} 以及它们之间的极差 R。然后取 I_{η_1}、II_{η_1}、III_{η_1} 为纵坐标，诸因素为横坐标，作出诸因素与能量利用率的关系，如图 2-24 所示。

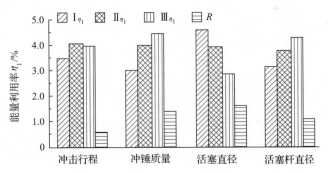

图 2-24　诸因素与能量利用率的关系

按极差大小排序，影响能量利用率因素的主次顺序为：活塞直径→冲锤质量→活塞杆直径→冲击行程。活塞直径的极差最大，说明活塞直径影响能量利用率最为显著，其次是冲锤质量、活塞杆直径、冲击行程。

（3）若以流量利用率 η_2 为优化目标，分别计算 I、II、III 水平对应的平均效果 I_{η_2}、II_{η_2}、III_{η_2} 及它们之间的极差 R。然后取 I_{η_2}、II_{η_2}、III_{η_2} 为纵坐标，诸因素为横坐标，作出诸因素与流量利用率的关系，如图 2-25 所示。

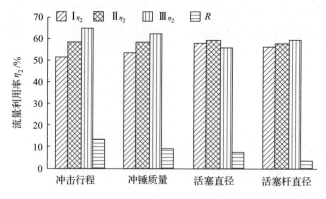

图 2-25　诸因素与流量利用率的关系

按极差大小排序,影响流量利用率的因素主次顺序为:冲击行程→冲锤质量→活塞直径→活塞杆直径。冲击行程的极差最大,说明冲击行程影响流量利用率最为显著,其次是冲锤质量、活塞直径、活塞杆直径。

(4) 以冲击功率(P)为优化目标函数,分别计算Ⅰ、Ⅱ、Ⅲ水平所对应的平均效果Ⅰ$_P$、Ⅱ$_P$、Ⅲ$_P$以及它们之间的极差R。然后取Ⅰ$_P$、Ⅱ$_P$、Ⅲ$_P$为纵坐标值,诸因素为横坐标,作出诸因素与冲击功率之间的关系,如图 2-26 所示。

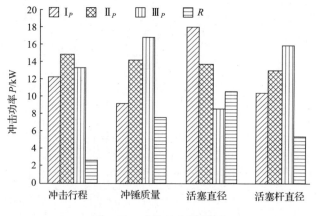

图 2-26　冲击功率的关系

按极差大小排序,影响冲击功率的因素主次顺序为:活塞直径→冲锤质量→活塞杆直径→冲击行程。活塞直径的极差最大,说明活塞直径影响冲击功率最为显著,其次是冲锤质量、活塞杆直径、冲击行程。

由以上分析可知,泵压上升,冲击功增加,冲击频率增加;活塞与活塞杆直径的面积差减小,泵压上升,冲击功、冲击频率增加。因此,设计冲击器时,可以通过增加锤重或减小面积差来利用高压,降低对泵量的需求,设计低流量高泵压的射流冲击器。反之,可以通过减小冲锤质量或增加面积差来减小压力,设计大流量低压力的冲击器。在满足冲击功、冲击频率的基础上,再以能量利用率最大作为设计目标进行设计。

3) 工艺优化

对钻具组合的钻进工艺参数进行了优化。

(1) 钻压、转速、冲洗液量的优化。

钻压:在中硬以下(小于 8 级)岩石中钻进时,随着轴向压力的增加,平均机械钻速有所提高,但钻进硬岩层时,轴向压力超过 500～600 kg 时会引起钻头的过度磨损;小于 300～400 kg 时,冲击器的反作用力又使钻具活接头处脱开,从而降低了冲击能量,使钻速下降;因此,在实际钻进中,选择适宜的轴向压力对提高钻进效率影响很大,一般在硬岩层选用 400～500 kg 为宜,钻进 5～6 级软岩时,选用800～1000 kg 为宜。

转速:应选用低转速,这主要是为了降低切削具刃角的磨损和增加回次进尺长度。增加转速,在冲击频率不变的情况下,就等于相对增加二次冲击的间距,增大了切削具的切削行程。由于间距太大,前次冲击破碎穴的自由面不能充分利用。反而降低了钻进效率,所以冲击回转钻进应选用低转速钻进为宜。硬质合金钻进硬的或强研磨性、破碎的岩石,钻具的回转速度一般选用 30～45 r/min,岩石愈硬,其转速应愈低,如果转速提高,则冲击间距大,容易过早地磨损或崩坏硬质合金,从而降低了破碎岩石的效果。钻进软岩层或裂隙发育的岩层时,钻具的转速一般选用 120～150 r/min,最高转速不要超过 150～270 r/min,以便充分发挥切削破碎岩石的效用;液动冲击器的冲击频率高时,其钻具回转速度应适当高些,反之则低些;液动冲击器的冲击功大时,可适当提高钻具回转速度,反之则小。

冲洗液量:只要地层允许,泥浆泵工作正常,就应尽量满足冲击器工作时所需的冲洗液量,而且还需适当增大冲洗液量,以补充管路各接头等处的泄露。洗液量为 80～150 L/min;射流式冲击器一般需要的冲洗液量为 200 L/min 左右。泵压除克服冲击器及管路上的阻力损失外,还应满足冲击器做功的需要,随着泵压的增高,冲击器的频率及冲击功也相应增高。射流式冲击器一般需要 2.5～4.0 MPa。同时随钻孔的延深、管路损失的增加,平均每百米需增加 0.2～0.3 MPa。为了确保液动冲击器的正常工作,在完整或比较完整地层,可选用清水作冲洗液钻进;钻进复杂地层,应选用分散性泥浆或不分散低固相或无固相泥浆。但选用泥浆钻进时,应注意采取除砂措施,以防止大颗粒岩粉及其他杂物堵塞冲击器的水路,或卡塞其运动部件造成冲击器失灵,影响其使用寿命。

(2) 冲击功、冲击频率的优化。

在钻进过程中,体现冲击器工作能力的参数是冲击功 A 和冲击频率 f,表明冲击器工作效率的参数是流量利用率 η。主要通过泵量来确定这些参数。试验中分别采用 144.6 L/min、240.75 L/min 和 344.73 L/min 三个流量进行试验,并绘制出泵量 Q 与冲击功 A、冲击频率 f 之间的关系曲线(图 2-27),以及泵量 Q 与泵压 p、流量利用率 η 之间的关系曲线(图 2-28)(菅志军等,2002;2000)。

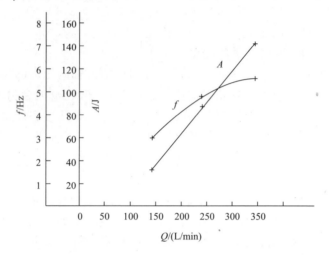

图 2-27 泵量改变与冲击功、冲击频率关系

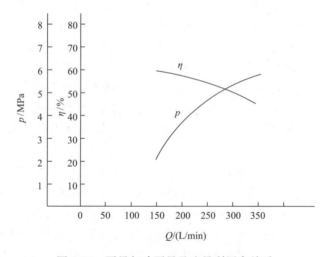

图 2-28 泵量与冲泵量及流量利用率关系

分析图 2-27 曲线可以看出,在一定条件下,随泵量的增加,冲击功近似呈线性增加的趋势,冲击频率的增加较冲击功增加幅度慢,呈曲线增加趋势。这种变化关系可从喷嘴特性及射流附壁的特性来解释。由于喷嘴处射流的速度很高,水泵输出的能量在喷嘴处几乎全部转化为动能,然后在射流元件的受流口(输出道)处,又几乎全部转化为压力能。水泵输出流量越大,喷嘴处流速越高,根据射流附壁理

论,射流附壁越稳定,受流口的流量收获量越大,于是活塞上腔压力升高,活塞冲锤的运动加速度增加。若将活塞冲锤的运动近似为等加速度运动,冲击功近似呈线性增加的趋势。至于频率变化曲线,由于考虑到冲锤回程的影响,其趋势变缓。

图 2-28 的曲线变化需考虑用喷嘴及射流冲击器的负载特性来解释。由于喷嘴的作用,水泵输出的泵压很高,而流体在进入喷嘴前的流速较低,可近似认为,喷嘴处流速的动能主要由压力能转化而来。随着泵量的增高,喷嘴处流速很快增高,泵压亦必随之增高,考虑到泵压的升高亦受到负载的影响,当泵压升高到一定程度,活塞冲锤运行速度加快,甚至会出现瞬时流量大于水泵供给流量的现象。由于射流冲击器属一开放的系统,所以这种补充是可以实现的,所以表现出一定程度下泵压的升高趋缓。流量利用率随泵量增大而降低的结果也可以由上面的观点解释。仅以冲程为例,冲击末速度越高,外界补充流量越多,则在活塞运动消耗流量中,消耗水泵供给流量所占的比例越低,即体现在流量利用率的降低。

在泵压、泵量及其他条件基本不变的条件下,可以通过改变行程 s 来改变冲击功和冲击频率。如图 2-29 所示,随着行程的增加,冲击功近似呈线性增加的趋势,频率近似呈双曲线趋势下降。由射流冲击器的动态曲线可知,冲击器工作时压力较平稳,水击压力的作用时间短,峰值低,所以冲锤的末速度主要取决于工作腔内液体的作用力及力的作用时间,行程增加,力的作用时间延长,引起冲锤末速度的提高。由于行程的增加,频率较大幅度地下降,单位时间射流切换的次数减少,从而减少了因射流切换引起的能量损失。

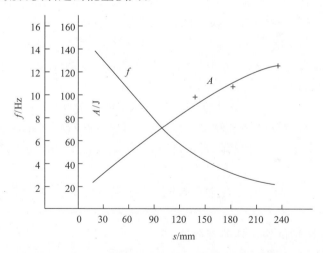

图 2-29　行程变化与冲击功、冲击频率的关系

此外,冲锤质量也对冲击功和冲击频率有影响。冲击功随锤重增加呈曲线增加的趋势,而冲击频率呈曲线下降的趋势。由于在回程中,重力方向与冲锤运动方

向相反,随锤重的增加,冲锤运动的加速度减少,它主要影响冲击频率的改变。冲击功随锤重变化的幅度大小取决于行程。在行程较大的条件下,增大冲锤质量对提高单次冲击功具有重要意义。

根据地层情况,在钻进过程中选用合适的泵量、冲击功和冲击频率,有利于提高钻进效率。在较软的泥岩钻进时,选用高冲击频率、低冲击功;在较硬的砂岩钻进时,选用高冲击功、低冲击频率。

综上所述,该钻具组合选用的钻进工艺参数如表 2-12 所示。

表 2-12　钻进工艺参数表

名称	钻压/kg		转速/(r/min)		冲洗液量 /(L/min)	泵压/atm
	砂岩	泥岩	砂岩	泥岩		
参数	400～500	800～1000	150～270	120～150	200	初始 25～40,以后平均每百米需增加 2～3

注:1 atm=1.013 25×10⁵ Pa。

2.2.4　结论

(1)通过对黄河三角洲深层卤水地层特征的调查与评价,为了适应该地层的特点,提高钻进效率,对钻具组合进行优选。通过对多种液动冲击器的适应性和优缺点进行分析,选择射流式液动冲击器进行冲击回转钻进,最终选用 Φ178 mm 射流式液动冲击器、Φ241.3 mm 仿生耦合 PDC 钻头、Φ239.3 mm 扶正器、Φ127 mm 钻铤、Φ127 mm 钻杆,进行钻孔保直的钻具组合。

(2)冲击器参数优化可以通过增加锤重或减小面积差来利用高压降低对泵量的需求,设计低流量高泵压的射流冲击器。反之,可以通过减小冲锤质量或增加面积差来减小压力,设计大流量低压力的冲击器。

(3)钻进工艺优化主要是针对射流式液动冲击器,通过对泵量、冲击功和冲击频率的优化可以有效提高钻进效率。根据地层情况,在较软的泥岩钻进时,选用高冲击频率、低冲击功;在较硬的砂岩钻进时,选用高冲击功、低冲击频率。

2.3　黄河三角洲深层卤水地层钻探钻井液

2.3.1　卤水地层钻进施工钻井液概述

钻井液作为钻井工程的"血液",在钻井工程中起到悬浮岩屑、稳定井壁、润滑钻头等作用,对钻进成井至关重要(王中华,2011b;张启根等,2007)。

根据钻井液中流体介质和体系的组成特点,总体上可将其分为水基钻井液、油基钻井液、合成基钻井液和气体型钻井流体等类型。具体如图 2-30 所示。

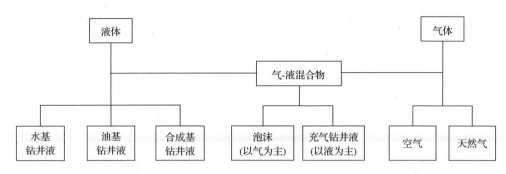

图 2-30　钻井液中流体介质和体系类型

水基钻井液是目前实际应用最多的体系,根据其组成不同又可分为以下类型:分散钻井液;钙处理钻井液;盐水钻井液;饱和盐水钻井液;聚合物钻井液;钾基聚合物钻井液等。其中饱和盐水钻井液是指钻井液中 NaCl 含量达到饱和时的盐水钻井液体系。它可以用饱和盐水配成,亦可先配成钻井液再加盐至饱和。饱和盐水钻井液主要用于钻易水化坍塌井段或大段岩盐层和复杂的盐膏层,也可作为完井液使用。

在钻进过程中,钻遇大段岩盐层、盐膏层或盐膏与泥页岩互层等地层时,使用分散钻井液情况下,大量无机盐(NaCl,KCl,MgCl$_2$ 等)会溶解于钻井液中,影响钻井液的黏度、切力及滤失量等性能,易造成井壁坍塌、井径扩大、卡钻等严重钻井事故,甚至影响固井、成井质量(吴虎等,2007)。因此在膏岩层钻井中,钻井液性能需要满足以下要求:①具有合适的密度。这是盐膏层钻进的关键。若用低密度钻井液(密度 1.078～1.314 kg/L),应该是含盐量低的水基钻井液;若用中等密度钻井液(密度 1.437～2.036 kg/L),应该是水相饱和的油基钻井液和含盐量高的水基钻井液;若用高密度钻井液(密度 2.036～2.276 kg/L),应该是水相饱和的油基或水基钻井液,并用盐抑制剂来达到盐的饱和状态。②抑制无机离子的污染。钻盐膏层时,涌入钻井液中造成污染最严重的是 Ca^{2+},可加入 Na$_2$CO$_3$ 和 NaHCO$_3$ 除去 Ca^{2+}。③抑制黏土活性矿物水化。钻井液中必须保持一定的 KCl 含量。海水钻井液中 KCl 用量一般是淡水钻井液中 KCl 用量的 2.5 倍,而饱和盐水钻井液中 KCl 用量是淡水钻井液中 KCl 用量的 3.5 倍。④盐膏层钻井液要具有合适的流变性和润滑性。⑤盐膏层钻井液要具有合理的滤失造壁性。⑥盐膏层钻井液腐蚀性尽可能低且能抗高温(李军,2012)。

目前国内主要研究的盐膏层钻井液体系,包括:油基体系、阳离子聚合物盐水体系、欠饱和盐水体系、膨润土饱和盐水体系、聚合物钾盐饱和盐水体系、MMH 聚合物饱和盐水体系等(张艳娜等,2011;王中华,2011a;岳前升等,2013;王佩平等,2006)。其中油基钻井液体系由于较高的成本和易引起环境问题,从 20 世纪 80 年代以来应用十分有限。近来随着深井、超深井以及井况复杂钻进的数量增加,油基钻井液需求日趋增加。尽管如此,其较高成本及其易对储层造成伤害的特点,造成评价地层性质困难等问题,应用受到一定限制。欠饱和盐水体系主要用于盐膏地层中,提供足够的 Cl^-,同时能够有效抑制井壁泥页岩的坍塌,但是在卤盐地层钻探中,欠饱和盐水体系无法保证岩心的溶解,无法保证取芯率(赵静杰,2010)。聚合物钾盐饱和盐水体系结合了 KCl 及聚合物钾盐优异的水化抑制性和聚合物良好的流变特性,在泥页岩地层钻进中具有良好的防塌效果。MMH 正电胶聚合物饱和盐水体系主要是由具有类水滑石层状结构的金属氢氧化物组成的,正电胶由于晶体结构中的同晶置换作用带有永久正电荷,与黏土-水体系形成复合体结构,静止时形成稳定的网络结构,在外界搅拌作用下,网络结构极易被破坏,因此具有优异的剪切稀释性(Baruah et al.,2013)。同时研究表明,该体系钻井液具有良好的抑制钻屑分散性和稳定井壁的性能。但是正电胶饱和盐水体系对外加其他处理剂响应敏感,同时滤失量偏大及可配伍的降滤失剂有限等,其应用推广也受到了一定限制。

膨润土饱和盐水体系仍然是卤盐地层钻进施工中应用最广泛的钻井液体系。膨润土作为钻井液基浆材料的研究及应用历史悠久,在水相中膨润土作为钻井液基浆材料,自身具有良好的悬浮性及胶凝性,能够起到携带岩屑及改善流体黏度的作用。然而,在无机盐溶液中,膨润土的水化分散能力受到抑制,悬浮和造浆性能急剧下降,需要大量处理剂进行调整,同时,在深井高温条件下,膨润土容易发生高温胶凝或分散,造浆性能容易丧失。因此,在高温及高盐度钻井液体系中,需要详细研究造浆黏土的性质,同时配合抗盐黏土作为基浆材料及加入其他处理剂,能够提高其在盐水中的分散并获得较高的黏度和切力(Abdou et al.,2013;柯扬船,2003;Tunc,2012;Ertuğrul and Turutoğlub,2011),进而保证钻井液性能的稳定。

位于塔里木盆地的羊塔克凝析油气田,在其第一口生产井——羊塔克 1-12 井钻探中,使用了饱和盐水钻井液。羊塔克凝析油气田属山前构造,地质疏松,易窜易漏;第三系地层上部以含膏泥岩和砾石层为主,中部为巨厚泥岩、夹膏质粉砂岩,下部为盐膏质泥岩,底部为薄石膏层。钻进使用的钻井液为:3%膨润土+1%烧碱+0.3%纯碱+3%DH-1+2%阳离子乳化沥青 YL-80 +0.05%抗盐结晶抑制剂+6%KCl+25%NaCl+10%SMP-Ⅱ+8%SPC+4%SYP-1+1%K_2SiO_3+2%SMT。该配方采用高密度 KCl-饱和盐钻井液钻复合盐层,利用 KCl 与聚合醇、K_2SiO_3 的协同作用增强了钻井液的页岩抑制性,有效地抑制了地层黏土矿物的水化膨胀,钻进过程中无掉块,起下钻顺利。在纯盐层中钻进时,Cl^- 的浓度一直处于饱和状态,钻井液未溶蚀井壁,井眼十分规则(蒋明英等,2010)。

在胜利油田盐下油气藏的重点探井利 97 井钻进施工中,由于该井位于利津洼陷北部陡坡带,井区地层为新生界第四系地层,为流沙层,地质疏松;新近系地层以棕黄色、棕红色泥岩及灰绿色泥岩为主;古近系地层上部以棕红、深灰、灰色泥岩为主,下部以膏岩、盐岩、盐膏质泥岩为主;沙四段目的层以砂岩为主。在邻井钻进中曾采用聚合物防塌钻井液、聚合醇钻井液体系等,效果均不理想,在不同程度上出现盐膏侵,导致划眼、卡钻等复杂情况发生。因此利 97 井使用了饱和盐水钻井液:0.1%FA-367+0.2%LV-CMC+3%SD-102+2%磺化沥青+3%KFT。在钻进施工中,很好地解决了泥岩段地层黏土矿物的水化膨胀、掉块等问题;采用饱和盐水钻井液控制 Cl^- 的浓度,很好地控制了钻井液流变性和滤失量,保证了钻进、完井及取芯过程都顺利完成,测井结果显示井眼相对规则(宋兆辉,2011)。榆阳区盐矿勘探工程项目中 S/D-2 井是一口石盐勘查孔,该井在 2480 m 以后钻遇了大段复杂的盐膏层,由于盐的溶解而造成井径扩大及盐析而结晶造成卡钻。施工中应用了聚磺欠饱和 NaCl/KCl 复合盐水钻井液体系,具体配方如下:5%膨润土+0.7%PAC+0.3%K-PAM+5%SMP-2+20%NaCl+8%KCl+2%改性石棉+0.3%FT341。该体系不仅具有良好的抗盐污染能力,同时具有较强的防塌能力,保证了施工顺利完成(赵岩等,2011)。在土库曼斯坦阿姆河右岸上侏罗系基末利石膏及盐层钻进过程中,萨曼杰佩构造盐膏层厚度约 500~1000 m,给钻井液施工带来了巨大的难度。施工中采用了聚磺饱和盐水钻井液体系:3%土浆+0.2%NaOH+0.2%Na_2CO_3+0.2%包被剂+1%抗高温降失水剂 S+1%抗盐降失水剂 C+2%防塌润滑剂 L+2%抗高温降失水剂 P+1%润滑剂 R+35%NaCl+7%KCl+$BaSO_4$。通过在该井的现场应用证明,该技术解决了钻遇盐膏层后的井壁失稳、钻井液污染等技术问题(金承平等,2010)。因此,以膨润土为造浆材料的饱和盐水钻井液在盐膏层钻进施工中已经得到了广泛和成功的应用,也为本书项目开展的饱和盐水钻井液体系的研究提供了基础。

抗盐耐高温黏土中,海泡石材料具有独特的优势。海泡石是一种纤维状镁硅酸盐黏土矿物,理论结构式为 $Si_{12}Mg_8O_{30}(OH)_4(H_2O)_4 \cdot 8H_2O$。其结构中具有层状和链状的过渡型特征,因此具有独特的孔道结构和极高的比表面积、孔隙率,同时也具有良好的吸附性和流变性能。在 20 世纪七八十年代,国外针对深井、超深井面临的高温钻进,曾利用海泡石材料作为抗高温钻井液造浆材料,尽管如此,受科研设备等限制,对海泡石材料的抗温、抗盐性能研究较少(Chemeda et al.,2014)。

由于海泡石材料独特的孔道结构和高比表面积,在高浓度无机盐体系中,材料能够保持良好的流变性。因此,我们对海泡石材料的流变性能开展了研究。由于其天然存储量有限,成本较高,海泡石材料在钻井液中的应用需要考虑经济性因素,因此通常在极端条件下特殊复杂钻进中能够得以应用。

在黄河三角洲地区进行卤盐矿示范井施工,需要针对其特定的地质组成及取芯要求开展钻井液的研究。黄河三角洲地区卤水层岩性为灰色、灰黄色、灰白色粉砂岩、含砾砂岩、泥质粉砂岩、灰质粉砂岩、细砂岩、粗砂岩、白云质粉砂岩等。根据以往地质资料勘探结果,施工设计钻遇地层为:2500 m 内由老到新有古近纪沙河街组和东营组,新近纪馆陶组、明化镇组,第四纪平原组。其中第四纪平原组的底板埋深 360 m,上部为浅棕黄、浅绿、灰色砂质黏土、黏土夹黏土质粉砂岩;下部为浅黄、浅灰绿色粉砂质黏土或浅灰绿色黏土质粉砂。新近纪明化镇组的底板埋深 1046 m,岩性为棕黄色、浅灰色、棕红色泥岩夹浅灰色、棕黄色粉砂岩及部分海相薄层岩。新近纪馆陶组的底板埋深 1360 m,下部为浅灰色、灰白色厚层含砾砂岩夹少量紫红色泥岩、灰绿色泥岩、粉砂岩构成正旋回。上部为灰色砂岩、粉砂岩与浅灰色、灰绿色砂质泥岩、泥岩、少量紫红色泥岩组成的正旋回结构。古近纪东营组的底板埋深 1708 m,为灰绿色、紫红色泥岩夹灰白色砂岩、含砾砂岩。古近纪沙河街组一段的底板埋深 1914 m,下部岩性为灰色、深灰色、灰绿色泥岩夹砂质岩、白云岩及钙质砂岩。中部为灰色泥岩夹生物灰岩、鲕状灰岩、针孔状藻白云岩及白云岩等。上部为灰色、灰绿色、灰褐色泥岩,夹钙质砂岩、粉细砂岩。古近纪沙河街组二段的底板埋深 2129 m,下段下部为灰绿色泥岩与砂岩含砾砂岩互层夹碳质泥岩。上部为灰绿色、紫红色泥岩与砂岩,含砾砂岩互层。上段为紫红色、灰色泥岩与灰色砂岩、含砾砂岩互层,地层厚 150~200 m。古近纪沙河街组三段中盆地东部为厚层粉细砂岩夹灰色泥岩、碳质泥岩。盆地西部为灰色、深灰色泥岩夹砂岩。

本书课题研究主要从黄河三角洲地区卤水资源的特点:分布广、资源丰度高、深层储量大等出发,针对饱和盐水钻井液普遍存在的流变性、抑制性、耐温性及易起泡等问题,以膨润土饱和盐水钻井液为基础,进行组分的优化选择,结合聚合物钾盐饱和盐水钻井液的优点,对现有膨润土饱和盐水体系进行优化和改进。需要解决钻井液体系的耐温性、钻井液起泡等问题。例如,使用盐重结晶抑制剂来解决深井中地表和井底温差大带来的无机盐重结晶问题,利用耐高温聚合物处理剂提高体系在井底高温下的性能稳定性,加入消泡剂解决钻井液起泡问题等。研究并获得具有良好流变特性、抑制性和耐高温饱和盐水钻井液,为深层卤水勘探开发提供技术支持。

2.3.2　黄河三角洲深层卤水高效开采护壁钻井液

针对黄河三角洲钻遇的泥岩、页岩等造成的井壁坍塌、钻孔缩径等关键问题,研究高聚物类钻井液、磺化类钻井液、饱和盐水钻井液等不同类型钻井液的护壁机理和效果,需要开发适合黄河三角洲深层卤水高效开采的护壁钻井液。

卤水资源勘探开发需要在岩盐层、盐膏层或盐膏与泥页岩互层等复杂地层进行钻进施工,特别是取芯钻探中,要求钻井液具有良好的护壁及抑制性能。

本书课题研究选择饱和盐水钻井液主要从以下两方面考虑:一方面是水基钻

井液中无机阳离子能够抑制黏土颗粒的水化膨胀和分散。阳离子通过压缩黏土颗粒的扩散双电层、降低黏土颗粒的电动电位、削弱黏土矿物的分散性,并在分散剂的协同作用下,形成抑制性粗分散钻井液,从而达到较好的护壁效果。抑制性直接影响钻井液中活性固相颗粒的分散度和外来地层黏土矿物在钻井液中的分散积累,化学抑制性越强,钻井液的流变性越稳定。含盐量越高,钻井液的抑制性越强,随着含盐量的下降,黏土颗粒趋于分散,对钻井液的流变性产生影响。另一方面为了避免对盐卤地层的溶蚀及岩心的溶解,进而保证较高的取芯率,使用饱和盐水钻井液是优先的选择。

另外钻井液的酸碱度直接影响体系的抑制性,pH 越高,抑制性越差,分散性越强,钻井液的流变性越不稳定。其主要原因是大量的 OH^- 促进黏土矿物分散。本书研究项目使用的饱和盐水钻井液配方 pH 维持在 8~12。

本书课题研究从物理、化学协同作用考虑,选择无机阳离子和有机聚合物,利用阳离子交换作用抑制黏土及页岩水化,同时有机大分子聚合物和小分子聚合物通过分子链及官能团螯合桥连作用吸附包被在泥页岩表面,进一步抑制泥页岩水化分散。通过多元协调互补防塌处理剂,能够改善滤饼质量,降低失水量,有效解决井壁稳定问题。

1. 钻井液组分优选

针对研究计划中高聚物类钻井液、磺化类钻井液、饱和盐水钻井液等不同类型钻井液的护壁机理进行分析后,主要对磺化类饱和盐水钻井液和聚合物饱和盐水钻井液开展了实验研究,主要内容如下:对两类饱和盐水钻井液材料及处理剂开展优选实验,确定基本配方及基本性能参数。针对钻进施工中聚合物饱和盐水钻井液的使用情况,根据地层状况进行了配方的优化和改进。

1) 实验测试仪器

ZNN-D6B 六速黏度计(青岛海通达专用仪器有限公司,中国);SD6A 型六联滤失仪(青岛海通达专用仪器有限公司,中国);高温高压滤失仪(OFI 公司,USA);LHG-3 高温老化罐(青岛海通达专用仪器有限公司,中国);GRL-2 高温滚子炉(青岛海通达专用仪器有限公司,中国);DV-IIILV 黏度计(Brookfield,USA);EP 极压润滑仪(OFI 公司,USA)。

2) 钻井液组分选择

以黄河三角洲地区示范井区域地质结构和初步井身设计为依据,设计了钻井液基本类型和性能参数,对钻井液进行组分优选。

分别对基浆膨润土(钠基膨润土、复合膨润土)、抗盐黏土、无机处理剂(烧碱、纯碱、重结晶抑制剂等)、有机处理剂(羧甲基纤维素钠、聚丙烯酸铵盐、防塌聚合物、降黏剂、润滑剂、消泡剂等)等进行了性能分析、厂家调研和材料选购。设计正交实验对适合黄河三角洲泥岩、泥砂互层地层使用的饱和盐水基钻井液组分及加量、性能参数进行了优选。

　　钻井液使用的原材料和处理剂的种类繁多。按其组成通常分为钻井液原材料、无机处理剂、有机处理剂和表面活性剂四大类。作为钻井液使用最多的配浆原材料——膨润土，根据产地不同，膨润土中主要矿物蒙脱石含量差异较大，其造浆效果往往有很大差别。通过实验室表征，获得了山东产地膨润土的 X 射线衍射谱图（图 2-31）。

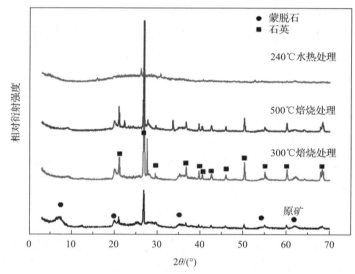

图 2-31　膨润土原料及其经过 240 ℃水热处理、300 ℃和 500 ℃焙烧处理后的 X 射线谱图

　　从图中可以看出，由于结晶 SiO_2 强衍射峰的存在，蒙脱石特征衍射峰显得较弱，同时蒙脱石衍射峰有宽化的特征，这主要是由于蒙脱石颗粒较小导致的。通过扫描电镜（图 2-32）证明了蒙脱石片层的尺寸在 200～500 nm 之间。

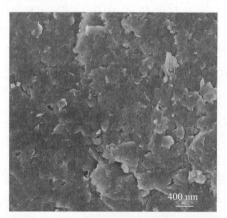

图 2-32　膨润土原料扫描电镜图片

钻井液基本组分及厂家:膨润土(Tech,山东省潍坊市华坤有限公司);抗盐黏土(Tech,山东潍坊龙凤膨润土有限公司);海泡石(Tech,河北易县鑫昊海泡石厂);抗盐聚合物(Tech,北京诚通钻井材料厂);磺化沥青 FT-1(Tech,北京诚通钻井材料厂);磺化酚醛树脂 SMP-2(Tech,任丘市燕兴化工有限公司);磺化褐煤(Tech,任丘市燕兴化工有限公司);磺化单宁(SMT)(Tech,任丘市燕兴化工有限公司);水解聚丙烯腈铵盐(Tech,北京诚通钻井材料厂);纯碱(Tech,河南骏化发展有限公司);消泡剂(Tech,北京诚通钻井材料厂);降黏剂(XY-27)(Tech,山东得顺源石油科技有限公司);腐殖酸钾(Tech,华盛化工有限公司);KCl(AR,北京化学试剂有限公司);NaCl(AR,北京化学试剂有限公司);NaOH(Tech,淄博三银化工有限公司)等。

(1) 钻井液基浆造浆材料性能评价及优选。

测定钠基膨润土、抗盐黏土、海泡石造浆材料不同温度、不同加量、不同 pH,16h 老化造浆材料前后性能的变化情况。

实验条件:在温度 50 ℃、100 ℃、150 ℃,加量 1%、2%、3%、4%情况下造浆材料的流变性及滤失性能变化。计算方法为:AV(表观黏度)用 η_A 表示:$\eta_A = \frac{1}{2}\phi_{600}$,PV(塑性黏度)用 η_p 表示:$\eta_p = \phi_{600} - \phi_{300}$,YP(动切力)用 τ_d 表示:$\tau_d = 5.11(2\phi_{300} - \phi_{600})$,FL:API 失水量。

从钠基膨润土实验数据(表 2-13)可以看出,基浆表观黏度随着温度升高而增大,即钠基土会变得越稠,流动性减弱,说明膨润土在高温老化后进一步水化分散。

表 2-13　钠基膨润土在不同温度下老化性能

温度	加量(质量分数)	AV/(mPa·s)	PV/(mPa·s)	FL/mL	泥皮/mm
50 ℃	1%	0.7	0.45	32	0.1
	2%	1.1	1.2	26	0.15
	3%	2	2	17	0.5
	4%	4.5	3.5	14.8	0.8
100 ℃	1%	0.75	0.7	33.4	0.1
	2%	1.5	2	22	0.8
	3%	2.75	1.7	15	1.0
	4%	6.5	5	14	1.2
150 ℃	1%	1.25	1	36	0.15
	2%	2.25	2	24	0.9
	3%	7.25	6.5	23.6	1.2
	4%	7.75	5.5	17	1.5

研究抗盐黏土在加量 2%、3%、4%和 5%情况下,材料的流变性及滤失性能变化。人工抗盐黏土实验数据如表 2-14 所示。

表 2-14　人工抗盐黏土在不同温度下老化性能

温度	加量 (质量分数)	AV/ (mPa·s)	PV/ (mPa·s)	YP/Pa	FL /mL	泥皮 /mm	pH
50℃	2%	2.50	1.50	1.30	34.00	0.8	10
	3%	5.00	3.00	2.04	26.00	1	10
	4%	10.0	4.00	6.64	2.00	2	10
	5%	7.75	3.50	4.25	24.00	1.5	10
100℃	2%	2.50	1.50	1.00	30.00	0.5	10
	3%	5.00	2.50	2.50	26.00	0.8	9.5
	4%	8.25	3.50	4.75	23.00	1	10
	5%	13.50	5.00	8.69	19.60	1	10
150℃	2%	2.00	2.50	−0.50	28.00	0.5	9
	3%	2.00	2.00	0.00	21.00	0.5	9.8
	4%	3.75	4.00	−0.25	20.00	1	10
	5%	4.75	5.00	−0.25	13.00	1	10

抗盐膨润土在不同温度条件下老化后,表观黏度变化也较大,但与钠基膨润土相比,具有一定的抗高温水化作用,主要是由于抗盐黏土中添加了其他处理剂。

进一步对具有较好抗温抗盐性能的海泡石材料进行了实验,实验测得的海泡石测试数据如表 2-15 所示。

表 2-15　不同加量海泡石在不同温度老化后性能

温度	加量 (质量分数)	AV/ (mPa·s)	PV/ (mPa·s)	YP/Pa	FL /mL	泥皮 /mm	pH
50℃	1%	0.5	0.9	0.4	全失	0.7	8.5
	2%	1	0.5	0.5	全失	1.5	8.5
	3%	1	1	0	全失	2.2	8.5
	4%	1.5	1	0.5	全失	4	8.5
	5%	2.25	2	0.25	全失	5	8.5
100℃	1%	1	1	0	全失	1	
	2%	1.00	0.50	0.50	全失		
	3%	1.75	1.00	0.75	全失		
	4%	2.00	1.00	1.0	全失		
	5%	2.50	1.80	0.7	全失		

温度	加量 （质量分数）	AV/ (mPa·s)	PV/ (mPa·s)	YP/Pa	FL /mL	泥皮 /mm	pH
	1%	0.6	1.1	−0.5	全失	1.5	9
	2%	1	1	0	全失	2.5	9
150℃	3%	1.5	0.5	1.0	全失		9
	4%	2	1	1.0	全失		9
	5%	3.25	2.5	0.75	全失	6.5	9

　　随着老化处理温度的升高，海泡石基浆材料表观黏度变化不明显，显示了较好的抗温性能，但是海泡石材料由于其纤维状结构的特点，材料造浆效率低，滤失性能差，需要配合膨润土和其他有机处理剂使用，以提高基浆的性能。

　　对膨润土/海泡石混合体系在不同浓度 NaCl 溶液中的流变特性进行了测试（图2-33）。

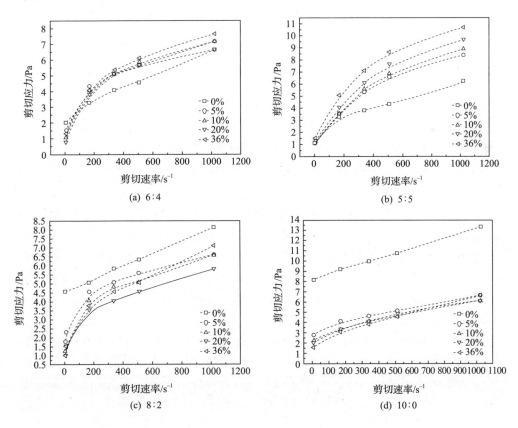

(a) 6:4

(b) 5:5

(c) 8:2

(d) 10:0

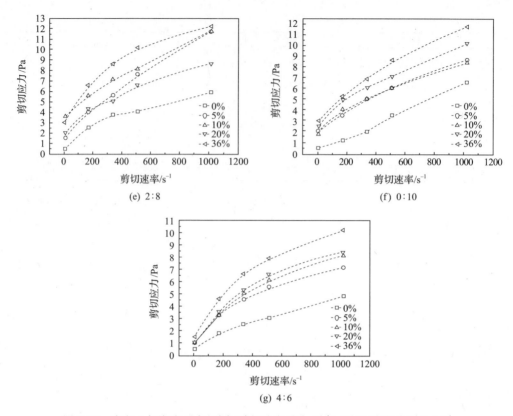

图 2-33   膨润土与海泡石在不同比例（总含量为 5％），NaCl 浓度分别为 0％、

5％、10％、20％、36％条件下，剪切速率与剪切应力关系

从测试结果可以看出，膨润土与海泡石不同比例混合体系，海泡石含量增加能够有效提高体系在高浓度无机盐溶液中的稳定性。膨润土∶海泡石比例为 6∶4 时，体系黏度受 NaCl 浓度的影响最小。海泡石高比表面积、丰富的孔道结构、纤维状形貌导致其在无机盐溶液中能够保持优异的悬浮特性，随着 NaCl 浓度的增加，海泡石基浆的黏度逐渐增加，与之形成对比的是膨润土基浆中，5％浓度的 NaCl 就能使溶液剪切应力显著下降约 70％。在膨润土基浆中添加海泡石材料，显著提高了抗盐能力。这一结果能够为未来深井、超深井高温盐卤矿勘探和开采钻井液技术提供研究基础。

通过对造浆黏土的性能分析，可知抗盐黏土经过高温老化后性能依然不稳定，调研显示抗盐黏土多为膨润土中加入抗盐处理剂获得，不利于后期体系性能的调节。同时海泡石材料成本高（高纯度约 5.0 万元/t），示范井工程实际井底温度低于 100℃，膨润土基浆可以满足施工要求。出于经济性考虑，本项目中选用普通钠基膨润土作为基浆材料。

在饱和盐水中,对不同含量膨润土基浆性能进行了评价。由表 2-16 可知,膨润土在饱和盐水中黏度较小,随加量变化也较小,滤失速度随着加量增加降低。考虑钻井液中固相含量要求及调研情况,将膨润土加量范围确定为 3%~5%。在后续处理剂的优选评价中,基浆配方确定为:4%膨润土+饱和盐水。

表 2-16　饱和盐水中不同加量钠基膨润土性能数据

加量 (质量分数)	AV/ (mPa·s)	PV/ (mPa·s)	YP/Pa	GEL($10''/10'$) /(Pa/Pa)	FL/mL
3%	1.8	1.6	0.2	0/0	3/50″全失
4%	2.4	2.2	0.2	0/0	5′20″全失
5%	2.4	2.2	0.2	0/0	8′10″全失
6%	2.5	2.1	0.4	0/0	9′40″全失
7%	2.9	2.6	0.3	0/0	18′10″全失
8%	3.0	2.7	0.3	0/0	27′30″全失

(2) 有机处理剂优选。

有机处理剂主要对增黏剂、降滤失剂、页岩抑制剂等开展优选实验。

饱和盐水钻井液中,增黏剂受到高浓度无机盐影响,增黏效果降低,因此需要优选抗盐增黏剂,从而提高体系稳定性。对三种材料开展对比实验,分别是高黏度羧抗盐共聚物(GTQ)、甲基纤维素钠盐(HV-CMC)和高黏聚阴离子纤维素(PAC-HV)。处理剂加量设定为:PAC-HV0.5%、HV-CMC1%、GTQ1%,三种处理剂的测试结果见表 2-17。

表 2-17　抗盐增黏剂性能测试

项目	AV/ (mPa·s)	PV/ (mPa·s)	YP/Pa	YP/PV	GEL($10''/10'$) /(Pa/Pa)	FL/mL
基浆	2.4	2.2	0.2	0.09	5′20″全失	2.4
基浆+1%HV-CMC	18	14	4	0.28	0.2/0.3	11
基浆+0.5%PAC-HV	17.5	13.5	4	0.29	0.3/0.6	8
基浆+1%GTQ	16	10.5	5.5	0.52	2/3.5	6.5

从数据可以看出,三种增黏剂加入基浆后的表观黏度相差较小,其中 GTQ 表观黏度最低,但动塑比最高,说明其携带和悬浮能力相对较强,同时具有最低的失水量,因此体系选择抗盐共聚物(GTQ)作为体系的增黏剂。

对于抗盐类降滤失剂,主要考虑了以下处理剂:磺化钻井液处理剂系列、磺化沥青等。对不同类型处理剂结构及性质进行了分析。

磺化钻井液处理剂,主要指"三磺"处理剂体系,用于高温钻井液中,其中磺甲基酚醛树脂Ⅱ型(SMP-Ⅱ或SMP-2)具有较小的分子量,且磺化度高,受无机盐电解质影响较小,抗盐抗钙能力强,抗钙能力可达到2000 mg/L,在饱和盐水钻井液中作为降滤失剂。本书项目研究中选用SMP-2为降滤失剂。同时磺化单宁(SMT)结构中的磺甲基,具有亲水性及抗盐能力,实验中磺化单宁主要用作抗高温水基钻井液的稀释剂。磺化褐煤树脂(SPNH)是一种性能良好的降滤失剂,其结构中含有羟基、羰基、亚甲基、羧基、磺酸基和氰基等多种官能团,具有优异的水化吸附能力,在盐水钻井液中抗温可达230℃,抗盐可达1.1×10^5 mg/L,在降滤失的同时,对钻井液的黏度影响较小,甚至具有一定的降黏作用,在高温下不会发生胶凝,性能优于同类的其他去磺化处理剂,因此适合在高温深井盐水钻井液中使用。

　　聚丙烯酸盐类处理剂中选择了水解聚丙烯酰胺铵盐(NH₄-HPAN)。铵盐是目前广泛应用的一种钻井液处理剂,具有降滤失、防塌(页岩抑制性能)、稀释等功能。NH_4^+阳离子具有和K^+阳离子近似的水化半径(~2.66 Å),因此具有较强的抑制性。黏土对阳离子吸附具有选择性,优先吸附水化能较低的阳离子(图2-34),K^+、NH_4^+比Na^+、Ca^{2+}优先被黏土吸附。被黏土吸附后,由于水化能低,促使晶层间脱水,压缩晶面层间距,形成紧密的构造,抑制黏土水化。同时KCl作为最常用的无机盐防塌剂,在盐膏层钻井液中用来抑制水敏性泥页岩地层的水化、防塌,在室内实验时进行了添加。

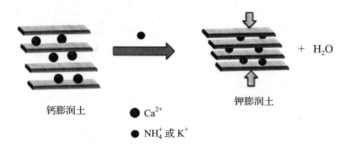

图 2-34　NH_4^+ 或 K^+ 抑制黏土水化机理示意简图

　　沥青类防塌剂选择磺化沥青(FT-1),其由沥青经发烟硫酸或SO_4^{2-}磺化而成的一种阴离子型高聚物处理剂。由于该结构中同时含有水溶性和油溶性基团,产品中80%的成分能水溶,另外有20%的不溶颗粒,能够用于200℃以上高温钻井及各种全盐量的钻井液中。已有研究发现磺化沥青分子中的磺酸基具有强水化作用,通过吸附在页岩界面上阻止页岩颗粒的水化分散,从而起到防塌作用。同时,不溶于水的部分不仅能填充孔口和裂缝,也可覆盖在页岩界面,改善泥饼质量。磺化沥青在钻井液中还起润滑和降低高温高压滤失量的作用,是一种具有堵漏、防塌、润滑、减阻、抑制等多功能的有机钻井液处理剂。本书项目研究选用了磺化沥青作为多功能处理剂。

2. 饱和盐水钻井液配方及性能

为了满足深层卤水钻探要求,解决钻进过程中可能遇到的高温、盐层等状况,在实验室内主要开展了两类饱和盐水钻井液的研究,分别为磺化类饱和盐水钻井液(ZJY1)和聚合物饱和盐水钻井液(ZJY2)。

1) 磺化类饱和盐水钻井液(ZJY1)

针对黄河三角洲地区钻探要求及项目计划研究内容,我们选定了磺化类饱和盐水钻井液(ZJY1)(表 2-18)和聚合物饱和盐水钻井液(ZJY2)的基本组分。

表 2-18　磺化类饱和盐水钻井液基本组分

序号	材料名称及代号	序号	材料名称及代号
1	膨润土/海泡石	7	磺化沥青(FT-1)
2	抗盐共聚物	8	纯碱
3	磺化单宁(SMT)	9	火碱
4	磺化酚醛树脂(SMP-2)	10	消泡剂
5	磺化褐煤	11	重结晶抑制剂
6	水解聚丙烯腈铵盐	12	NaCl

通过调研及对经验数据的查询,确定基本组分的加量范围。设计配方组分及加量如下:$3\% \sim 5\%$ 膨润土($2\% \sim 3\%$ 膨润土$+1\% \sim 2\%$ 海泡石)$+0.02\% \sim 0.04\% Na_2CO_3 + 0.5\% \sim 1.5\%$ 抗盐共聚物$+1\% \sim 3\%$ 磺化酚醛树脂(SMP-Ⅱ)$+2\% \sim 3\%$ 磺化沥青(FT-1)$+2\% \sim 3\%$ 磺化褐煤(SMC)$+0.5\% \sim 1.0\%$ 磺化单宁(SMT)$+0.5\% \sim 1.5\%$ 铵盐$+0.1\% \sim 0.3\%$ 火碱$+0.2\% \sim 0.5\%$ 重结晶抑制剂(JYYJ)$+0.1\% \sim 1\%$ 消泡剂$+36\% NaCl$。

设计七因素三水平正交实验进行加量优化(表 2-19),正交实验见表 2-20。室

表 2-19　七因素三水平正交表

七因素名称		三水平/%(质量分数)		
		1	2	3
A	抗盐共聚物	0.5	1.0	1.5
B	磺化单宁(SMT)	0.3	0.5	1.0
C	磺化酚醛树脂(SMP-2)	1.0	2.0	3.0
D	磺化褐煤	1.5	2.0	3.0
E	水解聚丙烯腈铵盐	0.5	0.9	1.5
F	磺化沥青(FT-1)	1.0	1.5	3.0
G	火碱	0.1	0.2	0.3

表 2-20 七因素三水平正交实验表

因素 & 水平(质量分数,%)

序号	抗盐共聚物	磺化单宁(SMT)	磺化酚醛树脂(SMP-2)	磺化褐煤	水解聚丙烯腈铵盐	磺化沥青(FT-1)	火碱	膨润土	纯碱	消泡剂	氯化钠
1	0.5	0.3	1	1.5	0.5	1	0.1	4	0.02	0.5	36
2	0.5	0.5	2	2	0.9	1.5	0.2	4	0.02	0.5	36
3	0.5	1	3	3	1.5	3	0.3	4	0.02	0.5	36
4	1	0.3	1	2	0.9	3	0.3	4	0.02	0.5	36
5	1	0.5	2	3	1.5	1	0.1	4	0.02	0.5	36
6	1	1	3	1.5	0.5	1.5	0.2	4	0.02	0.5	36
7	1.5	0.3	2	1.5	1.5	1.5	0.3	4	0.02	0.5	36
8	1.5	0.5	3	2	0.5	3	0.1	4	0.02	0.5	36
9	1.5	1	1	3	0.9	1	0.2	4	0.02	0.5	36
10	0.5	0.3	3	3	0.9	1.5	0.1	4	0.02	0.5	36
11	0.5	0.5	1	1.5	1.5	3	0.2	4	0.02	0.5	36
12	0.5	1	2	2	0.5	1	0.3	4	0.02	0.5	36
13	1	0.3	2	3	0.5	3	0.2	4	0.02	0.5	36
14	1	0.5	3	1.5	0.9	1	0.3	4	0.02	0.5	36
15	1	1	1	2	1.5	1.5	0.1	4	0.02	0.5	36
16	1.5	0.3	3	2	1.5	1	0.2	4	0.02	0.5	36
17	1.5	0.5	1	3	0.9	1.5	0.3	4	0.02	0.5	36
18	1.5	1	2	1.5	0.9	3	0.1	4	0.02	0.5	36

内实验方法如下:基浆(4%膨润土+0.02%纯碱)在高速搅拌下依次加入抗盐共聚物、磺化酚醛树脂、磺化单宁、磺化褐煤、磺化沥青、铵盐、火碱,充分高速搅拌溶解后,加入 NaCl 至饱和,最后加入消泡剂搅拌后,测试性能参数。

通过分析正交实验结果(表 2-21),考虑动切力和动塑比为主要因素,实验 10 为较优配方,因此确定了该体系饱和盐水钻井液基本配方为:4%膨润土+0.02% Na_2CO_3+0.5%抗盐聚合物+3%磺化酚醛树脂(SMP-Ⅱ)+1.5%磺化沥青(FT-1)+3%磺化褐煤(SMC)+0.3%磺化单宁(SMT)+0.9%铵盐+0.2%重结晶抑制剂+0.5%消泡剂+36%NaCl。

表 2-21　正交实验测实结果表

编号	AV/(mPa·s)	PV/(mPa·s)	YP/Pa	(YP/PV)/[Pa/(mPa·s)]	FL/mL	摩擦系数	pH
1	28.5	26	2.5	0.10	16	0.11	9
2	30.5	25	5.5	0.22	9	0.12	11
3	32.5	23	9.5	0.41	5	0.13	11
4	40	25	15	0.60	4	0.10	10
5	45.5	29	16.5	0.56	6	0.11	9
6	42	32	10	0.31	4.5	0.13	9
7	50	40	10	0.25	7	0.09	11
8	48.5	35	13.5	0.3	6	0.08	10
9	46.5	32	4.5	0.14	11	0.10	9
10	31	21	10	0.47	8	0.13	9
11	34.5	24	10.5	0.43	9	0.11	10
12	33	22	11	0.50	10	0.10	11
13	36	32	4	0.13	6	0.12	9
14	49	42	7	0.17	9	0.08	11
15	58	44	14	0.32	5	0.12	9
16	49.5	33	16.5	0.34	5	0.12	9
17	46	32	14	0.43	8	0.09	11
18	51	36	15	0.42	7	0.13	10

对该配方进行了常规性能、耐高温性能及页岩抑制性能测试。

常规性能结果如表 2-22 所示。

表 2-22　磺化类饱和盐水优化配方常规性能表

密度/(g/cm³)	AV/(mPa·s)	PV/(mPa·s)	YP/Pa	(YP/PV)/[Pa/(mPa·s)]	FL/mL	摩擦系数	漏斗黏度/s	pH	泥皮/mm
1.22	31	21	10	0.47	8	0.13	52	9	0.8

在 180 ℃ 条件下处理 16 h,对该配方的耐高温性能进行了测试,结果见表 2-23。

钻井液抑制性实验采用页岩滚动回收方法进行测定,岩样采用山东钙膨润土压制。实验方法如下:将 6~10 目岩样 50 g 分别放入装有 350 mL 蒸馏水和钻井液的老化罐中,120 ℃滚子炉中滚动 24 h,取出岩屑在 105 ℃下烘干,结果见表 2-24。

表 2-23　磺化类饱和盐水钻井液高温老化前后性能参数对比

项目	AV/ (mPa·s)	PV/ (mPa·s)	YP/Pa	FL/mL	HTHP/ (mL/30 min)	泥皮/mm
常温下	31	21	10	8		1.0
180℃,16h	17.5	13	4.5	12	18	0.6

表 2-24　页岩回收率实验

体系类型	岩屑回收量/g		岩屑回收率/%	
	20 目	40 目	20 目	40 目
蒸馏水	4.8	2.5	9.6	14.6
磺化类饱和盐水钻井液	43.8	1.3	87.6	90.2

通过以上室内实验研究,表明磺化类饱和盐水钻井液 ZJY1 基本配方具有良好的流变及滤失性能,同时磺化材料添加使钻井液具有较好的耐高温性能、良好的页岩抑制性,是一种适合在深层卤水钻探施工中使用的钻井液体系。

2）聚合物饱和盐水钻井液（ZJY2）

黄河三角洲地区深层卤水钻探井深设计为 2500 m,井底温度约 100℃,而磺化类饱和盐水钻井液耐温可达到 180℃以上,因此我们对不含"三磺"的聚合物饱和盐水钻井液进行了研究,用于示范井施工中。

根据调研及已有实验数据,设计聚合物饱和盐水钻井液基本组分（表 2-25）及配方为：3%～5%膨润土＋0.02%～0.03%纯碱（Na_2CO_3）＋0.1%～0.3%火碱（NaOH）＋1%～3%磺化沥青（FT-1）＋0.8%～1.5%抗盐共聚物＋0.5%～1.5%水解聚丙烯腈铵盐＋0.2%～0.5%腐殖酸钾（KHm）＋0.1%～0.4%XY-27＋0.1%～1%消泡剂＋36%NaCl。

表 2-25　聚合物饱和盐水钻井液基本组分

序号	材料名称及代号	序号	材料名称及代号
1	膨润土/海泡石	7	XY-27
2	抗盐共聚物	8	腐殖酸钾
3	磺化沥青（FT-1）	9	消泡剂
4	水解聚丙烯腈铵盐	10	重结晶抑制剂
5	纯碱	11	NaCl
6	火碱	12	KCl

同样设计正交实验（五因素三水平,见表 2-26）,优选各组分加量并进行性能测试。基浆为：4%膨润土＋0.02%Na_2CO_3,36%NaCl 最后加入钻井液中。

表 2-26　五因素三水平正交表

序号	因素 & 水平(质量分数,%)					加量(质量分数,%)		
	抗盐聚合物	磺化沥青	水解聚丙烯腈铵盐	XY-27	KHm	NaOH	膨润土	NaCl
1	0.8	1	0.5	0.1	0.2	0.2	4	36
2	0.8	1.5	1	0.2	0.2	0.2	4	36
3	0.8	3	1.5	0.4	0.3	0.2	4	36
4	1.2	1	1	0.4	0.3	0.2	4	36
5	1.2	1.5	1.5	0.1	0.3	0.2	4	36
6	1.2	3	0.5	0.2	0.5	0.2	4	36
7	1.5	1	1.5	0.2	0.5	0.2	4	36
8	1.5	3	0.5	0.2	0.5	0.2	4	36
9	1.5	3	1	0.1	0.3	0.2	4	36

　　综合正交实验结果(表 2-27),对影响因素进行分析,确定了聚合物饱和盐水钻井液基本配方:4%膨润土+0.02%纯碱(Na_2CO_3)+0.2%火碱(NaOH)+3.0%磺化沥青(FT-1)+1.5%抗盐共聚物+0.5%水解聚丙烯腈铵盐+0.5%腐殖酸钾(KHm)+0.2%XY-27+1%消泡剂+36%NaCl。该配方的常规性能见表 2-28。

表 2-27　正交实验测试结果

编号	AV/(mPa·s)	PV/(mPa·s)	YP/Pa	(YP/PV)/[Pa/(mPa·s)]	FL/mL	摩擦系数	pH
1	27	20	7	0.35	15	0.16	10
2	25	17	8	0.47	13	0.14	11
3	22	14	8	0.57	13	0.14	8
4	24.5	20	4.5	0.23	14	0.10	10
5	32	24	8	0.33	13	0.11	9
6	41	32	9	0.28	11	0.13	9
7	39	25	14	0.56	10	0.12	11
8	40.5	26	14.5	0.55	7	0.11	10
9	44	22	12	0.54	9	0.09	10

表 2-28　聚合物饱和盐水优化配方常规性能表

密度/(g/cm³)	AV/(mPa·s)	PV/(mPa·s)	YP/Pa	(YP/PV)/[Pa/(mPa·s)]	FL/mL	摩擦系数	漏斗黏度/s	pH	泥皮/mm
1.21	40.5	26	14.5	0.55	8	0.11	59	9	1.0

同样对该钻井液抑制性能进行了测试,方法同磺化类钻井液,120℃滚子炉中老化24h,岩屑在105℃下烘干,分别经40目、20目筛后称重。由实验结果(表2-29)可知,聚合物饱和盐水钻井液具有良好的页岩回收率。

表2-29　页岩回收率实验

体系类型	岩屑回收量/g		岩屑回收率/%	
	20目	40目	20目	40目
蒸馏水	4.9	2.3	9.8	14.4
聚合物饱和盐水钻井液	40.2	3.7	80.4	87.8

以上测试结果表明,项目研发的聚合物饱和盐水钻井液也具有良好的流变性、良好滤失性和页岩抑制性,同时钻井液组分无重金属,绿色环保,符合黄河三角洲地区深层卤水示范井设计钻井液要求,能够应用于示范井钻进施工。

3. 钻井液示范井现场应用

1) 钻井液在示范工程现场应用

示范工程位于山东省垦利县东兴地区,设计井深为2500 m,分两开施工,一开0~500 m:Φ346 mm(Φ273.05套管);二开500~2500 m:Φ241.3 mm(Φ177.8套管)。钻探现场钻井液使用情况为:500 m以下,清水自然造浆,补充适量膨润土辅助造浆;500~2500 m,使用项目研发的聚合物饱和盐水钻井液(ZJY2)。施工中根据实际地层情况进行调变,基本配方如下:3%~5%膨润土+0.02%~0.03%纯碱(Na_2CO_3)+0.1%~0.3%火碱(NaOH)+1%~3%磺化沥青(FT-1)+0.8%~1.5%抗盐共聚物+0.5%~1.5%水解聚丙烯腈铵盐+0.2%~0.5%腐殖酸钾(KHm)+0.1%~0.4%XY-27+0.1%~1%消泡剂+36%NaCl。钻井液设计性能参数见表2-30。

表2-30　现场钻井液设计性能参数

项目	性能指标
密度/(g/cm³)	随地层压力调节(0~1000 m,<1.15)、(1000~2500 m,1.20~1.29)
漏斗黏度/s	30~60
API失水量/mL	6~8
API滤饼/mm	<1.5
pH	9~11
含砂量/%	4~6
塑性黏度/(mPa·s)	10~20
动塑比	0.4~0.7
NaCl浓度	36%

现场使用的钻井液材料及厂家:膨润土(山东省潍坊市华坤有限公司);抗盐共聚物(北京诚通钻井材料厂);磺化沥青(北京诚通钻井材料厂);粉碎洗涤盐(山东省广饶明华盐业有限公司);氢氧化钠(淄博三银化工有限公司);腐殖酸钾(华盛化工有限公司);纯碱(河南骏化发展有限公司);水解聚丙烯腈铵盐(北京诚通钻井材料厂);XY-27 降黏剂(山东得顺源石油科技有限公司);消泡剂(北京诚通钻井材料厂)。

2) 钻井液现场应用及问题处理

深层卤水示范井主要以黏土、泥岩、砂岩为主,其中 1500～2500 m 主要以泥岩、泥岩砂岩夹层地层为主,导致钻井液出现起泡现象(图 2-35),且不易消除,加入消泡剂后消泡效果不明显。

图 2-35　现场钻井液起泡图片

为解决上述问题,对现场使用的材料、配方在实验室进行了测试分析,发现现场使用的钻井液材料合理,但处理剂加量有部分偏差,黏土加量偏大,降滤失剂加量偏高;钻遇大段泥岩地层,导致钻井液固相含量较高(达到 15%～20%),井底返回的气泡表面黏土含量高,液膜较厚,排出液体速度慢,表面张力较低,形成的气泡稳定,不易消除;钻井液中有机高分子处理剂如聚丙烯腈铵盐、磺化沥青等具有较高的分子量,分子间作用力较强,形成的泡沫稳定性较高。

以上原因综合导致钻井液性能不稳定,钻井液中形成的气泡难以消除。通过室内实验,提出解决方案:提高现场固相控制处理设备效率,用离心机去除体系中过高的黏土含量;加入不含膨润土的胶浆对现场钻井液进行稀释,稀释浆液成分为:饱和 NaCl,3%～5% KCl,1.0% 抗盐共聚物,0.2% 包被剂。等体积稀释原有钻井液,可以有效改善钻井液性能,处理前后钻井液性能参数见表 2-31。

表 2-31　现场钻井液处理前后性能参数

性能参数	表观黏度 /(mPa·s)	塑性黏度 /(mPa·s)	静切/动切	失水 (7.5/30)mL	相对密度	动塑比	泥皮厚度 /mm
处理前	32.5	16	29/33	4/7	1.3	1.03	1.0
处理后	17.5	13	3/6	5.5/10.5	1.2	0.35	0.4

钻井液性能恢复正常后,按照下述配方进行浆液补充:膨润土加量应小于3%,根据钻井液中固相含量调整;抗盐聚合物(降失水及调节流体性能)加量0.8%~1.0%;添加 KCl 作为抑制剂,提高对泥页岩的分散抑制性。调整之后形成的钻井液配方为:膨润土 3%,磺化沥青 1.5%,腐殖酸钾 0.3%,抗盐共聚物1.0%,水解聚丙烯腈铵盐 0.1%,纯碱 0.01%,火碱 0.3%,NaCl 36%,KCl 3%~5%,XY-27 0.2%,消泡剂 1.2%。配方中水解聚丙烯腈铵盐、腐殖酸钾以及 KCl 作为强抑制组分,利用有机聚合物、无机阳离子协同作用,通过化学作用抑制泥岩水化分散;同时磺化沥青作为物理封堵及防塌处理剂,保证了在长段泥岩钻进中井壁的稳定性。

钻井液经过后期调整后,很好地满足了现场施工要求,至 2500.66 m 顺利终孔,保证了钻进作业顺利完成。

2.3.3　结论

(1)项目完成了磺化类饱和盐水钻井液、聚合物饱和盐水钻井液基本组分及配方优选,进行了室内实验,获得了两类钻井液优选配方及性能参数,同时钻井液具有良好的流变性和抑制性能。

(2)针对黄河三角洲地区深层卤水示范井钻探地质情况,将聚合物饱和盐水钻井液在示范井钻进施工中进行了应用,现场钻井液基本配方为:3%~5%膨润土+0.02%~0.03%纯碱(Na_2CO_3)+0.1%~0.3%火碱(NaOH)+1%~3%磺化沥青(FT-1)+0.8%~1.5%抗盐共聚物+0.5%~1.5%水解聚丙烯腈铵盐+0.2%~0.5%腐殖酸钾(KHm)+0.1%~0.4%XY-27+0.1%~1%消泡剂+36%NaCl。通过调控钻井液组分种类和加量,有效地解决了现场钻井液出现大量气泡的问题,保证了钻井液性能稳定,顺利完成了示范井钻进施工。研发的钻井液有望在类似地层卤盐矿钻进施工中得以推广应用,同时为未来深层盐卤矿勘探及开发提供技术支持。

2.4　深层卤水完井方法及滤水管测试平台

2.4.1　完井方法及滤水管概述

完井作业是钻采工程中一项十分重要的工序,也是最后一道工序,是开采工程的开始。近年来人们逐渐认识到完井在油气田开发中的重要作用,国内外开始普遍重视完井技术。而完井工程当中,完井方法的优选尤为重要,完井方式的选择是否合理,直接关系到探井能否反映井下情况、油井能否长期稳定生产,并直接关系到油田田开发方案的正确执行和油田或油井的最终经济效益。如果方法选择不对,会伤害地层导致不出油、气,或产能大幅降低,探井不能发现油气,从而引起油、气勘探开发中的重大损失。对疏松砂岩油藏水平井来说,在石油开采过程中,由于地层各种因素以及生产因素引起的疏松砂岩储层出砂是导致储层损害、附加表皮增大和产能降低的主要原因,严重时导致地层亏空、坍塌,甚至引起套管破裂油井报废。不同完井方式防砂的效果不一样,造成的地层伤害也不一样,进而引起油井的产能也必然不同,最终引起油井的经济效益也不同。从这一点上讲,非常有必要进行疏松砂岩水平井完井方式优选的研究,了解各种水平井完井方法的特点、产能预测以及经济评价的方法,为选择合理的完井方式提供依据。

其次,从疏松砂岩的分布和水平井的应用来看,世界上油气资源的 70% 分布在疏松砂岩地层中,疏松砂岩油藏的广泛分布决定了其对石油工业的发展起着巨大的作用。疏松砂岩油藏出砂的可能性很大,选择合适的防砂完井方式,不仅关系着疏松砂岩油藏开采的最终经济效益,更关系着我国乃至世界石油工业的发展。水平井完井作为油气藏的一个重要的完井技术,对具有较好垂直渗透率的薄油层或是厚油层来说已经被证明是比较好的开采方式。与垂直井比较,水平井的优点有:增加产能,改善驱替效率,降低水锥或气锥效应,增大泄油面积。自从水平井广泛应用于油气田开发以来,油气产量获得了前所未有的突破,单井产量比以往增加了,整体采收率也提高了。于是,国内外也不断加大水平井的研究开发力度,水平井钻完井、开发技术不断进步。

在油气勘探开发技术比较发达的国家,人们十分重视完井方法的研究和应用,他们认为要使油气井获得最佳的经济效益,必须优化选择完井方法。截至目前,国内外常用的水平井完井方式有:裸眼完井、割缝衬管完井、绕丝筛管完井、射孔完井、裸眼砾石充填完井、套管砾石充填完井。射孔完井,可将层段分隔开进行分层作业,如堵水、分层开采等;割缝衬管完井,不能有效地将层段分开,分层措施作业困难;裸眼完井,用在坚硬不易坍塌的地层,特别是有垂直裂缝的地层,用裸眼封隔器等工具或适当的工艺可以进行分层措施,如堵水、酸化等。总之,每一种完井方法有各自的优缺点和适用条件。

对于防砂完井,筛管本身就是为防砂而设计的,具备了很好的防砂功能,还能支撑井壁。割缝衬管既能防止井眼坍塌,也具备了一定的防砂功能,在塔里木油田,割缝衬管(筛管)完井占 70% 以上。国内在“九五”期间对裸眼完井和射孔完井进行了砾石充填防砂技术的研究,并对水平井砾石充填进行了数值模拟,完成了水平井砾石充填技术的前期研究,随后进行了水平井套管内砾石充填技术的关键工艺和器材的攻关。水平井砾石充填防砂技术与常规的悬挂挂滤砂管防砂技术相比具有防砂效果好、工作寿命长等优点,国内的水平井防砂方式是各种防砂完井方式并行,而国外出砂油藏的水平井大都采用砾石充填防砂完井。砾石充填防砂分为裸眼砾石充填防砂和套管内砾石充填防砂两种。裸眼砾石充填防砂虽然更加经济,但容易受井壁稳定性、筛管居中性、充填液的漏失等因素的影响,实施难度大,风险高。套管内砾石充填防砂的技术关键是砾石的携带以及如何保证砾石在水平段不提前滞留形成砂桥或砂丘,从而保证使水平段的上侧也充填密实。

在水平井完井产能研究方面,国外从 20 世纪 50 年代就开始在实验室中应用电模型研究水平井生产动态。1958 年,苏联学者 Merkulov 首次提出了计算水平井产能方法。1964 年,苏联 Borisov 对水平井的发展过程和生产原理进行了较为系统的总结,给出了相应的产能计算公式。20 世纪 80 年代,法国学者 Giger 等根据 Borisov 公式,利用电模拟研究了水平井的油藏问题,并在 1984 年提出了水平井产能计算公式。1986 年美国学者 Joshi 利用电场流理论,假定水平井的泄油体是以水平井段两端点为焦点的椭圆体,对水平井产能计算公式作了详细的推导,同时根据 Muskat 关于油层非均质性和水平井位置偏心距的概念和计算,给出了考虑因素较为全面的理想完井水平井产能计算公式。20 世纪 90 年代后期,我国学者潘迎德、熊友明在 Joshi 公式的基础上,进一步研究了储层各向异性和井眼偏心距对产能的影响,引入了钻井和完井产生的表皮系数,针对不同的钻井和完井方式对 Joshi 公式进行了修正,给出了对应的产能预测公式,即实际完井条件下的水平井产能预测公式,这也是目前国内比较常用的水平井完井产能预测公式。

目前,国内外各油气田所采用的完井方法有多种类型,除了四大类常规完井方法,即射孔完井、裸眼完井、割缝衬管完井和绕丝筛管完井以外,还有裸眼井下砾石充填、预充填砾石筛管、管内下绕丝筛管、射孔套管内井下砾石充填、射孔套管内预充填类筛管完井等,其中以套管射孔完井应用得最为广泛,约占完井总数的百分之九十以上。除了裸眼完井和射孔完井外,其他完井方法都具备有一定的防砂功能。我国采用的完井方法也以套管射孔完井为主,约占总井数的百分之八十五,个别灰岩产层采用裸眼完井,少数热采或出砂油气田采用砾石充填完井。然而,在完井方法的选择,尤其在某些参数的确定上,科学性不够,与国外尚有一些差距。

国外自从 20 世纪 20 年代首次采用水平井尝试开发油气田以来,水平井完井技术不断获得新突破,完井方式从单一的裸眼完井发展到了包含各种井下工具、工艺在内的多种完井技术,在世界 20 多个产油国形成了用水平井开发油田的较大工业规模。国内从"八五"期间开始正式研究应用水平井技术,胜利油田于 1990 年完钻了第 1 口科学试验水平井——埕科 1 井,该井的成功投产,标志着胜利油田水平井技术从室内研究阶段步入了现场试验阶段。经过"八五"、"九五"的研究、试验和推广应用,水平井技术不断提高,已经成为新油田开发、老油田挖潜、提高采收率的重要技术。国内水平井完井技术发展可以分为两个阶段:

第一阶段(1991~1994 年)为科技攻关实验阶段。该阶段水平井技术处于探索发展阶段,以中、长曲率半径的水平井为主,主要应用在稠油砂砾岩油藏,主要采用射孔完井,也进行了个别井的割缝衬管完井试验,如胜利油田的草 20-平 2 井。

第二阶段(1995～2001 年)为大规模推广应用阶段。应用类型主要为中、短曲率半径的水平井,并且应用到多种油藏类型。

随着钻井工业技术进步,复杂结构井应用规模越来越大,应用领域越来越广,完井技术作为钻井和开采的核心环节,越来越被高度重视。完井技术直接决定了油田的开发速度、采收率、生产成本和后期的开发调整,是一项非常值得研究的重要课题。

如何科学、高效地开发这些地下资源,成为一个重大课题。而复杂结构井的应用需要复杂结构井完井技术的巨大支持。期望通过复杂结构井完井技术的研究,产生一批先进高效的工艺技术,并通过大规模应用,提高地下资源的开发水平、改善开发效果。

随着世界石油天然气勘探开发的不断发展,钻井技术经历了经验钻井、科学钻井和自动化智能钻井三个发展阶段,钻井新技术、新工艺和钻井新装备不断发展和完善。丛式井、水平井、小井眼侧钻水平井、大位移井、分支井等复杂结构井不断出现、发展和成熟。

水平井技术始于 20 世纪 30 年代,由于水平段井眼是沿着油层钻进,因而可最大限度地裸露油气层,提高油气井产量和采收率,对油气藏作横向探查,确定地层圈闭边界和断层闭合位置,并可减少水锥、气锥的影响,以及减少占地和其他工程建设费用,有效地降低油田综合成本,具有较好的经济效益,因而在国内外得到迅速发展和日臻完善。到 20 世纪末,全世界已完成水平井 23 385 口,并已向综合应用、集成系统方向发展和用于油田的整体开发。

我国于"八五"期间对该项技术进行了攻关,其后在各油田进行了推广应用和发展。目前国内已钻水平井近千余口,其技术已达国际先进水平,并形成了一整套综合性配套技术,已作为常规钻井技术应用于几乎所有类型的油藏。例如,在裂缝性油藏、屋脊断块层状油藏、厚层底水油藏、稠油油藏、低渗透薄层油藏、层状不整合地层油藏、整装高含水油藏等应用水平井技术,都取得了良好的开发效果和经济效益。水平井与同期调整井或周围直井相比,钻井费用约为直井的 1.5 倍,产量约为直井的 2～5 倍,单井增加可采储量约为直井的 2～3 倍。

小井眼套管开窗侧钻井能充分利用老井套管和地面设施,在老井油层套管内开窗,以较快的速度、较少的投资,重新侧钻出一个小直径井眼。该技术是钻井技术的一项重大发展,作为一项投资少、见效快的油气井工程技术,已在国内外得到迅速发展。随着相关的小井眼完井技术的发展和完善,该技术日趋成熟,用于套管损坏井开采剩余油,可提高油田采收率、降低钻井成本、提高油田整体经济效益,具有十分广阔的应用前景。

分支井技术是随着水平井、大位移井、老井开窗侧钻等技术发展起来的综合技术,国内外已完成分支井数千口,最高达 TAML 第 6 级,分支井完井工艺技术与工具也已成熟配套,可打捞式斜向器、封隔器、挠性管钻井系统、分支井眼内的尾管悬挂、分支点处机械与液力密封和采油等工具、工艺均已配套应用,可进行各种井眼、各种曲率半径分支井多种方式的完井作业,可任意对分支井眼进行选定性的作业及分采、合采作业。

裸眼完井法是指套管下至生产层顶板进行固井,生产层段裸露的完井方法。根据钻开生产层和下入套管的时间先后,裸眼完井法可分为先期裸眼完井法和后期裸眼完井法。先期裸眼完井法指钻头钻至生产层顶板附近,下套管固井,水泥浆上返至预定设计深度后,再从套管中钻空水泥塞,钻开生产层至设计井深完井;后期裸眼完井法指钻头直接钻穿生产层至设计井深,下套管至生产层顶板,然后固井。优点是:①成本最低,完井简单;②储层不受水泥浆的伤害;③允许在后期采取任何可能的完井方法;④产层裸露,渗流面积大,井完善系数高,完井周期短;⑤适用于以后井的调整。例如,以后若要插入一个带套管外封隔器的尾管甚至把裸眼井变为完全注水泥完井,也是有可能的。缺点是:①适应程度极低,易于产生井下坍塌、堵塞,甚至埋掉和部分埋掉产层;②增产措施效率低,大段酸化,无法控制应该吸酸和不该吸酸的井段。适用的地质条件:①岩性坚硬,井壁稳定不坍塌的储层;②单一厚储层,或压力、岩性基本一致的多层储层;③不准备实施分层开采,选择性处理的储层;④天然裂缝性碳酸盐岩或硬质砂岩;⑤短或极短曲率半径水平井。

砾石充填完井法是指在衬管和井壁之间充填一定尺寸和数量的砾石。可分为裸眼砾石充填完井和套管砾石充填完井。裸眼砾石充填完井指钻开生产层之前下套管固井,钻开生产层并扩孔下入筛管,井眼与筛管间环空充填砾石。砾石和筛管对地层的出砂起阻挡作用。套管砾石充填完井指在套管射孔完井的易出砂段下入筛管,筛管和油层套管之间环空中充填砾石。裸眼砾石充填防砂虽然更加经济,但由于受井壁稳定性、筛管居中性、充填液的漏失等因素的影响,实施难度大、风险高。而套管内砾石充填防砂的技术关键是砾石的携带以及如何保证砾石在水平段不提前滞留形成砂桥或砂丘,从而保证使水平段的上侧也充填密实。裸眼砾石充填完井优点为:①储层不受水泥浆的伤害;②可以防止疏松储层出砂和井眼塌垮。其缺点是:①不能实施层段的分隔,因而不可避免有层段之间的窜通;②无法进行选择性增产增注作业;③无法进行生产控制。适用的地质条件为:①无底水、无含水夹层的储层;②单一厚储层,或压力、物性基本一致的多层储层;③不准备实施分隔层段,选择性处理的储层;④岩性疏松出砂严重的中、粗、细砂粒储层。套管砾石充填完井优点为:①可以预防疏松储层出砂及井眼坍塌;②适宜于热采稠油油藏;③可以实施选择性地射开层段。其缺点是:①储层受水泥浆的伤害;②必须起出井下预充填砾石筛管后,才能实施选择性的增产增注作业。适用的地质条件为:①有底水或有含水夹层、易塌夹层等复杂地质条件,因而要求实施分隔层段的储层;

②各分层之间存在压力岩性差异,因而要求实施选择性处理的储层;③岩性疏松出砂严重的中、粗、细砂粒储层。

过滤管完井法是指直接钻穿生产层至设计井深,在生产层段下入带孔或割缝的过滤管,其余井段下入技术套管。割缝衬管的优点为:①价格低廉;②产层裸露,渗流面积大,流体流入阻力小;③选择合适的割缝衬管尺寸,能有效地控制部分出砂;④可防止井眼坍塌。其缺点是:①不能进行层段分离,实施分层开采;②无法控制割缝衬管与井眼之间的环空,故不能进行选择性增产措施作业;③生产控制差,不能避免层段间的干扰,窜流的可能性大。适用的地质条件是:①适用于井壁不稳定,有可能发生井眼坍塌的储层;②单一厚储层,或压力、岩性基本一致的多层储层;③不准备实施分层开采,选择性处理的储层;④出砂不严重的疏松产层。绕丝筛管的优点为:①产层裸露,渗流面积大,流体流入阻力小;②选择合适的不锈钢丝缝隙,能有效地控制大部分出砂;③可防止井眼坍塌;④耐腐蚀性强,使用寿命长。其缺点是:①价格昂贵,一般为割缝衬管的 3 倍左右;②不能进行层段分离,实施分层开采;③无法控制筛管与井眼之间的环空,故不能进行选择性增产措施作业;④生产控制差,不能避免层段间的干扰,窜流的可能性大。适用的地质条件是:①适用于井壁不稳定,有可能发生井眼坍塌的储层;②单一厚储层,或压力、岩性基本一致的多层储层;③不准备实施分层开采,选择性处理的储层;④出砂不严重的疏松产层。

固井射孔完井是目前国内最为广泛和最主要使用的一种完井方式。包括套管固井射孔完井和尾管固井射孔完井。套管射孔完井有利于避开夹层水、底水、气顶,可实施水平段分段射孔、试油、注采和进行选择性增产措施。目前胜利油田热采水平井以及先期防砂的水平井多采用此类完井方法,一般全井采用 $\Phi177.8$ mm 套管,热采水平井采用提拉预应力固井,水泥返至井口。尾管固井射孔完井有利于提高固井质量和保护油气层,在钻水平段过程中采用与油气层相配伍的钻井液,采用近平衡钻井或欠平衡钻井技术,最大限度地降低对油层的污染,保持油井产能。另外,这种技术可以降低钻井和完井成本,提高经济效益。目前采用此类完井方法的水平井占多数,多采用 $\Phi244.5$ mm 二套管挂接 $\Phi139.7$ mm 尾管完井,在水平井固井射孔完井工艺中,固井质量是至关重要的因素。为提高固井质量,主要采取了以下措施:使用添加剂改善水泥浆性能,分级注水泥,紊流或塞流顶替,采用管外封隔器,活动管柱,加装套管扶正器提高居中度,采用尾管固井等。

一般水平井采用负压射孔,对于地层疏松、胶结差的油藏采用近平衡压力射孔,高压地层和地层压力不明的情况下采用正压射孔水平井射孔,传送方式采用油管传送射孔枪,液压引爆。可以实现油管内憋压射孔,也可以在射孔枪上部接一筛管,全井憋压射孔,射孔后可不动管柱测压或生产。水平井射孔按布孔方式分为定向和不定向两种。

胜利油田的疏松砂岩油藏均选用定向射孔方式,一般采用 180°下相位 4 排布孔;对岩性较致密的油藏选用不定向射孔技术,采用全相位螺旋布孔。水平井射孔大多选用大孔径深穿透射孔弹,如 89 枪、89 弹,102 枪、89 型增强弹或 102 枪、102 弹,孔径 10～12 mm,孔密 16～22 孔/m。要保证最佳的射孔效果,就要研究和筛选适合油气层及流体特性的优质射孔液。射孔液性应能满足与油层岩石和流体配伍,防止射孔过程中和射孔后对油层的进一步伤害,同时又能满足射孔施工工艺要求,并且成本低,配制方便。目前常用的射孔液是无固相水基射孔液,基液选用处理过的本地区油田污水或卤水,加入黏土稳定剂、破乳剂、防腐剂等添加剂,地层漏失严重的还要加入屏蔽暂堵剂。除裸眼完井法,该方法是最经济的完井方法。缺点是射孔和固井时对产层损害较为严重;产层与井筒连通面积小;对流体阻力较大。套管射孔的优点为:①可实施最有效的层段分隔;②在生产井段能选择性地进行修井作业;③适合于多类油藏完井;④可进行各种井下增产措施。其缺点是:①过流面积小,完善程度低;②要求较高的射孔操作技术;③固井封固质量要求高,水泥浆可能损害气层;④注水泥和射孔的费用昂贵,工艺复杂。适用的地质条件为:①有边、底水层,易塌夹层等复杂地质条件,要求实施分隔层段的储层;②要求实施大规模高排量水力压裂作业的低渗透产层;③砂岩储层、碳酸盐岩裂缝性储层。

由上述分析可见,各种完井方法都有其优点与不足,应根据生产层地质条件来选择适当的完井方法。裸眼完井法适用于岩石坚硬致密,井壁稳定不坍塌的生产层、不要求分层开采的以及天然裂缝性碳酸盐岩或硬质砂岩。砾石充填完井适用于岩性胶结疏松,出砂严重的中、粗、细粒砂岩以及不要求分层开采的生产层。过滤管完井适用于井壁较稳定、不要求分层开采的生产层。射孔完井适用于进行分层开采生产层、裂隙型砂岩生产层以及井壁较不稳定生产层。

2.4.2　深层卤水钻探完井方法与滤水管选材

黄河三角洲地区含水层岩性主要为细砂岩、砂岩、中粗粒砂岩及含砾砂岩,结构松散、胶结性差,根据不同完井方法的优缺点、适用的地质条件,射孔完井法和过滤管完井法是适合深层卤水钻井的完井方法。采用过滤管完井法成井,滤水管的孔隙率可达 13%以上,其过水断面大,滤水管与含水层直接接触,涌水量大,可较真实地反映含水层的富水性。而射孔完井法水流通过射孔形成的孔洞进入滤水管再被提取出来,导致进水量减小,同时射孔时产生的套管钢材、水泥、地层岩石残渣呈碎屑状态存在,细微颗粒容易堵塞地层孔隙,使岩石孔隙度下降,减小出水量。

在过滤管完井施工中,滤水管是最关键部件,安装在井管的下部含卤水层处,主要起护壁及滤水挡砂作用。

卤水开采井能否正常工作及卤水开采量的多少均与滤水管的结构、材质等因素有关。选用适宜的滤水管,不但能防止涌砂,而且能得到最大的卤水开采量,并延长卤水井的使用寿命,获得最佳的经济效益。滤水管的类型很多,目前常用的有贴砾滤水管、桥式滤水管、缠丝滤水管(刘玉祥,2011)。

贴砾滤水管是在花管(井管壁上钻有透水孔的无缝管)上用专用模具粘贴相应规格的砾石,形成一个人工砾石层,结构如图 2-36 所示。该滤水管防砂效果好,价格低,较适用于细沙、粉细沙地层的水井。缺点是粘贴的砾石易掉块,且在生产过程中因使用固化剂、胶黏剂等化学物质,容易对井水造成污染。

桥式滤水管是指用钢板冲压、卷制、焊接而成的缝隙式滤水管,如图 2-37 所示。该滤水管因构造简单、价格低、重量轻得到广泛应用。但其孔隙率低且易受腐蚀的缺点也是显而易见的。

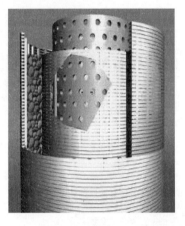

图 2-36　贴砾滤水管

图 2-37　桥式滤水管

缠丝滤水管是指经过轧制的截面呈"V"形或"T"形的钢丝连续缠绕焊接在相同(或圆形)截面的筋条上,形成一个笼状的具有连续缝隙的滤水管,因其钢丝截面呈上大下小、缝隙截面呈外小内大的梯形,故也称为梯形丝滤水管,如图 2-38 所示。缠丝滤水管优点是过滤性和透水性较好,适用于砂砾石、卵石地层,其缺点是用于缠丝的铅丝较多,在卤水地层容易被腐蚀导致滤水口被堵塞。

钻孔式滤水管通常采用 J55 或 N80 石油套管本体加工,强度高,不易变形;滤水孔采用钻孔形式,可根据地层情况进行任意选择,过流面积大,结构如图 2-39 所示。可整体进行防腐处理,在滤水管表面形成致密的防护层,提高了滤水管的腐蚀性和耐磨性,可有效延长井下工作寿命,因此在深层卤水开采过程中适宜选用。

本书课题研究从黄河三角洲深层卤水埋藏特点出发,优选合适的完井方法。研究完井方法中使用的滤水管力学性能参数检测装置,建立滤水管腐蚀模拟试验台,分析造成滤水管腐蚀失效的机理,研究滤水管在深层卤水条件下的腐蚀行为,为深层盐卤矿勘探及开发提供技术支持。

图 2-38　缠丝滤水管　　　　　　　　　　　　　图 2-39　钻孔式滤水管

　　根据示范井地层条件,课题组创新性选用钻孔式滤水管,并结合缠丝滤水管优势,研发了新型钻孔缠丝式滤水管(图 2-40)。管体采用 J55 型石油套管,并整体进行防腐处理,钻孔直径为 2 cm,钻孔间距为 2~6 cm。在滤水管外层连续缠绕 304 不锈钢丝,形成笼状的具有连续缝隙的滤水管,提高了滤水管的耐腐蚀性和耐磨性,且能有效防止滤水孔堵塞,保证采卤量。并且,采用横条缝的滤水管要好于竖条缝的滤水管。经试验表明:横条缝过滤管抗压强度比竖条缝高 10.5% 左右,而抗拉强度基本一致。所以,在水井中尽可能选择横条缝过滤管。

图 2-40　新型钻孔缠丝滤水管

2.4.3　滤水管性能测试平台及评价

1. 滤水管腐蚀机理研究

由于滤水管所处的地下环境复杂,既有腐蚀性水质,又有高温、微生物的作用,所以滤水管的腐蚀是卤水开采井成井过程中需要重点考虑的问题之一。

滤水管腐蚀形态具有多样性，存在点蚀、孔蚀、缝隙腐蚀、应力腐蚀等，但是它们产生的原因是一致的，都是由于化学和电化学的共同作用（庄东汉和王志文，2009；侯玲玲，2012；周宗强，2009；刘福国，2008）。已有研究表明，金属在水溶液中发生腐蚀时，是伴有化学腐蚀和电化学腐蚀的同步发生。两种腐蚀形态对滤水管的性能，包括寿命、强度等影响极大。

化学腐蚀是指金属与非导电介质直接接触发生的纯化学反应，一般发生在干燥的空气中或非电解质溶液中。在电解质溶液中，化学腐蚀转化为电化学腐蚀（Macdonald，1992；Peng et al.，2012）。在常态下，金属氧化反应随温度的升高，金属自发氧化的趋势反而减小。根据这一理论，单纯从化学热力学的角度来分析，地下水温度的升高，有利于保护井管的腐蚀。但在实际腐蚀中，地下水温度的升高，会使井管的腐蚀速度大大加快。同时，金属腐蚀速度还取决于表面氧化膜的性质。在井管中的腐蚀过程，是以电化学腐蚀为主并伴有其他反应的复杂过程。

从化学反应的角度，井管氧化包括氧在金属表面的物理吸附，化学吸附，氧化物生核、长大和直至形成氧化膜的过程。在氧化初期，生成的氧化膜很薄，金属原子和氧原子通过双面扩散在膜中相遇，使膜增厚，如图 2-41 所示。氧化膜的形成可以阻止金属原子和氧原子继续扩散，对井管的腐蚀有保护作用。氧化膜内金属的继续氧化是一个复杂的过程。

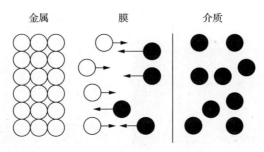

图 2-41　金属与介质的原子双向扩散示意图

电化学腐蚀是由于金属井管的材质不均或含有其他杂质，在电解质溶液中形成原电池而引起的（薛玉娜等，2013；孙建波等，2008）。在井内环境下，由于井管的材料不可能是完全一样的，且含有杂质，泵与其连接的泵管的金属性质也不可能完全相同，这些都造成了井内电极电位的差异，也就构成了多种腐蚀电池，尤其是一些微观的腐蚀电池，更加剧了井管的腐蚀。

电化学腐蚀反应时，是在金属与电解质溶液之间的界面上，而这个带电的界面就称作双电层。当金属浸入电解质溶液中时，金属表面的原子会与溶液中的极性水分子或电解质离子相互作用，使金属和溶液两侧形成带有电荷的双电层，双电层的类型有以下三种：

（1）若金属离子与水分子之间的作用力大于金属离子与电子之间的作用力，这样金属离子就会被水分子拉入溶液中，剩下电子在金属的表面，而金属离子只能在金属表面活动，所以就在金属表面附近形成第一类负电子、正离子的双电层。

（2）若金属离子与水分子之间的作用力小于金属离子与电子之间的作用力，这样溶液中的正离子就会被吸附在金属表面，多余的负离子就会集聚在金属表面附近，形成第二类正离子、负离子的双电层。

（3）若金属离子不能进入溶液中，而溶液中的正离子也不能吸附在金属表面，这样就要依靠溶液中溶解的气体，分解成原子吸引金属的电子成为负离子，从而形成第三类正离子、负离子双电层。

双电层两侧电荷的积累阻碍了氧化反应，而其逆过程即金属离子回到金属表面，与电子相结合的还原反应，速度会逐渐增大，当正、逆过程速度相等时，就建立起双电层的动态平衡。

全面腐蚀是指金属管件的整个表面都受到腐蚀，没有特别的腐蚀形态，而且各个部位的腐蚀速率一样。全面腐蚀一般发生在管件材料比较均匀，所处环境比较均一的情况。整个金属表面都处于活跃状态，阴阳极总是在整个金属表面随机变化，所以形成的腐蚀比较均匀。

局部腐蚀主要是由于金属表面缺陷，应力分布不均或环境影响而形成的局部原电池，会使金属材料局部损坏严重（图 2-42）。

图 2-42　全面腐蚀和局部腐蚀

2. 滤水管性能测试平台研制

深层卤水开采过程中，滤水管在井内恶劣的工况条件下，要承受周围地层压力及剪力等的综合作用，同时卤水中高浓度电解质的存在引起的腐蚀作用，导致滤水管力学性能及滤水量等性能受到影响，进一步影响采卤效率。目前尚无专门的滤水管力学性能检测及其在卤水中腐蚀情况测试的设备，因此课题组研制了滤水管力学检测及腐蚀模拟检测平台。

1）滤水管力学参数检测装置的研制

深层卤水开采过程中，滤水管在复杂而恶劣的工况条件下，要承受周围地层压力及剪力等的综合作用,容易导致滤水管因不能适应和承受巨大的综合性外力作用而使开采作业中断,造成钻井失败等事故,进而给深层卤水开采工程造成巨大的经济损失。针对上述问题,课题组研发了一套深层卤水地层滤水管力学性能检测专用装置,可实现滤水管围压、轴向抗弯和径向抗弯性能的集成检测。

(1) 装置结构设计。

该装置主要由机架、扣压装置、液压控制系统组成,具体结构如图 2-43 所示。装置液压系统如图 2-44 所示。液压系统作为该装置的动力源,工作稳定、高效,工作噪声小。第一电磁换向阀 32、第二电磁换向阀 33、第三电磁换向阀 34、第一液压锁 35、第二液压锁 36 和第三液压锁 37 设置于综合阀 6 箱体内。第一电磁换向阀 32、第一压力表 42 和第一液压锁 35 接在扣压装置的工作支路上,第二电磁换向阀 33、第二压力表 7 和第二液压锁 36 接在第一液压缸 22 的工作支路上,第三电磁换向阀 34、第三压力表 43 和第三液压锁 37 接在第二液压缸 38 的工作支路上。

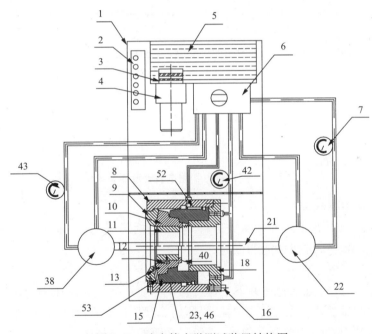

图 2-43　滤水管力学测试装置结构图

1-机架;2-控制面板;3-液压泵;4-电机;5-油箱;6-综合阀;7-第二压力表;8-缸体;9-前端盖;10-挤压模座;11-挤压模具;12-模具螺丝;13-螺丝;14-沉头螺钉;15-挤压块;16-螺钉;17-第一进出油接头;18-后端盖;19-第二进出油接头;20-第三进出油接头;21-连接杆;22-第一液压缸;23-快进斜面;24-工作斜面;25-固定模具;26-三角压头;27-扎带;28-第一卡具;29-槽;30-第二定位销;31-平底压头;32-第一电磁换向阀;33-第二电磁换向阀;34-第三电磁换向阀;35-第一液压锁;36-第二液压锁;37-第三液压锁;38-第二液压缸;39-夹具;40-弹簧;41-第二卡具;42-第一压力表;43-第三压力表;44-凸块;45-前 T 形槽;46-第二快进斜面;47-第二工作进给斜面;48-第一定位销;49-第一销孔;50-第二销孔;51-后 T 形槽;52-密闭空间;53-滑槽;54-滑槽(包括图 2-43~图 2-48 序号说明)

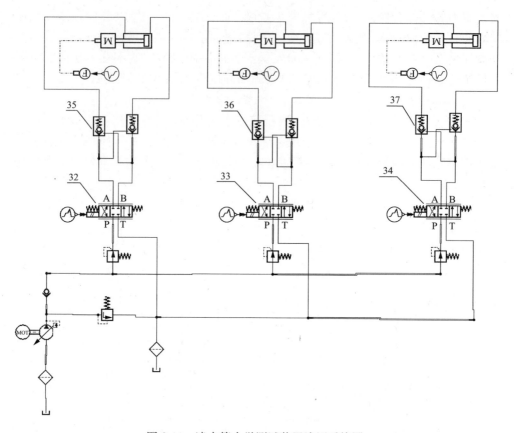

图 2-44　滤水管力学测试装置液压系统图

（2）装置主要功能。

该装置可以对滤水管力学参数进行测试，包括围压测试、轴向抗弯性能测试、径向抗弯性能测试、抗扭性能测试等。

（3）装置工作原理。

围压测试：针对滤水管在井下工作过程中需要承受较大围压的问题，采用侧向挤压的方法测试滤水管所能承受的极限压力，以防止在下管后因地层围压过大导致滤水管破裂而影响实地开采效果，避免不必要的经济损失。

图 2-45 为滤水管围压测试示意图，将滤水管通过挤压装置的中心通道，水平放入其中，此时，调节连接杆 21 的位置，使其位于扣压装置上表面的正中央位置，并通过第二卡具 41 和第一卡具 28 固定，通过控制面板 2 控制电机 4 及液压泵 3 工作，第一压力表 42 可以观察油压的大小，第一电磁换向阀 32 控制液压油流经第一进出油接头 17，推动挤压块 15 轴向运动进而带动挤压模座 10 轴向运动，挤压模座 10 带动挤压模具 11 进行轴向运动并有微小的径向运动，由于前端盖 9 和挤

压模座 10 接触面是斜面且该斜面与水平方向的夹角较大,故挤压模座 10 做微小的轴向移动的同时,还存在径向移动,同时,挤压模座 10 推动挤压模具 11 对滤水管进行挤压。在对滤水管进行挤压之前,需对滤水管外壁加上扎带 27,在四个四分之一圆的扎带 27 中间位置的内表面开"T"形槽,方便放置传感器,传感器放置位置如图 2-44 所示。可以通过观察传感器所传出的读数直观地观察滤水管的受力情况,扎带 27 的存在还能使滤水管外壁能更加均衡地承受挤压力。挤压工作结束后,进出油接头 16,第一进出油接头 17 出油,第三进出油接头 20 进油,推动挤压块 15 复位,同时,弹簧 40 拉动挤压模座 10 复位,挤压模具 11 随挤压模座 10 一同复位。

当滤水管受到外力作用时,通过四个传感器获取滤水管由应变引起的光纤布拉格光栅(FBG)中心波长漂移量为 $\Delta\lambda_1$、$\Delta\lambda_2$、$\Delta\lambda_3$、$\Delta\lambda_4$。

设定四个传感器的应变分别为 ε_1、ε_2、ε_3、ε_4,则纯弯曲应变时,应变 ε_1 与 ε_3,ε_2 与 ε_4 大小相等,符号相反,所以 $\varepsilon_1 + \varepsilon_2 + \varepsilon_3 + \varepsilon_4 = 0$;轴向拉伸应变时,应变 ε_1、ε_2、ε_3、ε_4 大小相等,符号相同;由胡克定律可得由拉伸所引起的滤水管的应力(李宗利等,1996;任武刚,2004)为:

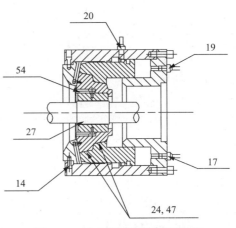

图 2-45　滤水管围压测试示意图

$$\sigma = E\frac{\varepsilon_1 + \varepsilon_2 + \varepsilon_3 + \varepsilon_4}{4}$$

根据传感器的中心波长漂移量与应变之间的关系:$\varepsilon = \dfrac{\Delta\lambda_B}{K\lambda_B}$,可得到滤水管轴向应力为:$\sigma = \dfrac{F}{4K\lambda_B}(\Delta\lambda_{B1} + \Delta\lambda_{B2} + \Delta\lambda_{B3} + \Delta\lambda_{B4})$。

根据滤水管在纯弯曲应力时的公式,计算出滤水管的弯曲方向及其弯矩:

$$\theta = \arctan\left(\frac{\Delta\lambda_{B1} - \Delta\lambda_{B3}}{\Delta\lambda_{B2} - \Delta\lambda_{B4}}\right)$$

$$M = \frac{EI_z}{2Kr\lambda_B}\sqrt{(\Delta\lambda_{B1} - \Delta\lambda_{B2})^2 + (\Delta\lambda_{B2} - \Delta\lambda_{B4})^2}$$

由叠加定理可知,拉伸与弯曲组合时的应力为:

$$\sigma_{\max} = \frac{E}{4K\lambda_B}\left[(\Delta\lambda_{B1} + \Delta\lambda_{B2} + \Delta\lambda_{B3} + \Delta\lambda_{B4}) + 2\sqrt{(\Delta\lambda_{B1} - \Delta\lambda_{B2})^2 + (\Delta\lambda_{B2} - \Delta\lambda_{B4})^2}\right]$$

$$K = 1 - \left(\frac{n_{\text{eff}}^2}{2}\right)\left[P_{12} - \nu\left(P_{11} + P_{12}\right)\right]$$

式中,M 为滤水管截面处的弯矩;r 为滤水管的半径;I_z 为滤水管的惯性矩;E 为滤水管的弹性模量;λ_B 为光纤布拉格光栅中心波长漂移量;θ 为滤水管弯曲时中性面与 x 轴的夹角,该夹角用于表示滤水管的弯曲方向;P_{11}、P_{12} 分别为光纤布拉格光栅应变传感器信号输入输出的光纤弹光系数;n_{eff} 为有效折射率;ν 为泊松比。

轴向抗弯性能测试:针对滤水管在井下工作过程中需要承受较大轴向压力的问题,采用三点抗弯的方法测试滤水管轴向所能承受的压力极限,以防止滤水管在实际工作中因轴向压力过大而影响使用寿命。

图 2-46 为滤水管轴向抗弯测试示意图,首先更换挤压结构的挤压模具 11,将原有的挤压模具 11 替换成图中所示的三角形固定模具 25。将滤水管通过挤压结构的中心通道放入其中,调整好滤水管的位置,使固定模具 25 到位后,正好处于滤水管中点的位置。调节连接杆 21 的位置,使其位于扣压装置上表面的正中央位置,并通过第二卡具 41 和第一卡具 28 固定。液压泵 3 工作,推动挤压块 15 运动,使固定模具 25 夹紧滤水管,第一电磁换向阀 32 复位,第一液压锁 35 工作使扣压装置内的压力保持不变,压力的大小可通过第一压力表 42 读出;给第一液压缸 22 和第二液压缸 38 供油,使液压杆伸出,向下压滤水管的两端,观察第二压力表 7 和第三压力表 43 上的读数及两根液压杆的位移并记录,依据记录的数据计算滤水管的抗压性能。其中,第一液压缸 22 和第二液压缸 38 的压头为可更换压头,为测滤水管轴向抗压强度做准备。

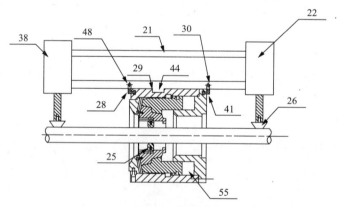

图 2-46　滤水管轴向抗弯测试示意图

径向抗弯性能测试:针对滤水管在井下工作过程中需要承受较大径向压力的问题,采用径向施压的方法测试滤水管轴向所能承受的压力极限,以防止滤水管在实际工作中因径向压力过大而影响使用寿命。

如图 2-47 所示:将滤水管固定在地上,位置正对第二液压缸 38 正下方,建立一端铰支一端固定的力学模型,将第二液压缸 38 的液压杆上的压头换为平底压头 31,控制第二液压缸 38 工作,对滤水管进行挤压,通过第三压力表 43 读出压力数并记录,通过记录数值计算滤水管的轴向抗压强度。

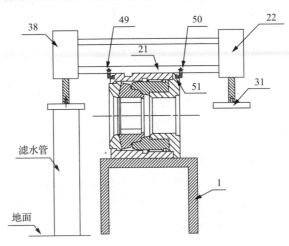

图 2-47　滤水管径向抗弯示意图

抗扭性能测试:针对滤水管轴在工作中需要承受一定扭矩的问题,采用中心固定一端施加扭矩的方法测试滤水管所能承受的最大扭矩,以防止滤水管在实际工作中因扭矩过大导致滤水管损伤而影响使用寿命。

图 2-48 为滤水管抗扭测试示意图,将滤水管通过挤压结构的中心通道放入其中,调节连接杆 21 的位置,使液压杆伸出工作时,三角压头恰好能推动夹具 39 的螺丝连接紧固处,并通过第二卡具 41 和第一卡具 28 固定。将夹具 39 套在滤水管靠近第一液压缸 22 的一端,用螺丝拧紧,液压系统开始工作,进出油接头 16,第一进出油接头 17 进油推动挤压块 15 运动,使固定模具 25 夹紧滤水管,之后控制第

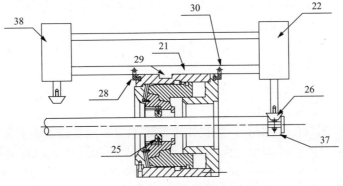

图 2-48　滤水管抗扭测试示意图

一电磁换向阀 32 复位,第一液压锁 35 工作使扣压装置内的压力保持不变,压力的大小可通过第一压力表 42 读出,第一液压缸 22 开始工作,三角形压头向下推压夹具 39 的螺丝连接紧固处,记录第二压力表 7 的工作读数,通过数据计算抗扭强度。

2)滤水管腐蚀测试平台的研制

深层卤水开采过程中,滤水管不仅承受地层压力,同时受到高温卤水所带来的强烈腐蚀。影响滤水管腐蚀的主要因素有以下七大方面。

(1)介质浓度的影响。

卤水中的主要成分为氯化钠,饱和卤水含氯化钠高达 310 g/L,有大量的氯离子存在。氯离子的破坏性最大,其腐蚀机理是在某种程度上破坏碳钢和不锈钢表面生成的钝化膜或者推迟它的形成,氯离子经常由细孔和其他缺陷透过氧化膜或使氧化膜破坏,增大它的渗透性。Cl^- 浓度增加,则 E_b 朝负向移动,因而一般采用产生点蚀的最小 Cl^- 浓度作为评定点蚀趋势的一个参量。此外,溶液中 Cl^-、SO_4^{2-} 等浓度的增大也会加速其他类型的局部腐蚀,从而影响腐蚀量。

此外,若地层中含有二氧化碳,而二氧化碳溶于水成为碳酸,使溶液 pH 降低,增大了腐蚀,因此溶液的酸度和腐蚀速率随游离的二氧化碳含量的升高而增大。二氧化碳的腐蚀性还在于,它阻止了滤水管金属表面上生成氧化膜,所以腐蚀速度不随时间而减小。而且溶液中若同时含有二氧化碳和氧时,对滤水管的腐蚀性较同样含量的单一介质存在时大。

(2)卤水温度的影响。

随温度的升高,化学反应速度加快,溶氧量减少。但在密封体系中,温度上升时溶解氧不能逸出,所以腐蚀速度总是随温度的升高而增大。

(3)pH 的影响。

卤水中的 pH 对碳钢的腐蚀速度,特别是含有溶解氧的情况下有显著的影响。当不含氧时,钢铁的腐蚀在 pH=5 时停止;当氧的含量增加时,特别在中性范围内,腐蚀速度增大;当 pH=13 时,钢铁在所有氧的浓度下腐蚀速度实际上等于零。

当 pH>7 时,并在没有氧的情况下,碳钢的腐蚀速度并不严重。

当 pH<4 时,铁溶解时发生析氢,由于氢的去极化容易进行,氢氧化铁继续溶解,所以腐蚀加剧;当 pH 升高时,生成的 $Fe(OH)_2$ 成为保护膜,故腐蚀减小。

当 pH=8～9 时,铁变为钝性。真空制盐中的卤水和冷凝水,一般 pH≤7 且含有氧,故 pH 的降低加速滤水管的腐蚀。

(4)流速的影响。

当腐蚀受阴极扩散控制时,流速使腐蚀速率增加。若金属易钝化,则钝化后腐蚀率几乎不随流速的增加而变化。卤水流速增大时,滤水口出入端等处,出现流速不均状态,流速大的部分和流速小作用,导致阳极部分发生腐蚀的部分分别成为阳极和阴极,形成局部腐蚀电流。

（5）垢层的影响。

卤水开采中盐和石膏在滤水管表面结垢可引起腐蚀。垢层脱落处和结垢处的电位不同，从而形成以裸露金属为阳极、覆有垢膜处为阴极的腐蚀电池。由于垢层脱落处面积不大，成为局部腐蚀中心，使该处点蚀加速，最终导致迅速穿孔。

（6）应力作用的影响。

滤水管在围岩挤压下容易发生变形，由于不均匀变形和不均匀的外加应力，引起了滤水管不同部位上的内应力不同。不同内应力的部位，在卤水介质中产生了电位差，内应力较大的部位成为阳极。同时滤水管在外力的强烈挤压和应力的影响下，它们的微观结构，即晶体排列、晶格形状、碳素体的结晶状态均发生了变形，所以滤水管腐蚀的产生和应力有密切的关系。

（7）表面光洁度的影响。

腐蚀速度与滤水管的表面状态有关，一般随滤水管金属表面加工的光洁度和纯净度增高，其耐腐蚀性能增加。

此外，滤水管的腐蚀还与设备结构、加工焊接、工艺设计、生产操作等环节密切相关（赵国仙等，2008；龙凤乐等，2005；贺彩虹和王世宏，2006）。

针对上述问题，建立滤水管腐蚀模拟试验平台，分析造成滤水管腐蚀失效的机理，为深层盐卤矿勘探及开发提供技术支持。

（1）测试平台设计要求。

项目研制的测试平台可以开展模拟不同卤水浓度条件下的滤水管腐蚀速率、模拟不同卤水温度条件下的滤水管腐蚀速率、模拟不同类型和材质的滤水管腐蚀速率及模拟不同流速条件下的滤水管腐蚀速率等测试。

（2）测试平台结构组成。

测试平台主要包括储液箱、反应釜、水泵、流量计、控温装置等，结构如图 2-49 所示。

（3）测试平台的设备选择和组装。

储液箱的选择：储液箱为 PVC 材质，能承受高温且耐腐蚀，总体容积为 48 L，储液箱两侧分别设有加热棒及传感器插口。

储液箱的控温装置是由 XMT60X 系列智能控温仪、CJX2-32 型号的交流接触器和 WZPT-10 型号的传感器组合而成，传感器的测温范围为 −200～450 ℃，智能控温仪可根据测试温度要求进行设定，通过调整交流接触器的吸合状态来控制储液箱内的温度。

测试过程中，卤水温度设定为 70 ℃，加热棒功率为 3kW，由此可以计算出将150 L 的卤水加热到 70 ℃所需的时间，计算如下：

$$Q = cm\Delta t$$

式中，Q 为吸收的热量，kJ；c 为溶液的比热，卤水的比热为 3.35 kJ/(kg · ℃)；m

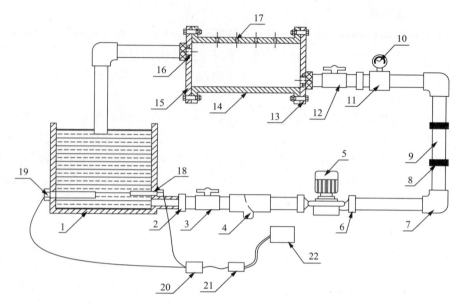

图 2-49　滤水管模拟腐蚀测试平台结构示意图

1-储液箱;2-热熔管箍;3-第一球阀体;4-过滤器;5-增压泵;6-内丝热熔管箍;7-热熔弯头;8-外丝热熔管箍;
9-玻璃转子流量计;10-压力表;11-内丝三通;12-第二球阀体;13-前端盖;14-反应釜;15-后端盖;16-不锈钢
内丝接头;17-挂件孔;18-传感器;19-加热棒;20-接触仪;21-智能温控表;22-电源

为溶液的质量,经计算 $m = 171.12$ kg;Δt 为温度的改变量,卤水是由室温 25 ℃加热到 70 ℃,改变量为 45 ℃。

可以算出,卤水吸收的热量为:$Q = cm\Delta t = 3.35 \times 171.12 \times 45 = 25\,796.34$ kJ。

由公式: $$Q = Pt$$

式中,P 为电加热棒的功率,3000W;t 为加热的时间。

可以算出 $t = Q/P = 25\,796.34 \times 10^3/(3000 \times 2) = 4299.39$ s = 1.194 h。

流量计的型号为 LZTM-25,连接为热熔内丝,可以耐高温,耐腐蚀。

管路中的流量取决于水泵的功率,依据水泵可以计算流量计量程是否符合要求,计算如下:

水泵功率: $$W = Q \times h \times \rho \times g/\eta$$

式中,Q 为流量,m^3/s;h 为扬程,m;ρ 为液体的密度,卤水的密度为 1140.8 kg/m^3;η 为效率,一般取 0.75~0.85;g 为重力加速度,取 9.8 m/s^2。

由于水泵的功率分为 205 W、160 W、115 W 三个档位,可知当功率 $W = 205$ W时,流量处于最大值,代入计算,

$$205 = Q \times 0.78 \times 1140.8 \times 9.8/0.85$$

得到 $Q = 30.53$ L/min。

所以选择流量计的量程为 5～35 L/min 是符合要求的。

水泵采用的是 WRS25-9 系列增压水泵。功率有三个档位可以选择：115 W、160 W、205 W。据此可以计算出 150 L 的卤水循环一次所需的时间，计算如下：

$$V = Qt$$

式中，V 为溶液的总体积，L；Q 为管路中的流量，由以上流量计的计算可知，管路中的流量 $Q = 30.53$ L/min；t 为时间，min。

计算可得储液箱中的卤水经过 $t = 150/30.53 = 4.91$ min，才能循环，符合要求。

由于测试要模拟深层卤水的腐蚀速率，要求反应釜既要耐腐耐高温，又要便于进行观察，因此选用玻璃钢作为反应釜的材质。反应釜采用下进水上出水的方式，以保证液体能充满釜腔。反应釜内设有 4 个小孔，用来悬挂腐蚀试件。

通过热熔连接管路中各部件，建立图 2-50 所示的滤水管腐蚀模拟测试台。该测试台可以模拟不同流速、不同卤水浓度、不同卤水温度以及不同类型和材质的滤水管下滤水管腐蚀情况，具有结构紧凑、移动便捷及试验过程可视化等特点。

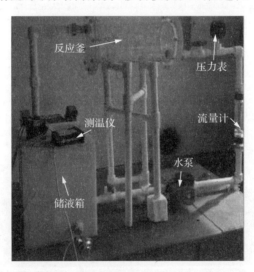

图 2-50　滤水管腐蚀模拟测试平台

3. 滤水管的耐蚀性能测试

利用研制的腐蚀模拟检测平台，开展了新型滤水管材料的性能检测试验。

1）卤水溶液配制

根据示范区地层条件，卤水溶液的组成如表 2-32 所示。

表 2-32 卤水成分组成

浓度($°Be'$)	d_4^{20}	$CaSO_4$	$MgSO_4$	$MgCl_2$	KCl	NaCl	NaBr	H_2O
* 3.51	1.0240	1.27	2.19	3.03	0.77	25.35	0.127	991.26
* 7.04	1.0502	2.57	4.58	6.33	1.58	53.73	0.263	981.14
* 10.0	1.0748	3.56	5.61	9.28	1.91	69.50	0.312	—
13.44	1.1015	4.27	9.27	13.35	3.30	112.14	0.552	958.62
17.94	1.1408	1.26	13.65	19.47	4.71	163.47	0.797	935.44
25.04	1.2086	1.47	20.39	30.60	7.59	251.06	1.216	896.27
* 25.50	1.2160	1.36	28.10	46.90	8.59	236.20	1.480	893.37
26.76	1.2264	0.82	31.82	53.23	12.13	233.94	2.026	892.39
28.46	1.2444	0.39	53.96	93.94	21.68	174.79	3.456	896.18
* 30.50	1.2680	—	76.22	151.83	23.75	109.93	—	—
31.33	1.2760	0.16	84.70	157.95	34.28	95.73	5.764	897.41

* 自上而下分别为海水,浓海水,饱和卤水,中度卤水,苦卤。

卤水中最主要的元素是 Na、Cl、Ca、Mg、K,所以选定的试剂是 $NaCl$、$MgCl_2$、$CaCl_2$、KCl 四种。为配制 25 L 的卤水,以上四种试剂分别为 475 g、812 g、70.4 g、74.25 g。

配制好的卤水呈黄褐色,密度为 $\rho=1.1408$ g/cm³,精密 pH 试纸测出的 pH=5.5。

2) 耐蚀测试试件

进行耐蚀测试的滤水管试件为 J55 钢质,滤水孔直径为 20 mm,间距为 20 mm,缠丝试件为 304 不锈钢丝,如图 2-51 所示。

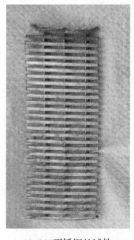
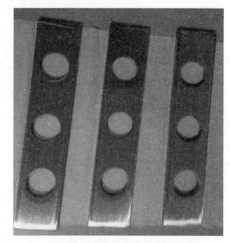

(a) 304不锈钢丝试件　　　　　　(b) J55钢质滤水管试件

图 2-51 耐蚀测试试件

3）腐蚀试验方法

利用上述研制的滤水管腐蚀测试平台，对 J55 钢质滤水管及 304 不锈钢缠丝试件进行腐蚀速率测试，测试条件为：卤水溶液温度 70℃，溶液流量为 25 L/min。

4）腐蚀试验结果分析

（1）J55 钢质滤水管试件。

卤水对滤水管试件的腐蚀速度较快，滤水管整体上属于均匀腐蚀，滤水管边缘腐蚀比较严重，并且比较均匀，如图 2-52 及图 2-53 所示。

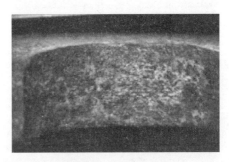

图 2-52　滤水管试件边缘处腐蚀图

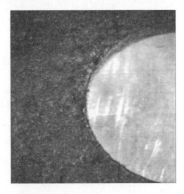

图 2-53　滤水管试件滤水孔周围腐蚀图

（2）304 不锈钢缠丝试件。

将腐蚀后 304 不锈钢缠丝试件进行显微观察。如图 2-54 所示，可以看出外表面凹凸不平，整体属于均匀腐蚀，同时局部发生了点蚀和坑蚀。

在光学显微镜下放大 100 倍，可以进一步观察缠丝试件局部坑蚀结构（图 2-55），腐蚀坑主要是由于卤水冲刷而形成。

图 2-56 是在光学显微镜下放大 400 倍后的腐蚀坑，大致可以看出这个黑色的腐蚀坑是由两次腐蚀造成的，上面的是第一次腐蚀，下面的是第二次腐蚀。这就符合了前面的理论分析，受到过腐蚀的区域，更容易被再次腐蚀。

图 2-54　45 倍显微镜下的缠丝试件

图 2-55　放大 100 倍的局部坑蚀　　　　　图 2-56　放大 400 倍的腐蚀坑

2.4.4　示范工程完井及滤水管应用

　　示范工程位于山东省垦利县东兴地区,根据示范工程钻进和测井解译成果,卤水赋存层位为沙河街组二段、三段,岩性为粉砂岩、细砂岩。2013 年 12 月 27 日采用过滤管完井方法完井(图 2-57),滤水管选用课题组研制的新型钻孔缠丝滤水管,滤水管本体采用 J55 型、$\Phi177.8 \times 6.91$ mm 石油套管,滤水管下入深度为 1907.1～2419.4 m,累计滤水管总长度 117.2 m,并全部进行防腐处理,在滤水管

图 2-57　缠丝滤水管完井过程

表面形成致密的防护层,提高了滤水管的耐蚀性和耐磨性;滤水口采用钻孔形式,钻孔直径为 2 cm 的圆孔,钻孔间距为 2～6 cm,滤水管的孔隙率为 13%,强度高且不易变形;滤水管外层连续缠绕"T"形钢丝,形成一个笼状的具有连续缝隙的滤水管。该新型钻孔缠丝滤水管与常规使用的射孔滤水管相比,单位面积的孔隙率由 4% 提高到 13%,成井后进行的抽水试验结果表明,使用该滤水管后,单井出水量由 250 m^3/d 提高到 726.73 m^3/d,单位涌水量由 5.05 $m^3/(d·m)$ 提高到 6.20 $m^3/(d·m)$,提高了 22.77%。从而证明了该滤水管具有较高的耐腐蚀性,有效解决了滤水管腐蚀、堵塞、涌水量减小等难题。

2.4.5　结论

(1) 从黄河三角洲深层卤水埋藏特点出发,结合不同完井方法的优缺点、适用的地质条件,确定了射孔完井法和过滤管完井法是适合深层卤水钻井的完井方法。设计了滤水管力学性能检测专用装置,可实现滤水管围压、轴向抗弯和径向抗弯性能的集成检测;建立了滤水管腐蚀速率测试实验台,可对不同卤水浓度、不同卤水温度、不同滤水管类型和不同流速等条件下滤水管的腐蚀速率进行测试。

(2) 根据示范工程地层条件,采用钻孔缠丝式滤水管完井。该滤水管材质为 J55 型石油套管钢,其滤水口采用钻孔形式,钻孔直径为 2 cm 的钻孔,钻孔间距为 2～6 cm,强度高且不易变形;缠丝选用"T"形 304 不锈钢丝,形成一个笼状具有连续缝隙的滤水管,缠丝滤水管的过滤性和透水性较好,适用于深层卤水资源开采。

第3章 采卤设备、取卤构筑物的结垢与腐蚀的控制及消除技术

3.1 黄河三角洲深层卤水资源情况普查

3.1.1 普查区域概况

1. 位置与交通

黄河三角洲地区包括东营市、滨州市全部,淄博市的高青县,面积约 11 586 km²,北邻京津冀,与天津滨海新区和辽东半岛隔海相望,东连胶东半岛,南靠济南城市圈,地理位置优越(图 3-1)。海陆空多功能交通网络四通八达,交通便利。济青高速和胶济铁路位于调查区南部,张(店)—东(营)铁路直通胶济线与京沪铁路相连;东青高速、东港高速和滨博高速公路贯穿南北,东营港已建成 1 个 5000 吨级和 5 个 3000 吨级泊位,开通了东营到大连的滚装客运船,国道 G205、G206、G220 从区内穿过,区内省道及县乡公路四通八达。

2. 自然地理概况

1) 地形、地貌

黄河三角洲总的地势西南高、东北低,由陆地向渤海湾倾斜。根据地貌形态和成因类型特征,可划分为鲁西北平原区、鲁中南山地丘陵区,其中鲁西北平原区又可分为冲积洪积平原亚区、冲积平原亚区、冲积海积平原亚区、海积平原亚区和三角洲平原亚区。

鲁西北平原区分布在邹平县以外的大部分地段,由黄河冲积、海积及山前冲洪积物堆积而成,地面平坦,标高一般在 80 m 以下。地势沿黄河流向自西南向东北微倾斜,坡降 1/10 000～3/10 000。冲积洪积平原亚区分布于胶济铁路以北、鲁中南山前,由潍河、白浪河、淄河、弥河、孝妇河、八漏河冲洪积扇组成,海拔 10～80 m。冲积平原亚区地势低平,海拔一般在 20 m 以下,河床、岗地呈条带状零星散布,浅碟式洼地零星布散其中,平缓坡地在岗洼之中,形成岗、坡、洼相间的微起伏地形。冲积海积平原亚区位于黄河冲积平原与黄河三角洲平原之间近海地区,地势低平,一般小于 10 m,易受海潮影响,由于海水浸渍,多湿洼地,土壤盐渍严重。海积平原亚区位于徒骇河以西海岸带和潍北海岸带地段,地形低洼,海水浸渍,土壤盐渍严重。三角洲平原亚区指利津以东黄河扇形地带,为黄河冲积形成,

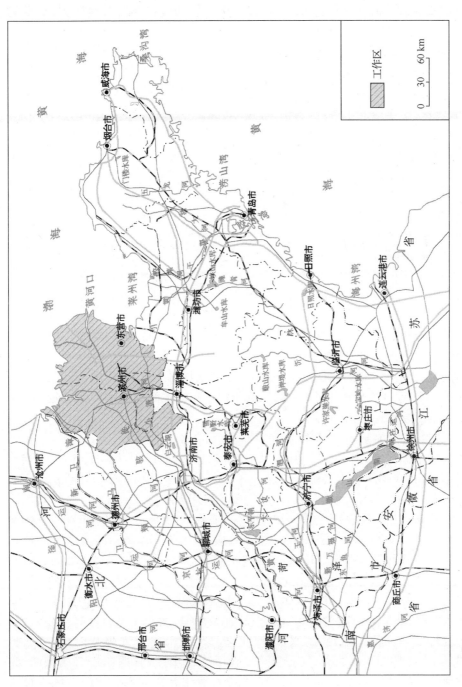

图 3-1　工作区交通位置图

海拔 10 m 以下,区内黄河古道呈扇骨状向海岸辐射,一般盐渍较严重。

鲁中南山地丘陵区分布在邹平南部,根据海拔和地形切割程度的差别,分为强-弱切割中低山丘陵亚区和剥蚀堆积山前平原亚区。

2)气象

工作区属于暖温带大陆性季风气候,雨热同季,四季分明。春季气温回升快,降水少,风速大,气候干燥;夏季气温高、湿度大,降水集中;秋季气温骤降,雨量锐减,秋高气爽;冬季寒冷干燥,雨雪稀少。形成了春旱、夏涝、晚秋又旱的气候特点。全年平均气温 12.3℃,极端最高气温 41.9℃,极端最低气温−23.3℃,历年平均无霜期 203.6 天,土壤封冻期 80 天,最大冻土深度 60cm。多年平均降水量561 mm,年际变化大,年内降水多集中在 6～9 月;年均蒸发量 1300～1400 mm,3～6 月为强烈蒸发期,占全年蒸发量的 51.7%。

3)水文

黄河三角洲河流水系分属于海河流域、黄河流域。

(1)黄河流域。

黄河由西南向东北贯穿滨州市和东营市全境,流经滨州市、利津县、东营区,在垦利县入渤海,区内河长 175 km。黄河以高含沙量闻名,多年平均输沙量为8.36×10⁸ m³,年造陆面积 23.3 km²,河口向沙滩进速率 0.42 km/a。利津县河床每年抬高 0.05～0.06 m,形成河床高于两岸地面 3～5 m 的地上悬河。黄河携带泥沙至河口,20 世纪 90 年代前曾以年均 2000～2667 hm² 的速度填海造陆,营造出举世闻名的黄河三角洲。据 1950～2007 年统计资料测算,黄河进入东营的年均径流量为 332.6×10⁸ m³,丰沛的黄河水为黄河三角洲地区的生活和工农业生产提供了充足的优质水源。

(2)海河流域徒骇河、马颊河水系。

均为坡水型河流,主要有徒骇河、马颊河、德惠新河、漳卫新河等,均属于季节性泄洪河道,主要用于引水、排涝、泄洪。这些河流汇集了鲁北平原大部分地表径流,向东北平行流入渤海。徒骇河源于河南省丰县永顺沟,东北流至沾化县入渤海,长 406 km,主要支流有金线河、赵王河、苇河等 20 余条,大都偏于右岸,流域面积 13 296 km²,宫家水文站近 10 年年均径流量 27 292×10⁴ m³,是鲁北平原最大排洪河系。马颊河源于河南濮阳县,至莘县沙王庄入本省,流经莘县、冠县、高唐、夏津、平原、陵县,东北流至无棣县入渤海,省内长 375 km,主要支流有笃马河、鸿雁河等,流域面积 68 294 km²。马颊河李家桥水文站近 10 年年均径流量 25 298万 m³。淮河流域的小清河是该地区最大的一条河道,发源于玉符河和济南泉群,向东北流经邹平、高青、桓台、博兴、广饶至寿光市北部羊口入莱州湾,流域面积10 336 km²,河道长 237 km。其支流均发源于南部山区,自西向东有孝妇河、淄河。河水多年平均流量 24.4 m³/s,多年平均入境径流量 7.7×10⁸ m³,区内径流量 0.47×10⁸ m³。小清河原是一条排洪、灌溉、航运和生活用水的多功能河道,由于上游淄博市、济南市和滨州市工业废水的排入,河水遭到严重污染。经过多年治理,水质有所改善,目前主要用于农田灌溉。支脉河发源于高青县花沟乡庄家村,流经博兴县,在广饶县花官乡司田村西北入境,在广北农场以北注入渤海,全长 134.5 km,多年平均入境径流量 2.863×10^8 m³。由于沿途地下水补给及引黄尾水的排入,成为沿河两岸农业灌溉和渔业发展的重要水源。

3. 地层概况

黄河三角洲地区新生代地层发育齐全(图 3-2),由老到新有古近纪孔店组、沙河街组和东营组,新近纪馆陶组、明化镇组,第四纪平原组。

1) 古近系(E)

古近纪发育了较为完整的地层,最大厚度达 8000 m,是最主要的深层卤水层系。现据钻井揭示的地层岩性和古生物研究成果,将古近系简述如下:

(1) 孔店组($E_{1-2}k$)。

发育孔二段(E_1k^2)和孔一段(E_2k^1)。

孔二段(E_1k^2):为灰色泥岩、碳质泥岩夹粉砂岩,局部夹紫灰色泥岩。与下伏白垩系呈角度不整合接触。

孔一段(E_2k^1):为棕红色泥岩,粉砂质泥岩与棕褐色、灰色砂岩、粉砂岩互层。

(2) 沙河街组 $E_{2-3}\hat{s}$。

东营凹陷内沙河街组分布广泛、厚度较大,与下伏孔店组为连续沉积。岩性上可分为四段,各段在岩性和厚度上从凹陷中部向边缘都有不同程度的变化,分述如下:

① 沙四段($E_2\hat{s}^4$)。厚度可达 1500~1600 m,总体呈现粗-细-粗的完整旋回,时间跨度为 8 Ma。据岩性和生物特征,本段可以二分。

沙四下亚段($E_2\hat{s}^{4下}$):下部为灰色、紫红色泥岩和白云岩、钙质泥岩夹含膏泥岩和硬石膏岩。中部为紫红色钙质泥岩和白云岩夹粉砂岩。上部为紫红色泥岩、钙质粉砂与含育泥岩、盐岩互层。

沙四上亚段($E_2\hat{s}^{4上}$):下部为蓝灰色泥岩夹灰色泥质白云岩,中上部为深灰色泥岩、灰色泥岩、油页岩、泥灰岩和灰岩,局部地区见生物灰岩、礁灰岩。与下伏沙四下段之间为整合接触。

② 沙三段($E_2\hat{s}^3$)。以湖相沉积的暗色砂、泥岩为特征。主要岩性为灰色及深灰色泥岩夹砂岩、油页岩及碳质泥岩,厚度一般为 700~1000 m,凹陷中部厚度可达 1200 m 以上,据岩性和古生物特征可分为 3 个亚段。

沙三下亚段($E_2\hat{s}^{3下}$):主要为棕褐色、黄褐色油页岩夹深灰色、棕褐色泥岩,砂岩(厚度 150~250 m)。以在全凹陷广泛分布油页岩为特征,与下伏沙四上亚段呈不整合接触。

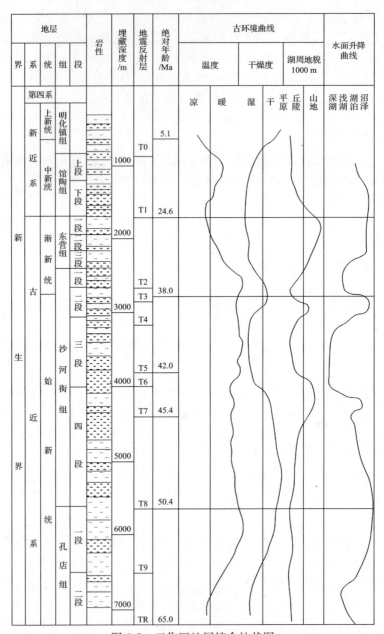

图 3-2　工作区地层综合柱状图

　　沙三中亚段($E_2\hat{s}^{3中}$)：岩性主要以深灰色泥岩、油页岩为主,或夹有多组浊积砂岩或薄层粉细砂岩,厚 300~600 m。

　　沙三上亚段($E_2\hat{s}^{3上}$)：盆地东部为厚层粉细砂岩夹灰色泥岩、碳质泥岩。盆地西部为灰色、深灰色泥岩夹砂岩。该套地层厚度 200~400 m。

③ 沙二段($E_2\hat{s}^2$)。沙二段与沙三段为整合接触,自下而上可分为下上两个亚段:

沙二下亚段($E_2\hat{s}^{2下}$):下部为灰绿色泥岩与砂岩含砾砂岩互层夹碳质泥岩;上部为灰绿色、紫红色泥岩与砂岩,含砾砂岩互层,地层厚度150~200 m。

沙二上亚段($E_2\hat{s}^{2上}$)为紫红色、灰色泥岩与灰色砂岩、含砾砂岩互层,地层厚150~200 m。

④ 沙一段($E_3\hat{s}^1$)。沙一段与沙二段为连续沉积。下部岩性为灰色、深灰色、灰绿色泥岩夹砂质灰岩、白云岩及钙质砂岩。中部为灰色泥岩夹生物灰岩、鲕状灰岩、针孔状藻白云岩及白云岩等。上部为灰色、灰绿色、灰褐色泥岩,夹钙质砂岩、粉细砂岩。沙一段与东营组为假整合接触,地层厚度150~200 m。

(3) 东营组(E_3d)。

东营组主要为一套灰绿色、灰色、紫红色泥岩与砂岩、含砾砂岩互层,东营组与馆陶组为不整合接触。本组可分为三段:

东三段(E_3d^3):中下部为浅灰色、灰白色砂岩,含砾砂岩夹灰绿色砂质泥岩及褐灰色泥岩;上部为绿色、紫红色泥岩夹细砂岩。地层厚度100~150 m。

东二段(E_3d^2):岩性特征同东三段。

东一段(E_3d^1):为灰绿色、紫红色泥岩夹灰白色砂岩、含砾砂岩。

2) 新近系(N)

这一套地层由馆陶组和明化镇组构成,以区域性不整合超覆于古近系及其以前地层之上。

(1) 馆陶组(N_1g)。

下部为浅灰色、灰白色厚层含砾砂岩夹少量紫红色泥岩、灰绿色泥岩、粉砂岩构成正旋回。上部为灰色砂岩、粉砂岩与浅灰色、灰绿色砂质泥岩,泥岩,少量紫红色泥岩组成的正旋回结构。

(2) 明化镇组(N_2m)。

岩性为棕黄色、浅灰色、棕红色泥岩夹浅灰色、棕黄色粉砂岩及部分海相薄层岩。明化镇与下伏馆陶组呈整合接触,厚度400~800 m。

3) 第四系(Q)

平原组(Qpp)上部为浅棕黄、浅绿、灰色砂质黏土、黏土夹黏土质粉砂岩;下部为浅黄、浅灰绿色粉砂质黏土或浅灰绿色黏土质粉砂。与下伏明化镇组不整合接触,厚度350~450 m。

4. 构造概况

工作区在大地构造单元上属华北陆块、华北拗陷区、济阳拗陷区。在济阳拗陷区内受断裂活动的影响和控制,形成了Ⅳ级构造单元,以及众多的次级构造单元——凸起与凹陷(表3-1、图3-3)。

表 3-1　工作区大地构造单元划分简表

I 级	II 级	III 级	IV 级	V 级
			埕子口-宁津潜断隆 I$_{a1}$	埕子口潜凸起 I$_{a1}$^{1}
			无棣潜断隆 I$_{a2}$	大山潜凹陷 I$_{a2}$^{2}、无棣潜凸起 I$_{a2}$^{3}
			车镇潜断隆 I$_{a3}$	车镇潜凹陷 I$_{a3}$^{1}、刁口潜凸起 I$_{a3}$^{2}、义和庄潜凸起 I$_{a3}$^{3}
			惠民潜断陷 I$_{a4}$	惠民潜凹陷 I$_{a4}$^{2}、高青潜凸起 I$_{a4}$^{3}
华北板块	华北拗陷 I	济阳拗陷 I$_a$	沾化潜断陷 I$_{a5}$	沾化潜凹陷 I$_{a5}$^{1}、孤岛潜凸起 I$_{a5}$^{2}、陈庄潜凸起 I$_{a5}$^{3}
			东营潜断陷 I$_{a6}$	青坨潜凸起 I$_{a6}$^{1}、东营潜凹陷 I$_{a6}$^{2}
			博兴潜断陷 I$_{a7}$	博兴潜凹陷 I$_{a7}$^{1}
			牛头-潍北潜断陷 I$_{a8}$	广饶潜凸起 I$_{a8}$^{1}、牛头潜凹陷 I$_{a8}$^{2}
	鲁西隆起区 II	鲁中隆起 II$_a$	鲁山-邹平断隆 II$_{a2}$	邹平-周村凹陷 II$_{a2}$^{1}、博山凸起 II$_{a2}$^{2}、鲁山凸起 II$_{a2}$^{3}

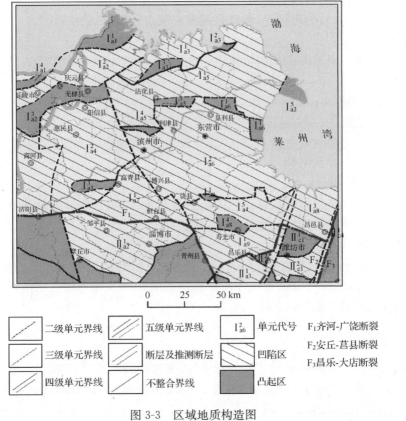

图 3-3　区域地质构造图

受新华夏系构造体系影响,区内基岩断裂构造发育,活动强度大,断裂发育的主要方向为 NNE、NE、近 EW 向,其次为 NW 向,断裂构造均为隐伏型。其中规模较大断裂有齐河-广饶断裂,是控制 II 级构造单元的控制大断裂,其次有埕子口断裂,孤北断裂,陈南、盛北断裂,义南断裂,临邑-滨县断裂,东营断裂,埕中断裂等。

1) 齐河-广饶断裂带

是一条被第四系覆盖的隐伏断裂带,西起茌平县博平北,经济阳县向东接青州断裂。西与兰考-聊城断裂相交,东与沂沭断裂带相汇,宽 10 km,由 2～3 条断裂组成,为阶梯状断裂组合带。东西延长约 300 km,走向 65°～80°,倾向 NNW,倾角 60°～80°,是济阳拗陷与鲁中隆起的分划性断裂带。多年来石油勘探资料揭示,断裂带两侧新生代各组地层分布和厚度有较大差异,断距较大,总断距在 1200～2000 m 之间。

2) 埕子口断裂

为埕子口-宁津潜断隆和无棣潜断隆的分界断裂,总体走向为北东东向,呈折线状。沿断裂带为一明显的重力梯度带,梯度达 5 mGal/km[①]。断距可达5000 m。新近纪早期出现逆行构造,导致了玄武岩喷发;新近起晚期至第四纪,断裂仍有活动迹象,个别地段有第四纪玄武岩分布,并导致浅层油气藏的形成,但断裂位置处第四系沉积厚度变化不明显。沿断裂历史上没有发生过破坏性地震,但有小震活动。如 1967 年和 1969 年曾经分别发生过 2.5 级和 3.2 级地震各一次。

3) 孤北断裂

呈北东东—近东西向展布,倾向北北西,倾角 60°～70°,断距从东到西由小变大(45～200 m)。古近纪为正断活动,新近纪一度出现反向活动,出现牵引构造。新近纪以来,断层仍有活动,导致浅层油气藏的形成,垂直变形测量结果表明,断裂两侧地壳形变幅度不大。该断裂显示为第四纪活动不明显断裂。

4) 陈南、胜北断裂

两条断裂为陈庄潜凸起和东营潜凹陷的分界断裂,近东西向分布,浅部表现为分开的两条断裂,深部可能合并为一条,南倾,倾角 60°～70°,断距可达 300 m,古近纪时为大幅度正断活动,控制了古近系沉积。新近纪早期曾一度出现反向活动,新近纪晚期以来仍有活动,形成浅层油气田。但第四纪地层厚度在两侧无梯度变化。该断裂为第四纪活动不明显断裂。

5) 义南断裂

为义和庄潜凸起之南界,也是车镇凹陷和沾化凹陷间的分界断裂。走向北东,东南倾。虽然第四系地层厚度有变化,但新活动证据不足。

---

① 　1 Gal＝1 cm/s²。

6）临邑-滨县断裂

发育在惠民凹陷内,走向近东西,南倾。古近纪活动强烈,沿断裂有大规模玄武岩喷发;新近纪早期断层曾发生反向活动,有逆牵引构造,对新近纪以来的沉积厚度有控制作用,沉积中心沿断裂分布,形变测量结果显示断裂的现代活动不明显。

7）东营断裂

发育在东营潜凹陷内,系盖层断裂,新构造活动史同前述断裂相同。

8）埕中断裂

分布于老黄河口外近海海域中,向北西方向延伸,倾向南,倾角上陡下缓,切割深度不大,一般在 4～5 km 深度以下趋于消失,向上切割到晚第三纪地层中部,断差在 100 m 以上。第四纪沉积地层没有受到断层切割改造,说明断裂第四纪以来活动不明显。

3.1.2　普查内容及结果

深层卤水处于深埋封闭状态,卤水层的孔隙度低、渗透系数小,主要在岩石的孔隙、裂隙发育带富集,而黄河三角洲深层卤水主要赋存在古近纪始新世-渐新世的湖相沉积物中,卤水层岩性以白云岩、砂岩、粗砂岩、粉砂岩、粉细砂岩、砾岩、细砂岩等为主,泥质砂岩、泥质粉砂岩、灰质砂岩、灰质粉砂岩、白云质砂岩、含砾砂岩、砾状砂岩等为次。根据卤水层的赋存层位,将卤水层分为沙河街组四段深层卤水层、沙河街组三段深层卤水层和沙河街组二段深层卤水层。各卤水层之间及卤水层内部各含水层之间均有较稳定的隔水层存在,隔水层岩性为灰色、浅灰色、绿灰色、黑色、深灰色、紫红色、绿色泥岩,砂质泥岩,灰质泥岩,页岩,灰质页岩等,密实坚硬,渗透系数 $0.61～24.4×10^{-8}$ m/d,隔水性能良好。其中沙四段深层卤水层各含水层之间隔水层厚度一般为 3～10 m,最厚可达 294 m;沙三段深层卤水层各含水层之间隔水层厚度一般为 3～8 m,最厚可达 168 m;沙四段深层卤水层各含水层之间隔水层厚度一般为 3～6 m,最厚可达 31 m。

为了解黄河三角洲深层卤水资源的埋藏分布、资源量及元素组成、含量和全盐量并确定重点调查区域,通过资料收集、现场查看和分析测试,对东营市、滨州市全部,淄博市的高青县(图 3-4),面积约 11 586 km^2 的深层卤水资源进行了普查。具体普查内容如下。

1. 水平和垂向分布

通过收集以往资料和实际调查,绘制出了黄河三角洲深层卤水分布图(图 3-5),黄河三角洲深层卤水资源主要储存于古近纪沙河街组二、三、四段中,各层位卤水的分布面积和顶板埋深如表 3-2 所示。

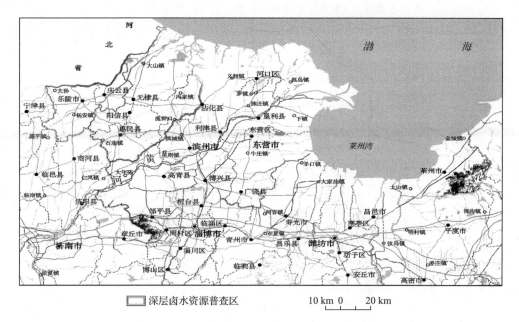

深层卤水资源普查区　　　10 km 0　20 km

图 3-4　黄河三角洲深层卤水资源普查区范围图

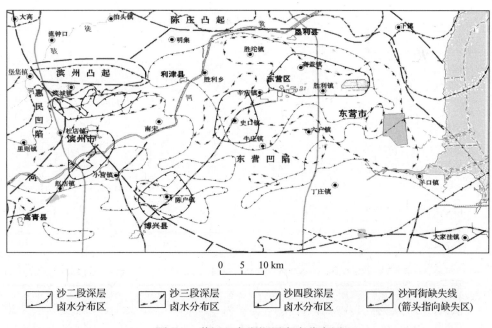

0　5　10 km

沙二段深层卤水分布区　　沙三段深层卤水分布区　　沙四段深层卤水分布区　　沙河街缺失线（箭头指向缺失区）

图 3-5　黄河三角洲深层卤水分布图

表 3-2　黄河三角洲各层位卤水分布面积统计表

卤水层位	分布面积/km²	顶板埋深/m
沙二段	534.4	1225~2542
沙三段	1199.9	1480~2720
沙四段	2211.5	1230~3000

　　黄河三角洲深层卤水分布面积为 2688.6 km²,占普查面积的 23.21%。结合图 3-5 和表 3-2 可以看出,沙河街组二段深层卤水主要分布于东营市史口镇、胜利镇、高盖镇和滨州市小营镇、滨城镇附近,顶板埋深为 1225~2542 m,分布面积534.4 km²;沙河街组三段深层卤水主要分布于东营市六户镇、胜利乡和寿光市丁庄镇、羊口镇以及滨州市小营镇、赵店镇附近,顶板埋深为 1480~2720 m,分布面积 1199.9 km²;沙河街组四段深层卤水主要分布于东营市东营区、滨州市滨城区的大部分地区和垦利县、利津县、广饶县、博兴县、高青县的部分地区,顶板埋深为1230~3000 m,分布面积 2211.5 km²。

　　2. 浓度分布情况及元素组成、含量及全盐量

　　通过收集以往资料和实际测定等方法,对黄河三角洲深层卤水各卤水层段的浓度、元素组成、含量及全盐量进行了调查。调查结果如表 3-3 所示。

表 3-3　卤水资源的成分和含量及全盐量调查汇总表

卤水层位	沙二段	沙三段	沙四段
全盐量/(g/L)	51.0~261.8	52.7~339.4	51.1~336.5
K^+/(g/L)	0.84~14.21	0.88~14.36	0.88~15.53
Na^+/(g/L)	23.68~99.54	29.97~98.87	21.92~101.22
Ca^{2+}/(g/L)	2.16~24.76	1.75~31.91	1.95~30.13
Mg^{2+}/(g/L)	0.18~0.90	0.21~1.50	0.23~1.01
Cl^-/(g/L)	13.65~88.75	13.62~123.80	14.12~112.87
SO_4^{2-}/(g/L)	0.002~0.90	0.0023~1.87	0.0034~1.47
HCO_3^-/(g/L)	0~0.55	0~0.83	0~0.84
I^-/(mg/L)	0.12~19.79	0.14~24.79	0.10~19
Br^-/(mg/L)	1.12~97	1.15~98.20	1.13~95.87
pH	6.07~6.51	5.89~6.33	5.88~6.32

　　从表 3-3 可以看出,沙二段卤水全盐量为 51.0~261.8 g/L,沙三段卤水全盐量为 52.7~339.4 g/L,沙四段卤水全盐量为 51.1~336.5 g/L。深层卤水的浓度随深度的增加而升高,沙河街组四段,卤水全盐量最高,最高可达到 336.5 g/L。

结合表 3-2 可以看出,深层卤水埋藏深度越深,卤水浓度越大。

从表 3-3 可以看出,黄河三角洲深层卤水为氯化物型原生卤水,水化学类型为 Cl-Na 型,无色或浅黄色、透明或半透明、味极咸,pH 为 5.88~6.51,呈弱酸性。

不同层位卤水,其化学组成及特征有所差异。沙四段深层卤水阳离子以 Na^+ 占绝对优势,平均含量为 21.92~101.22 g/L,其次为 Ca^{2+},平均含量为 1.95~30.13 g/L;阴离子以 Cl^- 占绝对优势,平均含量为 14.12~112.87 g/L;卤水中 Br^- 平均含量为 1.13~95.87 mg/L,I^- 平均含量为 0.10~19.00 mg/L。

沙三段深层卤水阳离子以 Na^+ 占绝对优势,平均含量为 29.97~98.87 g/L,其次为 Ca^{2+},平均含量为 1.75~31.91 g/L;阴离子以 Cl^- 占绝对优势,平均含量为 13.62~123.80 g/L;卤水中 Br^- 平均含量为 1.15~98.20 mg/L,I^- 平均含量为 0.14~24.79 mg/L。

沙二段深层卤水阳离子以 Na^+ 占绝对优势,平均含量为 23.68~99.54 g/L,其次为 Ca^{2+},平均含量为 2.16~24.76 g/L;阴离子以 Cl^- 占绝对优势,平均含量为 13.65~88.75 g/L;卤水中 Br^- 平均含量为 1.12~97 mg/L,I^- 平均含量为 0.12~19.79 mg/L。

3. 资源量情况

黄河三角洲地区深层卤水资源分布广泛,资源量丰富。为了配合课题组工作,通过收集以往资料和实际调查,计算了黄河三角洲各层段深层卤水的资源量。计算结果如表 3-4 所示。

表 3-4　黄河三角洲深层卤水资源量计算结果表

卤水层位	卤水资源量($\times 10^8$ m³)			有益组分资源量		
	静储量	容积储量	弹性储量	NaCl(10^8 t)	I^-(10^4 t)	Br^-(10^4 t)
沙河街组二段	69.73	68.23	1.50	4.02	10.90	35.80
沙河街组三段	295.06	294.78	0.28	26.88	56.20	197.10
沙河街组四段	251.20	250.70	0.49	25.51	38.20	179.30
合计	615.99	613.71	2.28	56.41	105.30	412.20

从表 3-4 可以看出,卤水资源静储量为 615.99$\times 10^8$ m³。根据可采资源量的计算方法,可得出黄河三角洲深层卤水可采储量为 83.32$\times 10^8$ m³,其中沙河街组二段深层卤水可采储量为 13.95$\times 10^8$ m³,沙河街组三段深层卤水可采储量为 44.26$\times 10^8$ m³,沙河街组四段深层卤水可采储量为 25.12$\times 10^8$ m³。其中沙河街组三段深层卤水储量最多。全区 NaCl 储量为 56.41$\times 10^8$ t,可采储量为 7.39$\times 10^8$ t,为一大型卤水矿床。总潜在价值为 1894.7$\times 10^8$ 元,具有很高的开发利用价值。

综上,沙河街组三、四段的深层卤水储量大,分布范围广,卤水浓度高,可开采利用价值高。由于垦利县东兴地区赋存沙河街组三、四段深层卤水,并且卤水层厚度大、富水性强,所以确定垦利县东兴地区为重点调查区域。

3.1.3 普查结论

(1)黄河三角洲深层卤水分布面积为 2688.6 km²,其顶板埋深为 1225～2542m,赋存于沙河街组二、三、四段中,其中沙河街组四段深层卤水分布范围最广,深层卤水资源量为 615.99×10⁸ m³,可采资源量为 83.32×10⁸ m³,NaCl 资源量 56.41×10⁸ t,可采资源量为 7.39×10⁸ t,潜在经济价值为 1894.7×10⁸ 元。

(2)黄河三角洲深层卤水为氯化物型原生卤水,水化学类型为 Cl-Na 型,不同层位卤水,其化学组成及特征有所差异。深层卤水浓度随埋藏深度的增大而增加。其中沙河街组四段卤水全盐量最高,可达 336.5 g/L。

(3)依据卤水储量、浓度及卤水层厚度、富水性确定垦利县东兴地区为重点调查区域。

3.2 黄河三角洲重点区域深层卤水资源现状调查

3.2.1 重点调查区域概况

1. 位置与交通

重点调查区域位于山东省东营市垦利县东南 10 km 东兴地区,南与东营城区相连、东通东营机场,省道 227、省道 228、东青高速等在普查区通过,交通便利(图 3-6)。拐点极值坐标为东经 118°38′30″～118°43′00″,北纬 37°30′30″～37°33′00″,面积 30.64 km²。

2. 自然地理概况

1)地形、地貌

重点调查区域位于黄河三角洲平原区东部。由于历史上黄河尾闾段常常左右摆动,多次溃决、漫溢、泛滥等冲积、淤垫,形成了现在典型的黄河三角洲地貌,地势自西南至东北呈扇形微倾斜,地面坡降 1/10 000 左右,向东倾向于莱州湾。

2)气象

重点调查区域地处温带季风气候区,虽濒临渤海,但大陆性季风影响明显,冬季干冷,夏季湿热,四季分明,多年平均气温 13.8℃,多年平均降水量 571.4 mm,降水时空分布不均,主要集中在夏季,表现为春旱、秋旱。年日照总时数 2479.7 小

图 3-6　工作区交通位置图

时,夏季盛行东南风,冬季盛行西北风,春季多东北风,秋季多西风。

　　3) 水文

　　重点调查区域属黄河流域,黄河自调查区西北约 10 km 通过,自董集镇罗家村进入垦利县,从西南流向东北贯穿全县,县境内长度 120 km,注入渤海。垦利县共有骨干排水河道 10 条,分别是六干排、溢洪河、永丰河、张镇河、小岛河、五六干合排、广蒲沟、广利河、请户沟、三排沟,总长 288.6 km,县境内 230.92 km,呈东西方向均匀分布,其中永丰河、溢洪河、六干排流经普查区。永丰河是在黄河遗留下的行洪故道基础上,几经人工开挖治理而形成的排涝治碱河道,现河道西起垦利县城,向东流经垦利镇、永安镇和红光办事处,至北潮沟入莱州湾,流域面积 200 km²。

溢洪河是自黄河东岸小街处向东黄河故道开挖而成的防洪排涝河道,尾部与广利河交汇入莱州湾,全长 48 km,流经胜坨镇和垦利镇,流域面积 312 km²。六干排西起胜坨镇史王村以南,沿六干渠北侧东行,流经胜坨镇、胜利镇,在成寨村并入溢洪河,全长 25.8 km,流域面积 93 km²。

垦利县海岸线北起孤东海堤东北与东营市河口区交汇处,南至青坨海铺东南与东营市东营区交汇处,全长 142.78 km。滩涂面积为 $35715.13×10^4 m^2$,浅海面积 $14.16×10^8 m^2$。海底为黄河入海口淤积物,平坦,坡降小。海水水温年均 14.9 ℃,海水盐度一般为 24‰。在入海口两侧的近海,含盐度低,含氮氧量高,水质肥沃,有机质多,饵料丰富,适宜多种鱼虾类索饵、繁殖、回游,是海洋捕捞与养殖的主要区域。

3. 地层概况

重点调查区新生代发育较为齐全,自上而下有第四纪平原组,新近纪明化镇组和馆陶组,古近纪东营组、沙河街组和孔店组,只在调查区东北部的店子屋子、东兴村一带缺失东营组。调查区内沙河街组分布广泛、厚度较大,岩性上可分为四段,分述如下。

1) 沙四段($E_2\hat{s}^4$)

岩性以灰色、浅灰色、绿灰色、深灰色、褐色泥岩,灰质泥岩为主,呈不等厚互层,夹灰色含砾砂岩、白云岩,泥岩质纯,较硬;灰质泥岩灰质分布均匀;含砾砂岩成分以长石为主,石英次之,砾径一般 1~3 mm,胶结物以灰质为主。只在工作区东北部揭穿其底板,底板埋深 2861~3932 m,厚度 1400~1700 m,与下伏前震旦系呈不整合接触,其他地区在 4000 m 深度内未揭穿其底板。

2) 沙三段($E_2\hat{s}^3$)

上部为灰褐色的灰质砂岩,中部为灰质泥岩夹几层薄层钙片页岩,局部方解石脉发育;下部为油页岩密集段,灰褐色油页岩与褐色灰质泥岩或褐灰色泥岩呈薄层互层。底板埋深在 2326~3820 m,厚度 500~1216 m,与下伏沙四段呈整合接触,与上覆沙二段呈假整合接触或与上覆馆陶组呈不整合接触。

3) 沙二段($E_2\hat{s}^2$)

岩性为灰白色含砾砂岩与灰色泥岩、砂质泥岩呈不等厚互层夹灰黑色碳质页岩、浅灰色含螺砂岩、粉砂岩及少量薄层浅灰色灰质粉砂岩、泥质粉砂岩。沙二段在普查区东北部的店子屋子、西兴村一带缺失,底板埋深 1500~2313 m,厚度 50~600 m,与下伏沙三段呈假整合接触,与上覆沙一段呈假整合接触或与上覆馆陶组呈不整合接触。

4) 沙一段($E_3\hat{s}^1$)

岩性上部为灰褐色泥岩,夹粉细砂岩;中部为灰色泥岩夹生物灰岩、鲕状灰岩、针孔状藻白云岩及白云岩等;下部岩性为灰色、深灰色、灰绿色泥岩夹砂质灰岩、白云岩及钙质砂岩。沙一段在重点调查区东北部的店子屋子、东兴村一带缺失,其顶板埋深 1400~1700 m,底板埋深 1500~1900 m,厚度 50~250 m,与下伏沙二段呈整合接触,与上覆东营组呈假整合接触。

4. 构造概况

重点调查区位于东营潜凹陷的次级构造单元——民丰洼陷范围内(图 3-7)。

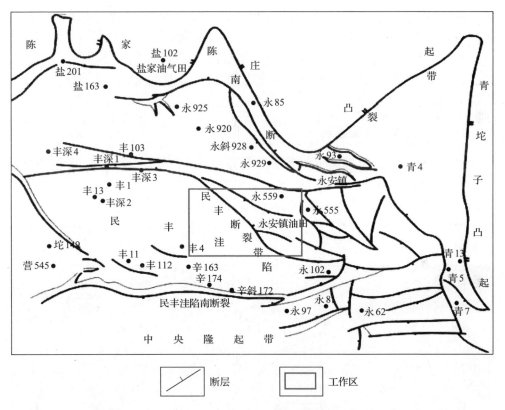

图 3-7　民丰洼陷构造图位置图

民丰洼陷地处垦利县东部,构造位置位于东营凹陷东北部,是东营凹陷四个次级洼陷之一,东西长 27 km,南北宽 17 km。民丰洼陷北接陈家庄凸起,南部通过东营凹陷中央隆起带和牛庄洼陷相邻,西邻利津洼陷,东临青坨子凸起。洼陷的形成和演化受陈南断裂带、洼陷内部民丰断裂带和洼陷南部边界断层控制。

洼陷内断裂发育、地质情况复杂,主要发育三组断裂体系。一组为陈家庄凸起南侧的陈南断裂带,这是东营凹陷及其次一级构造——民丰洼陷的控盆边界断层。该断层沿陈家庄凸起南侧古剥蚀面发育,为中生代中后期到新近纪多幕次构造运动的结果,燕山构造运动期奠定了喜马拉雅构造运动期的基本构造格局,其产状陡倾,主断面大都呈铲形,倾角约 30°~40°,呈北西西向延伸;一组为凹陷内的民丰断裂带,属于同沉积断层,断面倾角在 15°~25°;另一组为民丰洼陷南界断层,该断层是东营凹陷中央隆起带的北界断层,并且对牛庄洼陷的形成和演化起到了明显的控制作用。

　　总的来说,重点调查区是整个东营潜凹陷的一部分,其构造格局基本上受控于断裂系统。始新世以来,由于东营中央断裂背斜带的隆起上升,把自石村断层以北的东营北部统一的洼陷带分割为利津、民丰、牛庄三个较小的洼陷。民丰洼陷自始新世开始形成以来,长期处于沉降的一个负向构造带,构造比较简单。到新近纪,由于东营凹陷转入整体拗陷期,构造活动基本停止,民丰洼陷亦不再活动,与整个盆地成为一个整体。在古近纪形成的构造背景上,新生界地层从洼陷向断裂背斜带逐渐减薄。

3.2.2　重点调查内容及结果

　　调查重点区域的深层卤水资源的埋藏分布、资源量及元素组成、含量和全盐量,为后续课题的研究提供基础支撑。采用资料收集、现场查看和分析测试等方法,对垦利县东南 10 km 东兴地区,西起垦利县兴隆街道东兴村,东到采油八队,北起道口屋子,南到六干渠(图 3-8),面积约 30.64 km² 进行了调查,具体调查内容如下。

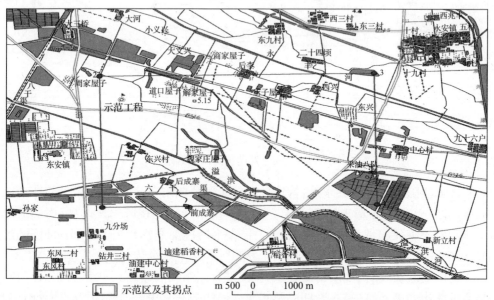

图 3-8　重点区域及周边地理位置图

1. 水平和垂向分布

通过收集以往资料和实际调查,重点区域几乎全部赋存深层卤水资源,主要储存于古近纪沙河街组三、四段中,卤水层顶板埋深 1600~2100 m。

2. 浓度分布情况及元素组成、含量及全盐量

通过收集以往资料和实际测定等方法,对重点区域各卤水层段的浓度、元素组成、含量及全盐量进行了调查。调查结果如表 3-5 所示。

表 3-5　重点区域各卤水层段的元素组成、含量及全盐量调查汇总表

卤水层位	沙三段	沙四段
全盐量/(g/L)	58.46~78.13	57.08~270.86
K^+/(g/L)	0.78~1.24	0.75~5.81
Na^+/(g/L)	18.28~25.72	18.41~104.38
Ca^{2+}/(g/L)	2.32~3.44	0.73~14.83
Mg^{2+}/(g/L)	0.39~1.08	0.42~0.72
Cl^-/(g/L)	35.51~47.45	34.93~15.57
SO_4^{2-}/(g/L)	0~0.65	0~3.95
HCO_3^-/(g/L)	0.53~0.81	0.22~6.09
I^-/(mg/L)	0.14~24.79	0.10~19
Br^-/(mg/L)	1.15~98.20	1.13~95.87
pH	5.89~6.33	5.88~6.32

从表 3-5 可以看出,重点区域沙三段卤水全盐量为 58.46~78.13 g/L,沙四段卤水全盐量为 57.08~270.86 g/L。黄河三角洲深层卤水为氯化物型原生卤水,水化学类型为 Cl-Na 型,pH 为 5.88~6.33,呈弱酸性。

沙三段深层卤水阳离子以 Na^+ 占绝对优势,平均含量为 18.28~25.72 g/L,其次为 Ca^{2+},平均含量为 2.32~3.44 g/L;阴离子以 Cl^- 占绝对优势,平均含量为 35.51~47.45 g/L;卤水中 Br^- 平均含量为 1.15~98.20 mg/L,I^- 平均含量为 0.14~24.79 mg/L。

沙四段深层卤水阳离子以 Na^+ 占绝对优势,平均含量为 18.41~104.38 g/L,其次为 Ca^{2+},平均含量为 0.73~14.83 g/L;阴离子以 Cl^- 占绝对优势,平均含量为 34.93~15.57 g/L;卤水中 Br^- 平均含量为 1.13~95.87 mg/L,I^- 平均含量为 0.10~19.00 mg/L。

重点区域深层卤水全盐量、元素组成及含量均符合黄河三角洲地区深层卤水的普查规律。

3. 资源量情况

通过收集以往资料和实际调查,计算了重点区域深层卤水的资源量和可开采量。计算结果分别如表 3-6、表 3-7 所示。

表 3-6　重点区域深层卤水资源量计算结果表

卤水资源量/($\times 10^4$ m³)			有益组分资源量/($\times 10^4$ t)			
资源量	容积储量	弹性储量	NaCl	KCl	I⁻	Br⁻
85 177.45	85 099.30	78.15	10 897.24	431.24	1.62	6.78

表 3-7　重点区域深层卤水可开采量计算结果表

卤水资源量可开采量/($\times 10^4$ m³)	有益组分资源量/($\times 10^4$ t)			
	NaCl	KCl	I⁻	Br⁻
8517.75	1089.72	43.12	0.16	0.68

从表 3-6、表 3-7 可以看出,重点区域深层卤水资源为 8.52×10^8 m³,可开采量为 0.85×10^8 m³;石盐(液体 NaCl)资源量为 1.09×10^8 t,可开采量为 0.11×10^8 t;KCl 资源量为 431.24×10^4 t,可开采量为 43.12×10^4 t;碘资源量为 1.62×10^4 t,可开采量为 0.16×10^4 t;溴资源量为 6.78×10^4 t,可开采量为 0.68×10^4 t。总潜在价值为 80.36×10^8 元,具有很高的开发利用价值。对照《盐湖和盐类矿产资源/储量规模划分标准表》,碘资源量规模为大型,石盐(液体 NaCl)、溴资源量规模为中型,氯化钾资源量规模为小型。

3.2.3　调查结论

(1)重点区域深层卤水分布面积为 30.64 km²,赋存于沙河街组三、四段中,顶板埋深为 1600~2100 m,深层卤水资源为 8.52×10^8 m³、可采资源量为 0.85×10^8 m³,石盐(液体 NaCl)资源量为 1.09×10^8 t、可采资源量为 0.11×10^8 t,潜在经济价值为 80.36×10^8 元。

(2)重点区域深层卤水全盐量最高可达 270.86 g/L,为氯化物型原生卤水,水化学类型为 Cl-Na 型,不同层位卤水,其化学组成及特征有所差异。全盐量、元素组成及含量均符合黄河三角洲地区深层卤水的普查规律。

3.3　黄河三角洲典型深层卤水井永 89♯ 现状调查

根据黄河三角洲深层卤水资源情况的普查结果,选定了永 89♯ 井(井深 2900 m,井底温度为 102℃,因采油、采水量小而未开发利用)。作为典型井,采用实验室分析测试手段,对永 89♯井的全盐量、pH、元素组成及含量进行了测定,为之后析盐结垢机理的研究及阻垢剂的研发提供基础的数据支撑。具体调查方法和结果如下所述。

3.3.1　调查方法

采用实验室分析测试手段进行调查,具体如下。

1. 取样

自喷式现场取样,样品命名为 89♯样。

2. 试剂

氯化钠(AR,天津永大化学试剂有限公司);溴化钠(AR,天津永大化学试剂有限公司);碘化钠(AR,天津永大化学试剂有限公司);硫酸(AR,莱阳精细化工厂);过硫酸钾(AR,天津永大化学试剂有限公司);三乙醇胺(AR,莱阳精细化工厂);氢氧化钾(AR,天津永大化学试剂有限公司);100 μg/mL 钾标准溶液(AR,深圳市良谊实验室仪器有限公司);1000 μg/mL 钠标准溶液(AR,深圳市良谊实验室仪器有限公司);100 μg/mL 钙标准溶液(AR,深圳市良谊实验室仪器有限公司);100 μg/mL 镁标准溶液(AR,深圳市良谊实验室仪器有限公司);100 μg/mL 钡标准溶液(AR,深圳市良谊实验室仪器有限公司);100 μg/mL 锶标准溶液(AR,深圳市良谊实验室仪器有限公司);氨水(AR,天津市景田化工有限公司);氯化铵(AR,天津永大化学试剂有限公司);铬黑 T(AR,天津市大茂化学试剂厂);基准氧化锌(AR,天津永大化学试剂有限公司);硫酸亚铁铵(AR,天津永大化学试剂有限公司);高锰酸钾(AR,天津永大化学试剂有限公司);二氮杂菲(AR,沈阳市新光化工厂);盐酸羟胺(AR,天津市大茂化学试剂厂);盐酸(AR,莱阳精细化工厂);甘油(AR,莱阳精细化工厂);乙醇(AR,莱阳精细化工厂);氯化钡晶体(AR,天津永大化学试剂有限公司);无水硫酸钠(AR,天津永大化学试剂有限公司);过氧化氢(AR,天津永大化学试有限公司);硝酸(AR,莱阳精细化工厂)。

3. 仪器

DWS-51 型钠离子计(上海雷磁仪器厂);BS 110S 分析天平(德国赛多利斯公司);PXS-215 离子活度计(上海日岛科学仪器有限公司);UV-5100 型分光光度计(日本岛津公司);BT-V30 恒温水浴锅(上海百典仪器设备有限公司);Optima 7300V 电感耦合等离子发射光谱仪(美国 PE 仪器公司);电磁搅拌器,烘箱,电热炉,移液管,量筒,烧杯,容量瓶,试剂瓶,玻璃棒等常规仪器。

4. 测试方法

(1) 卤水中 K^+、Na^+、Ca^{2+}、Mg^{2+}、Ba^{2+}、Sr^{2+} 的测定参照国标《(GB/T 8538—2008)饮用天然矿泉水检验方法》和《(JY/T 015—1996)感耦等离子体原子发射光谱方法通则》进行。

(2) 卤水中 TFe 的测定参照国标《(DZ/T 0064.23—1993)地下水质检验方法 二氮杂菲分光光度法测定铁》进行。

(3) 卤水中 SO_4^{2-} 的测定参照国标《(DZ/T 0064.65—1993)地下水质检验方法　比浊法测定硫酸根》进行。

(4) 卤水中 F^-、Cl^-、Br^-、I^- 采用离子选择电极测定。

① 标准系列溶液的配制:分别准确称取 0.4199 g、0.5827 g、1.0289 g、1.4989 g 经(250~350℃)干燥(1~2 h)的基准 NaF、NaCl、NaBr、NaI 试剂,溶于 100 mL 蒸馏水中,即为 pF1、pCl1、pBr1、pI1 标准溶液。将 pF1、pCl1、pBr1、pI1 标准溶液逐级稀释,得到 pF2、pF3、pF4、pF5、pCl2、pCl3、pCl4、pCl5、pBr2、pBr3、pBr4、pBr5、pI2、pI3、pI4、pI5 的标准溶液。

② 标准曲线的绘制:用去离子水清洗电极后,在上述 5 种标准离子溶液中由稀到浓测试电极电位并记录,分别绘制电极"mV-pF"、"mV-pCl"、"mV-pBr"、"mV-pI"的标准曲线。

③ 水样的测定:取水样 1 mL 于 100 mL 的容量瓶中,并稀释至刻度。将其倒入 200 mL 聚乙烯烧杯中,电极充分淋洗后,将电极插入被测液中,待读数稳定后,将仪器上"选择"开关置于 mV 档位,记录测得的 mV 值,在标准曲线图上读出对应的 pF、pCl、pBr、pI 值,再进行各离子浓度的计算。

(5) 卤水全盐量的测定参照国标《(SL 79—1994)矿化度的测定(重量法)》进行测定。

3.3.2　调查结果

经测试,永 89♯井水化学类型为 NaCl 型原生卤水,全盐量为 267.2 g/L,pH 为 5.4,各离子的浓度如表 3-8、表 3-9 所示。

表 3-8　永 89♯井深层卤水中各阳离子的浓度　　　　　(单位: mg/L)

离子种类	K^+			Na^+		
浓度	12.525×10^3	12.528×10^3	12.519×10^3	92.354×10^3	92.348×10^3	92.349×10^3
均值		12.524×10^3			92.350×10^3	
RSD		6.4807			4.5461	

续表

离子种类		Ca²⁺			Mg²⁺	
浓度	24.644×10^3	24.640×10^3	24.652×10^3	260.12	260.05	260.17
均值		24.645×10^3			260.11	
RSD		8.6410			0.0852	

离子种类		TFe			Ba²⁺	
浓度	36.812	36.807	36.814	244.52	244.60	244.48
均值		36.811			244.53	
RSD		0.0051			0.0864	

离子种类			Sr²⁺	
浓度		3.3653×10^3	3.3659×10^3	3.3649×10^3
均值			3.3654×10^3	
RSD			0.7118	

表 3-9　永 89♯井深层卤水中各阴离子的浓度　　（单位：mg/L）

离子种类		Cl⁻			F⁻	
浓度	16.168×10^4	16.171×10^4	16.165×10^4	3.1992×10^{-2}	3.1985×10^{-2}	3.1989×10^{-2}
均值		16.168×10^4			3.1989×10^{-2}	
RSD		42.4264			4.9666×10^{-6}	

离子种类		SO₄²⁻			Br⁻	
浓度	7.3813	7.3816	7.3809	1.1715	1.1706	1.1711
均值		7.3813			1.1711	
RSD		0.0005			0.0006	

离子种类			I⁻	
浓度		1.0122×10^{-1}	1.0134×10^{-1}	1.0113×10^{-1}
均值			1.0123×10^{-1}	
RSD			0.0001	

　　从表 3-8 和表 3-9 可以看出：①此卤水中 Na^+ 的浓度远大于 K^+ 的浓度，同时 Cl^- 的浓度也很大，由于 Na^+ 的金属性比 K^+ 的强，所以在析盐过程中，Na^+ 优先与 Cl^- 结合，所以确定 Na^+、Cl^- 为主要的析盐元素；②Ca^{2+}、Mg^{2+} 二者都易与 SO_4^{2-} 结合形成微溶性化合物，但由于卤水中 Ca^{2+} 的浓度远大于 Mg^{2+} 浓度，并且 $MgSO_4$ 的溶度积远大于 $CaSO_4$ 的，所以确定 Ca^{2+}、SO_4^{2-} 为主要的结垢元素；③虽然卤水中 Ba^{2+}、Sr^{2+} 浓度相对 Ca^{2+} 要小，但 Ba^{2+}、Sr^{2+} 易与 SO_4^{2-} 形成难溶性沉淀，所以也将 Ba^{2+}、Sr^{2+} 确定为主要的结垢元素。

综上所述,对于永 89♯井来说,在采提取过程中确定 Na^+、Ca^{2+}、Ba^{2+}、Sr^{2+}、Cl^-、SO_4^{2-} 为主要的析盐结垢元素。

3.3.3 调查结论

对黄河三角洲东营市永 89♯井调查结果表明,卤水为 Cl-Na 型原生卤水,全盐量为 267.2 g/L,pH 为 5.4,元素组成及浓度特征明显,符合普查所得出的规律,同时,卤水中 Ba^{2+}、Sr^{2+}、SO_4^{2-} 的含量相对较高,可判断该卤水的主要析盐结垢元素为 Na^+、Ca^{2+}、Ba^{2+}、Sr^{2+}、Cl^-、SO_4^{2-}。

3.4 卤水的析盐结垢机理与控制技术

3.4.1 卤水的析盐结垢机理研究

1. 研究现状与进展

盐分沉积在管壁上称为结垢。如果发生结垢,不仅会降低管道的有效容积,增加管道阻力,进而导致能耗增加、产能下降,还会加重管道的腐蚀,最为严重的是,当垢物堵塞和腐蚀管道时,压力增加可能出现管道爆裂现象,造成不良后果。因此,为了预防结垢的发生,首先要研究结垢的机理。

过饱和度是结垢的首要条件,当溶液中的成垢离子浓度高于平衡浓度时,阴、阳离子相互作用形成离子对,大量的离子对彼此聚集,就有可能形成晶核并继续生长,最终在管壁上形成结垢。微溶盐类的过饱和度除与溶解度相关外,还受热力学、(结晶)动力学、流体动力学等多种因素影响。关于结垢机理影响因素,国内外学者主要形成以下理论:

(1)水溶液中是否包含有成垢离子,当离子反应平衡被打破时,这些成垢离子就会结合形成溶解度很小的盐类分子。

(2)微溶盐类的溶解度随温度、压力变化情况。微溶盐或难溶盐类在单一溶液中和混合溶液的过饱和程度的变化情况。

(3)结晶作用:在过饱和度水溶液中存在晶种,溶液中成垢组分在晶体间内聚力以及晶体与金属表面间的黏着力作用下析出晶体。研究微溶盐类的结晶过程表明,在没有杂质的单一盐类和碳酸钙或硫酸钙的过饱和溶液中,可以达到很高的过饱和程度而没有结晶析出。一旦结晶析出,晶体的晶格规则,排列整齐,晶体间的内聚力以及晶体与金属表面间的黏着力都很强,所以形成的垢层比较结实而且连续增长。

(4)沉降作用:水中悬浮粒子(如铁锈、砂地、泥渣等)在沉降力和切力作用下,沉降力大则容易结垢,水中悬浮的粒子,如铁锈、砂土、黏土、泥渣等将同时受到沉降力和切力的作用。沉降力促使粒子下沉,沉降力包括粒子本身的重力、表面对粒子的吸力和范德华力,以及因表面粗糙等引起的物理作用力等。剪应力也称为切力,是水流使粒子脱离表面的力。如果沉降力大,则粒子容易沉积;如果剪应力大于水垢和污泥本身的结合强度,则粒子被分散在水中。杂质的黏结作用或水垢析出时的共同沉淀作用都会增加粒子的沉降力而使粒子加速沉积。因此在水流动部位,被沉积的污泥和析出的结晶叠加在一起形成的垢层一般不会连续增长。但在水的滞流区,由于剪应力很小甚至接近于零,水垢和污泥则主要在这些区域积聚。此外,水中微生物的生长和繁殖将会加速结晶和沉降作用。腐蚀会使金属表面变得很粗糙,粗糙的表面将催化结晶和沉降作用。

(5) 流体动力学因素:主要是液流形态(层流、紊流)、流速及其分布。紊流使水质点相互碰撞,流速增加使液流搅和程度增大,沉淀晶体凝聚加剧,促使晶核快速形成。

目前,国内外对深层卤水析盐结垢机理的研究较少,但是对油田注水、工业循环水系统换热设备方面结垢机理的研究较多。

油田水质结垢的根本原因是注入水中存在一定浓度的结垢离子,而注水管线结垢会造成:①管线沿程水质不断恶化,干线末端与首端相比,主要水质指标变化幅度达 20%～50%;②形成垢下腐蚀,点腐蚀速率大于 1 mm/a;③注水管网压降损失增大。肖荣鸽等进行了油田注水管线结垢机理及模型预测研究,结果表明该油田存在沉淀离子、水质全盐量高是油井结垢的根本原因,注入水与地层水不配伍是导致结垢的主要因素(肖荣鸽等,2013)。项明杰等进行了注清水井腐蚀结垢机理及对策研究,在注入水组成性质分析的基础上,详细分析了清水注水系统的结垢机理,并确定了影响结垢的主要因素(项明杰等,2014)。王刚等对滨 425 区块的结垢机理及防治措施进行了研究,在分析作业井数据、油井垢样和油井产出液油水乳化状态的基础上,开展了结垢影响因素的研究,得出了结垢机理(王刚等,2014)。

换热设备在运转一个时期后,由于溶质及有机物的析出及附着,在传热面上会附着一层薄固体。换热设备内壁结垢是影响工业生产的一个严重问题,由换热设备结垢而引起的费用增加主要来自两方面:一是初始投资费用增加,即在设计阶段选用过余换热面积而增加的费用;二是操作费用增加。换热设备的结垢,每年消耗巨额资金,严重时会影响设备的正常运行。影响结垢的因素多种多样,归纳起来,主要有流体性质、流体流速、换热设备材质及表面状况、流体本体和换热表面的温度等。杨祖荣等采用美国 Weyerhauser 纸浆厂提供的亚硫酸盐废液为物料,模拟蒸发器的工况,探讨了各操作变量对结垢速率的影响,发现溶液主体和加热表面之间的 Ca^{2+} 浓度差是影响亚硫酸废液结垢的最主要因素,结垢速率与该浓度差成正比,结垢速率系数即单位钙推动力的结垢速率,在层流工况下,随流速增大而增加;

但在湍流工况下,则相反(杨祖荣等,1992)。Sheikholealami 和 Watkinson(1986)对普通铜管、碳钢管和外肋片碳钢管上的结垢进行了研究,发现在恒定热通量的条件下,外肋片管比光滑管的结垢要少,结垢沉积在主表面上。当流速提高时,铜管上的污垢热阻随之增大,碳钢管上的污垢热阻则下降。Chernozubov 等对 $CaCO_3$ 在换热表面的沉积速率进行了研究,发现溶液主体温度升高到某一数值时,$CaCO_3$ 的结垢速率会突然下降,这种现象出现在溶液中 Ca^{2+}、HCO_3^- 浓度较高的情况下,而在相对较低的结垢离子浓度下,结垢速率则一直随主体温度升高而逐渐增大(Chernozubov et al.,1973)。

　　针对黄河三角洲深层卤水采提取过程中结垢机理不明、研究缺乏等问题,结合 3.2.1 的深层卤水资源情况调研报告以及目前对油田注水结垢机理的研究,以永 89♯ 井为例,通过研究析盐结垢的形成过程以及提卤深度、温度、压力对析盐结垢离子浓度的影响,揭示了深层卤水采提取过程中的析盐结垢机理。具体研究方法及结果如下。

　　2. 研究方法

　　(1) 试剂:同 3.3.1。
　　(2) 仪器:GSH-2.0L 反应釜(威海环宇化工机械有限公司),其他同 3.3.1。
　　(3) 实验方法:
　　① 测定不饱和卤水和饱和卤水中主要析盐结垢离子在各深度下的浓度。
　　采用温度压力模拟法,通过设置高压反应釜的温度和压力来模拟卤水采提过程中不同深度的温度、压力变化。高压反应釜的温度、压力根据表 3-10 来设置。

表 3-10　深层卤水采提取过程温度、压力随深度变化表

深度/m	温度/℃	压力/MPa
0	13	0.1
500	28	5
1000	43	10
1500	59	15
2000	74	20
2500	90	25
2900	102	29

　　不饱和卤水为 89♯ 样。将 89♯ 样置于托盘中蒸发至干,将所得的盐磨细后保存即为卤盐。取 89♯ 样于烧杯中,在磁力搅拌器上加入所制得的卤盐,直至其不再溶解为止,即为饱和卤水。

　　取 500 mL 不饱和卤水置于高压反应釜中,分别按照表 3-10 设置反应釜的温

度和压力,搅拌均匀后保持 1 h,从取样口取样,测样品中主要析盐结垢离子的浓度。

取 500 mL 饱和卤水和足量的卤盐置于高压反应釜中,按照上述步骤进行相同操作。

② 测定常压下卤水中主要析盐结垢离子在各温度下的饱和溶解度。

取 500 mL 饱和卤水于烧杯中置于恒温水浴(油浴)中,设置温度分别为 20℃、40℃、60℃、80℃、100℃、120℃,恒温保持 1 h,取上清液过滤,测上清液中主要析盐结垢离子的浓度。

③ 测定 60℃时卤水中主要析盐结垢离子在各压力下的饱和溶解度。

取 500 mL 饱和卤水于烧杯中置于高压反应釜中,设定温度为 60℃,在压力分别为 5 MPa、10 MPa、15 MPa、20 MPa、25 MPa、29 MPa 下,搅拌均匀后保持 1 h,从取样口取样,测样品中主要析盐结垢离子的浓度。

3. 研究结果与讨论

1) 压力、温度等对析盐结垢的影响

通过温度压力模拟实验,不饱和卤水在提卤过程中不同深度的主要析盐结垢离子的浓度见表 3-11。

表 3-11　提卤过程中不同深度卤水(不饱和)中主要析盐结垢离子的浓度

(单位：mg/L)

深度/m	Na^+	Ca^{2+}	Ba^{2+}	Sr^{2+}
0	92.356×10^3	24.651×10^3	244.42	3.3651×10^3
500	92.353×10^3	24.641×10^3	244.33	3.3653×10^3
1000	92.351×10^3	24.656×10^3	244.43	3.3658×10^3
1500	92.350×10^3	24.640×10^3	244.47	3.3651×10^3
2000	92.352×10^3	24.643×10^3	244.45	3.3656×10^3
2500	92.354×10^3	24.649×10^3	244.39	3.3657×10^3
2900	92.350×10^3	24.645×10^3	244.53	3.3654×10^3
均值	92.352×10^3	24.649×10^3	244.43	3.3654×10^3

从表 3-11 可以看出,对于永 89# 井来说,其中 Na^+ 平均浓度为 92.35 g/L,Ca^{2+} 平均浓度为 24.65 g/L,Ba^{2+} 平均浓度为 244.43 mg/L,Sr^{2+} 平均浓度为 3365.4 mg/L。从图 3-9 可以看出,对于不饱和卤水,不同深度卤水中主要析盐结垢离子浓度基本一致,无明显变化。

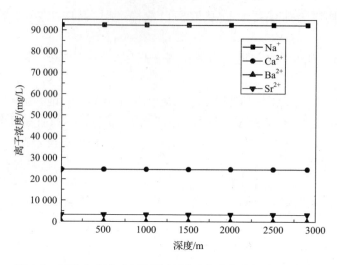

图 3-9 不饱和卤水主要析盐结垢元素浓度随深度的变化图

通过温度压力模拟实验,饱和卤水在提卤过程中不同深度的主要析盐结垢离子的浓度见表 3-12。

表 3-12 提卤过程中不同深度卤水(饱和)中主要析盐结垢离子的浓度

(单位:mg/L)

深度/m	Na^+	Ca^{2+}	Ba^{2+}	Sr^{2+}
0	120.71×10^3	25.25×10^3	235.75	3.53×10^3
500	174.63×10^3	37.738×10^3	389.23	7.5755×10^3
1000	183.67×10^3	40.157×10^3	424.85	8.6875×10^3
1500	195.09×10^3	43.160×10^3	462.72	10.078×10^3
2000	208.94×10^3	46.954×10^3	504.42	10.939×10^3
2500	226.58×10^3	51.583×10^3	548.44	11.898×10^3
2900	248.30×10^3	57.310×10^3	595.70	12.941×10^3

从表 3-12 可以看出,对于饱和卤水,当从地下 2900 m 提至地面时,卤水中 Na^+ 的浓度由 248.30 g/L 逐渐降到了 120.71 g/L,Ca^{2+} 的浓度由 57.31 g/L 逐渐降到了 25.25 g/L,Ba^{2+} 的浓度由 595.70 mg/L 逐渐降到了 235.75 mg/L,Sr^{2+} 的浓度由 12.94 g/L 逐渐降到了 3.53 g/L。从图 3-10 可以看出,对于饱和卤水,当从地下 2900 m 提至 2000 m 的过程中,Ca^{2+} 的变化率最大,从地下 2000 m 提至 1500 m 的过程中,Ba^{2+} 的变化率最大,从地下 1500 m 提至 500 m 的过程中,Sr^{2+} 的变化率最大,所以,在采提卤的过程中,Ca^{2+} 先析出,其次是 Ba^{2+}、Sr^{2+},在从地下 1500 m 提至 500 m 的过程中,Sr^{2+} 的变化率显著增大。在 Ca^{2+}、Ba^{2+}、Sr^{2+} 与

SO_4^{2-} 结合形成微溶难溶化合物的同时也伴随着 NaCl 的析出。

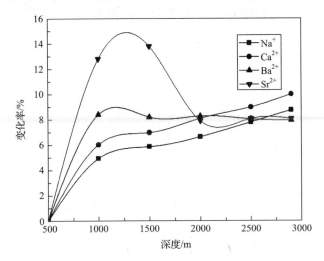

图 3-10　饱和卤水中主要析盐结垢元素浓度随深度的变化图

在采提卤的过程中,饱和卤水中离子浓度的变化是温度、压力共同的作用的结果。为了研究温度、压力对饱和卤水中离子浓度变化的具体影响,所以在以下部分单独讨论温度、压力对饱和卤水中离子浓度的变化。

2）压力、温度等对析盐结垢的影响程度

常压下,不同温度下卤水中各析盐结垢离子的饱和溶解度如表 3-13 所示。

表 3-13　常压不同温度下卤水中各析盐结垢离子饱和溶解度

（单位：mg/L）

温度/℃	Na⁺	Ca²⁺	Ba²⁺	Sr²⁺
20	120.71×10^3	25.253×10^3	235.75	3.5336×10^3
40	125.63×10^3	26.771×10^3	257.31	4.0500×10^3
60	133.14×10^3	28.671×10^3	280.02	4.6664×10^3
80	142.61×10^3	31.057×10^3	305.24	5.0350×10^3
100	154.42×10^3	34.110×10^3	332.03	5.4485×10^3
120	167.51×10^3	37.820×10^3	360.12	5.8956×10^3

从表 3-13 可以看出,在常压下,当温度由 120℃逐渐降至 20℃时,溶液中 Na⁺的浓度由 167.51×10^3 mg/L 逐渐降到了 120.71×10^3 mg/L,Ca²⁺的浓度由 37.820×10^3 mg/L 逐渐降到了 25.253×10^3 mg/L,Ba²⁺的浓度由 360.12 mg/L 逐渐降到了 235.75 mg/L,Sr²⁺的浓度由 5.8956×10^3 mg/L 逐渐降到了 3.5336×10^3 mg/L。从图 3-11 可以看出,当温度由 120℃降至 80℃时,Ca²⁺的变化率最

大,从 80 ℃降至 60 ℃时,Ba^{2+} 的变化率最大,从 60 ℃降至 20 ℃时,Sr^{2+} 的变化率最大。所以,对于饱和卤水,常压下随着温度的降低,Ca^{2+} 先析出,其次是 Ba^{2+}、Sr^{2+},在 60 ℃以下,Sr^{2+} 的变化率显著增大。结合图 3-10 和 3-11 可以看出,常压下饱和卤水中四种主要析盐结垢离子的饱和溶解度随温度的变化率与饱和溶解度随提升高度的变化率基本一致。

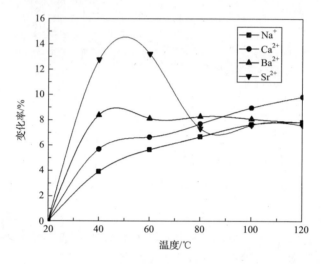

图 3-11　常压下卤水中主要析盐结垢离子的饱和溶解度随温度的变化率

在温度为 60 ℃时,不同压力下卤水中各析盐结垢离子的饱和溶解度如表 3-14 所示。

表 3-14　不同压力下卤水中各析盐结垢离子饱和溶解度(单位：mg/L)

压力/MPa	Na^+	Ca^{2+}	Ba^{2+}	Sr^{2+}
0.1(常压)	$120.71×10^3$	$25.253×10^3$	235.75	$3.5336×10^3$
5	$135.12×10^3$	$28.124×10^3$	262.46	$3.9556×10^3$
10	$151.47×10^3$	$31.427×10^3$	292.45	$4.4379×10^3$
15	$169.41×10^3$	$35.142×10^3$	325.77	$4.9368×10^3$
20	$188.56×10^3$	$39.197×10^3$	363.18	$5.4974×10^3$
25	$210.63×10^3$	$43.759×10^3$	406.54	$6.1314×10^3$
29	$236.16×10^3$	$48.735×10^3$	455.84	$6.8418×10^3$

从表 3-14 可以看出,当压力由 29 MPa 逐渐降至常压时,溶液中 Na^+ 的浓度由 $236.16×10^3$ mg/L 逐渐降到了 $120.71×10^3$ mg/L,Ca^{2+} 的浓度由 $48.735×10^3$ mg/L 逐渐降到了 $25.253×10^3$ mg/L,Ba^{2+} 的浓度由 455.84 mg/L 逐渐降到了 235.75 mg/L,Sr^{2+} 的浓度由 $6.8418×10^3$ mg/L 逐渐降到了 $3.5336×10^3$ mg/L。

从图 3-12 可以看出,四种主要析盐结垢离子饱和溶解度与压力的增加基本呈正比,随压力的变化率基本一致。所以对于饱和卤水,在采提卤的过程中,压力的降低基本不会影响卤水中析盐结垢离子的析出顺序。

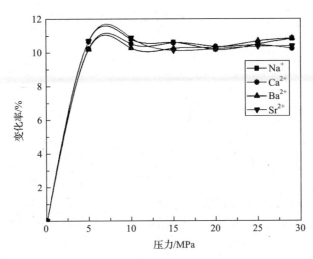

图 3-12　温度为 60℃时卤水中主要析盐结垢离子的饱和溶解度随压力的变化率

3) 析盐结垢过程分析

黄河三角洲深层卤水在采提取过程中,盐垢的形成过程可以表示为:卤水→结垢元素饱和→结垢元素过饱和→形成晶核→NaCl 共沉淀→晶体长大→盐垢。具体可以表述为:

第一步:温度、压力、流速等条件的改变,导致卤水中离子平衡状态改变,成垢组分溶解度降低而析出。

$$Ca^{2+} + SO_4^{2-} \longrightarrow CaSO_4 \downarrow$$
$$Ba^{2+} + SO_4^{2-} \longrightarrow BaSO_4 \downarrow$$
$$Sr^{2+} + SO_4^{2-} \longrightarrow SrSO_4 \downarrow$$

第二步:成垢离子结晶作用,分子结合、排列,形成晶核。

第三步:NaCl 共沉淀作用。

第四步:大量结晶堆积长大,形成盐垢。

在采提过程中,不饱和卤水中析盐结垢现象较轻,饱和卤水析盐结垢现象严重。当温度由 120℃降至 80℃时,形成的是以 CaSO₄ 为主 BaSO₄、SrSO₄ 为辅并吸附共沉淀 NaCl 的盐垢;从 80℃降至 60℃时,形成的是以 BaSO₄ 为主 CaSO₄、SrSO₄ 为辅并吸附共沉淀 NaCl 的盐垢;从 60℃降至 20℃时,形成的是以 SrSO₄ 为主 CaSO₄、BaSO₄ 为辅并吸附共沉淀 NaCl 的盐垢。

4）析盐结垢机理分析

对于不饱和卤水，以 89# 样为例，卤水中 Ca^{2+} 的浓度比较大，质量浓度达到了 24 645 mg/L，摩尔浓度为 0.62 mol/L，Ba^{2+} 质量浓度达到了 244.53 mg/L，摩尔浓度为 1.78×10^{-3} mol/L，Sr^{2+} 质量浓度达到了 3365.4 mg/L，摩尔浓度为 3.82×10^{-2} mol/L，SO_4^{2-} 的质量浓度为 7.38 mg/L，摩尔浓度为 7.69×10^{-5} mol/L，而 $CaSO_4$ 的溶度积为 4.8×10^{-5} mol/L，$BaSO_4$ 的溶度积为 1.1×10^{-10} mol/L，$SrSO_4$ 的溶度积为 3.44×10^{-7} mol/L，89# 样中 Ca^{2+} 和 SO_4^{2-} 离子的离子积为 1.39×10^{-5} mol/L，大于 $CaSO_4$ 的溶度积，Ba^{2+} 和 SO_4^{2-} 离子的离子积为 1.37×10^{-7} mol/L，大于 $BaSO_4$ 的溶度积，Sr^{2+} 和 SO_4^{2-} 离子的离子积为 2.94×10^{-6} mol/L，大于 $SrSO_4$ 的溶度积。虽然温度、压力并不会影响主要析盐结垢离子的浓度，但在实际采提取过程中，管壁和卤水中的悬浮物质作为外来杂质，不仅可以作为晶核，还可以降低 $CaSO_4$、$BaSO_4$、$SrSO_4$ 结晶成核的栅栏，使卤水中的成垢离子相互作用形成离子对，并不断向管道壁面扩散，而在此过程中，由于吸附、共沉淀作用，NaCl 晶体也会随之析出，最终在管道壁面上形成混合盐垢。除此之外，卤水流速的增加也会加快晶核的形成。

对于饱和卤水，温度、压力的降低会导致卤水中主要析盐结垢离子的平衡状态改变，使得溶解度降低而析出。在实际采提取过程中，卤水温度变化小，而压力变化大，由于 Na^+、Ca^{2+}、Ba^{2+}、Sr^{2+} 饱和溶解度的变化率随压力的变化基本一致，所以在从地下提至地面的过程中，卤水中的成垢离子相互作用形成离子对，大量的离子对彼此聚集形成晶核并继续生长，在卤水中析出 $CaSO_4$、$BaSO_4$、$SrSO_4$ 晶体，由于吸附、共沉淀作用，NaCl 晶体也会随之析出。析出的晶体由于浓度差的作用向管道壁面扩散，最终完全覆盖于管壁面上，形成混合盐垢。在地面输送的过程中，卤水温度会逐渐降至常温，在此过程中，温度为主要的影响因素，由于各温度区间析盐结垢离子饱和溶解度变化率不同，所以在不同温度区间内，变化率大的对垢核的形成贡献大，并以垢核为主吸附、共沉淀其他析盐结垢离子，最终附着于壁面形成盐垢。具体来讲，当温度由 120 ℃降至 80 ℃时，Ca^{2+} 对垢核的形成贡献最大，最终形成是以 $CaSO_4$ 为主要晶核的盐垢；当温度从 80 ℃降至 60 ℃时，Ba^{2+} 对垢核的形成贡献最大，最终形成是以 $BaSO_4$ 为主要晶核的盐垢；当温度从 60 ℃降至 20 ℃时，Sr^{2+} 对垢核的形成贡献最大，最终形成是以 $SrSO_4$ 为主要晶核的盐垢。此外，盐垢的形成还会受到管道表面状态、卤水流速、微生物种类和数量等的影响。

4. 研究结论

（1）黄河三角洲深层卤水在采提取过程中，盐垢的形成过程可以表示为：卤水→结垢元素饱和→结垢元素过饱和→形成晶核→NaCl 共沉淀→晶体长大→盐垢。盐垢的主要成分为 NaCl、$CaSO_4$、$BaSO_4$、$SrSO_4$。

（2）在采提卤过程中，不饱和卤水中主要析盐结垢离子的浓度变化不明显，说明析盐结垢现象较轻。对于饱和卤水，说明析盐结垢现象严重。离子浓度分析表明，Ca^{2+} 最先析出，其次是 Ba^{2+}、Sr^{2+}，同时伴随着 NaCl 的析出。在从地下 1500 m 提至 500 m 的过程中，Sr^{2+} 的浓度变化显著，表明 Sr^{2+} 对垢核的形成贡献大。

（3）常压下饱和卤水中四种主要析盐结垢离子的饱和溶解度随温度的变化率与饱和溶解度随提升高度的变化率基本一致。当温度由 120 ℃ 降至 80 ℃ 时，Ca^{2+} 浓度的变化率最大，从 80 ℃ 降至 60 ℃ 时，Ba^{2+} 浓度的变化率最大，从 60 ℃ 降至 20 ℃ 时，Sr^{2+} 浓度的变化率最大。四种主要析盐结垢离子的饱和溶解度随压力增加而增大，但变化率基本相同。因此，饱和卤水在提输过程中的温度变化是影响析盐结垢离子析出顺序的主要因素。

（4）析盐结垢机理研究表明，随着温度、压力等热力学条件的改变，当溶液中的成垢离子浓度高于平衡浓度时，阴、阳离子相互作用形成离子对，离子对遇到管壁或其他杂质形成晶核，溶液中的成垢离子不断向壁面扩散、结晶、长大，最终在管壁上形成结垢，由于吸附、共沉淀作用，NaCl 晶体也随之析出，形成混合盐垢，析盐与结垢之间存在着相互促进的关系。盐垢的形成还会受到管道表面状态、卤水流速、微生物种类和数量等的影响。

3.4.2　卤水的析盐结垢控制技术研究

1. 研究现状与进展

1）防垢技术研究现状与进展

在油田注水管网、换热设备、工业循环水管道的使用过程中，随着管内液体的流动以及外界温度、压力的变化，都会在管道内壁形成不同程度的垢，从而降低了管道的有效容积，增加管道阻力，增加能耗。为了更好地解决结垢问题，国内外学者进行了大量的防垢技术研究。目前常用的防垢技术有：

（1）物理防垢法：主要有超声场-静电场协同法、磁防垢技术法、内置弹簧脉冲流动法。

超声场-静电场协同作用会影响晶体形成的成核诱导期，超声场空化产生微观能量，在超声场与电场的协同作用下，超声空化增强，成核诱导期缩短，晶核形成速率增大，大量的晶核迅速生成，晶体稳定在文石的形态上，悬浮于溶液中，不易沉淀，起到了防垢作用。陆海勤等研究自行设计的超声场-静电场协同防垢实验装置进行模拟蒸发实验，正交实验结果表明，在声强 0.53 W/cm² 、场强 32 kV/m 时有很好的协同效果，防垢率为 78.46%（陆海勤等，2005）。但当结垢物结构复杂，形成的垢致密而坚硬时，该法效果不明显。

磁场不仅可以影响水溶液的 pH、电导率、表面张力、胶体颗粒的电位等一些物理化学性质,还能影响成垢物质的结晶成核过程和晶体生长过程,从而改变结晶数量及晶粒大小。电子感应水处理器是通过主机在液体中产生一个频率、强度都按一定规律变化的感应电磁场,通过该电磁场达到除垢、阻垢的目的。赵兰坤和范海燕(2011)将电子感应水处理器在姬塬油田集输系统上进行了应用,应用结果表明该处理器在不同层位的集输系统防垢试验中有一定的阻垢效果。但是该法无法从根本上彻底解决油田结垢问题。

内置弹簧脉冲流动法是当流体在试验管段内做适当的脉冲流动,内置弹簧会在管内做上下往复运动,进而起到清除管壁污垢的效果。窦梅等以二甲基胺生产中易于结垢的换热器冷却过程为研究对象,采用换热管内置弹簧并利用泵的开、停措施使流体产生脉冲流动的方法对换热器在线防垢除垢进行研究,结果表明在试验装置上,内置弹簧长度175～198 cm、泵运行时间 5～10 s、泵停止时间 5s 时,具有显著的防垢除垢效果,在试验装置运行 4 h 后,除垢率高达 92.9%(窦梅等,2010)。

(2) 化学防垢法:主要有加阻垢剂、固体防垢块、镀层等方法。

加阻垢剂:阻垢剂可以与析盐结垢离子发生螯合作用,使成垢晶粒处于分散状态或是引起晶格的畸变,从而抑制盐垢的形成。该法适用范围广、使用效果好、便于操作、加注方式灵活,而且成本比较低,关键是针对垢物的特征,选出适合的阻垢剂。

固体防垢块主要由防垢剂、胶结剂组成,可悬挂于抽油泵下面使用。防垢剂需选用热稳定性较好的防垢剂,而胶结剂则由塑料构成。张贵才等研究了以 HEDP 为防垢成分、以塑料 OO 为胶结剂的固体防垢块并进行了优化,即加入塑料改性剂 YHSL,用来调节防垢材料和胶结剂材料的极性(张贵才等,2004)。因固体防垢块的制作方法较为复杂,其释放速度不易控制,所以并未得到广泛使用。

镀层方法是在管道或设备表面用化学镀或电镀的方法来改变其比表面自由能,从而影响成垢分子间以及界面间的相互吸引力,进而达到防垢的效果。何旭等采用化学镀的方法在 45 号碳钢试样表面制备了稀土铈促进共沉积的 Ni-P-PTFE 复合镀层并研究了其防垢性能,研究结果表明,铈的加入提高了镀层的防垢性能,镀层的结垢率随着铈对镀层中 PTFE 含量的影响而发生变化,当铈浓度为 0.04 g/L 时,结垢率最低,仅为 9.026 g/m²,防垢效果最佳(何旭等,2013)。

目前国内外在防垢技术上一般都采用添加阻垢剂的方法和物理方法相结合,因此对阻垢剂的研究也成为目前的热点问题,特别是针对一些难以去除的难溶垢,高效阻垢剂的研发势在必行。

2) 阻垢剂研究现状与进展

阻垢剂的发展可以追溯到 20 世纪 30 年代,当时所用的阻垢剂,一类为简单的无机化合物,如硫酸、盐酸、磷酸三钠等,另一类为天然高分子化合物如淀粉、丹宁、木质素、壳聚糖等,且以后者应用为主。天然高分子化合物如淀粉、丹宁、木质素、壳聚糖等含有羟基、醛基、羧基等活性基团,因而具有螯合、吸附、分散的作用,可以对结垢物的生长起到一定的抑制作用,阻止垢的生成。由于天然聚合物的结构复杂,性质不稳定,易分解且投入量大,阻垢效果不理想,所以逐渐被一些高效合成阻垢剂所代替(潘爱芳等,2009)。20 世纪 50 年代,国外首次采用聚磷酸盐作为阻垢剂。该类阻垢剂虽然具有良好的阻碳酸钙垢的性能,但是在水中易水解,水解后生成的正磷酸根离子会与钙离子结合生成比碳酸钙还难溶的磷酸钙垢,使阻垢性能大大降低,所以逐渐被高性能的阻垢剂所取代。20 世纪 80 年代共聚物类阻垢剂发展起来,共聚物中的羧酸官能团是阻碳酸钙和硫酸钙垢的主要官能团,而羟基、酰胺基等基团对阻磷酸钙垢有益(路长青和汪鹰,1995),特别是磺酸基对磷酸钙垢有良好的抑制能力,能有效地分散金属氧化物、稳定锌和有机磷酸。共聚物类阻垢剂主要有含磷水溶性聚合物、羧酸类共聚物、磺酸类共聚物,这几类共聚物虽然性质稳定,阻垢效果好,但由于其含氮磷,易对环境造成污染并且不易生物降解。近年来,由于资源短缺和环境污染问题日益严重,所以含氮磷共聚物阻垢剂逐渐被不含氮磷、可生物降解并且阻垢性能好的新型绿色阻垢剂如聚环氧琥珀酸(PESA)和聚天冬氨酸(PASP)所取代。

目前,在油田注水管网、换热设备、工业循环水管道方面常用的阻垢剂主要为共聚物阻垢剂和新型绿色阻垢剂,而共聚物阻垢剂主要有含磷水溶性聚合物、羧酸类共聚物和磺酸类共聚物三种。

(1) 含磷水溶性聚合物:由无机单体次磷酸与一种或两种以上的有机单体如丙烯酸(AA)、马来酸、含磺基单体共聚而成。主要有磷酸亚基聚羧酸、膦酰基聚羧酸、膦酰基羧酸聚合物。夏明珠和吴金斗(2003)采用 4 种方法合成了膦酰基羧酸聚合物(POCA),研究结果表明亚磷酸二乙酯与 AA、2-丙烯酰胺-2-甲基丙磺酸(AMPS)在二特丁基过氧化物引发剂存在下进行调聚反应,然后用浓盐酸水解合成的 POCA 的阻垢性能最佳。

(2) 羧酸类共聚物:以丙烯酸(AA)、马来酸或马来酸酐(MA)为主要单体,在适当引发剂作用下,与其他一种或几种单体共聚而成。主要有丙烯酸类共聚物如聚丙烯酰胺、丙烯酸-丙烯酸甲酯和马来酸类共聚物两种。王光江等以丙烯酸和衣康酸(IA)为原料,研制成功衣康酸/丙烯酸二元共聚物,该共聚物具有好的阻垢效果,在用量为 3 mg/L 的情况下,阻垢率即可达到 96%(王光江等,2000)。荆国华等将磺酸基团引入其中合成的马来酸酐(MA)/2-丙烯酰胺-2-甲基丙基磺酸(AMPS)二元共聚物,具有良好的阻碳酸钙垢、磷酸钙垢效果和分散氧化铁的能力(荆国华等,2002)。

(3) 磺酸类共聚物:以甲基丙磺酸、苯乙烯磺酸为主要单体,在适当引发剂作用下,与其他一种或几种单体共聚而成。主要有单烯烃类磺酸、丙烯酰胺类磺酸、烯丙氧基类磺酸、丙烯酸类磺酸、双烯烃类磺酸五种。武丽丽以水为溶剂,过氧化物为引发剂,丙烯磺酸钠、异丙烯膦酸、丙烯酸为单体,合成了丙烯磺酸钠/异丙烯膦酸/丙烯酸三元共聚物,此共聚物生产工艺简单,且生产成本低,产率高,对 $CaCO_3$、$Ca_3(PO_4)_2$ 有很好的阻垢性,并且分散氧化铁性能优良,有一定的缓蚀性(武丽丽,2001)。

(4) 新型绿色阻垢剂:主要为聚环氧琥珀酸型和聚天冬氨酸型。聚环氧琥珀酸的合成方法主要有三种:一是以马来酸酐为原料,用蒸馏水和氢氧化钠使之水解成马来酸盐,再以固体酸为催化剂,用过氧化氢将马来酸盐氧化成环氧琥珀酸盐,再将环氧琥珀酸盐乙酯化,在无溶剂体系或惰性溶剂体系中开环聚合,然后将制得的聚合物水解;二是以马来酸酐为原料,将其溶解在水中生成马来酸,加入碱液调节 pH,在一定的温度下,以固体酸为催化剂,连续加入过氧化氢,生成环氧琥珀酸钠,再加入氢氧化钙和氢氧化钠,在一定温度下聚合,得到聚环氧琥珀酸钠盐;三是以马来酸酐为原料,用碱液使之水解成马来酸盐,并调节 pH,在一定温度、过氧化物催化剂和钒系催化剂作用下进行环氧化反应,生成环氧琥珀酸盐,将合成的环氧琥珀酸盐用丙酮沉淀干燥后,配成一定浓度,并在一定温度下,用氢氧化钙引发聚合。聚天冬氨酸的合成方法主要有两种:一种是 L-天冬氨酸无水热聚合,即通过加热天冬氨酸生成聚琥珀酰亚胺,然后在碱溶液中水解,得到无规聚合物聚天冬氨酸;二是顺丁烯二酸热聚合。张建枚和金栋(2006)进行了改性聚环氧琥珀酸的合成及性能研究,他们以马来酸酐为原料通过磺化环氧化和开环聚合等一系列反应合成出聚磺酸基环氧琥珀酸(PESSA),实验表明 PESSA 具有优良的阻 $CaCO_3$、$Ca_3(PO_4)_2$ 垢性能及稳定锌盐和分散氧化铁的性能。王毅等通过实验发现 PASP 与 HEDP、ATMP、PESA、PBTCA 和磺酸共聚物的复配药剂比 PASP 具有更好的阻垢性能,且当质量比为 1:1 时阻垢效果最佳(王毅等,2008)。

目前,在地下卤水的开采领域,已开发了较多的阻垢剂,但这些阻垢剂大多含磷、含氮,难生物降解,容易对环境造成污染。在专利(CN102795713A)《一种卤水管道阻垢剂、用途及其使用方法》中,提到过用羟基亚乙基二膦酸、丙烯酸-2-丙烯酰胺-2-甲基丙磺酸共聚物、聚天冬氨酸和聚丙烯酸复配的阻垢剂,虽然对硫酸盐的阻垢效率达到了 90% 以上,能较好地解决管道结垢堵塞的问题,并且对钠盐的析出起到有效的抑制作用,但由于阻垢剂中含磷、含氮,容易对环境造成二次污染。邹玮等研究的丙烯酸/丙烯酸甲酯/马来酸酐共聚物,对单一钡锶垢的抑制效果分别达到了 100% 和 80%,但对单一钙垢的阻垢率仅为 50%,并且没有对钠盐的抑制作用进行研究,阻垢功能单一(邹玮等,2012)。Senthilmurugan 等研究的马来酸/丙烯酸共聚物,对钙离子的阻垢率达到了 100%,但对钠盐、钡锶垢的抑制并没有提及(Senthilmurugan et al.,2010)。BinMerdhah 研究的 DETPMP 阻垢剂对钡离子的阻垢率也达到 80%,但是存在着阻垢功能单一的问题(BinMerdhah,2012)。

针对现有阻垢剂存在的阻垢功能单一、含磷含氮、环境不友好、不适用于深层卤水采提取等问题,通过研究各阻垢单体对深层卤水的阻垢性能,选出两种阻垢性能较好的单体进行复配,最终解决深层卤水采提取过程中的析盐结垢问题。

2. 研究方法

1) 试剂

氢氧化钠(AR,天津永大化学试剂有限公司);硝酸钾(AR,天津永大化学试剂有限公司);高氯酸(AR,莱阳精细化工厂);抗坏血酸(AR,莱阳精细化工厂);钼酸铵(AR,天津永大化学试剂有限公司);酒石酸锑钾(AR,天津永大化学试剂有限公司);磷酸二氢钾(AR,天津永大化学试剂有限公司);酚酞(AR,上海酶联生物科技有限公司);其他同3.3.1。

2) 仪器

YXQ-SG46-280S 手提式高压灭菌锅(上海科晓科学仪器有限公司);其他同3.3.1。

3) 实验方法

(1) 阻垢剂性能评价。

在待测卤水 100 mL 于烧杯中,加入一定量的阻垢剂,于恒温水浴中加热浓缩,浓缩过程中及时补充原卤水(不加阻垢剂),保持烧杯内液面的恒定。当所加卤水达到 10 mL 时,取样 10 mL,趁热过滤,将其稀释 400 倍后,取 25mL 于烧杯中,加入浓硝酸进行消解,同样条件下不加阻垢剂做空白样。用 ICP-AES 测定卤水中主要析盐结垢离子的浓度。

$$\text{阻垢率：} \eta = (C_e - C_o)/(C_b - C_o)$$

式中,η 为阻垢率,%;C_e 为待测卤水样中主要析晶、结垢离子浓度,mg/L;C_o 为待测空白样中主要析晶、结垢离子浓度,mg/L;C_b 为原卤水中主要析晶、结垢离子浓度乘以理想浓缩倍数 k,理想浓缩倍数 $k=$ 待测平行样中 Br^- 浓度/初始离子 Br^- 浓度。

(2) 测定不同阻垢剂对 89#样中 Na^+、Ca^{2+}、Ba^{2+}、Sr^{2+} 的阻垢率。

对比研究新型绿色阻垢剂聚环氧琥珀酸(PESA)、聚天冬氨酸(PASP)和抗盐性较好的表面活性剂木质素磺酸钠、十二烷基硫酸钠、脂肪醇聚氧乙烯醚(AEO-9)、壬基酚聚氧乙烯醚(TX-10)对卤水的阻垢效果,选出两种阻垢性能较好的阻垢剂作为复配单体。

(3) 测定不同复配比阻垢剂对 89#样中 Na^+、Ca^{2+}、Ba^{2+}、Sr^{2+} 的阻垢率。

配制聚环氧琥珀酸与木质素磺酸钠质量比分别为 9∶1、8∶2、7∶3、6∶4、5∶5、4∶6、3∶7、2∶8、1∶9 的阻垢剂溶液,常压、温度为 80℃时,研究不同配比阻垢剂对卤水的阻垢效果,选出最佳的复配比。

(4) 测定不同投加量下阻垢剂对 89#样中 Na^+、Ca^{2+}、Ba^{2+}、Sr^{2+} 的阻垢率。

常压、温度为 80℃,阻垢剂投加量分别为 5 mg/L、10 mg/L、15 mg/L、20 mg/L、

25 mg/L、30 mg/L、35 mg/L、40 mg/L、45 mg/L、50 mg/L 时,研究其对卤水的阻垢效果,选出最佳投加量。

(5) 测定不同温度下阻垢剂对 89♯样中 Na^+、Ca^{2+}、Ba^{2+}、Sr^{2+} 的阻垢率。

常压下,设定实验温度分别为 20 ℃、40 ℃、60 ℃、80 ℃、100 ℃,在最佳投加量下研究其对卤水的阻垢效果。

(6) 测定不同全盐量下阻垢剂对样品中 Na^+、Ca^{2+}、Ba^{2+}、Sr^{2+} 的阻垢率。

卤盐的制备同 3.2.2。分别取 80 g、160 g、240 g、320 g、400 g 卤盐溶于 1 L 蒸馏水中,则所制的卤水的全盐量为 80 g/L、160 g/L、240 g/L、320 g/L、400 g/L,在常压、温度为 80 ℃时,研究阻垢剂对各全盐量卤水的阻垢效果。

(7) 测定阻垢剂的外观、固含量、密度、pH。

外观:肉眼观察。

固含量:称取约 0.8 g 新型阻垢剂,精确至 0.0002 g,置于已恒重的称量瓶中,小心摇动,使液体自然流动,于瓶底形成一层均匀的薄膜,放置于干燥箱中,逐渐升温至 120 ℃,于(120±2) ℃下干燥 6h,取出放入干燥器中,冷却至室温,称重。固含量(%)=$(M_2-M_1)/m$,其中 M_2 为干燥后新型阻垢剂与称量瓶的质量,g;M_1 为称量瓶的质量,g;m 为新型阻垢剂的质量,g。

密度:取 1 mL 新型阻垢剂置于已恒重的称量瓶中,小心摇动,使液体自然流动,于瓶底形成一层均匀的薄膜,称重。密度(g/cm³)=$(M_2-M_1)/L$,其中 M_2 为新型阻垢剂与称量瓶的质量,g;M_1 为称量瓶的质量,g。

pH:取 50 mL 新型阻垢剂于烧杯中,校正后测定新型阻垢剂的 pH。

(8) 根据第三方检测单位给出的离子浓度,计算阻垢率。

为验证新型阻垢剂在卤水中的阻垢效果,委托山东省分析测试中心对新型阻垢剂对卤水中 Na^+、Ca^{2+}、Ba^{2+}、Sr^{2+} 的阻垢率进行测定,进行 5 组平行实验,按照第三方单位给出的空白卤水样中 Na^+、Ca^{2+}、Ba^{2+}、Sr^{2+} 的浓度以及加入阻垢剂后卤水中 Na^+、Ca^{2+}、Ba^{2+}、Sr^{2+} 的浓度,计算出阻垢率并求均值。

(9) 测定阻垢剂在实验室应用中的阻垢率。

分别取全盐量为 100 g/L、150 g/L、250 g/L 左右的卤水,将所研制的新型阻垢剂加入到各卤水中,恒温恒液位浓缩测阻垢率。

(10) 测定阻垢剂在企业应用中的阻垢率。

在山东默锐科技有限公司、东营东岳盐业有限公司、寿光市国力化工有限公司、肥城胜利化工有限公司这四家公司的卤水井中,将新型阻垢剂按采卤量 35 mg/L 的比例连续投加到潜卤泵下,连续进行 3 个多月,并测加入阻垢剂前后卤水中 Na^+、Ca^{2+}、Ba^{2+}、Sr^{2+} 的浓度,计算阻垢率。

(11) 测定加入阻垢剂前后卤水样品中氨氮和总磷。

氨氮的测定:参照国标《(HJ 536—2009)水质　氨氮的测定　水杨酸分光光

度法》。

总氮的测定:参照国标《(GB 11894—89)水质　总氮的测定　碱性过硫酸钾消解紫外分光光度法》。

总磷的测定:参照国标《(GB 11893—89)水质　　总磷的测定　钼酸铵分光光度法》。

3. 研究结果与讨论

1) 新型绿色阻垢剂的研发

在温度为 80 ℃,浓缩倍数为 1.1 时,聚环氧琥珀酸(PESA)、聚天冬氨酸(PASP)和抗盐性较好的表面活性剂木质素磺酸钠、十二烷基硫酸钠、脂肪醇聚氧乙烯醚(AEO-9)、壬基酚聚氧乙烯醚(TX-10)对 89♯ 卤水样中 Na^+、Ca^{2+}、Ba^{2+}、Sr^{2+} 的阻垢效果如表 3-15 所示。

表 3-15　温度为 80 ℃,$k=1.1$ 时,不同阻垢剂对卤水的阻垢效果

阻垢率/%	新型绿色阻垢剂		表面活性剂			
	PESA	PASP	木质素磺酸钠	十二烷基硫酸钠	AEO-9	TX-10
Na^+	3.527	3.142	4.672	4.158	4.239	4.316
Ca^{2+}	38.90	35.67	23.68	2.318	1.745	1.948
Ba^{2+}	30.08	28.41	7.519	1.936	1.659	1.855
Sr^{2+}	19.98	18.74	12.62	1.847	1.714	1.713

从表 3-15 可以看出,两种新型绿色阻垢剂中,聚环氧琥珀酸(PESA)对卤水的阻垢效果较好,四种抗盐性较好的表面活性剂中木质素磺酸钠对卤水的阻垢效果较好,所以选定聚环氧琥珀酸(PESA)和木质素磺酸钠为本书课题组阻垢剂的主要成分。

在温度为 80 ℃,浓缩倍数为 1.1 时,分别在木质素磺酸钠所占阻垢剂的比例为 0.0、0.1、0.2、0.3、0.4、0.5、0.6、0.7、0.8、0.9、1.0 时测定阻垢剂对 89♯ 卤水中 Na^+、Ca^{2+}、Ba^{2+}、Sr^{2+} 的阻垢率,得出的结果如图 3-13 所示。

从图 3-13 可以看出,在常压、温度为 80 ℃,理想浓缩倍数为 1.1 时,当木质素磺酸钠所占比例为 0.4,即 PESA 与木质素磺酸钠的质量比为 3∶2 时,阻垢剂对卤水的阻垢效果最好,并且二者复配时对卤水的阻垢率均大于二者单独作用时的阻垢率,说明二者有一定的协同作用,但是对 Na^+、Sr^{2+} 的阻垢率并没有达到 90%以上,所以需要对阻垢剂进行进一步的优化。

2) 新型绿色阻垢剂的性能测试

常压、温度为 80 ℃,浓缩倍数为 1.1,阻垢剂投加量分别为 5 mg/L、10 mg/L、

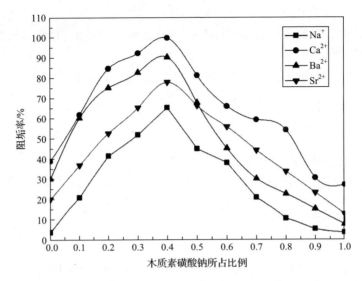

图 3-13　不同复配比例下阻垢剂对卤水中主要析盐结垢离子的阻垢率图($k=1.1,T=80$℃)

15 mg/L、20 mg/L、25 mg/L、30 mg/L、35 mg/L、40 mg/L、45 mg/L、50 mg/L 时,测定阻垢剂对 89♯卤水中 Na^+、Ca^{2+}、Ba^{2+}、Sr^{2+} 的阻垢率,得出的结果如图 3-14 所示。

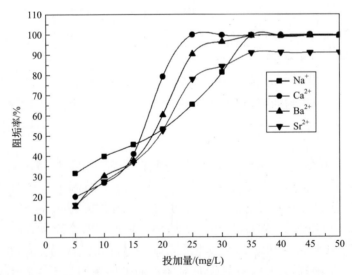

图 3-14　不同投加量下阻垢剂对卤水中主要析盐结垢离子的阻垢率图($k=1.1,T=80$℃)

从图 3-14 可以看出,当阻垢剂投加量大于 35 mg/L 时,阻垢剂对卤水中主要析盐结垢离子的阻垢率趋于平缓,并且阻垢率都达到了 90% 以上,所以确定阻垢剂的最佳投加量为 35 mg/L。

常压下,在投加量为 35 mg/L,浓缩倍数为 1.1,实验温度分别为 20 ℃、40 ℃、60 ℃、80 ℃、100 ℃时,测定阻垢剂对 89♯卤水中 Na^+、Ca^{2+}、Ba^{2+}、Sr^{2+} 的阻垢率,得出的结果如图 3-15 所示。

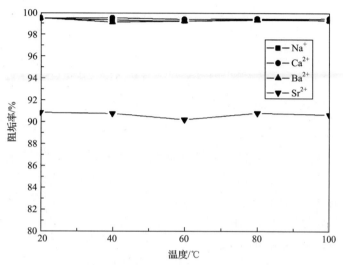

图 3-15　不同温度下阻垢剂对卤水中主要析盐结垢离子的阻垢率图($k=1.1$)

从图 3-15 可以看出,在不同温度下,新型阻垢剂对卤水中 Na^+、Ca^{2+}、Ba^{2+}、Sr^{2+} 的阻垢率基本一致,说明该阻垢剂具有良好的抗温性。

常压下,温度为 80 ℃,投加量为 35 mg/L,浓缩倍数为 1.1,卤水全盐量分别为 80 g/L、160 g/L、240 g/L、320 g/L、400 g/L 时,测定阻垢剂对卤水中 Na^+、Ca^{2+}、Ba^{2+}、Sr^{2+} 的阻垢率,得出的结果如图 3-16 所示。

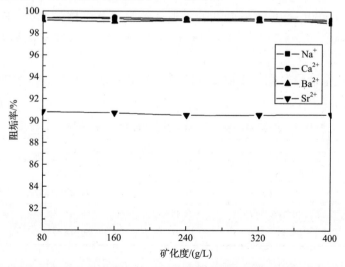

图 3-16　此阻垢剂对不同全盐量卤水中主要析盐结垢离子的阻垢率图($k=1.1$,$T=80$ ℃)

从图 3-16 可以看出,在不同全盐量的卤水下,新型阻垢剂对卤水中 Na^+、Ca^{2+}、Ba^{2+}、Sr^{2+} 的阻垢率基本一致,说明该阻垢剂具有良好的抗盐性。

新型阻垢剂的技术指标(外观、固含量、密度、pH)的测定结果如表 3-16 所示。

表 3-16　新型阻垢剂技术指标

项目	指标
外观	棕褐色液体
固体含量/%	≥50
密度(20℃)/(g/cm³)	≥0.9861
pH	7.72

从表 3-16 可以看出,该新型阻垢剂为偏碱性,使用时需注意劳动保护,应避免与眼睛、皮肤或衣服接触,接触后应立即用大量清水冲洗。此外,该阻垢剂需用塑料桶包装,储存于室内阴凉处。

3)新型绿色阻垢剂的应用

根据第三方单位给出的空白卤水样中 Na^+、Ca^{2+}、Ba^{2+}、Sr^{2+} 的浓度以及加入阻垢剂后卤水中 Na^+、Ca^{2+}、Ba^{2+}、Sr^{2+} 的浓度,计算出阻垢率并求均值后,得出的结果如表 3-17 所示。

表 3-17　新型阻垢剂阻垢性能测试

主要析盐结垢离子	Na^+	Ca^{2+}	Ba^{2+}	Sr^{2+}
阻垢率/%	99.09	99.62	99.25	90.96
加权阻垢率/%		98.97		

从表 3-17 可以看出,该阻垢剂的阻垢率经第三方机构测试后,加权阻垢率为98.97%,达到了 90% 以上,符合项目指标要求,说明实验室数据有效可信,该阻垢剂阻垢效果好。

阻垢剂在全盐量分别为 100 g/L、150 g/L、250 g/L 左右的卤水中的阻垢效果如表 3-18 所示。

表 3-18　新型阻垢剂在不同全盐量深层卤水采提取中的应用

全盐量/(g/L)	阻垢率/%			
	Na^+	Ca^{2+}	Ba^{2+}	Sr^{2+}
107	99.44	99.45	99.25	90.85
150	99.37	99.49	99.12	90.76
251	99.24	99.36	99.23	90.58

从表 3-18 可以看出,该新型阻垢剂对全盐量为 107 g/L、150 g/L、251 g/L 的

深层卤水中 Na^+、Ca^{2+}、Ba^{2+}、Sr^{2+} 的阻垢率都达到了 90% 以上,说明该阻垢剂适用范围广泛,在实验室小试中阻垢效果较好,阻垢率能达到指标要求。

阻垢剂在山东默锐科技有限公司、东营东岳盐业有限公司、寿光市国力化工有限公司、肥城胜利化工有限公司的卤水井中的阻垢效果如表 3-19 所示。

表 3-19　新型阻垢剂在企业中的应用

企业名称	所用条件			阻垢效率
	温度/℃	井深/m	全盐量/(g/L)	
山东默锐科技有限公司	22	90	135	≥90%
东营东岳盐业有限公司	21	80	110	≥90%
寿光市国力化工有限公司	28	70	330	≥90%
肥城胜利化工有限公司	40	1260	330	≥90%

从表 3-19 可以看出,该新型阻垢剂在这四个公司的卤水井的阻垢效率都达到了 90% 以上,说明该新型阻垢剂不仅在实验室的小试中能达到指标要求,在中试中也能达到指标要求。

4) 新型绿色阻垢剂的应用效果分析

(1) 先进性分析。

通过文献和专利检索,对国内外卤水阻垢剂及油田常用阻垢剂进行比较分析,国内、国外分别选出两种阻垢效果较好的阻垢剂与本项目新研发的新型阻垢剂进行对比,先进性对比如表 3-20 所示。

表 3-20　新型阻垢剂国内外先进性对比

阻垢剂		Na^+	Ca^{2+}	Ba^{2+}	Sr^{2+}
国内	HEDP+AA/AMPS+PASP+PAA	无		≥90%	
	PAA+PDA+HPMA		≥96%	无	无
国外	MA-AA、MA-AAD	无	100%	无	无
	DETPMP	无	无	≥80%	无
本课题	PESA+木质素磺酸钠	99.43%	99.45%	99.24%	90.85%
		99.15%			

从表 3-20 可以看出,国内外用于采提卤过程中的阻垢剂大多含磷、含氮,环境不友好,并且对 Na^+、Ca^{2+}、Ba^{2+}、Sr^{2+} 的阻垢并不全面。而本课题研究出的新型阻垢剂不含磷氮、环境友好,对 Na^+、Ca^{2+}、Ba^{2+}、Sr^{2+} 的阻垢率都达到了 90% 以上,因此,本新型阻垢剂具有一定的先进性。

(2) 卤水质量分析。

加入阻垢剂前后卤水中氨氮、总磷的含量如表 3-21 所示。

表 3-21　加入阻垢剂前后卤水中氨氮、总磷的含量　（单位：mg/L）

样品名称	氨氮	总氮	总磷
未加阻垢剂卤水	0.52	0.54	低于检出限，未检出
加阻垢剂卤水	0.51	0.52	低于检出限，未检出

从表 3-21 可以看出，加入阻垢剂前后，卤水中氨氮、总氮值基本不变，总磷值均低于检出限，所以该新型阻垢剂不含氮、磷，环境友好。

（3）经济性分析。

假设不加阻垢剂管道清洗周期为 50 天，清洗天数为 3 天，结合阻垢率计算公式以及采提取过程中的实际情况，综合按阻垢率为 90％ 算，则加入阻垢剂后管道清洗周期为 500 天，清洗天数为 3 天。管道清洗三天共花费 1 万元。

不加阻垢剂时，单井采卤量为 300 m³/d，加入阻垢剂后单井采卤量为 730 m³/d。新型阻垢剂投加比例为 35 mg/L，则每天需投加新型阻垢剂 25.55 kg，而新型阻垢剂中聚环氧琥珀酸和木质素磺酸钠的质量比为 3：2，则每天需投加聚环氧琥珀酸 15.33 kg，木质素磺酸钠 10.22kg。据调查，聚环氧琥珀酸（PESA）的单价为 9800 元/t，木质素磺酸钠单价为 1200 元/t，则每天投加阻垢剂的价钱为：9800 × 0.01533＋1200×0.01022＝162.5 元。

由于管道清洗造成的卤水停采，每天所造成的间接损失计算如表 3-22 和 3-23 所示。

表 3-22　不加阻垢剂卤水井停采一天所造成的间接损失

	浓度/(g/L)	质量/t	单价/(元/t)	总价/元	总计/元
NaCl	235	70.5	200	14 100	27 006
KCl	23.9	7.17	1 800	12 906	

表 3-23　加阻垢剂卤水井停采一天所造成的间接损失

	浓度/(g/L)	质量/t	单价/(元/t)	总价/元	总计/元
NaCl	235	171.55	200	34 310	65 630
KCl	23.9	17.4	1800	31 320	

从表 3-22 和表 3-23 可以看出，不加阻垢剂卤水井停采一天所造成的间接损失为 2.70 万元，加阻垢剂卤水井停采一天所造成的间接损失为 6.56 万元。

经查阅文献，输卤量增加 150 m³/h，年可节电 28 万元（王建新和宋邦平，2007）。按 500 天为计算周期，则加入阻垢剂后可节电 4.06 万元。

根据上述计算结果，即可列出加入阻垢剂前后所需的总花费，如表 3-24 所示。

表 3-24　加阻垢剂前后卤水井的总花费（500 天为周期）

	日均采卤量 /(m³/d)	阻垢剂费用 /万元	管道清洗费用 /万元	间接损失 /万元	电费 /万元	总费用 /万元
未加阻垢剂	300	0	9.00	72.9	0	81.9
加阻垢剂	730	8.13	1.00	19.7	−4.06	24.8

从表 3-24 可以看出，若以 500 天为周期，则未加阻垢剂卤水井总费用 81.9 万元，加阻垢剂卤水井总费用 24.8 万元，同比节约费用 57.1 万元，占未加阻垢剂费用的 69.72%。

4. 研究结论

（1）研发了以聚环氧琥珀酸（PESA）和木质素磺酸钠为主要成分的新型复配型阻垢剂，在二者配比为 3:2，投加量为 35 mg/L 时，对卤水中 Na^+ 的阻垢率达到了 99.43%、对 Ca^{2+} 的阻垢率达到了 99.45%、对 Ba^{2+} 的阻垢率达到了 99.24%、对 Sr^{2+} 的阻垢率达到了 90.85%，加权阻垢率 99.15%，阻垢性能优异，超过了考核目标的要求。

（2）新型复配型阻垢剂有着较好的抗盐性和抗温性，即使在温度为 100℃，全盐量为 400 g/L 的条件下对卤水中 Na^+、Ca^{2+}、Ba^{2+}、Sr^{2+} 的阻垢率也能达到 90% 以上。与文献报道的采提卤过程阻垢剂相比，此新型复配型阻垢剂阻垢效率更高且不含磷氮，环境友好，在企业实际应用表明，不同条件下阻垢率都能达到 90% 以上，并且能节约费用 69.72%。

3.5　腐蚀研究现状

金属材料和它们所处环境介质之间发生化学或电化学作用而引起金属的变质或损坏称为金属的腐蚀（施太和等，2005；卢绮敏等，2001）。基本的腐蚀类型有化学腐蚀和电化学腐蚀。化学腐蚀指的是在电解质存在的环境中，受氧化物质的直接作用在金属表面发生化学反应而使金属结构受到损坏。电化学腐蚀指的是金属和外部介质发生了电化学反应，在反应过程中，有隔离的阴极区和阳极区，电子通过金属由阴极区流向阳极区。电化学腐蚀与化学腐蚀的主要区别在于电化学腐蚀过程中有电流产生，金属以离子形式进入电解质溶液中。

据统计，全世界每年因腐蚀损失掉大约 10%～20% 的金属，造成的经济损失超过 1.8 万亿美元（Gunter et al.，2009）。中国工程院调查结果表明，2008 年我国因腐蚀造成的经济损失就高达 1.2 万亿至 2 万亿元人民币（潘一等，2014）。腐蚀机理的研究对于防止和减缓腐蚀过程的进行，探索防腐蚀的途径，改进防腐措施以及研究开发新型的防腐材料具有重大意义。

自 20 世纪初以来,工业发达国家纷纷建立自然环境试验场、站,进行材料及其制品的暴露试验,根据积累的大量数据,建立了数据库,对材料的自然环境腐蚀规律有了较深入的了解,并研究开发出一些有效的防护措施(Evans,1976;王光雍,1989)。国外对腐蚀的研究主要包括三个方面,大气腐蚀、海水腐蚀和土壤腐蚀;对这三个方面的腐蚀主要从影响腐蚀的因素、腐蚀规律及腐蚀试验方法等方面进行了研究。我国腐蚀试验研究:在 20 世纪 50 年代末,国家科学技术委员会建立了"全国大气、海水、土壤腐蚀试验站网",1961 年国家科学技术委员会腐蚀科学学科组成立,将建立"全国腐蚀试验网"列入国家重要科技任务 2401 项(楚南,2005)。20 世纪 60~70 年代试验中断,只有少数研究单位坚持试验。1978 年全国科学大会后,国家科学技术委员会腐蚀科学学科组恢复活动,积累了大量腐蚀试验数据,在积累数据的基础上,加强对各类材料在不同自然环境中腐蚀规律的总结和研究,对认识各种材料的耐腐蚀特性、扩大数据应用、促进我国材料自然腐蚀科学的建立与发展有重要意义。

目前,针对地下卤水中金属腐蚀方面的研究,主要是油气资源开采过程中卤水对金属材料的腐蚀,重点又集中在高含 CO_2、H_2S、Cl^-,高压等恶劣腐蚀介质环境下的腐蚀。CO_2、O_2 和 H_2S 作为油气开采中主要的三种腐蚀介质,H_2S 溶解度最高,且一旦溶于水便立即电离,使水具有酸性,从而腐蚀破坏金属管材。许多学者认为,在 H_2S 腐蚀过程中,硫化铁产物膜的结构和性质是控制最终腐蚀速率与破坏的主要因素。影响 H_2S 腐蚀的因素主要是 H_2S 浓度、pH、温度、流速、介质组成腐蚀产物膜和暴露时间等(王成达等,2006)。针对 H_2S 和 CO_2 共存条件下的腐蚀,李鹤林等(2003)的研究表明,在 H_2S 和 CO_2 共存条件下,当 H_2S 含量较低和较高时,N80 钢的腐蚀速率均较低;共存条件下,pH 的影响机制主要是影响 CO_2 在水中的存在形式;共存条件下,温度的影响主要体现在三个方面,首先影响气体在介质中的溶解度,其次温度升高,各反应进行的速度加快,促进腐蚀进行,最后温度升高影响腐蚀产物的成膜机制,使得膜抑制或者促进腐蚀的进行(周计明,2002)。

单一 CO_2 腐蚀研究表明,CO_2 腐蚀是由于 CO_2 气体溶于水生成碳酸而引起电化学反应导致管材发生腐蚀。Schmitt 和 Horstemeier(2006)通过总结 20 年内用在油气田中材料的 CO_2 腐蚀数据,认为整个油气井筒内,由于产出液中气相低于露点温度时凝析水析出和腐蚀产物膜不连续易发生点蚀而使套管在位于 80~90 ℃ 的井段局部腐蚀最严重。Xia 等(1989)的研究指出,表面覆盖着碳酸亚铁的区域与另外一些没有覆盖的裸露区域之间形成了电偶腐蚀,由此产生了点蚀。Rlesenfeld 和 Blohm(1950)也指出腐蚀产物如碳酸铁和水及氧化物都能够与钢铁形成电偶腐蚀进而加速材料的腐蚀。

以上是油气资源开采中的主要腐蚀机理,而卤水资源开采中对金属设备腐蚀机理研究相对缺乏。相对于油气资源开采,卤水资源开采中的腐蚀性因素 CO_2 和 H_2S 影响相对较小,主要影响因素为温度、溶解氧、氯离子、硫酸根等。目前都比较认同的地下油气和卤水资源开采对金属腐蚀机理的规律性结论:①流速和腐蚀过程中材料表面形成的腐蚀产物膜是腐蚀速率腐蚀形态的决定性因素;②温度对腐蚀速率、腐蚀产物膜的致密度等方面影响较大(张智,2005)。

对于现有的金属在卤水中腐蚀机理的研究,主要集中在油田采出卤水对金属的腐蚀机理方面,它们为油气资源开采过程中的防腐提供了理论指导。但是对地下卤水资源开采过程中的金属腐蚀机理探讨还较少,需要进一步研究,为深层卤水资源开采中的腐蚀控制提供理论支撑。

在工业生产中,腐蚀现象非常普遍,不仅对设备产生破坏,而且还会影响工业生产的正常进行,因此,研究防腐蚀技术具有非常重要的实际意义。

1) 腐蚀防护措施

目前,针对控制卤水腐蚀设备的防护技术,主要是石油天然气行业中控制卤水腐蚀的防护措施。石油天然气行业中应用的主要防护措施是投加缓蚀剂,采用有机涂层、隔离层和耐腐蚀材料等。

缓蚀剂适用于在停产修复损失大的管线以及对其进行涂层防腐施工很难的管道中(陈小清等,2011)。目前各大油田较为普遍使用的主要为有机缓蚀剂,主要为含氮有机化合物醛类、炔醇和酮类等(徐跃忱和刘同友,2014);国外使用的性能较好的缓蚀剂主要是含锑、钙和亚铜的复合酸化缓蚀剂。现在研究较多的主要是低毒高效、抗高温和高浓度盐酸的酸化缓蚀剂。

有机涂层在油管防腐蚀方面应用较为广泛,主要分为外涂层和内涂层。其中由环氧基体和 Ryton 隔膜组成的 Ryt-Wrap 冷缠带技术可有效减少石油套管等的腐蚀,在国外取得了良好的应用效果。高温烧结环氧涂层也具有良好的耐蚀耐磨性能,可满足油井环境的防腐应用。

对腐蚀严重的油井及输送管线可以采取耐腐蚀材料作为隔离层,增加其耐蚀强度,目前对于油井套管可以采用有耐蚀的玻璃钢衬里和陶瓷衬里等技术(何仁洋等,2013)。

近几年来,国内外致力于研究开发新型高效经济的耐蚀材料。日本川崎公司研制的 Cr 钢比普通钢的抗 CO_2 腐蚀能力大大提高;科诺科公司和 BP 美洲公司对高分子量聚乙烯内衬钢塑复合管进行了应用研究,结果表明效果不错。国内也研究了超高分子量聚乙烯内衬复合管,但是成本和技术难度高,在国内还无法推行(陈小清等,2011)。

综上,现在应用的腐蚀控制技术主要有保护涂层、耐腐蚀合金、缓蚀剂、高分子化合物、阳极和阴极保护、腐蚀控制和监测设备等,以美国为例,这些技术的年花费以及所占比例由表 3-25 列出(Kutz,2005)。

表 3-25　美国每年用于腐蚀控制的花费情况

控制措施	花费金额区间/10 亿美元	平均花费	
		/10 亿美元	百分比/%
有机涂层	40.2~174.2	107.2	88.3
金属涂层	1.4	1.4	1.2
金属和合金	7.7	7.7	6.3
缓蚀剂	1.1	1.1	0.9
聚合物	1.8	1.8	1.5
阴阳极保护	0.73~1.22	0.98	0.8
监测设施	1.2	1.2	1.0
研究开发	0.02	0.02	<0.1
教育和培训	0.01	0.01	<0.1
合计	54.16~199.65	121.41	100

可以看出,美国每年用于腐蚀的控制支出达到了 1214.1 亿美元,其中主要的花费在保护层方面。由此看出,主要的腐蚀控制技术还是在金属基体表面涂覆耐腐蚀覆盖层。

通过查阅文献和联系实际应用,现如今油气田等地下资源开采过程中使用的耐腐蚀技术使用情况及其特点,见表 3-26。

表 3-26　油气领域现使用的防腐技术

防腐技术	使用情况	优缺点
耐蚀材料	玻璃钢和高合金成分合金钢应用较多,但是玻璃钢强度不足,所以使用高合金材料成了首选	最安全,对产品无影响
加注缓蚀剂	有机和无机两种类型,主要应用于循环冷却水领域,油气领域中也有应用	加注过程复杂,长期投资高,且污染环境,对产出产品有影响
防腐覆盖层	有机涂层和金属涂层,有机涂层应用较多,但易老化和破损	涂覆层使用过程中一旦存在破损将造成局部腐蚀的隐患

从表中可以看出,高合金材料是最安全、效果最好的腐蚀控制技术,而防腐蚀覆盖层是应用最为广泛的腐蚀控制技术,因此,本书课题组主要研究两个技术,来控制卤水开采中设备的腐蚀问题。

2) 化学沉积 Ni-W-P 合金镀层

在化学沉积 Ni-P 的基础上,引入新的元素 W,所获三元 Ni-W-P 合金镀层的性能得到很大程度的提高。因为 W 在众多金属中具有最高的熔点、抗拉强度和最低的膨胀系数,所以其高温稳定性好,化学稳定性也好。化学沉积 Ni-W-P 合金镀层因 W 的加入,热稳定性和耐磨耐蚀性能得到了很大的改善。近年来关于化学沉积 Ni-W-P 合金镀层的研究不断受到重视,并取得了不错的成果,已广泛应用于机械、电子、汽车和航空等领域。

(1) 化学沉积 Ni-W-P 合金镀层的工艺。

要获得 Ni-W-P 三元合金镀层,需要在原 Ni-P 镀液的基础上加入钨酸钠,所以化学沉积 Ni-W-P 合金镀层的镀液成分主要是主盐(镍盐)、还原剂(次亚磷酸钠)、钨盐(钨酸钠)和辅助组分(缓冲剂、稳定剂、加速剂)。化学沉积 Ni-W-P 的镀液分为酸性和碱性两种,目前广泛应用的是碱性化学沉积。改变镀液中硫酸镍、次亚磷酸钠和钨酸钠等组分的浓度配比,所得 Ni-W-P 镀层的结构可以出现由晶态到混晶态到纳米晶态的转变。国内外的研究者们对化学沉积 Ni-W-P 的工艺进行了优化研究,通过采用不同的镍盐获得金属 Ni,研究不同的衬底需要的工艺。至今,仍有很多研究者们在探索化学沉积 Ni-W-P 的工艺。许晓丽等(2007)在酸性镀液中制备了 Ni-W-P 镀层,结果表明镀层结构致密,P 含量高达 13.9%(质量分数),且为非晶态结构。陈钰秋和陈克明(1998)则研究了镀液的主盐浓度 $[WO_4^{2-}]/[Ni^{2+}]$ 比、pH 和络合剂稳定剂的浓度对镀层中 W 和 P 含量的影响,结果表明络合剂对镀层中 W 和 P 含量的影响受钨酸钠含量的控制。郑志军和高岩(2004)通过控制镀液中的关键工艺参数,获得了纳米晶态的 Ni-W-P 合金镀层的化学沉积工艺。

(2) 化学沉积 Ni-W-P 镀层的结构与性能。

通过控制镀液中的组分配比和工艺条件,可以获得 Ni-W-P 合金镀层的由非晶到混晶再到纳米晶态的演变,其中非晶态的 Ni-W-P 镀层最易获得。化学沉积 Ni-W-P 镀层中非晶态处于热力学中的亚稳态,在受热和辐射状态下向晶态转化。对非晶态化学沉积 Ni-W-P 镀层进行 350 ℃ 以下的热处理,镀层的结构不会发生改变,微观结构上发生松弛,从能量较高的亚稳态转变为能量较低的亚稳态,宏观结构无变化;350 ℃ 以上热处理,原子扩散能力增强,镀层从非晶态转化为晶态,析出 Ni 和 Ni_3P 的晶体相组织。非晶态镀层晶化后,微观结构的变化会导致镀层的性能发生显著变化。而且随着热处理温度的升高,镀层中析出的 Ni 和 Ni_3P 晶体会不断增大,但是直到 700 ℃ 时仍存在非晶相,W 是始终固溶在 Ni 晶格中的,因为此过程中一直没有 W 晶体的析出(刘宏等,2011)。热处理对化学沉积 Ni-W-P 镀层的耐蚀性能影响很大,镀层经 150～250 ℃ 热处理,镀层的宏观结构无明显变化,耐蚀性能变化不大,但是释放了镀层中的残留氢,有效降低了镀层的内应力,加强了镀层与基体的结合力,一定程度上是提高了镀层的耐蚀性能;250～500 ℃ 热处理时,镀层的耐蚀性随温度升高而降低,因为镀层由非晶态变为了混晶态,使表面失去了非晶特性,甚至出现裂纹;600 ℃ 以上温度热处理时,镀层与基体之间出现金属间化合物,镀层转化为纳米晶态组织,使镀层的耐蚀性提高(Gao et al.,2004)。化学沉积 Ni-W-P 镀层会随着 W 含量的增加和 P 含量的降低而耐磨性和硬度增加,但是过量的 W 又会造成表面的硬度下降。

3) 电沉积 Ni-W-P 技术

电沉积技术是表面处理的主要技术之一,具有设备简单、工艺灵活、镀膜速度快的特点,广泛应用于机械零件表面处理和强化方面。随着科学技术的发展,特别是电子、石油、汽车等工业的迅猛发展,人们对许多产品的表面装饰、防护性能的要求越来越高。电沉积合金镀层具有单金属镀层不具备的优异性能,如较高的硬度、致密性、耐蚀性、耐温性等,因此在国民经济的各个领域中得到迅速地研究发展和应用。

(1) 电沉积 Ni-W-P 合金镀层的工艺。

电沉积 Ni-W-P 合金镀层方法是以镍盐、次亚磷酸盐和钨酸钠为主盐,再加入添加剂,调节主盐浓度、pH、电流密度和温度等工艺参数,利用电沉积技术在基体上制备 Ni-W-P 合金镀层。电沉积 Ni-W-P 合金镀层比化学沉积 Ni-W-P 合金镀层研究起步晚,工艺研究相对于化学沉积 Ni-W-P 较少。电沉积 Ni-W-P 工艺条件对镀层质量影响较大,Ni 离子浓度过高会加快沉积速度,使镀层表面粗糙;镀液的pH 过高,会使镀层发脆,弯曲易裂,pH 过低会使沉积速度过慢;温度对镀层的各元素含量影响不大,但是温度过高会使镀液成分变化;电流密度需要根据镀液体系的不同而变化,其会影响镀层中 P 的含量。贾淑果和姜秉元(1999)利用电沉积的方法制备了 Ni-W-P 三元合金镀层,研究了温度、pH 和电流密度对镀层的结构成分硬度耐蚀性的影响。朱诚意等(2003)在电沉积 Ni-P 镀液基础上加入了钨酸钠制备了 Ni-W-P 合金镀层,并在连铸结晶器上进行了应用。Papachristos 等(2001)利用脉冲电沉积方法在铜片上制备了 Ni-W-P 合金镀层,并研究了退火对镀层性能的影响。

(2) 电沉积 Ni-W-P 镀层的结构与性能。

Ni-W-P 合金镀层的结晶状态主要由 P 含量决定,W 的加入使得镀层形成非晶态所需 P 含量降低。化学沉积 Ni-W-P 中,W 的共沉积对镀层的晶态没有影响,但会使镀层更加均匀致密。非晶态 Ni-W-P 合金镀层经热处理有弛豫趋向,镀层经热处理后,Ni 和 Ni_3P 晶化相的析出会改变镀层的非晶态性,晶化过程按照非晶态到混晶态再到结晶态的顺序变化。Ni-W-P 合金镀层表面是薄而致密的氧化膜,镀层内 Ni、W 等以零价形式存在(俞素芬等,2002)。Koiwa 等(1988)从 W 共沉积影响的角度考察了热处理对镀层造成的影响,结果表明随着 W 含量的增加、P 含量的降低,镀层为非晶态,并且热稳定性增强,在热处理过程中,除了亚稳态相的出现,Ni-W 相也出现。李爱昌等(1995)研究了直流电沉积 Ni-W-P 合金镀层组成与结构的关系,结果表明非晶态的 Ni-W-P 合金在晶化过程中会形成两个纳米超微晶相,非晶的 Ni-W-P 镀层的热稳定性要远远地高于非晶态的 Ni-P 镀层。

基于以上研究,本课题通过研究温度、盐度、压力、pH 等因素对设备腐蚀的影响机制,探索采提卤设备在黄河三角洲深层卤水中的腐蚀机制,为新型高效防腐技术的研发提供理论支撑;采用电沉积和化学沉积 Ni-W-P 镀层和有机涂膜的方法探索控制采提卤设备腐蚀的技术。

3.6　采输卤设备在卤水中的腐蚀机理研究

3.6.1　材料与方法

1) 实验材料

腐蚀试片的制备:以目前广泛应用的石油套管材料 N80 钢作为研究材料,加工成 10 mm×50 mm×2 mm 的试片。N80 钢的化学成分见表 3-27。

表 3-27　N80 钢的化学成分

元素	C	Si	Mn	P	S	Cr	Fe
含量/%(质量分数)	0.36	0.25	1.50	0.01	0.01	0.12	余量

腐蚀介质的制备:腐蚀介质为取自东营永 89♯井的深层卤水,经过静置和过滤后去除浮油和沉淀,将澄清的卤水置于 100 ℃恒温水浴锅上蒸发结晶,将制得的固体盐放入 180 ℃的烘箱中烘干 2 h,密封保存。用此盐配制含盐量分别为65.0 g/L、130.0 g/L、195.0 g/L、260.0 g/L 和 325.0 g/L 的卤水溶液,作为腐蚀介质,备用。

清洗液的配制:在 100 mL 盐酸中加入 8 g 六次甲基四胺后加水定容到1000 mL,作为腐蚀产物清洗液。

2) 实验仪器和试剂

盐酸(AR,莱阳经济技术开发区精细化工厂)、六次甲基四胺(AR,天津永大化学试剂有限公司)、无水乙醇(AR,天津博迪化工有限股份公司)、丙酮(AR,天津富宇精细化工有限公司)、氢氧化钠(AR,天津永大化学试剂有限公司)、过氧化氢(AR,天津永大化学试剂有限公司)。BS110S 电子天平(北京费多利斯天平有限公司)、BT-V30 超级恒温水浴锅(上海百典仪器)、GSH-2.0L 高压反应釜(威海环宇化工机械有限公司)、PXS-215 离子活度计(上海日岛科学仪器有限公司)、T74611游标卡尺(美国 AmPro 集团)、DZF-6020 干燥箱(巩义市予华仪器有限责任公司)、ESCALAB 250 X 射线光电子能谱分析仪(赛默飞世尔科技有限公司)。

3) 实验步骤

按照 GB/T 19291—2003 和 GB/T 16545—1996,用静态失重法测定试片在卤水中的腐蚀速率。具体操作步骤如下:

将试片分别用 200♯、400♯、600♯、800♯、1200♯金相砂纸打磨光亮,并精确量取尺寸。将试片在丙酮中浸泡 5 min,用脱脂棉清洗除油后,继续在无水乙醇中浸泡

5～10 min，取出试片，用冷风吹干，置于干燥器内干燥 12 h 后称重，并记录为 m_1。

　　根据 1 cm² 试片表面积用腐蚀介质 20 mL 的要求，将配制好的腐蚀介质装入实验瓶内或高压釜内，置于规定温度的恒温水浴中或设定温度和压力的高压釜中。

　　将试片悬挂于前述腐蚀溶液中，保持和液面上方不小于 3 cm，底部不小于 1 cm，壁不小于 1 cm。6 片一组，作平行实验，记录反应开始时间。

　　腐蚀到达预定时间后，取出 2 片试片，观察腐蚀状况。将试片用自来水冲洗，再用软毛刷在清洗液中刷洗，除去腐蚀产物，依次用自来水、丙酮、无水乙醇洗涤，冷风吹干，置于干燥器内干燥 12 h，取出称重，记录为 m_2。

　　腐蚀速率按照如下公式进行计算：

$$v_t = 87\,600 \times (m_1 - m_2)/(7.85 \times S \times t)$$

式中，v_t 为挂片腐蚀速率，mm/a；m_1 为腐蚀前的钢片质量，g；m_2 为腐蚀后的钢片质量，g；S 为试片暴露在腐蚀环境中的面积，cm²；t 为腐蚀时间，h。

　　另取腐蚀后的试片用去离子水冲洗后，在真空干燥箱内干燥，用 SUPRA™55 热场发射扫描电子显微镜观察腐蚀后试片的形貌，用 7401 OXFORD 能谱仪分析镀层组分，用 ESCALAB 250 X 射线光电子能谱分析仪分析腐蚀产物成分。

3.6.2　结果与讨论

1. N80 钢在卤水中的腐蚀过程

1) 腐蚀产物形貌

为了模拟井下高温高压的情况，腐蚀条件设为压力 4 MPa，温度 80 ℃，腐蚀时间分别为 3 d、6 d、12 d、15 d。试片腐蚀后的表面状态如图 3-17 所示。

(a) 腐蚀3天　　　　　　　　　　　　　　　　(b) 腐蚀6天

(c) 腐蚀 12 天　　　　　　　　　　　　　　　　(d) 腐蚀 15 天

图 3-17　N80 腐蚀后的扫描电镜图片

从图 3-17 可以看出,N80 钢试片腐蚀 3 d 后基体出现裂纹,表面变得粗糙;腐蚀 6 d 后,裂缝变深变大,说明发生了严重的晶间腐蚀,试片表面出现不均匀腐蚀产物膜;腐蚀 12 d 后,产物膜变厚;腐蚀 15 d 后,腐蚀产物膜表面平整,可以减缓介质对基体的进一步腐蚀,但是膜的局部有裂纹,说明腐蚀产物膜致密性不够。

2）N80 钢腐蚀速率随时间的变化

为了模拟井下高温高压的情况,腐蚀条件设为:压力 4 MPa,温度 80 ℃,腐蚀时间分别为 3 d、6 d、9 d、12 d、15 d、30 d,腐蚀速率与时间的变化关系如图 3-18 所示。

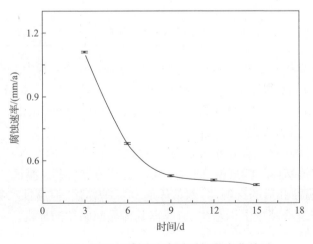

图 3-18　N80 钢腐蚀速率随时间的变化关系

从图 3-18 可以看出,随着腐蚀时间的延长,腐蚀速率逐渐降低。原因是随着腐蚀反应的进行,在钢基体上产生了一层腐蚀产物膜,随着时间的增加,腐蚀产物膜加厚,对钢基体形成了保护,从而减缓了腐蚀的进行。

3) 腐蚀产物的能谱分析和 XPS 分析

为了进一步研究腐蚀产物的成分,对其进行了能谱分析和 XPS 分析,能谱图见图 3-19,能谱所得各元素含量见表 3-28,XPS 谱图见图 3-20。

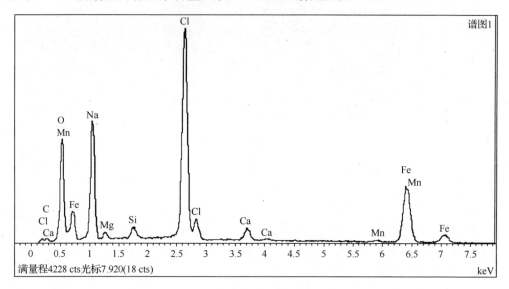

图 3-19　腐蚀试片的能谱分析谱图

表 3-28　腐蚀产物膜能谱分析所得各元素含量

元素	C	O	Na	Mg	Si	Ca	Cl	Fe	Mn
重量百分比/%	0.36	23.25	14.38	0.71	0.91	1.92	25.05	32.69	0.72

从图 3-19 和表 3-28 可以看出,腐蚀产物的主要组成元素为 Fe、Cl、O、Na、Ca、Mg 等,证明了参与腐蚀的主要成分是溶解氧、Cl^-、Na^+、Ca^{2+} 和 Mg^{2+}。

根据图 3-20,对应 XPS 标准卡片,可推测主要的腐蚀产物是 Fe_3O_4、$Fe(OH)_3$、$CaCl_2$ 和 NaCl 等。

由此可知,N80 钢在卤水中的腐蚀过程是在溶解氧、Cl^-、Na^+、Ca^{2+} 和 Mg^{2+} 等共同作用下,钢基体不断溶解,同时生成一层腐蚀产物膜。腐蚀产物膜一方面隔绝了钢基体与腐蚀介质的接触,对钢基体起到保护作用,但腐蚀产物膜不够致密,Cl^- 仍然能够通过缝隙攻击钢基体,造成钢基体晶间腐蚀的加剧。

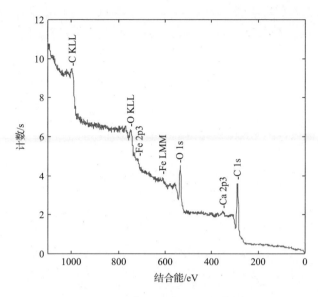

图 3-20 腐蚀试片的 XPS 谱图

2. 卤水全盐量对腐蚀的影响

在全盐量为 65.0 g/L、130.0 g/L、195.0 g/L、260.0 g/L、325.0 g/L 的五种卤水中分别挂入试片,在常压、40℃下进行全浸腐蚀实验,腐蚀 3 d 后分别测定全盐量对 N80 钢试片腐蚀速率的影响,结果见表 3-29,变化趋势见图 3-21。

表 3-29 40℃下不同全盐量时 N80 钢的腐蚀速率

全盐量 /(g/L)	始重/g	末重/g	质量差/g	腐蚀速率 /(mm/a)	平均腐蚀速率 /(mm/a)	RSD/%
65.0	10.4469	10.4304	0.0165	0.2133	0.2136	0.042
	10.6578	10.6407	0.0171	0.2139		
130.0	10.4478	10.4260	0.0218	0.2879	0.2901	0.297
	10.6575	10.6337	0.0238	0.2921		
195.0	10.6011	10.5814	0.0197	0.2404	0.2390	0.198
	10.4470	10.4292	0.0178	0.2376		
260.0	10.6728	10.6540	0.0188	0.2174	0.2163	0.156
	10.2609	10.2459	0.0150	0.2152		
325.0	10.6477	10.6363	0.0114	0.1416	0.1406	0.141
	10.3440	10.3334	0.0106	0.1396		

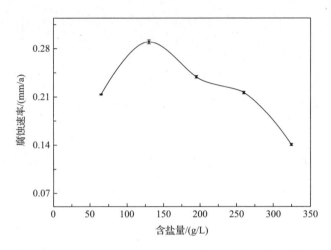

图 3-21　40 ℃时全盐量与 N80 钢腐蚀速率的关系曲线

由图 3-21 可知,随着卤水全盐量的增加,N80 钢的腐蚀速率快速增加,当全盐量为 130.0 g/L 时,腐蚀速率达到最大,然后随着全盐量的增加,腐蚀速率呈快速减少的趋势。这是氯离子增加和溶解氧减少共同作用的结果。金属在盐水中的腐蚀属于氧去极化腐蚀,随着卤水全盐量的增加,氯离子浓度相应增加,因而腐蚀速率增加,同时腐蚀介质的导电性增加,也加速了腐蚀的进行;由于氧的溶解度随全盐量的增大相应下降,因此当氯离子浓度超过一定数值时,腐蚀速率下降。此外,随着全盐量的增加,钠离子易于形成氯化钠晶体沉积在钢表面,阻碍了氯离子对N80 钢基体的接触,同时钙离子、铁离子、镁离子等形成的腐蚀产物膜对钢基体也起到保护作用,进一步降低了腐蚀速率。综上,全盐量对 N80 钢腐蚀速度的影响主要是卤水中氯离子浓度、溶解氧和其他离子(如 Ca^{2+}、Mg^{2+} 等)的共同作用的结果。当全盐量低时,氯离子的浓度起主导作用;当全盐量高时,溶解氧降低起主要作用,同时钙、镁等离子形成的腐蚀膜也起到辅助作用,造成了卤水腐蚀速率随着全盐量的增加先升高后降低的结果。

3. 卤水温度的变化对 N80 钢腐蚀速率的影响

在常压下,20 ℃、40 ℃、60 ℃、80 ℃、100 ℃五个温度中,进行全浸腐蚀实验,腐蚀 3 天后分别测定温度对 N80 钢试片腐蚀速率的影响,结果见表 3-30,变化趋势见图 3-22。

由图 3-22 可知,随着卤水温度的升高,N80 钢的腐蚀速率呈现出先缓慢增加后急剧增加的趋势。在 60 ℃之后,腐蚀速率随温度的升高而快速增加,该增加趋

表 3-30　不同温度下 N80 钢的腐蚀速率

温度/℃	始重/g	末重/g	质量差/g	腐蚀速率/(mm/a)	平均腐蚀速率/(mm/a)	RSD/%
20	10.2399	10.2346	0.0053	0.0798	0.0806	0.113
	10.4560	10.4490	0.0170	0.0814		
40	9.9858	9.9687	0.0171	0.2248	0.2258	0.141
	10.4826	10.4663	0.0163	0.2268		
60	10.5131	10.4854	0.0277	0.3490	0.3433	0.806
	10.0562	10.0315	0.0247	0.3376		
80	10.4585	10.3786	0.0799	1.0468	1.0436	0.453
	10.6133	10.5339	0.0794	1.0404		
100	10.1251	10.0036	0.1215	1.5709	1.5651	0.820
	10.4605	10.3431	0.1174	1.5593		

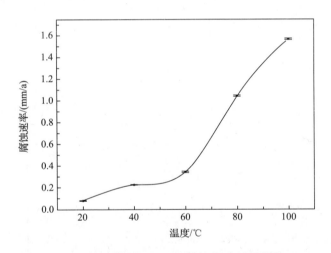

图 3-22　温度与 N80 钢腐蚀速率的关系曲线

势与范托夫定律基本相一致,即温度每升高 10℃,反应速率增加 2～4 倍。随着卤水温度的升高,N80 钢的腐蚀速率呈增加的趋势,究其原因,一是因为随着温度的升高,离子热运动加快,传质扩散速度增加,离子扩散到 N80 钢表面的速度增加,因而加剧了钢的腐蚀;二是温度升高会使 Cl^- 的穿透能力提高,加速钢基体的点蚀、晶间腐蚀和缝隙腐蚀等局部腐蚀;三是温度升高会加剧腐蚀产物膜的溶解和破坏,进一步加剧钢基体的腐蚀(张清等,2005)。

4. 卤水 pH 的变化对 N80 钢腐蚀速率的影响

利用静态挂片失重方法研究了卤水 pH 对 N80 钢试片的腐蚀行为。使用盐酸和氢氧化钠溶液来调节卤水样品的 pH，制得 pH 为 5.0、5.5、6.0、6.5、7.0 的五种卤水样品，在常压、40℃下进行全浸腐蚀实验，腐蚀 3 天后分别测定 pH 对 N80 钢试片腐蚀的影响。所得结果见表 3-31，变化趋势做成图 3-23。

表 3-31　40℃不同 pH 下 N80 钢的腐蚀速率

pH	始重/g	末重/g	质量差/g	腐蚀速率 /(mm/a)	平均腐蚀速率 /(mm/a)	RSD/%
5.0	10.2494	10.2358	0.0095	0.1080	0.1061	0.269
	10.1140	10.1049	0.0091	0.1042		
5.5	10.0397	10.0278	0.0119	0.1396	0.1408	0.170
	10.0808	10.0680	0.0128	0.1420		
6.0	10.2964	10.2854	0.0110	0.1259	0.1297	0.537
	10.3468	10.3351	0.0117	0.1335		
6.5	10.3805	10.3738	0.0067	0.0766	0.0786	0.028
	10.4389	10.4319	0.0070	0.0806		
7.0	10.3745	10.3645	0.0100	0.1146	0.1127	0.269
	10.3528	10.3431	0.0097	0.1108		

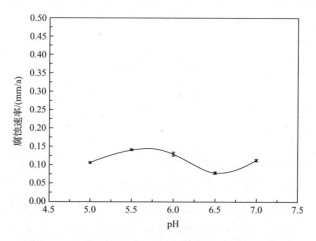

图 3-23　40℃时 pH 与 N80 钢腐蚀速率的关系曲线

由图 3-23 可知，卤水 pH 由 5.0 变化到 7.0 时，N80 钢的腐蚀速率变化不大，约在 0.1 mm/a 附近浮动。不同 pH 时卤水中钢铁材料的腐蚀机制是不同的，当 pH 低于 4 时，主要发生析氢腐蚀，随 pH 降低，钢铁的腐蚀速率明显增加；而当 pH

处于 4～8 时，钢铁在卤水中主要发生吸氧腐蚀，由于溶解氧的浓度不变，因而腐蚀速率变化不大。本研究结果与田先勇（2012）的研究结果相一致。

5. 压力对腐蚀速率的影响

利用静态挂片失重方法研究了压力对卤水腐蚀 N80 钢试片行为。使用 GSH-2.0 L 高压反应釜，采用 N_2 加压，模拟高压环境，设置了 0.1 MPa、4.0 MPa、6.0 MPa、8.0 MPa、10.0 MPa 5 个压力梯度，60 ℃ 下进行全浸腐蚀实验，腐蚀 3 天后分别测定压力对 N80 钢试片腐蚀的影响。所得结果见表 3-32，变化趋势做成图 3-24。

表 3-32　60 ℃ 不同压力下 N80 钢的腐蚀速率

压力/MPa	始重/g	末重/g	质量差/g	腐蚀速率/(mm/a)	平均腐蚀速率/(mm/a)	RSD/%
0.1	10.3462	10.3276	0.0186	0.2123	0.2133	0.141
	10.2657	10.2467	0.0190	0.2143		
4.0	10.5539	10.5070	0.0469	0.5228	0.5231	0.042
	10.4501	10.4042	0.0459	0.5234		
6.0	10.5924	10.5431	0.0493	0.5615	0.5621	0.085
	10.2597	10.2098	0.0499	0.5627		
8.0	10.5194	10.4662	0.0532	0.6043	0.6023	0.283
	10.1864	10.1337	0.0527	0.6003		
10.0	10.5378	10.4818	0.0560	0.6346	0.6333	0.184
	10.4837	10.4282	0.0555	0.6320		

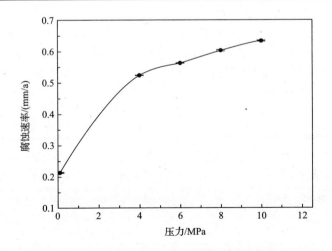

图 3-24　60 ℃ 时压力与 N80 钢腐蚀速率的关系曲线

由图 3-24 可知,N80 钢的腐蚀速率随着压力的升高而增加。原因是随着压力的升高,腐蚀产物的溶解度增大(郑海飞等,2009),腐蚀产物膜对钢基体的保护作用降低,从而加速腐蚀反应的进行。

6. 不同因素对腐蚀速率的影响程度分析

根据全盐量、温度、pH、压力等因素对腐蚀速率的影响结果,分别计算温度每升高 $10\,^{\circ}\text{C}$、含盐量每升高 $50\,\text{g/L}$、pH 每升高 1 个单位、压力每升高 1 MPa 的腐蚀速率的变化量,其结果见表 3-33。

表 3-33　腐蚀速率随各因素变化的幅度大小比较

因素	含盐量/ $(\text{mm} \cdot \text{a}^{-1}/50\text{g} \cdot \text{L}^{-1})$	温度/ $(\text{mm} \cdot \text{a}^{-1}/10\,^{\circ}\text{C})$	pH/ $(\text{mm} \cdot \text{a}^{-1}/\text{L})$	压力/ $(\text{mm} \cdot \text{a}^{-1}/\text{MPa})$
最大变化量	0.0588	0.41568	0.1022	0.0797
最小变化量	0.0175	0.0590	0.0222	0.0155

从表 3-33 可以看出,温度对 N80 钢在卤水中的腐蚀速率影响最大,其次是pH,再其次是压力,全盐量对 N80 钢在卤水中的腐蚀速率影响最小。

7. N80 钢在卤水中的腐蚀机理分析

根据以上实验结果可知,N80 钢在卤水中的腐蚀主要发生吸氧腐蚀,其反应方程式为:

阳极:
$$Fe \longrightarrow Fe^{2+} + 2e^-$$

阴极:
$$O_2 + 2H_2O + 4e^- \longrightarrow 4OH^-$$
$$Fe^{2+} + 2OH^- \longrightarrow Fe(OH)_2$$
$$4Fe(OH)_2 + O_2 + 2H_2O \longrightarrow 4Fe(OH)_3$$

具体腐蚀过程为:溶解氧和氯离子攻击 N80 钢基体,导致 N80 钢的溶解,同时溶液中的钙、镁和钠离子等也参与腐蚀过程。随着腐蚀的进行,在 N80 钢基体表面生成了一层腐蚀产物膜,可以减缓 N80 钢的腐蚀速率。温度、pH、压力、全盐量等因素对 N80 钢在卤水中的腐蚀速率都有影响,其中,温度影响最大。温度通过影响卤水中离子的传质速度和腐蚀产物膜的生成及溶解速度来加速或抑制 N80 钢在卤水中的腐蚀;pH 的不同决定腐蚀是析氢腐蚀还是吸氧腐蚀,直接影响腐蚀机制;压力通过影响腐蚀产物膜的溶解度来影响腐蚀速率;全盐量的变化直接导致钙离子、镁离子和钠离子等的变化,而这些离子都直接参与卤水腐蚀 N80 钢的过程,进而影响腐蚀。

3.6.3　结论

(1)卤水腐蚀 N80 钢的过程就是溶解氧、氯离子等攻击钢基体,导致基体溶解,并和钙离子、镁离子、钠离子等相互作用,在钢基体表面生成腐蚀产物膜的过程。

（2）全盐量、温度、pH、压力对 N80 钢在卤水中的腐蚀速率都有影响,其影响顺序是温度＞pH＞压力＞含盐量。N80 钢在低温卤水中的耐蚀性能较好,但在高温卤水中腐蚀速率加大。

（3）N80 钢在卤水中的腐蚀机理为吸氧腐蚀,溶解氧和氯离子攻击 N80 钢基体,导致 N80 钢的溶解,同时溶液中的钙、镁和钠离子等也参与腐蚀过程。随着腐蚀的进行,在 N80 钢基体表面生成了一层腐蚀产物膜,可以减缓 N80 钢的腐蚀速率。

3.7　采输卤设备在卤水中的防腐技术研究

3.7.1　耐卤水腐蚀材料的筛选与性能研究

1. 材料与方法

1) 实验材料

金属材料试片均采购于北京广源科佑科贸有限公司,品种为 N80 钢（10 mm× 50 mm×2 mm）、Q235 钢（10 mm×50 mm×2 mm）、20♯钢（50 mm×25 mm× 2 mm）、1Cr13 钢（50 mm×25 mm×2 mm）、双相不锈钢 2205（50 mm×25 mm× 2 mm）、不锈钢 316L（40 mm×13 mm×2 mm）、304 不锈钢（72.5 mm×11.5 mm× 2 mm）、7075 铝合金（10 mm×50 mm×2 mm）、2024 铝合金（10 mm×50 mm× 2 mm）;超高密度聚乙烯（Φ200×50 mm,廊坊金星化工有限公司）。

2) 实验仪器和试剂

试剂同 3.6.1 节。

BS110S 电子天平（北京费多利斯天平有限公司）、BT-V30 超级恒温水浴锅（上海百典仪器有限公司）。

3) 实验步骤

腐蚀实验和腐蚀速率计算方法参照 GB/T 19291—2003。腐蚀实验温度为 95 ℃,时间为 3 天,观察各材料的腐蚀情况,通过测定各金属材料腐蚀前后的失重,分析各个材料的耐高温高盐卤水的腐蚀情况。

2. 结果与讨论

1) 材料的基本性能

根据调查资料,所选材料的基本性能如表 3-34 所示。

由表 3-34 可以看出,金属材质中,不锈钢材质的机械性能要优于铝合金材料,铝合金材料优于 Q235 钢、20♯钢、N80 钢等碳钢材料。

表 3-34　所选材料的基本性能

材料	机械性能		
	抗拉强度/MPa	屈服强度/MPa	伸长率/%
N80 钢	460	205	26
7075 铝合金	560	495	6
2024 铝合金	390	245	11
Q235 钢	375	235	23～25
20♯钢	420	250	25
1Cr13 钢	780	610	
316L 不锈钢	620	310	30
304 不锈钢	580	277	15
双相不锈钢 2205	725	520	35
超高密度聚乙烯	600	400	35

2）各材料的耐腐蚀性

各材料在 95℃卤水中腐蚀 3 d 后，观察它们的腐蚀情况，结果如表 3-35 所示。

表 3-35　不同材料在高温卤水中的腐蚀情况

材料	腐蚀前	腐蚀后	腐蚀情况
N80 钢			点蚀和全面腐蚀
7075 铝合金			腐蚀严重，试片溶解严重
2024 铝合金			黄褐色较大点蚀坑
20♯钢			点蚀和全面腐蚀
Q235 钢			全面腐蚀和点蚀
1Cr13 钢			全面腐蚀和点蚀，但较轻
304 不锈钢			点蚀
316L 不锈钢			轻微点蚀
2205 双相不锈钢			无明显腐蚀

从表 3-35 可看出，铝合金腐蚀最严重，7075 铝合金发生了大面积溶解，其次是碳钢材料，Q235 钢、N80 钢和 20♯钢腐蚀都比较严重，表面都产生腐蚀产物，再次就是 1Cr13 钢，出现了较轻的全面腐蚀和点蚀，第四是不锈钢材料，其中 304 不锈钢出现了腐蚀斑点，316L 不锈钢则只出现了轻微的斑点，2205 双相不锈钢则未出现明显的腐蚀现象。

在 95 ℃卤水中腐蚀 3 d 后，通过测定各金属材料的腐蚀前后的质量，计算腐蚀速率，结果见图 3-25。

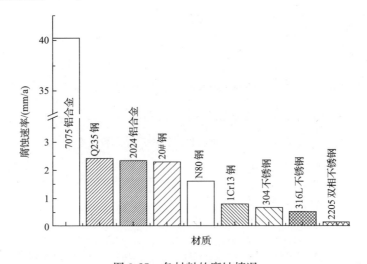

图 3-25　各材料的腐蚀情况

由图 3-25 可知，各材料的腐蚀速率大小顺序依次为 7075 铝合金＞Q235 钢≈2024 铝合金≈20♯钢＞N80 钢＞1Cr13 钢＞304 不锈钢＞316L 不锈钢＞2205 双相不锈钢。7075 铝合金材料最不耐卤水腐蚀，腐蚀速率达到 40 mm/a 以上；其次是 Q235 钢、2024 铝合金和 20♯钢材料，腐蚀速率都在 2.0 mm/a 以上；再次为 N80 钢材料，腐蚀速率在 1.0 mm/a 以上；最耐卤水腐蚀的是不锈钢材料，腐蚀速率都在 1 mm/a 以下，2205 不锈钢的腐蚀速率低至 0.133 mm/a。由此，2205 不锈钢材料是最耐卤水腐蚀的材料。

3）各材料的经济性分析

根据本课题需要，采卤管道长 1200 m，采卤管为 $\Phi102\times6.91$ mm，则需各采卤管材体积：

$$V = \Pi(R^2 - r^2) \times L = \Pi\big[(10.20/2)^2 - (8.82/2)^2\big] \times 1200 \times 10^2 (\text{cm}^3)$$
$$= 2.47 \times 10^6 \text{cm}^3$$

式中，R 为采卤管外半径，m；r 为采卤管内半径，m；L 为采卤管长度 m。

需要管材的质量为：$M = \rho \times V$；其中 ρ 为钢材密度。

采提卤管的使用寿命，按照管材腐蚀掉 2/3 计算，假设采卤管的理想使用寿命为 10 a(若采卤管达不到 10 a 就更换)，则需要各材料管更换次数：

$$n = 10 \times v/(壁厚 \times 2/3) = 10v/(6.91 \times 2/3)$$

则开采 10 a 所需各材料的成本为：

$$C = 材料单价 \times 材料所需量 = P \times M \times n$$

式中，P 为材料单价，元/t；M 为材料质量，t。

若每个卤水井的理想使用寿命为 10 a，每天采卤 726 t，则每吨卤水需要的各材料的成本为：

$$成本 = 材料成本 / 卤水量 = 材料单价 \times 材料所需量 /(10 \times 365 \times 726)(元 /t)$$

根据以上公式，计算卤水开采使用各材料的成本见表 3-36。

表 3-36　不同材质采卤管使用寿命和成本

材质	质量 M/t	单价 $P/(元/t)$	腐蚀速率 $v/(mm/a)$	单次寿命 L/a	n 值	10a 成本 $C/万元$	成本 $/(元/t)$
20♯钢	19.42	4 500	2.310	1.99	6	52.434	0.198
Q235 钢	19.42	3 900	2.430	1.90	6	45.443	0.171
N80 钢	19.42	5 300	1.610	2.86	4	41.170	0.155
2024 铝合金	6.85	38 000	2.36	1.95	6	156.180	0.589
7075 铝合金	6.95	24 000	40.23	0.11	88	1 467.840	5.539
1Cr13 钢	19.17	23 000	0.782	5.89	2	88.182	0.333
304 不锈钢	19.62	24 000	0.660	6.98	2	94.176	0.355
316L 不锈钢	19.74	24 300	0.516	8.93	2	95.936	0.362
2205 双相不锈钢	19.50	43 000	0.148	31.13	1	83.85	0.316

由表 3-36 可知，假设卤水井的使用寿命为 10 a，则所需各材料的成本顺序为：7075 铝合金＞2024 铝合金＞316L 不锈钢＞304 不锈钢＞1Cr13 钢＞2205 双相不锈钢＞20♯钢＞Q235 钢＞N80 钢。因此，N80 钢作为采卤管材最为经济。

4) 综合成本分析

采卤管一旦腐蚀泄露就需另换新管，假设换管采卤需停一天，每吨卤水的效益约为 200 元，则换一次井管的损失约 14.52 万元。假设采卤 10 a，各材料成本见表 3-37。

表 3-37 不同材质采卤管的综合成本

管材	n 值	换井管损失/万元	10 a 综合成本/万元
20♯钢	6	72.6	125.034
Q235 钢	6	72.6	118.043
N80 钢	4	43.56	84.73
2024 铝合金	6	72.6	228.780
7075 铝合金	88	1263.24	2731.08
1Cr13 钢	2	14.52	102.702
304 不锈钢	2	14.52	108.696
316L 不锈钢	2	14.52	110.456
2205 双相不锈钢	1	0	83.850

从表 3-37 可以看出，考虑到换井管采卤停工的损失，选用 2205 双相不锈钢的成本为 83.850 万元，低于 N80 钢的 84.730 万元，而且省去换井管的麻烦，因此，综合成本，选择 2205 双相不锈钢管材最为经济。

超高密度聚乙烯（HDPE）是一种新型材料，但不耐高温，因此不能作为采卤管使用，但可以作为输卤管使用。因此，本课题拟选用成本低、高耐蚀的超高密度聚乙烯管材作为输卤管道。

3. 结论

（1）在研究的几种金属材质中，不锈钢的机械性能最优，但是价格最高，超高密度聚乙烯材料机械性能能够满足输卤要求且价格低廉。

（2）在 95 ℃卤水中各金属材料的耐腐蚀顺序为 2205 双相不锈钢＞316L 不锈钢＞304 不锈钢＞1Cr13 钢＞N80 钢＞20♯钢≈2024 铝合金≈Q235 钢＞7075 铝合金钢；超高密度聚乙烯材料（HDPE）在 95 ℃卤水中发生了变形，但在常温卤水中耐蚀性能优异。

（3）假定采卤管的使用寿命均为 10 年，每吨卤水所需各材料的成本大小顺序为：7075 铝合金＞2024 铝合金＞316L 不锈钢＞304 不锈钢＞1Cr13 钢＞2205 双相不锈钢＞20♯钢＞Q235 钢＞N80 钢。此条件下，选择 N80 钢作为卤水开采的材料最经济。

（4）综合耐蚀性、单次寿命、材料成本和更换井管的损失等因素，选择 2205 双相不锈钢材料作为采卤管最为经济。

3.7.2　耐卤水腐蚀的电沉积 Ni-W-P 表面防腐技术研究

1. 材料与方法

（1）实验材料。

金属材料试片均购自北京广源科佑科贸有限公司，具体品种为 N80 钢（10 mm×50 mm×2 mm;10 mm×10 mm×2 mm）、Q235 钢（10 mm×50 mm×2 mm;10 mm×10 mm×2 mm）、7075 铝合金（10 mm×50 mm×2 mm;10 mm×10 mm×2 mm）。

（2）实验仪器和试剂。

试剂：硫酸镍（AR,天津永大化学试剂有限公司）、钨酸钠（AR,国药集团化学试剂有限公司）、柠檬酸（AR,上海邦景实业有限公司）,次亚磷酸钠（AR,上海丰寿实业有限公司）、无水碳酸钠（AR,天津博迪化工有限股份公司）,其余同 3.6.1 节。

仪器：BS110S 电子天平（北京费多利斯天平有限公司）、BT-V30 超级恒温水浴锅（上海百典仪器）、DYY-6B 稳压电源（北京康思双特科技有限公司）、T74611 游标卡尺（美国 AmPro 集团）、DZF-6020 干燥箱（巩义市予华仪器有限责任公司）、SG-3035A 电动搅拌器（上海硕光电子科技有限公司）、DF-101S 磁力搅拌器（上海一科仪器有限公司）。

（3）实验方法。本实验除油工艺采用化学除油法,除油溶液由 20 g/L 的碳酸钠、40 g/L 的磷酸钠和 50 g/L 氢氧化钠组成,70 ℃下除油 5min。酸洗溶液为 10%盐酸,活化溶液为 5%盐酸。镀液组成及工艺条件：电沉积 Ni-W-P 镀液配方见表 3-38。电沉积 Ni-W-P 工艺流程为：磨光→除油→水洗→酸洗→水洗→活化→水洗→电沉积。电沉积阳极为 Ni 板,电沉积时间为 1h。

表 3-38　电沉积 Ni-W-P 镀液配方

镀液组成	浓度/(g/L)
硫酸镍	70
钨酸钠	80
柠檬酸	120
次亚磷酸钠	10
硫酸铵	15

镀层组分、形貌的测定：用 SUPRA™55 热场发射扫描电子显微镜观察镀层的表面形貌,用 Rigaku D/MAX-rA 型 X 射线衍射仪分析镀层结构,用 7401 OXFORD 能谱仪分析镀层组分。

镀层耐腐蚀性能检测方法：上海辰华 CHI660 型电化学工作站,常温卤水做电解液,采用三电极体系,铂金电极作辅助电极,饱和甘汞电极作参比电极,镀 Ni-W-P 试片作研究电极,在开路电位下测试极化曲线;全浸腐蚀试验参照 GB/T 19291—2003。

2. 结果与讨论

1) 电流密度对 N80 钢电沉积 Ni-W-P 镀层的影响

按照表 3-38 配制镀液,pH 为 5.0,温度 50 ℃,设定 2 A/dm²、4 A/dm²、6 A/dm²、8 A/dm²、10 A/dm² 五个电流密度,时间为 1h,在 N80 钢基体上进行电沉积 Ni-W-P,得到一系列镀层,在 90 ℃卤水中进行耐腐蚀性测试,结果如图 3-26 所示。

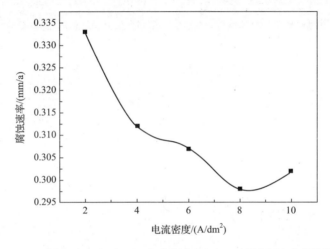

图 3-26　不同电流密度对 N80 钢电沉积 Ni-W-P 镀层腐蚀速率的影响

由图 3-26 可知,N80 钢电沉积 Ni-W-P 镀层的腐蚀速率随着电流密度的增加呈总体降低趋势。这是因为,电沉积过程中随着电流密度的提高,不仅会使镀层沉积速度相应增加,而且有利于形成致密的镀层,从而使镀层的耐蚀性增加;但是电流密度的上升不仅伴随着电流效率的降低,而且会使界面 pH 上升,利于氢氧化物的夹杂造成镀层疏松有气孔,从而降低镀层的耐蚀性。因此,电沉积 Ni-W-P 存在一个最佳的电流密度值。

不同电流密度时,Ni-W-P 镀层的表面形貌见图 3-27。

从图 3-27 可以看出,高电流密度下得到的 Ni-W-P 镀层要比低电流密度下得到的镀层致密,表面平整。综合图 3-26 所得结果,本实验取电流密度为 8 A/dm²。

2) 镀液 pH 对 N80 钢电沉积 Ni-W-P 镀层的影响

镀液基本组成不变,pH 设定 4.0、5.0、6.0、7.0、8.0 五个值,在 N80 钢基体上进行电沉积 Ni-W-P,所用温度为 50 ℃,电流密度为 8 A/dm²,时间为 1h,得到一系列镀层,在 90 ℃卤水中进行耐腐蚀性测试,结果见图 3-28。

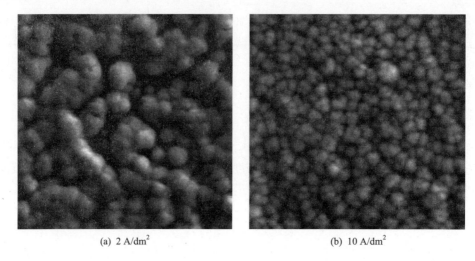

(a) 2 A/dm² (b) 10 A/dm²

图 3-27 不同电流密度时 Ni-W-P 镀层的表面形貌

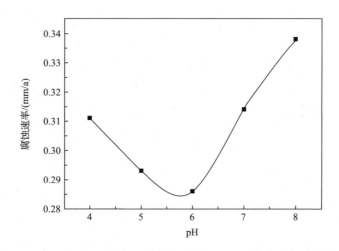

图 3-28 不同 pH 对 N80 钢电沉积 Ni-W-P 镀层腐蚀速率的影响

从图 3-28 可以看出,随着镀液 pH 的升高,Ni-W-P 镀层的腐蚀速率先降低后升高。因为低 pH 时,阴极易析出氢气,氢气会在 N80 钢基体和缺陷处聚集形成气团,导致氢脆,而且易形成气孔,进而导致耐腐蚀性降低;而当 pH 过高时,镍离子易发生水解生成氢氧化镍,阻碍镍离子的沉积,影响镀层的质量,从而使耐蚀性降低。因此,电沉积 Ni-W-P 的最佳 pH 为 6 左右。

不同 pH 时,Ni-W-P 镀层的表面形貌见图 3-29。

从图 3-29 可以看出,pH 为 7 时得到的 Ni-W-P 镀层要比 pH 为 4 时得到的镀层致密、表面平整。结合图 3-28,本实验选取的最佳 pH 为 6。

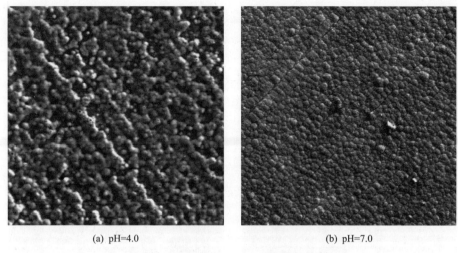

(a) pH=4.0　　　　　　　　　　　　　(b) pH=7.0

图 3-29　不同 pH 时 Ni-W-P 镀层的表面形貌

3) 温度对 N80 钢电沉积 Ni-W-P 镀层的影响

镀液组成不变,调节 pH 为 6.0,在 30℃、40℃、50℃、60℃、70℃下,在 N80 钢基体上进行电沉积 Ni-W-P,时间为 1h,得到一系列镀层,在 90℃卤水中进行耐腐蚀性测试,结果见图 3-30。

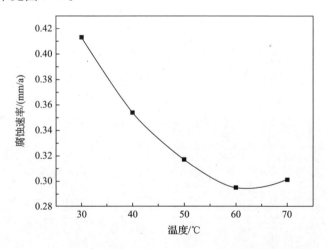

图 3-30　不同温度对 N80 钢电沉积 Ni-W-P 镀层腐蚀速率的影响

从图 3-30 可以看出,随着镀液温度的升高,所得电沉积 Ni-W-P 镀层的腐蚀速率逐渐减小。这是因为升高温度有助于镀液的扩散,并使得镀液的导电性增加和覆盖能力增强,沉积速度加快,进而形成较好的镀层,镀层耐蚀能力增加;但是温度的升高同时会助长晶核的生长,从而使镀层出现针孔,不利于致密镀层的生成,进而影响镀层的耐蚀性。

不同温度时,Ni-W-P 镀层的表面形貌见图 3-31。

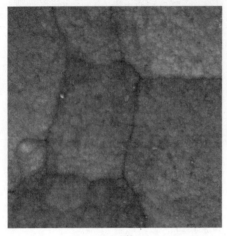 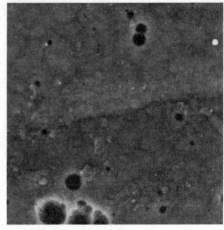

(a) 40 ℃　　　　　　　　　　　　　　　　(b) 70 ℃

图 3-31　不同沉积温度时 Ni-W-P 镀层的表面形貌

图 3-31 为 40 ℃和 70 ℃下电沉积所得的 Ni-W-P 镀层,可以看出,70 ℃下得到的 Ni-W-P 镀层要比 40 ℃下得到的镀层致密,但是有针孔出现。因此电沉积 Ni-W-P 镀层有个最佳温度,结合图 3-30,本实验选取的最佳沉积温度为 60 ℃。

4)电沉积 Ni-W-P 镀层的性能测试

采用上述实验所得的最佳条件,即温度 60 ℃、pH＝6、电流密度为 8 A/dm^2,在 N80 钢基体上电沉积 Ni-W-P,对所得的镀层进行性能测试,所得 SEM 图和 XRD 图如图 3-32 和 3-33 所示。

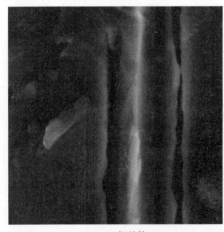 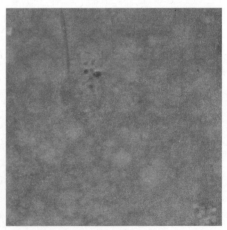

(a) N80 钢基体　　　　　　　　　　　　　　(b) N80 钢电沉积Ni-W-P

图 3-32　电沉积 Ni-W-P 镀层的 SEM 图

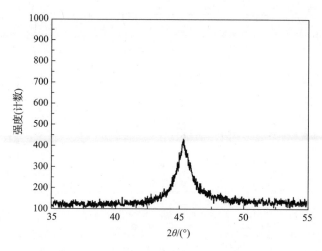

图 3-33　电沉积 Ni-W-P 镀层的 XRD 图

由图 3-32 可知,与镀前 N80 钢基体相比,N80 钢电沉积 Ni-W-P 后,覆盖了基体上的沟棱等瑕疵,表面光滑致密。从图 3-33 可以看出,N80 钢电沉积 Ni-W-P 镀层的 X 射线衍射图像出现了"馒头峰",证明所得电沉积 Ni-W-P 镀层为非晶态结构,间接说明所得镀层具有较好的耐腐蚀能力。

表 3-39 列出了电沉积 Ni-W-P 镀层的组分,其中 W 的含量与许晓丽所得耐蚀性最好的 Ni-W-P 镀层含量相近(许晓丽,2007)。

表 3-39　电沉积 Ni-W-P 镀层的组分

元素/%(质量分数)	电沉积 Ni-W-P
P	8.68
Ni	88.53
W	2.79

为了进一步分析电沉积 Ni-W-P 镀层的耐腐蚀性能,将所得镀层在常温卤水中进行了动电位极化曲线测试,其结果如图 3-34 和表 3-40 所示。

表 3-40　N80 钢和 N80 钢电沉积 Ni-W-P 镀层的腐蚀电位和电流

样品类型	腐蚀电位/V	腐蚀电流密度/(A/cm²)
N80 钢	−0.700	7.94×10^{-8}
电沉积 Ni-W-P 镀层	−0.452	4.27×10^{-9}

从图 3-34 和表 3-40 可以看出,本实验制得的 Ni-W-P 镀层具有良好的耐卤水腐蚀能力。

为了进一步分析电沉积 Ni-W-P 镀层的耐高温卤水腐蚀能力,对所得镀层在

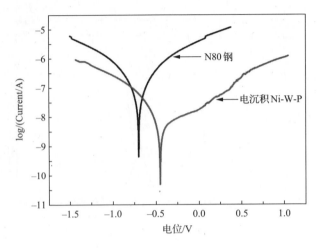

图 3-34   N80 钢和 N80 钢电沉积 Ni-W-P 镀层的极化曲线

90 ℃下进行全浸腐蚀实验,并和 40 ℃时相比,实验时间为 3 d。将 90 ℃腐蚀后的试片进行扫描电镜观察,其余的测量腐蚀速率。所得结果见图 3-35 和表 3-41。

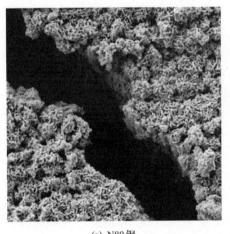

(a) N80 钢   (b) N80 钢电沉积 Ni-W-P

图 3-35   N80 钢和 N80 钢电沉积 Ni-W-P 镀层腐蚀后的形貌

表 3-41   电沉积 Ni-W-P 镀层在卤水中的腐蚀情况

腐蚀条件	试片	腐蚀速率/(mm/a)
90 ℃	N80 钢未处理	1.58
	电沉积 Ni-W-P	0.335
40 ℃	N80 钢未处理	0.216
	电沉积 Ni-W-P	0.082

　　从图 3-35 可以看出，N80 钢表面发生了严重的腐蚀，出现了很大裂缝，N80 钢电沉积 Ni-W-P 镀层腐蚀后，表面并没有出现大的损伤，只出现了小的细纹。从表 3-40 可以看出，N80 钢电沉积 Ni-W-P 后耐腐蚀性得到了很大程度的提高，在 90 ℃中的腐蚀速率仅为 N80 钢的 21%。

　　5）电沉积 Ni-W-P 镀层的应用

　　为了进一步研究电沉积 Ni-W-P 镀层技术的可行性，在 7075 铝合金和 Q235 钢基体上进行了电沉积 Ni-W-P 镀层，并进行了耐腐蚀性能测试。

　　图 3-36 为 7075 铝合金和 Q235 钢电沉积 Ni-W-P 镀层后的扫描电镜照片。表 3-42 为 7075 铝合金和 Q235 钢电沉积 Ni-W-P 镀层在 90 ℃卤水中的腐蚀速率。

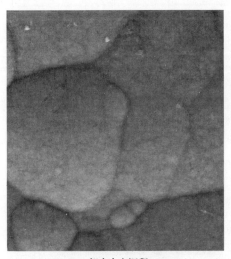 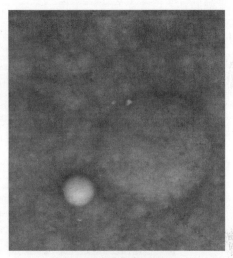

(a) 7075 铝合金电沉积 Ni-W-P　　　　　　　(b) Q235 钢电沉积 Ni-W-P

图 3-36　7075 铝合金和 Q235 钢电沉积 Ni-W-P 镀层后的扫描电镜照片

表 3-42　7075 铝合金和 Q235 钢电沉积 Ni-W-P 镀层的腐蚀速率

试片		腐蚀速率/(mm/a)
7075 铝合金	未处理	38.57
	电沉积 Ni-W-P	0.435
Q235 钢	未处理	2.371
	电沉积 Ni-W-P	0.402

　　从图 3-36 可以看出，在 7075 铝合金和 Q235 钢上都可以应用电沉积 Ni-W-P 技术制备防腐镀层，只是相对于 Q235 钢，7075 铝合金上的镀层晶粒大，晶界明显，镀层不够致密光滑。从表 3-42 上可以看出，7075 铝合金和 Q235 钢电沉积 Ni-W-P 后，腐蚀速率降低，耐腐蚀能力得到很大程度的提高。

6）电沉积 Ni-W-P 镀层的实际应用

为了研究电沉积 Ni-W-P 技术在实际采卤过程中的防腐效果，利用电沉积技术在 N80 钢管上制备 Ni-W-P 镀层，并加工成长 50 cm、内径 50 mm 的采卤管，两端法兰，一端与采卤泵连接，一端与采卤管连接，置于卤水井中。在信发集团肥城胜利化工有限公司（泰安市肥城县）、东营东岳盐业有限公司（东营市仙河镇）、山东默锐化工有限公司（寿光市羊口镇）、寿光市国力化工有限公司（寿光市羊口镇）等的卤水井中进行应用试验，时间都为 3 个月。3 个月后将此管道从卤水井中提出，观察腐蚀情况。

图 3-37 为在山东默锐化工有限公司的盐井下应用 3 个月后 N80 钢镀 Ni-W-P 采卤管照片。

图 3-37　现场试验后提出来的井管照片

从图 3-37 可以看出，镀 Ni-W-P 管道未出现腐蚀，而法兰出现腐蚀，上面覆盖一层铁锈。

Ni-W-P 防腐技术加工的管道在四个企业盐井中的详细应用情况如表 3-43 所示。

表 3-43　Ni-W-P 防腐技术的现场应用情况

应用地点	应用条件	试验时间	结果
信发集团肥城胜利化工有限公司 （泰安市肥城县）	井深：1260 m 含盐量：330 g/L 水温：40 ℃	2014 年 7 月 20 日至 2014 年 10 月 22 日	无腐蚀
东营东岳盐业有限公司 （东营市仙河镇）	井深：100 m 含盐量：110 g/L 水温：21 ℃	2014 年 7 月 10 日至 2014 年 10 月 14 日	无腐蚀

续表

应用地点	应用条件	试验时间	结果
山东默锐化工有限公司（寿光市羊口镇）	井深：100 m含盐量：121 g/L水温：22 ℃	2014 年 6 月 8 日至2014 年 9 月 12 日	无腐蚀
寿光市国力化工有限公司（寿光市羊口镇）	井深：70 m含盐量：330 g/L水温：28 ℃	2014 年 6 月 12 日至2014 年 9 月 15 日	无腐蚀

从表 3-43 可以看出，Ni-W-P 防腐技术的管道不论在深井中还是浅井中，不论在含盐量 100 g/L 左右的卤水，还是 300 g/L 左右的卤水中，都表现出了很好的耐腐蚀能力。由此可见，本研究开发的镀 Ni-W-P 技术可实际应用于采卤管道。

3. 结论

（1）电流密度、镀液 pH 和温度对电沉积 Ni-W-P 镀层的耐蚀性都有影响，优化工艺参数为：电流密度 8 A/dm²、pH＝6、温度 60 ℃。

（2）N80 钢电沉积 Ni-W-P 镀层后在 90 ℃高温卤水中的腐蚀速率降为原来的 21％，在 40 ℃卤水中的腐蚀速率仅为 0.082 mm/a。

（3）电沉积 Ni-W-P 技术在 7075 铝合金和 Q235 钢上仍可使用，其镀层在卤水中的腐蚀速率均大大降低。

（4）在 N80 钢管上电沉积 Ni-W-P 镀层制得采卤试验管，在实际盐井中的采卤试验表明，镀层防腐效果优异，说明该技术可用于黄河三角洲深层卤水的开采。

3.7.3　耐卤水腐蚀的化学沉积 Ni-W-P 表面防腐技术研究

1. 材料与方法

（1）实验材料：N80 钢（10 mm×50 mm×2 mm，10 mm×10 mm×2 mm），北京广源科佑科贸有限公司。

（2）试剂：柠檬酸钠（AR，上海邦景实业有限公司）、硫酸铵（AR，天津永大化学试剂有限公司）；其余同 2.7.2 节，柠檬酸除外。

仪器：PXS-215 离子活度计（上海日岛科学仪器有限公司）；其余同 3.7.2 节，稳定电源除外。

（3）实验操作。

镀液配制：称取硫酸镍、钨酸钠等组分，分别溶解；将溶解的硫酸镍和钨酸钠在不断搅拌下分别倒入柠檬酸钠和乳酸的溶液中；在搅拌下将硫酸铵溶液倒入上述配好的溶液中；在搅拌下将次磷酸钠溶液缓慢倒入上一步配好的溶液中；用 10％

氢氧化钠溶液调节 pH。

试样前处理:除油→水洗→酸洗→水洗→活化→水洗。本实验采用化学除油,除油溶液由 20 g/L 的碳酸钠、40 g/L 的磷酸钠和 50 g/L 氢氧化钠组成,70 ℃下除油 5 min。酸洗溶液为 10% 盐酸,活化溶液为 5% 盐酸。

化学沉积:将配置的镀液放入水浴锅中加热至 90 ℃,将前处理好的试样放入镀液中并计时,缓慢搅拌镀液并每隔 10 min 添加新鲜镀液,达到设定时间后,取出试样,立即用清水冲去表面残液,冷风吹干,备用。

镀层组分、形貌的测定:用 SUPRA™55 热场发射扫描电子显微镜观察镀层的表面形貌,用 Rigaku D/MAX-rA 型 X 射线衍射仪分析镀层结构,用 7401 OX-FORD 能谱仪分析镀层组分。

镀层耐腐蚀性能检测:上海辰华 CHI660 型电化学工作站,常温卤水作电解液,采用三电极体系,铂金电极作辅助电极,饱和甘汞电极作参比电极,镀层试片作研究电极,在开路电位下测试极化曲线;全浸腐蚀试验参照 GB/T 19291—2003。

2. 结果与讨论

1) 主要镀液组分浓度对 N80 钢化学沉积 Ni-W-P 镀层性能的影响

基础镀液成分和工艺参数如表 3-44 所示。

表 3-44　化学沉积 Ni-W-P 基础镀液配方及化学沉积工艺条件

镀液组成	温度	pH	时间
硫酸镍 35 g/L			
钨酸钠 30 g/L			
柠檬酸钠 100 g/L	90 ℃	9±0.5	1.5 h
硫酸铵 30 g/L			
次亚磷酸钠 20 g/L			
乳酸 5 mL/L			

(1) 硫酸镍浓度对 N80 钢化学沉积 Ni-W-P 镀层的影响。

改变硫酸镍的浓度,其他镀液成分浓度不变,制得一系列镀层,在 90 ℃ 卤水中对其进行全浸腐蚀试验,测其腐蚀速率,结果如图 3-38 所示。

从图 3-38 可以看出,随硫酸镍浓度的增加,镀层在卤水中的腐蚀速率先逐渐降低,而后达到一稳定值,略有升高。这是因为,镍能诱导钨和磷的共沉积,硫酸镍浓度的增加对钨和磷的析出有利,浓度越大,析出钨磷的机会越多,形成非晶态合金的可能性越大,因此镀层耐蚀性提高;但是当硫酸镍浓度继续增加时,镍的沉积速度也增大,诱导沉积不再是主要的沉积方式,不利于致密镀层的形成,从而造成镀层的耐蚀性变差。因此,为了得到耐蚀性好的镀层,硫酸镍浓度选择 30 g/L。

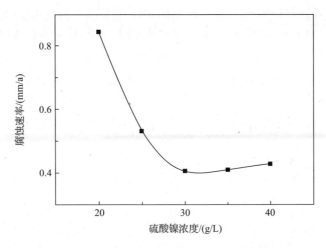

图 3-38　硫酸镍浓度对 N80 钢化学沉积 Ni-W-P 镀层腐蚀速率的影响

（2）钨酸钠浓度对 N80 钢化学沉积 Ni-W-P 镀层的影响。

改变钨酸钠的浓度，硫酸镍浓度选 30 g/L，其他镀液成分浓度不变，制得一系列镀层，在 90 ℃卤水中对其进行全浸腐蚀实验，测其腐蚀速率，结果如图 3-39 所示。

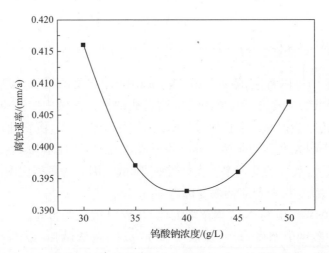

图 3-39　钨酸钠浓度对 N80 钢化学沉积 Ni-W-P 镀层腐蚀速率的影响

从图 3-39 可以看出，随着钨酸钠浓度的增加，镀层在卤水中的腐蚀速率先降低后升高。因为当钨酸钠浓度很低时，镀层中钨和磷的含量较少，此时镀层的耐蚀性主要靠镍的保护作用，但是镍镀层的孔隙率大，耐蚀性能略差。当钨酸钠浓度增加时，镀层中诱导出钨和磷的含量增加，钨的增加会造成晶格缺陷，导致镀层呈非晶态,而非晶态的耐蚀性较好,因此镀层的耐蚀性增加。但是钨酸钠浓度过大会导致镀速的降低,影响共沉积过程,进而导致镀层中钨和磷含量的降低,镀层耐蚀性降低。因此为了得到耐蚀性好的化学沉积 Ni-W-P 镀层,钨酸钠浓度选为 40 g/L。

(3) 次亚磷酸钠浓度对 N80 钢化学沉积 Ni-W-P 镀层的影响。

改变次亚磷酸钠的浓度,硫酸镍浓度选 30 g/L,钨酸钠浓度选 40 g/L,其他镀液成分不变,制得一系列镀层,在 90 ℃卤水中对其进行全浸腐蚀实验,测其腐蚀速率,结果如图 3-40 所示。

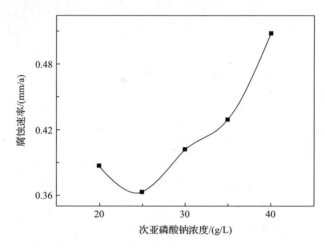

图 3-40 次亚磷酸钠浓度对 N80 钢化学沉积 Ni-W-P 镀层腐蚀速率的影响

从图 3-40 中可以看出,随着镀液中次亚磷酸钠浓度的增加,镀层在卤水中的腐蚀速率先降低后一直升高。原因是次亚磷酸钠作为镀液中的还原剂,随其浓度的增加,导致还原的镍原子数目增多,沉积的钨原子也增多,沉积速度加快。沉积速度快,有利于耐蚀性高的非晶态镀层的形成,镀层耐蚀性增加,但是也会造成镀层沉积颗粒粗大,镀层的孔隙率增大,耐蚀性降低。因此为了得到耐蚀性好的化学沉积 Ni-W-P 镀层,次亚磷酸钠浓度选为 25 g/L。

(4) 柠檬酸钠浓度对 N80 钢化学沉积 Ni-W-P 镀层的影响。

改变柠檬酸钠的浓度,硫酸镍浓度选 30 g/L,钨酸钠 40 g/L,次亚磷酸钠选 25 g/L,其他镀液成分浓度不变,制得一系列镀层,在 90 ℃卤水中对其进行全浸腐蚀实验,测其腐蚀速率,结果如图 3-41 所示。

从图 3-41 中可以看出,随着镀液中柠檬酸钠浓度的增加,镀层在卤水中的腐蚀速率先逐渐降低后又缓慢增加。因为柠檬酸钠起到络合剂的作用,随着浓度的增加,其与金属离子形成稳定的络合物,使镀液趋于稳定,进而得到均匀致密的镀层,镀层的耐蚀性增加,但是当其浓度过大时,金属离子从络合剂中解离受阻,会使

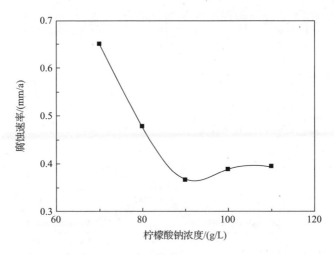

图 3-41　柠檬酸钠浓度对 N80 钢化学沉积 Ni-W-P 镀层腐蚀速率的影响

镀速降低,进而影响镀层的耐蚀性。因此,为了得到耐蚀性好的化学沉积 Ni-W-P 镀层,柠檬酸钠浓度选为 90 g/L。

2) 化学沉积 Ni-W-P 镀层性能测试

按照实验所得最佳配方,即硫酸镍浓度 30 g/L、钨酸钠浓度 40 g/L、次亚磷酸钠浓度 25 g/L、柠檬酸钠浓度 90 g/L,在 N80 钢表面化学沉积 Ni-W-P 镀层的形貌见图 3-42,X 射线衍射图像见图 3-43。

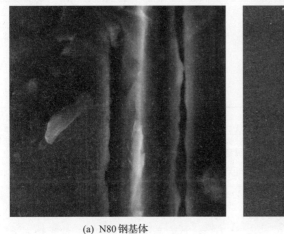

(a) N80 钢基体　　　　　　　　　　　　　(b) N80 钢化学沉积Ni-W-P

图 3-42　N80 钢基体和 N80 钢化学沉积 Ni-W-P 镀层的 SEM 照片

由图 3-42 可知,N80 钢表面化学沉积所得的 Ni-W-P 镀层光滑致密。从图 3-43 可以看出,化学沉积 Ni-W-P 镀层的 X 射线衍射图像中出现明显的"馒头峰",

证明化学沉积 Ni-W-P 得到的镀层为非晶态结构。

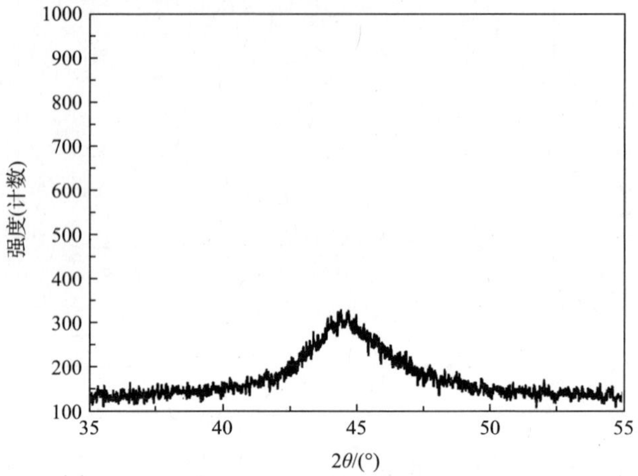

图 3-43　化学沉积 Ni-W-P 镀层的 XRD 图

表 3-45 列出了化学沉积 Ni-W-P 镀层的组分,与电沉积所得 Ni-W-P 镀层相比,W 的含量高出很多。镀层中钨含量的增加可以提高镀层的耐蚀性,因为钨会使镀层的孔隙率降低,致密度提高,而且在腐蚀过程中会形成致密的含钨钝化膜,进一步增加镀层的耐蚀性。

表 3-45　化学沉积 Ni-W-P 镀层的组分

元素/%(质量分数)	化学沉积 Ni-W-P
P	6.77
Ni	83.56
W	9.67

为了进一步研究所得化学沉积 Ni-W-P 镀层的耐蚀性,对其在常温卤水中进行动电位极化曲线测试,其结果如图 3-44 和表 3-46 所示。

从图 3-44 和表 3-46 可看出,本实验所得镀层的耐卤水腐蚀性能较好。

为了进一步研究所得化学沉积 Ni-W-P 镀层的耐蚀性,在高温 90℃ 和 40℃ 卤水中做了全浸腐蚀实验,结果见表 3-47。

从表 3-47 可以看出,N80 钢化学沉积 Ni-W-P 后耐腐蚀性能得到了很大程度的提高,在 40℃ 的卤水中腐蚀速率仅为 0.077 mm/a,比项目指标要求的在常温卤水中的腐蚀速率 0.12 mm/a 低近 36%。

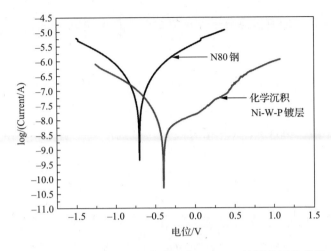

图 3-44　N80 钢和 N80 钢化学沉积 Ni-W-P 镀层的极化曲线

表 3-46　N80 钢和 N80 钢化学沉积和电沉积 Ni-W-P 镀层的腐蚀电位和电流

样品类型	腐蚀电位/V	腐蚀电流/A
N80 钢	-0.700	7.94×10^{-8}
化学沉积 Ni-W-P 镀层	-0.398	4.28×10^{-9}

表 3-47　化学沉积和电沉积 Ni-W-P 镀层的耐腐蚀情况

腐蚀条件	试片	腐蚀速率/(mm/a)
90 ℃	N80 钢未处理	1.58
	化学沉积 Ni-W-P	0.322
40 ℃	N80 钢未处理	0.216
	化学沉积 Ni-W-P	0.077

3. 结论

(1) 硫酸镍、钨酸钠、次亚磷酸钠和柠檬酸钠等主要组分的浓度对化学沉积 Ni-W-P 镀层的耐蚀性都有影响,优化镀液配方为:硫酸镍浓度 30 g/L、钨酸钠浓度 40 g/L、次亚磷酸钠浓度 25 g/L 和柠檬酸钠浓度 90 g/L。

(2) N80 钢化学沉积 Ni-W-P 镀层后在 90 ℃卤水中的腐蚀速率降为原来的 20%,在 40 ℃卤水中的腐蚀速率仅为 0.077 mm/a。

(3) 化学沉积 Ni-W-P 技术可大大降低 N80 钢在卤水中的腐蚀速率,可用作黄河三角洲深层卤水的开采。

3.7.4　耐卤水腐蚀的有机高分子涂层表面防腐技术研究

1. 方法与材料

实验材料：N80 钢试片材料购自北京广源科佑科贸有限公司，规格分别为：10 mm×50 mm×2 mm 和 10 mm×10 mm×2 mm。

试剂：苯甲酸乙酯(CP，天津市大茂化学试剂厂)、二硫化碳(AR，天津市广成化学试剂有限公司)、苯甲醛(AR，天津东丽区天大化学试剂厂)、水合肼 80%(AR，天津广成化学试剂有限公司)、无水乙醚(AR，天津市富宇精细化工有限公司)、无水乙醇(AR，天津市富宇精细化工有限公司)、氢氧化钾(AR，中国医药天津供应站)、冰醋酸(AR，天津市广成化学试剂有限公司)。

涂膜步骤：在装有搅拌器、冷凝管、温度计的 250 mL 四口烧瓶中，苯甲酸乙酯与水合肼发生反应生成苯基酰肼；碱性条件下，以一定的速度滴加二硫化碳到苯基酰肼的乙醇溶液中，得到白色颗粒产物，将其与水合肼混合，反应一定时间，生成物再与水杨醛按照一定比例混合反应，即得巯基三唑化合物，用磷酸盐作为助膜剂，将二者进行复配得到混合液，然后将 N80 钢打磨、除油、酸洗、水洗后浸入所得巯基三唑化合物-磷酸盐复合溶液中，浸泡 2 h 后取出，自然晾干。

涂膜表征：用 SUPRA™55 热场发射扫描电子显微镜观察镀层的表面形貌，利用 ESCALAB250 X 射线能谱分析仪分析涂膜成分。

涂膜耐腐蚀性能检测：上海辰华 CHI660 型电化学工作站，常温卤水作电解液，采用三电极体系，铂金电极作辅助电极，饱和甘汞电极作参比电极，涂膜试片作研究电极，在开路电位下测量阻抗。

2. 结果与讨论

1) N80 钢涂巯基三唑化合物-磷酸盐复合膜的表征

图 3-45 和图 3-46 分别为巯基三唑化合物-磷酸盐复合膜的 XPS 能谱图和 SEM 图片。

由图 3-45 可知，N80 钢表面生成的巯基三唑化合物-磷酸盐复合膜的主要组成元素为 C、N、O、S、P 等。其中 C 1s 的结合能为 284.60 eV，对应于有机碳，不存在金属碳；N 1s 的结合能为 400.26 eV，对应于有机氮；S 2p 的结合能为 162.74 eV，对应于巯基硫；P 2p 的结合能为 132.89 eV，对应于磷酸盐。因此可以判定钢片表面的膜为巯基三唑化合物和磷酸盐的混合物，其中磷酸盐是由膜助剂生成的。

图 3-46 为涂膜后的钢片，其表面变得十分平滑，表面原来的凹槽、凹谷消失，原有粗糙程度得到了极大改善。表明巯基三唑化合物-磷酸盐复合膜能够很好地

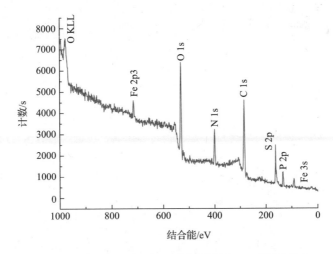

图 3-45 巯基三唑化合物-磷酸盐复合膜的 XPS 能谱图

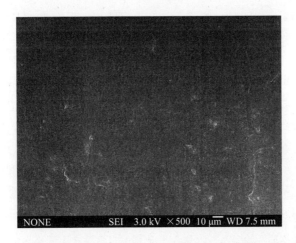

图 3-46 N80 钢涂巯基三唑化合物-磷酸盐复合膜后的 SEM 图片

结合在 N80 钢表面,使 N80 钢基体隔绝与卤水介质的接触,有效地防止钢基体的腐蚀发生。

2) N80 钢涂巯基三唑化合物-磷酸盐复合膜性能测试

为了进一步研究 N80 钢涂覆巯基三唑化合物-磷酸盐复合膜后的耐蚀性能,对其在常温卤水中进行了阻抗测试,其结果如图 3-47 所示。

由图 3-47 可知,N80 钢涂膜前后的交流阻抗谱都是规则的半圆弧,说明只出现了容抗弧,没有感抗弧的存在,也没有出现弥散现象,这说明钢铁电极在交流阻抗测试中没有出现点蚀行为,电极表面均匀一致,所生成薄膜也均匀一致,电极表面粗糙度较小。容抗弧半径的大小表征了电化学反应过程中电荷转移阻力的大

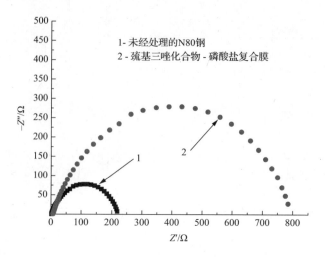

图 3-47　N80 钢涂膜前后的交流阻抗图谱

小。容抗弧半径越大,说明电化学反应阻力越大,电荷越难转移。和 N80 钢空白电极(曲线 1)相比,经过涂膜处理的电极(曲线 2)容抗弧明显变大,电极表面转移电荷的难度增大,说明在电极表面都有薄膜生成;曲线均呈现规则的半圆形,说明生成的薄膜厚度均匀,没有发生局部过厚现象。交流阻抗谱的分析结果与扫描电镜分析结果一致,都表明巯基三唑化合物-磷酸盐复合膜在钢铁表面有很好的吸附成膜性能,能有效地提高 N80 钢的耐腐蚀能力。

3) N80 钢表面涂巯基三唑化合物-磷酸盐复合膜在卤水中的应用

表 3-48 列出了 N80 钢表面涂巯基三唑化合物-磷酸盐复合膜在不同条件卤水中应用试验情况。可以看出,N80 钢表面涂巯基三唑化合物-磷酸盐复合膜不耐高温卤水的腐蚀,耐常温卤水的腐蚀。因此,可应用于地面输卤管道。

表 3-48　N80 钢表面涂巯基三唑化合物-磷酸盐复合膜在不同卤水中的耐腐蚀情况

卤水条件		腐蚀时间	腐蚀情况
温度/℃	含盐量/(g/L)		
90	260	3 天	个别部位鼓泡,有涂层脱落
	110		鼓泡部位较多,出现点蚀
25	260		腐蚀前后无明显变化
	110		腐蚀前后无明显变化

3. 结论

(1) 巯基三唑化合物-磷酸盐复合膜能够很好地结合在 N80 钢表面,有效隔绝钢基体与腐蚀介质的接触。

（2）N80 钢表面涂巯基三唑化合物-磷酸盐复合膜后在高温卤水中耐蚀能力不理想，但在低温卤水中的耐蚀能力优异，可应用于金属材质卤水输送管道的防腐中。

3.7.5 卤水防腐技术应用效果分析

通过查阅文献，模拟实验等手段，综合计算分析各防腐技术的使用条件、使用寿命和成本等参数，对研发的防腐技术进行综合对比分析。

1. 技术的经济性分析

根据本书课题研究需要，取采卤管长 1200 m，采卤管为 $\Phi102\times6.91$ mm，则提卤管的表面积为：

$$S = \pi \times (2R + 2r) \times L = \pi \times (10.20 + 8.82) \times 1200 \times 10^2 = 7.17 \times 10^6 (\mathrm{cm}^2)$$
$$= 7.17 \times 10^2 (\mathrm{m}^2)$$

根据调查，现在国内电沉积 Ni-W-P 的市场价格为 1 元/dm^2，则采卤管镀 Ni-W-P 的成本为：

$$C = 7.17 \times 10^2 \times 10^2 \times 1(元) = 7.17(万元)$$

在钢管表面电沉积 Ni-W-P 后，可使各材质金属管的寿命至少增加 3a，将此成本叠加到铝合金和碳钢材料上，则若要采卤管的寿命达到 10a，所需各管材的成本如表 3-49 和图 3-48 所示。

表 3-49 各管材使用寿命和成本情况

管材	寿命 L/a	n 值	10 年材料成本/万元	10 年综合成本/万元
N80 钢	2.86	4	41.170	84.73
20♯ 钢	1.99	6	52.434	125.034
Q235 钢	1.90	6	45.443	118.043
N80 钢电沉积 Ni-W-P	5.86	2	34.930	49.450
2205 双相不锈钢	31.13	1	83.850	83.850
316L 不锈钢	8.93	2	95.936	110.456
1Cr13 钢	5.89	2	88.182	102.702
20♯ 钢电沉积 Ni-W-P	4.99	3	47.727	76.767

管材	寿命 L/a	n 值	10 年材料成本 /万元	10 年综合成本 /万元
Q235 钢电沉积 Ni-W-P	4.90	3	44.231	73.271
304 不锈钢	6.98	2	94.176	108.696
2024 铝合金电沉积 Ni-W-P	4.95	3	99.600	128.640
7075 铝合金电沉积 Ni-W-P	3.11	4	95.400	138.96
2024 铝合金	1.95	6	156.180	168.59
7075 铝合金	0.11	88	1467.840	9759.82

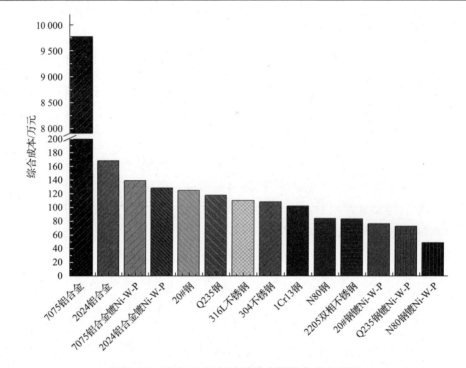

图 3-48　采卤 10 年各材质采卤管综合成本情况

从表 3-49 和图 3-48 中可以看出，在碳钢材料和铝合金材料本体上应用 Ni-W-P 镀层技术后，它们的寿命大大增加，满足卤水井开采 10 a 的成本降低。N80 钢材料应用 Ni-W-P 技术后，满足卤水井开采 10 a 的条件下使用成本最低，因此在 N80 钢采卤管上镀 Ni-W-P 作为采卤管，经济可行。

2. Ni-W-P 防腐镀层对卤水质量的影响分析

研发的镀 Ni-W-P 采卤管在模拟采卤装置中试用 3 个月,测定应用前后循环卤水中镀层成分的浓度。应用镀 Ni-W-P 采卤管前后,卤水中镀层成分见表 3-50。

表 3-50　镀 Ni-W-P 采卤管应用后卤水中镀层成分的含量

镀层成分	原卤水中浓度/(mg/L)	应用后卤水中浓度/(mg/L)
镍	0.086	0.088
钨	未检出	未检出
磷	未检出	未检出

从表 3-50 可以看出,采卤管道应用 Ni-W-P 防腐技术后,对卤水中的镍、钨、磷等浓度未产生明显影响,因此,镀 Ni-W-P 防腐技术在采卤管道上的应用不会对卤水成分产生明显影响。

3. 技术的先进性评价

将本课题研发的表面防腐技术与国内外现广泛采用的防腐技术进行对比,比较他们的防腐效果与优缺点,结果见表 3-51。

表 3-51　国内外主要腐蚀防护技术与本课题防护技术对比

	防腐技术	应用场合	优点	缺点
国内外现采用防腐技术	缓蚀剂(胺类、有机磷酸盐类、吗啉类、炔醇类等)	工业循环水及油气田输送中	技术要求低,成本低	工艺复杂
	阴极保护	长输管线、储油罐等	效果好	环境影响较大,操作技术复杂,成本高
	内涂层(环氧树脂、环氧粉末)	消防给水、大口径管	防腐性能好	技术术复杂,成本高,容易产生鼓泡和脱落
	复合管(玻璃钢内衬复合管、陶瓷内衬复合管)	饮用水、油气水、酸碱盐等传输管道	防腐防垢耐温抗蠕变,寿命长	成本为钢管的 2~3 倍
本课题	Ni-W-P 镀层技术	井下管道	防腐效果好,寿命长,成本低	还未发现

从表 3-51 可以看出,现今国内外主要采用的防腐技术有缓蚀剂、阴极保护、内涂层和复合管等,与本开题研发的 Ni-W-P 防腐技术相比,缓蚀剂技术工艺复杂,对生产过程产生较大影响;阴极保护技术受现场环境影响较大,操作技术复杂,综合成本高;复合管技术成本约为钢管的 2~3 倍;而本技术成本仅为钢管的 1.5 倍左右,且 Ni-W-P 防腐技术在使用过程中不会对卤水成分和环境产生影响。因此

Ni-W-P 防腐技术具有先进性、经济性和环境友好性。

4. 结论

（1）在满足采卤管使用 10 a 的条件下，使用成本最低的为 N80 钢镀 Ni-W-P 采卤管，镀 Ni-W-P 防腐技术应用在黄河三角洲深层卤水开采过程上经济可行。

（2）使用镀 Ni-W-P 采卤管前后，卤水中镀层成分浓度未发生明显变化，证明 Ni-W-P 防腐技术应用在黄河三角洲深层卤水开采过程中对卤水组分无影响。

（3）与现今国内外主要采用的防腐技术相比，镀 Ni-W-P 防腐技术具有先进性，可作为开采黄河三角洲深层卤水的防腐技术。

第4章　深层卤水采输卤过程减阻降耗技术

由于深层卤水存在高温、高压、高盐等特点(曹文虎和吴蝉,2004),在采输过程中容易发生析盐、结垢、井管腐蚀等问题,造成采输过程能耗增大。因此,开展采输卤过程减阻降耗技术研究对于实现深层卤水的经济开采具有重要意义。

深层卤水开采过程中的减阻降耗主要体现在采输卤过程中的减阻技术。本章首先根据流体力学原理分析流体管道阻力成因,找出影响流体管道阻力的主要因素,提出减阻降耗技术对策,然后从析盐晶粒控制、光滑减阻、减阻剂减阻技术等方面开展减阻降耗技术研究,最后将研发的卤水管道减阻剂应用于工程实际。

4.1　流体管道阻力成因及减阻降耗技术对策

4.1.1　流体管道阻力成因分析

通过观察河水的流动可以发现,河道中央的水流最急,愈靠近河岸,水流愈慢。流体在管道中的流动情况也是如此,中心处速度最快,愈靠近管壁,速度愈小,在贴近管壁处,由于流体对管壁有附着力的作用,速度接近于零。同时,在流体内部,分子间存在吸引力,当流体流动时,管壁上静止的流体层对其相邻的流体层的流动有约束作用,使该层流体流速变慢。离开壁面越远,其约束作用越弱。这样就造成流体各层流速差异而发生各层间相对运行。也就是说,流体在圆管内流动时,好像被分割成无数极薄的圆筒,一层套着一层,各层以不同的速度向前运动,中心处运动速度最快。由于流体各层之间产生了相对运动,"快层"对"慢层"产生一种牵引力,"慢层"对"快层"产生一种阻碍力,稳定流动时,这两种力大小相等方向相反。由于这种相互作用是在流体内部发生的,因此称为流体的内摩擦力,这种摩擦力是产生流动阻力的一个原因(江宏俊,1985)。层流速度分布可用图4-1所示。

当流体流动激烈,呈湍流状态时,流体内部充满了大小漩涡,流体质点速度的大小和方向都发生急剧变化,质点之间的相互碰撞和位置的交换,也要损耗一部分能量,特别是湍流形成径向脉动,产生湍流附加应力。流体流动得愈激烈,损耗的能量愈大,流体流动的阻力也愈大。因此,湍流是产生流体流动阻力的另一个原因。

湍流时均速度分布与层流速度分布完全不同,而且也不能用统一的分布函数描述。为了准确拟合实测数据,分层给出拟合函数,一般将管壁附近流体分为三

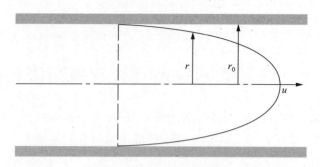

图 4-1　层流速度分布

层:紧贴壁面的薄层是黏性底层,依次是过渡层和对数率层。流体刚从层流过渡为湍流时,整个管道截面流体可分成上述三层。随着雷诺数 Re 的增大,在管道中心出现时均速度不随半径变化(时均速度梯度为零)的区域,称之为湍流核心区。它们在管道截面中的位置如图 4-2 所示。

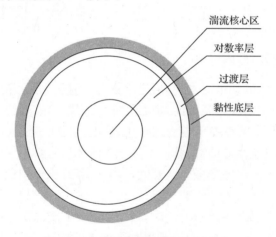

图 4-2　各流层在管道截面上的分布

对于直形管来说,在不考虑流体黏滞力的情况下,压力损失主要是由于流体与管壁摩擦以及湍流产生的附加应力造成的。显然,管道内壁的粗糙度越大,摩阻越大,流体的压力损失越大。同时,粗糙的管壁还容易引起湍流和加重湍流程度。

管道内壁凸出物引发湍流造成压力损失可用图 4-3 示意。

在流体管道中,流体绕过凸出物时会发生脱流现象,脱流现象造成在凸出物后面形成涡流区,进而引发湍流。由于涡流区的存在,凸出物的前后产生较大压差,这个压差就是压力损失。形成湍流后,压力损失进一步加大。

在其他条件不变时,管壁粗糙度越大,涡流区就越多、越大,产生的压力损失也越大。

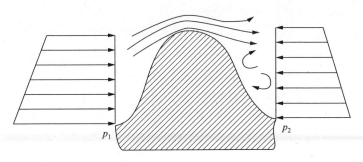

图 4-3　管道内壁凸出物引发湍流造成压力损失示意图

在提输卤管道加工和使用过程中,由于加工精度、刮痕以及管道腐蚀、磨蚀、结垢、析盐等都可造成管道内壁的粗糙度,必然形成涡流区,容易形成湍流状态或加重湍流程度。

4.1.2　影响流体管道阻力大小的主要因素

湍流形成径向脉动,产生湍流附加应力,所造成的流体能量损失要比层流大很多,特别是高雷诺数区,由于涡流和其他一些无规则运动的存在,压力损失将更大。

前述流动阻力的产生可用流体力学理论进一步分析,找出影响阻力大小的主要因素。

当卤水在圆形直管内流动时,流动阻力所引起的压力损失可以用范宁(Fanning)公式来计算,即

$$\Delta p = \rho h = \lambda \rho \frac{l}{d} \frac{u^2}{2} \tag{4-1}$$

式中,Δp 为压力损失;ρ 为流体密度;h 为能量损失;λ 为摩擦系数;l 为管道长度;d 为管道直径;u 为卤水流速。

由式(4-1)可以看出,当采输卤管道长度 l 和管径 d 都固定不变时,卤水的流速 u 也往往是根据采输卤量要求提前设计好的(处于湍流状态),所以要降低卤水管道输送的压力损失 Δp,就是要想办法降低摩擦系数 λ。

在采输卤管道中,流动卤水的雷诺数 Re 较大,一般在 $10^4 \sim 10^5$ 之间,湍流附加应力对摩擦系数 λ 的贡献很大,但目前还不能从理论上进行计算,而管道粗糙度对摩擦系数 λ 的影响则可以用简化的尼库拉则(Nikuradse)公式进行计算,即

$$\frac{1}{\sqrt{\lambda}} = 2 \lg \frac{d}{\varepsilon} + 1.14 \tag{4-2}$$

式中,λ 为摩擦系数,d 为管道直径,ε 为管道的绝对粗糙度。

由公式(4-2)可以看出,在完全湍流状态下,采输卤管道的摩擦系数 λ 与管壁

粗糙度 ε 成正相关,与管径 d 成负相关。

　　假设采卤管道为 DN100 的无缝钢管,其绝对粗糙度一般为 $30\sim100$ μm,在完全湍流情况下,根据式(4-2)可计算其 λ 在 $0.0149\sim0.0196$ 之间。若能将绝对粗糙度降到 10 μm 以下,则 λ 可降到 0.0120 以下,减阻 20% 以上。这就是光滑减阻的理论基础。另外,管壁粗糙度不仅直接增大摩擦系数,而且容易引起湍流和增大湍流程度。

　　通过上述理论分析可知,影响采输卤管道阻力大小的因素为湍流附加应力、管壁粗糙度和管径。

4.1.3　现行采输卤管道存在的问题

　　深层地下卤水具有高温、高压、高盐的特点,并且含有泥沙,甚至还含有硫化氢等腐蚀性气体,腐蚀、结垢等问题非常严重(田先勇,2012;张勇,2010),有些铸铁井管三个月即出现穿孔,有些钢管由于粗糙度大,结垢非常严重(参见图 4-4 和图 4-5),还有些衬塑管由于塑料种类选择不当,很容易磨蚀,不但造成粗糙度增大,而且容易腐蚀、结垢。因此,如果管道的材质、结构选择不当,不仅影响管道的阻力,增加能耗,而且可能发生重大生产事故,造成重大经济损失。

 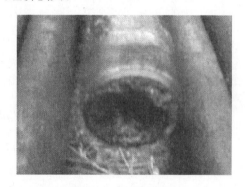

　　　　图 4-4　井管腐蚀现象　　　　　　　　　　图 4-5　井管结垢现象

　　目前,采输卤管道的材质主要有金属、非金属和金属-非金属复合三类。

　　金属管道主要有铸铁管、碳钢管、合金钢管三类。铸铁管内壁粗糙,腐蚀、结垢严重,基本淘汰。碳钢管种类繁多,但不论是以前使用的 Q235 钢,还是现在应用较为普遍的 20♯钢,都存在严重的腐蚀问题。由于钢的强度大,深井管和高压卤水管都普遍采用,但从腐蚀的角度看,选用钢管作卤水管道是不合理的。至于不锈钢,由于不耐氯离子腐蚀,且成本较高不宜选用。钛合金管耐蚀性能优良,但造价太高难以采用。

　　非金属管道主要为玻璃钢和各种塑料材质。由于使用的树脂不同,玻璃钢又分为若干种类。塑料管主要有 PVC、PPR、PE、HDPE 等,它们的管壁粗糙度很小,耐蚀性能优异,但耐温、耐压性能差,特别是抗压强度不够,只能用于地面输卤管道。另外,PVC 有一定毒性,若卤水制食用盐,也不宜选用。高压环氧玻璃钢管是近年研究开发的一种新型非金属采输卤管道,它是采用进口高质量玻璃纤维通过缠绕成型制造的,具有以下诸多优点:

①非常好的耐腐蚀性;②耐疲劳、抗老化,产品使用寿命可达 30～50 年;③最大耐压可达 25 MPa;④重量轻,硬度高,便于安装;⑤有多种连接方式,接头密封性好;⑥内表面光滑,粗糙度仅为 0.0053,摩阻小,不易结垢;⑦管道不导电、不导热;⑧耐高低温(-35～135 ℃),热膨胀系数小;⑨使用综合成本低,与钢管相比可节省总费用 51%～58%。目前,高压环氧玻璃钢管井下管已在胜利油田、江汉油田、华北油田用于污水回注,在江汉油田盐化厂、江苏井神、中盐榆林等用于采输卤。

金属-非金属复合管是近年来不断开发、应用的较为新型的采输卤管道,它们既具有钢的强度又具有塑料的耐蚀性能,是一类性能优良的采输卤管道。但由于钢塑的导热性能差异,在温度变化较大时可造成衬塑分层或剥离脱落。另外,衬塑的种类很重要,由于泥沙和盐晶的长期作用,不耐磨的塑料种类很易磨损,不但增加管壁粗糙度,严重时造成漏铁穿孔腐蚀。目前以内涂环氧钢管的耐蚀、防垢性能最优,但涂敷技术影响内表面的状态,如厚度、均匀性、光洁度等。随着涂装技术的发展,钢塑结合问题、涂层质量问题不断改善,但高质量的钢塑管价格较高,接头技术还有待提高。但钢塑管是发展方向,必将替代现行钢管。

不论采用何种材质的提输卤管道,目前存在的共性问题是:①析出大颗粒盐晶。饱和或近饱和卤水在提输至近地面时由于温度压力的降低,析出大颗粒盐晶,沉降后造成管道流动阻力增大,严重时造成管道堵塞。②管道腐蚀严重。管道腐蚀不仅造成管道强度降低而且增大管壁粗糙度,增加流动阻力。③管道结垢严重。管道结垢不仅增大管壁粗糙度而且降低管径,严重增加流动阻力。

4.1.4　采输卤管道减阻降耗技术对策

根据前述分析,为了实现采输卤过程减阻降耗的目的,可从以下几方面着手:①采输卤管道材质选择。通过耐蚀性能研究,筛选新型耐蚀的采输卤管材,减缓管道腐蚀。②控制析盐结晶粒度防管道缩径技术。研发一种晶体生长调节剂,调节卤水析盐颗粒的大小,使盐晶呈微细颗粒悬浮于卤水中,避免大颗粒盐粒沉降阻塞管道而引起的管道阻力增加。③管道内涂层光滑减阻技术。通过材料的选择以及涂层、表面修饰等技术的应用,降低提输卤管道内壁的粗糙度,实现光滑减阻。④高效防腐技术。通过化学镀、电沉积、表面涂装等表面修饰技术以及缓蚀技术的应用,实现高效防腐。⑤高效阻垢技术。研究卤水的化学性质,筛选或研发新型卤水阻垢剂,防止卤水在提输卤管道内表面结垢。⑥减阻剂减阻技术。研发一种卤水管道输送减阻剂,调节卤水的流体力学性质,降低流体流动阻力,实现卤水管道的减阻剂减阻。

采输卤管道材质选择、防腐、防垢技术已在第 3 章中论述,本章主要论述析盐晶粒控制、光滑减阻和减阻剂减阻技术。

4.2　减阻剂减阻技术及卤水管道减阻剂性质预测

4.2.1　减阻剂减阻技术

将少量特殊化学物质(如高分子聚合物、表面活性剂等)注入处于湍流状态的流体管道中,流体的流动阻力显著降低的现象称为减阻剂减阻技术,而能够显著降低流体流动阻力的这种特殊物质称为减阻剂(drag reducing agent,DRA)(White and Hemming,1976;关中原和李国平,2001)。

由于在流体中加入少量减阻剂就可以达到减小阻力、输量增加的效果,因此,减阻剂减阻是一种高效减阻方法。

1948 年,在第一届国际流变学会议上,Toms 首次发表了关于高分子聚合物减阻文章(Toms,1948)。Toms 在文中指出,将 0.25％的聚甲基丙烯酸甲酯加入到氯苯中,氯苯液体的流动阻力可降低约 50％。因此,加入高分子聚合物而产生的减阻现象又被称为"Toms 效应"。1963 年,Savins 第一次提出"减阻"(drag reduction)这个术语,定义"减阻"为"将少量添加剂加入到流体中,流体会产生压降损失减小、流量增加的现象",并指出了其应用的深远意义(Savins,1964)。1979 年美国CONOCO 公司生产的油溶性减阻剂第一次被商业化应用于横贯阿拉斯加州的原油输送管道,且取得巨大成功(Motier and Prilutaski,1985;Burger et al.,1980)。此后,减阻剂被广泛应用于数百条海上、陆上原油输送管道。

减阻剂减阻是一种高效减阻技术。国外减阻剂的应用远较国内广泛,对于水溶性高分子减阻剂,国外已有效地应用于管路循环冷却系统、循环水系统,而且还研究应用于造纸、选矿、农业等系统中。

国内对高聚物减阻的研究起步较晚,在理论研究和工程应用方面同国外相比都存在很大差距(胡通年,1997;郑文等,1993;郑文,1990;哈尔滨建筑工程学院水利学教研室,1976;张华平,2011;郑文和朱勤勤,1989;关中原等,2001;郑文,1989;刘锦生,1989;蔡洁,1999;郑文,1992;李文瑞,1990;宋昭峥和张雪君,2000;孙寿家等,1998)。20 世纪 70 年代初,我国科技工作者首先进行了水溶性减阻剂的合成研究及对减阻机理的探讨,先后合成出了 PEO 等用于水溶性介质中的减阻剂。郑文等在 80~90 年代研究了油溶性减阻剂的合成及应用问题。1980 年,浙江大学开始研制用于油品减阻的油溶性减阻剂,并于 1984 年成功合成出采用乙烯-丙烯

(EP)共聚而成的高分子聚合物,在煤油中的减阻率达到 30%。同年,中国石油天然气管道科学研究院与原成都科技大学合作研究出主要成分为聚甲基丙烯酸高级酯的减阻剂,减阻率达到 31%。此后浙江大学还开展了其他系列减阻剂的研究工作,而且减阻剂减阻效果有所提高。但是 90 年代以后,由于我国输油管道大多都处于低输量下运行,国内油溶性减阻剂的研制工作并没有突破。2002 年,中国石油管道科技研究中心研制的 EP 系列油溶性减阻剂取得了突破性进展,形成了具有独立知识产权的中试规模减阻剂生产能力,经与山东大学合作,不断改进和发展,目前 EP 系列减阻剂已实现工业化生产,其减阻性能与国外同种类产品基本相同,在占领国内市场的同时还远销欧洲、西亚、南亚和北非多个国家,并获得国家发明奖二等奖。

国内有关减阻剂的研究多集中于油相减阻,水相减阻的相关研究工作较少,且多集中于循环水管道、供热系统等中的应用。如在原油管道输送过程中,在 $Re=$ 8000~10 000 时,加入 20 ppm(mg/kg,下同)的高分子减阻剂,减阻率可达 50%(李国平和杨睿,2000;罗旗荣等,2005);在循环水力管道中加入 1.2 g/L 表面活性剂类减阻剂,当流速为 2.55 m/s 时,减阻率可达 52.3%(李建生等,2010)。减阻剂减阻效率非常明显,经济效益十分突出。

至于卤水管道减阻剂的研究,国内目前还是空白。因此,开展卤水管道减阻技术研究,研发一种卤水管道减阻剂,对于降低采输卤过程的能耗,实现深层卤水的经济开采具有重要意义。

4.2.2　减阻剂减阻机理

减阻剂的减阻机理研究比较复杂,它涉及流变学、流体动力学、高分子化学与物理等学科。减阻理论主要有湍流抑制说、黏弹说、表面随机更新说、伪塑说、应力各向异性说等,各有一定道理,但到目前为止,尚未有公认的理论能够对所有减阻现象做出合理的解释(Virk and Lwagger,1989;Li et al. ,1999;White,1969;侯晖昌,1987;尹国栋和高淮民,2002;邵雪明和林建忠,2001;代加林等,1989;苏为科等,1994;韦新东,1994;邓明毅,1997;Huston,1976)。以下仅对比较公认的湍流抑制学说和黏弹学说作一简单介绍。

湍流抑制学说认为,当减阻剂加入到流体管道以后,减阻剂分子长链沿管流方向自然拉伸,湍流形成的流体微元的径向脉动作用在减阻剂分子上,使其发生扭曲、旋转或变形,减阻剂分子在分子间引力作用下有恢复变形的能力,这种恢复变形的能力抵抗上述脉动作用力又反作用于流体微元,从而改变流体微元径向脉动的作用力大小和方向,使部分径向力转变为和流向相同的轴向力,减少了无用功的消耗,从宏观上看,流动摩擦阻力减少了。在层流中,流体仅受黏滞力作用,没有径向脉动,因此加入减阻剂没有效果。进入湍流后,减阻剂就开始显示出减阻作用,雷诺数越大减阻效果越明显。但当雷诺数大到一定程度后,流体剪切应力足以破坏减阻剂分子的链结构时,减阻剂将被降解而失去减阻效果。

黏弹学说认为,减阻作用是高聚物溶液的黏弹性与湍流旋涡发生相互作用的结果。减阻聚合物分子加入到流体以后,高聚物分子在管壁富集,形成弹性底层,湍流旋涡的一部分动能可以被聚合物分子吸收,并以弹性能的形式储存起来,从而减少旋涡动能,降低能量消耗。但是高聚物溶液是否具有黏弹性,目前尚未得到公认。有人通过近似计算得到了高聚物分子的松弛时间以及涡流的持续时间,发现聚合物分子的松弛时间大于微型旋涡的持续时间,说明聚合物分子的弹性确实起到了作用。流体中减阻剂添加浓度越大,弹性底层越厚,减阻效果越好。减阻剂好像将管壁和管内流体之间进行了隔离,因此能够降低管壁的摩阻,起到减阻作用。

笔者长期从事原油管道输送相关问题的研究,特别在原油减阻剂的合成、开发及应用方面做了大量工作,对原油减阻剂的减阻机理曾有较为详细的分析,通过对湍流附加应力的分析和估算,我们倾向于湍流抑制学说,并对其进行了补充(李国平,2006)。主要观点有如下两点。

1) 时均速度梯度使管壁附近的单长链高分子与管轴平行

当流体处于时均速度梯度不为零的湍流状态时,如果高分子长链两端所处流体的时均速度不同,则时均速度大的一端随流体移动得快,而另一端移动得慢,当速度差为零时高分子长链必与管径垂直或与管轴平行。这一过程可用图 4-6 示意。

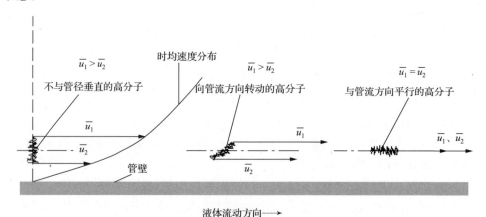

图 4-6　时均速度差将单长链高分子定向在管流方向

2) 管壁附近的柔性单长链高分子能够有效抑制流体径向脉动

减阻剂分子对湍流旋涡径向脉动的抑制作用可用图 4-7 来说明。

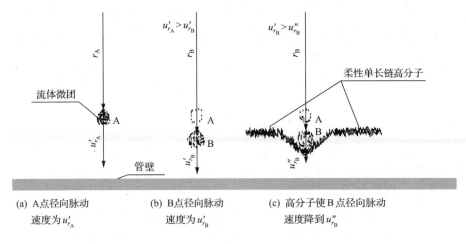

图 4-7　与管径垂直的柔性单长链高分子可明显减小径向脉动

如果一个流体微团在 A 点具有较大的径向脉动速度 u'_{r_A}，当其沿径向脉动时，一方面推动部分流体旋转形成新的旋涡，另一方面会受到周围流体黏滞力的阻力作用，其径向脉动速度变小；当流体微团移动到 B 点时，径向脉动速度降为 u'_{r_B}（$u'_{r_B} < u'_{r_A}$）。如果在 A 和 B 两点之间存在与管径垂直的柔性单长链高分子，并且分子链长度远大于流体微团的线度时，则分子链在流体微团的冲击下只会局部弯曲而不会整体平动，从而产生阻碍流体微团脉动的形变弹性力，使流体微团在 B 点的径向脉动速度进一步减小到 u''_{r_B}（$u''_{r_B} < u'_{r_B}$），从而实现了对湍流径向脉动的抑制，减小了湍流附加应力，降低了摩擦阻力。

4.2.3　深层卤水开采过程减阻剂减阻技术适用性分析

前述减阻剂减阻机理能够很好地解释原油管道及一般水力管道的减阻实验事实，但对于深层卤水开采管道是否适应尚未有实验验证。我们认为，针对深层卤水高温、高压、高盐的特点，只要从减阻剂合成方面注意增加减阻剂分子的耐温、耐压、耐盐特性，在技术上克服深层卤水析盐、结垢、腐蚀等技术难题后，实现减阻应当没有问题。关键是深层卤水开采管道为竖直管道，重力作用是否能够影响卤水开采管道中流体的流动形态是迫切需要回答的现实问题。

黄河三角洲深层卤水的埋藏深度普遍在地下 2000～3500 m 之间，由于地压作用卤水静液面一般在 300～500 m 范围内，利用提油机或电潜泵提卤时，动液面一般在 500～900 m 之间，由于各井的渗透率不同，动静液面往往相差较大，泵深一般在 1200～1500 m 之间。

若单井开采能力设计为 500 m³/d，拟使用 DN100 即内径为 100 mm 的泵卤管道,截面积 $S=\pi r^2=0.007\ 85\ \mathrm{m}^2$,流速 $v=Q/S=0.005\ 787/0.007\ 85=0.737\ 2\ \mathrm{m/s}$。

设卤水密度 $\rho=1200\ \mathrm{kg/m}^3$,黏度 $\eta=1\times10^{-3}\ \mathrm{Pa\cdot s}$,则该卤水管道的雷诺数 Re 可按式(4-3)计算:

$$Re'=\frac{\rho vd}{\eta}=\frac{1200\times0.7372\times0.100}{1\times10^{-3}}=8.85\times10^4 \qquad (4\text{-}3)$$

雷诺数 Re 如此之大,表明卤水管道中的流态为高度湍流,其流动形态不会受到重力的影响。因此,使用减阻剂可以消除由于湍流造成的压力损失,实现减阻降耗目的,这一点已经被后面的实验证实。但卤水抬升过程中由于势能增加造成的压力损失采用任何方法都不能消除。

另外一个问题是泵的剪切作用。目前使用的采卤泵主要有两种:一种是提油机,对高分子减阻剂没有剪切作用,但采卤量小,几乎不使用;另一种是电潜泵,采卤量大,它是一种多级离心泵,对高分子减阻剂有强烈的剪切作用,若在泵下注入减阻剂,经过电潜泵以后不再具有减阻作用,因此减阻剂应通过注入管在电潜泵之后注入泵卤管道中。

对于地面卤水的管道输送,减阻剂减阻技术完全可以应用。

4.2.4 卤水管道减阻剂性质预测与分子设计

根据减阻剂减阻机理以及深层地下卤水的特殊性质,可以预测卤水管道输送减阻剂应具有如下性质:

减阻高聚物必须是水溶性的。这就要求聚合单体必须含有羟基、羧基、氨基、磺酸基等亲水性基团。

减阻高聚物必须是单长链高分子,不能含有大的侧链,否则影响高分子沿管流方向定向。为了防止链分支,聚合单体只能是单烯。

减阻高聚物必须是柔性链高分子,以保证其弹性变形能力。为了获得柔性链,主链中不能含有苯环等大的基团。

减阻高聚物的分子量必须很大,至少达到 100 万以上,这样才能保证分子链长度远大于流体微团的线度,保证减阻效果。为了获得超高分子量聚合物,聚合原料的净化、聚合方法的选择都有较高要求。

由于在深层卤水管道中使用,合成的高聚物必须耐温、耐压、耐盐,一旦发生高温降解或盐析,将失去减阻作用。

另外,卤水管道输送减阻剂还应具有无毒、环境友好、价格低廉等,并且不影响卤水的后续加工和利用。

因此,卤水管道减阻剂分子应为含有强极性短侧链、分子量大于 100 万的超高分子量线型聚合物。

4.3　析盐晶粒控制技术

深层卤水埋藏深度普遍达到 2000 m 以上,当采输至地表时,由于压力和温度的大幅降低,可能导致卤水中的氯化钠呈过饱和状态,一旦氯化钠结晶析出,将形成大颗粒晶体,受重力沉降作用,容易造成采输卤管道堵塞,严重时将影响深层地下卤水的顺利开采。目前,普遍采用从井管的套管中注入清水,通过降低卤水的矿化度来防止氯化钠晶体析出,从而实现深层地下卤水的顺利开采。但该方法既消耗清水又降低了日采卤量,特别是后续的卤水结晶过程的能耗大幅度提高,增加了深层地下卤水的开发成本。

有人研究过添加剂对卤水结晶形态及粒度的影响(薄向利等,2005;魏健等,2009;汤秀华,2010;翁贤芬,2009;张士宾和黄景岗,1996),如山梨醇、甘氨酸等可以改变氯化钠的结晶形态,葡萄糖、亚铁氰化钾等可以降低氯化钠的结晶粒度,但这些物质皆为小分子化合物,效率不高,如葡萄糖的加入量要达到氯化钠干质量的 $1.5\%\sim2.0\%$,从经济角度考虑不可采用,亚铁氰化钾在高温时可分解产生剧毒的氰化钾,从安全角度考虑也不可采用。

本研究选择若干种含有特殊官能团的聚合物添加剂加入到卤水中,力图减小氯化钠结晶的颗粒尺寸,使其均匀分散于卤水中而难以沉降,防止采输卤管道堵塞,便于深层地下卤水的顺利开采。

4.3.1　研究方法

1. 实验水样与试剂

实验水样:采自黄河三角洲永 89♯井,NaCl 含量 280 g/L。

试剂:聚乙烯醇 17-99(工业级,安徽皖维高新材料有限公司);羧甲基纤维素钠(工业级,山东潍坊立特复合材料有限公司);羟丙基纤维素(HPC)(工业级,山东苏诺克化工科技有限公司);黄原胶(工业级,河南德鑫化工实业有限公司);聚丙烯酰胺(PAM)(工业级,分子量 800 万,郑州市润丰环保材料有限公司);油酸(工业级,淄博科宏油脂有限公司);葡萄糖(AR,上海晶纯生化科技股份有限公司);葡萄糖酸钙(AR,天津市福晨化学试剂厂);EDTA(AR,上海晶纯生化科技股份有限公司);柠檬酸三铵(AR,上海晶纯生化科技股份有限公司);丙三醇(AR,上海晶纯生化科技股份有限公司)。

2. 实验仪器与设备

常规玻璃仪器;光学显微镜(日本奥林巴斯株式会社)。

3. 实验方法

配制添加剂溶液:将聚乙烯醇、羧甲基纤维素钠、黄原胶、聚丙烯酰胺分别配制成质量分数为 0.2% 的水溶液,备用;将 HPC、油酸、葡萄糖、葡萄糖酸钙、EDTA 、柠檬酸三铵、丙三醇分别配制成质量分数为 1% 的水溶液,备用。

有效添加剂种类的选择:分别取 10 mL 卤水于 4 个 Φ60 培养皿中,各加入不同种类的添加剂溶液 0 mL、1 mL、5 mL、10 mL,置于干燥环境中,自然蒸发结晶(约 4～6 d),观测晶体的大小,确定有效添加剂。

有效添加剂用量的优化:分别取 10 mL 卤水于 7 个 Φ60 培养皿中,各加入有效添加剂溶液 0 mL、0.5 mL、1 mL、2 mL、3 mL、4 mL、5 mL,置于干燥环境中,自然蒸发结晶(约 4～6 d),观测晶体的大小,确定有效添加剂的最佳用量。

最佳用量验证并与现有方法对比:在有效添加剂最佳用量下重复实验,并将结果与现有方法对比。

4.3.2　研究结果与讨论

1. 不同种类添加剂对氯化钠晶粒大小的影响

按实验方案中设定的操作条件,分别采用葡萄糖、羧甲基纤维素钠、黄原胶和聚丙烯酰胺等 11 种添加剂,研究不同添加剂种类对氯化钠晶粒大小的影响,结果见表 4-1 及图 4-8～图 4-11。

表 4-1　不同添加剂对卤水中氯化钠晶粒大小的定性影响

添加剂种类	作用结果	起效用剂量范围
葡萄糖	晶粒较小,有效果	1～5 mL
EDTA	晶粒大,效果不明显	
聚乙烯醇	晶粒大,效果不明显	
柠檬酸三铵	晶粒大,效果不明显	
油酸	晶粒大,效果不明显	
葡萄糖酸钙	晶粒大,效果不明显	
羧甲基纤维素钠	晶粒较小,有效果	1～5 mL
丙三醇	晶粒大,效果不明显	
HPC	晶粒大,效果不明显	
聚丙烯酰胺	晶粒较小,有效果	1～5 mL

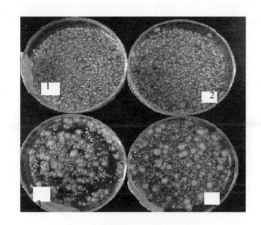

图 4-8　葡萄糖对氯化钠结晶
形态的影响

1-1 mL；2-5 mL；3-10 mL；4-空白

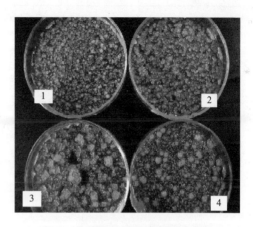

图 4-9　羧甲基纤维素钠对氯化钠
结晶形态的影响

1-1 mL；2-5 mL；3-10 mL；4-空白

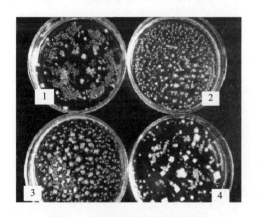

图 4-10　黄原胶对氯化钠结晶
形态的影响

1-1 mL；2-5 mL；3-10 mL；4-空白

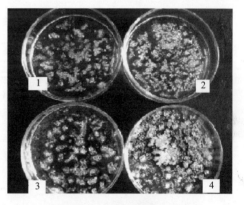

图 4-11　聚丙烯酰胺对氯化钠
结晶形态的影响

1-1 mL；2-5 mL；3-10 mL；4-空白

从表 4-1 可见,在选择的 11 种添加剂中,只有葡萄糖、羧甲基纤维素钠、黄原胶和聚丙烯酰胺四种添加剂对氯化钠的晶粒大小具有较为明显的影响。

2. 四种有效添加剂用量对氯化钠晶体颗粒大小的影响

不同用量时,四种有效添加剂的作用效果见表 4-2,晶粒大小见图 4-12～图 4-15。

表 4-2　有效添加剂用量对氯化钠晶粒大小的影响

添加剂	加入添加剂溶液体积/mL	作用结果
葡萄糖	0.5	无效果
	1	无明显效果
	2	效果不明显
	3	效果不明显
	4	效果最好
	5	效果较好
羧甲基纤维素钠	0.5	无效果
	1	效果不明显
	2	效果最好
	3	效果不明显
	4	效果不明显
	5	效果不明显
黄原胶	0.5	无效果
	1	无效果
	2	效果不明显
	3	效果较好
	4	效果最好
	5	效果较好
聚丙烯酰胺	0.5	效果不明显
	1	效果不明显
	2	效果不明显
	3	效果最好
	4	效果较好
	5	效果较好

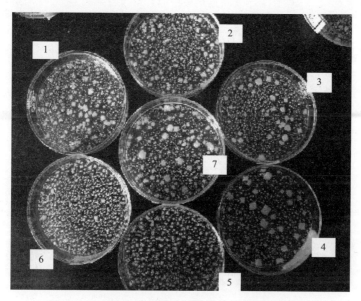

图 4-12　不同剂量葡萄糖对氯化钠晶粒大小的影响

1-0.5 mL；2-1 mL；3-2 mL；4-3 mL；5-4 mL；6-5 mL；7-空白

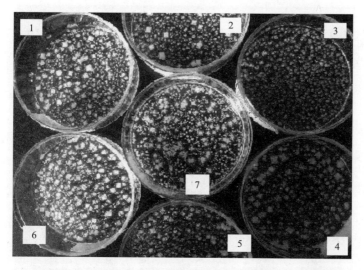

图 4-13　不同剂量羧甲基纤维素钠对氯化钠晶粒大小的影响

1-0.5 mL；2-1 mL；3-2 mL；4-3 mL；5-4 mL；6-5 mL；7-空白

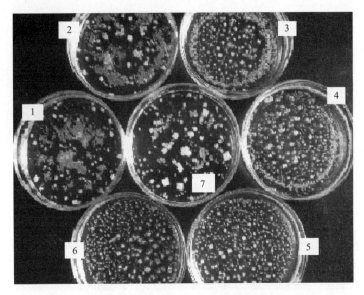

图 4-14　不同剂量黄原胶对氯化钠晶粒大小的影响

1-0.5 mL；2-1 mL；3-2 mL；4-3 mL；5-4 mL；6-5 mL；7-空白

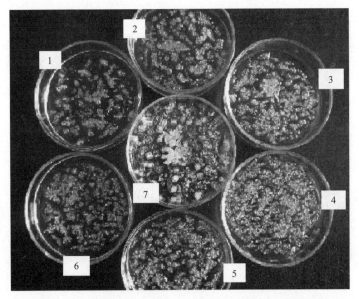

图 4-15　不同剂量聚丙烯酰胺对氯化钠晶粒大小的影响

1-0.5 mL；2-1 mL；3-2 mL；4-3 mL；5-4 mL；6-5 mL；7-空白

从图 4-12 可以看出,当葡萄糖用量较低时效果不明显,当用量为 4～5 mL 时,效果非常好,按该卤水氯化钠含量 280 g/L 进行换算,葡萄糖最佳用量为氯化钠干质量的 1.6%。

从图 4-13 可见,当羧甲基纤维素钠用量为 2 mL 时,效果最好,最佳用量为氯化钠干质量的 0.14%。与葡萄糖相比,多羟基聚合物的效率更高。

从图 4-14 可见,当黄原胶用量为 3～5 mL 时,效果较好,最佳用量为氯化钠干质量的 0.28%。

从图 4-15 可见,聚丙烯酰胺对氯化钠结晶颗粒大小有影响,但影响不大,舍弃。

3. 三种有效添加剂对氯化钠晶粒大小控制效果的验证

经验证,三种添加剂重现性好,结果见图 4-16～图 4-18。

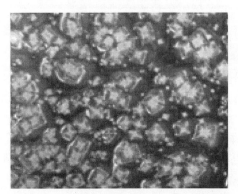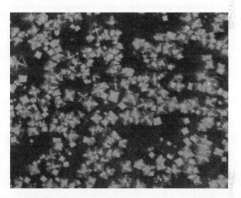

图 4-16　葡萄糖最佳用量与空白对照(放大 10 倍)

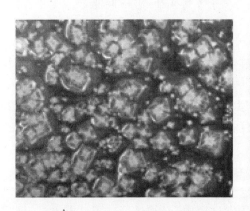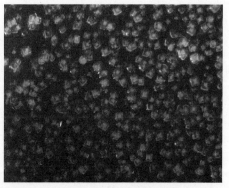

图 4-17　羧甲基纤维素钠最佳用量与空白对照(放大 10 倍)

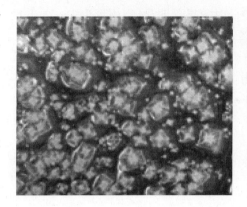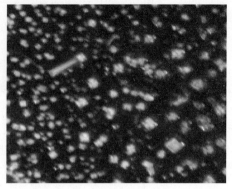

图 4-18　黄原胶最佳用量与空白对照(放大 10 倍)

在最佳用量时,几种添加剂效果都很明显,但羧甲基纤维素钠、黄原胶用量少,经济上更合算。其中葡萄糖对氯化钠结晶形态的影响已有文献报道。

羧甲基纤维素钠是一种分子量约为 6000～20 000 的水溶性线型大分子,含有大量的极性很强的羧基和羟基,当卤水中氯化钠晶体形成以后,羧甲基纤维素阴离子通过羧基和羟基吸附到氯化钠晶体表面,从而阻止氯化钠晶体的进一步生长。黄原胶是一种分子量约为 10^6～10^7 的水溶性的立体网状结构的大分子,当氯化钠晶体生长到网状空间限定的体积时即不再长大,由于网状空间大小不一,添加黄原胶的卤水中,析出的氯化钠结晶颗粒大小不一,但粒度普遍在 1 mm 以下。

由于高分子聚合物可以被离心泵剪切,这些水溶性聚合物可以通过井管的套管在电潜泵之后加入到卤水管道中,完成提输卤任务后,可通过离心泵进行剪切,聚合物被剪切成小分子后,对氯化钠的结晶过程不再产生影响,最终留存于母液中。这些水溶性聚合物多为食品添加剂,无毒,环境友好,价格低廉。

4.3.3　结论

(1)羧甲基纤维素钠和黄原胶是较好的氯化钠晶体生长调节剂,能够有效控制氯化钠结晶颗粒的大小。

(2)羧甲基纤维素钠和黄原胶最佳添加量分别为氯化钠固含量的 0.14％ 和 0.28％,与文献报道使用的葡萄糖相比,添加剂的用量分别降低了 91.3％ 和 82.5％。

4.4　减阻率测试环道设计、安装和调试

在光滑减阻技术和减阻剂减阻技术研发过程中,必须进行减阻性能测试,但目前国内尚没有专门的减阻率测试机构。由于测试样品数量庞大,需要设计安装减阻率测试环道,为减阻技术研发提供必要的测量手段。

4.4.1　设计原理

对于不可压缩流体的流动,由于沿程阻力的存在,输送压力将不断耗散,即沿管流方向的压力不断降低。若流体处于湍流状态,由于湍流附加应力的产生,压力损失更为严重。

由于光滑管的沿程阻力明显小于粗糙管,在相同的流动条件下,长度、管径相同的粗糙管两端的压力差明显大于光滑管。

对于减阻剂,由于减阻剂的作用就是减小湍流旋涡与管壁之间的相互作用,减小压力损失,因此,在相同流动条件下,测定减阻剂加入前后相同直管段的压力降即可测定减阻剂的减阻率。

减阻率用 DR 来表示,其计算公式为:

$$DR = \frac{\Delta p_0 - \Delta p}{\Delta p_0} \times 100\% \tag{4-4}$$

式中,Δp_0 为未加减阻剂时某直管段流体的压力降;Δp 为加入减阻剂后相同直管段流体的压力降。

对于减阻剂,如果保持原输送压力不变,增输率可根据式(4-5)进行计算。

$$TI = \frac{Q - Q_0}{Q_0} \times 100\% \tag{4-5}$$

式中,TI 为增输率,%;Q_0 为加入减阻剂前环道流量,m^3/s;Q 为加入减阻剂后环道流量,m^3/s。

目前,国内外应用较为广泛的是减阻率这一指标,我们也采用减阻率来表征减阻剂的减阻性能。

对于竖直管道,由于流体静压强产生的压降采用任何方法都不能消除,因此,在竖直管道中使用减阻剂,其表观减阻率将低于水平管道。

另外,减阻率还与流体的流动状态有关,测试时应选定雷诺数,此雷诺数应尽可能接近真实管道的雷诺数。

4.4.2　设计参数

按照实际采卤指标,参考国内外研究情况,设计环道的主要技术参数见表 4-3。

表 4-3　减阻率测试环道主要技术参数

测试管长度	内径	最大流速	最大流量	最大雷诺数	最大耐压
2.6 m	8 mm	6.6 m/s	20 L/min	6.33×10^4	1.5 MPa

4.4.3　环道组成

根据研究工作要求,设计的测试环道由罐、环路、动力系统及数据采集系统四部分组成。

1. 罐

环道装置仅有一个稀释搅拌罐。稀释搅拌罐标称容积 50 L,无压力要求,塑料材质。在罐的底部侧面开有一个放料口,以便将实验后的废液排出。

2. 环路

环路是测试环道的主要部分,在水平直管段测量流体流经一段距离后的压力降,在竖直直管段测量流体流量。

测量管道开有两个口,安装水压表或压力变送器,水压表或压力变送器的间隔是 2.6 m,水压表外侧直管长度不小于管径的 30 倍。测试管的规格拟选用 DN15 的镀锌管(测涂层)或 DN8 的不锈钢管(测减阻剂)。由于流量计接口为四分,因此上水管拟选用四分不锈钢管,同样要求流量计两端直管的长度不小于管径的 30 倍。在流量计之前安装三通,通过分流控制流过测量管的流量。

3. 动力系统

动力系统是环道装置的关键组成部分,由于离心泵具有很强的剪切作用,不可选用。一般测试环道采用高位槽或压力罐提供动力,但对于本测试环道,高位槽动力不足也不便于实验操作;压力罐结构复杂且成本较高。经过分析及大量考察,发现往复泵、隔膜泵都没有剪切作用,可以选用。但往复泵往往是大型泵,满足流量要求的隔膜泵价格又较高,两者都难以选用。经网上搜索发现,近年来市场上出现了一种新型的小型电磁泵,其泵水原理与往复泵相同,只是动力由电机改为电磁铁,利用交变磁场带动活塞(膜片)作往复运动,该泵没有剪切作用。目前市场上有最大出水量 20 L/min、最大扬程 80 m 的一种电磁泵,符合本测试环道的流量要求。

4. 数据采集系统

体积流量拟采用转子流量计采集,若要求更精确,可采用流量变送器采集。压力表拟采用指针式或数显式水压表采集,若要求更精确可采用压力变送器,但须配置专门仪器,成本较高。

4.4.4　环道流程图

设计的测试环道流程图见图 4-19 和图 4-20。

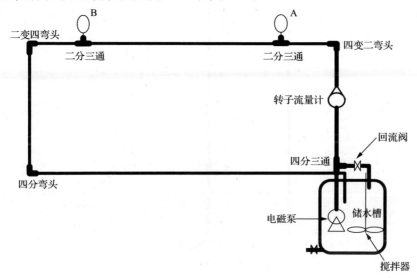

图 4-19　减阻率测试环道流程图（横式）

A、B 为压力计

4.4.5　环道安装和调试

按照设计图纸,采购材料和组件安装了减阻率测试环道并进行了调试。

在调试过程中,主要进行了以下几方面工作:

（1）将原设计中的流量计规格由 1000 L/h 调整为 1500 L/h 或 2000 L/h,测量范围更宽;

（2）将原设计中的水压表规格由 0.6 MPa 调整为 0.16 MPa,读数精确度提高;

（3）储水槽中增加了加热及控温装置,以便模拟深层卤水的采卤流体技术参数;

（4）增加了储水槽给排水管路,降低了测试劳动强度。

4.4.6　减阻率测试方法

1. 测试样品的准备

根据具体实验方案,称取一定量减阻剂在 1 L 自来水中溶解后转入环道系统储罐中,加入 49 L 自来水或一定含盐量的卤水,搅拌均匀,开启控温装置将温度控

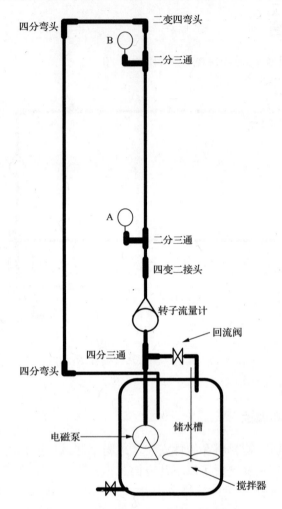

图 4-20　减阻率测试环道流程图(竖式)
A、B 为压力计

制在设定温度。测定空白时不加减阻剂,直接向储罐中加入 50 L 自来水或一定含盐量的卤水。

2. 测试操作

空白样品的测试:将回流阀开启到最大,打开电磁泵,待流量计稳定后,调节回流阀,控制流量为设定数值,分别读取 A、B 压力表数值,读取三次数据,取平均值,记录相应的压力值 p_1 和 p_2,$p_1 - p_2 = \Delta p_0$。

自来水水样和卤水水样测试方法同上。记录相应的压力值 p_1' 和 p_2',$p_1' - p_2' = \Delta p$。

3. 测试结果计算

根据设计原理中的计算公式,计算本次实验的减阻率。

测试示例 1: 以清水为流动介质,在水温为 10 ℃、流量为 950 L/h($Re = 32\ 000$)的条件下,测得 $p_1 = 0.100$ MPa,$p_2 = 0.020$ MPa;加入 20 ppm 聚丙烯酰胺作为减阻剂后,同样条件下测得 $p_1' = 0.060$ MPa,$p_2' = 0.017$ MPa,则本次实验的减阻率为:

$$DR = \frac{\Delta p_0 - \Delta p}{\Delta p_0} \times 100\% = \frac{(0.100 - 0.020) - (0.060 - 0.017)}{0.100 - 0.020} \times 100\% = 46.25\%$$

测试示例 2: 以含盐量 150 g/L 的卤水为流动介质,在水温为 20 ℃、流量为 950 L/h($Re = 32\ 000$)的条件下,测得 $p_1 = 0.850$ MPa,$p_2 = 0.016$ MPa;加入 20 ppm P(AM/AMPS)作为减阻剂后,同样条件下测得 $p_1' = 0.047$ MPa,$p_2' = 0.012$ MPa,则本次实验的减阻率为:

$$DR = \frac{\Delta p_0 - \Delta p}{\Delta p_0} \times 100\% = \frac{(0.085 - 0.016) - (0.047 - 0.012)}{0.085 - 0.016} \times 100\% = 49.28\%$$

4.4.7　减阻率测试环道和测试方法可行性论证

邀请国内相关专家(其中 1 位为油溶性减阻剂研发专家,2 位为测试单位专家,3 位为化工专业专家,1 位为化学专业专家),以论证会的方式进行论证。与会专家在听取课题组相关汇报后,经质询、讨论并进行现场测试后形成如下论证意见:

课题组设计建立的"减阻率测试环道及测试方法"理论依据充分,方法科学可行,测试数据准确,结果合理可信,可适用于卤水管道减阻率测试,具有很好的推广应用前景。

4.5　内涂层表面光滑减阻技术

深层地下卤水的开采和输送存在严重的腐蚀问题,因此,采输卤管道要进行防腐处理,其中涂层防腐是重要的一种防腐方式,但涂层防腐改变了管道的表面状态,可能对管道的沿程阻力造成影响,因此对采输卤管道内涂层的表面状态进行减阻性能研究,选择综合性能优异的涂层用于提输卤管道,可以实现光滑减阻。

4.5.1　研究方法

1. 几种高性能耐蚀涂料的性能分析

目前,内涂层的种类繁多,从附着力、耐温、耐盐、耐压、耐磨、防垢、表面光洁度等性能方面考虑各有优缺点,本书研究通过查阅大量文献(夏宇正和童忠良,2009),选取几种高性能耐蚀涂料进行涂装。

1) 聚氨酯面漆

组成:以合成聚氨酯为基料,加入颜料、溶剂等研磨后为 A 组分,配套固化剂为 B 组分的双组分聚氨酯防腐面漆。

主要特性:良好的耐化学品性和耐水性;耐矿物油、植物油、石油溶剂和其他石油制品;漆膜坚韧,光泽好;干性快;漆膜耐热、不发软、不发黏。

用途:用于水利工程、原油贮罐、船舶、钢结构等。

混合方法:先倒固化剂组分,再加入漆组分,搅拌均匀后加入专用稀释剂。

2) 环氧面漆

组成:由环氧树脂、颜料及有机溶剂研磨后加入配套固化剂而制成的双组分漆。

主要特性:光泽高、硬度好、有较好的附着力,耐化学药品性,具有良好的机械性能和耐盐雾性,耐海水、耐溶剂等性能。但是耐候性差,不宜在户外使用。

用途:适用于金属、轻金属表面防腐涂装,也可用于钢结构表面、混凝土表面的涂装。

3) 氟碳面漆

氟碳面漆在化学工业、家庭用品的各个领域得到广泛应用。成为继丙烯酸涂料、聚氨酯涂料、有机硅涂料等高性能涂料之后,综合性能最高的涂料品牌。目前,应用比较广泛的氟树脂涂料主要有 PTFE、PVDF、PEVE 等三大类型。

4) 硝基磁漆

磁漆又名瓷漆。是以清漆为基料,加入颜料研磨制成的,涂层干燥后呈磁光色彩而涂膜坚硬,常用的有硝基磁漆和醇酸磁漆。

组成:由硝化棉、醇酸树脂、颜料、增塑剂及有机溶剂等制成。

主要特性:漆膜干燥快,平整光亮,耐候性较好,施工周期短。

用途:适用于机床、机器设备及工具的保护装饰。

5) 醇酸磁漆

组成:该漆是由醇酸树脂、颜料、助剂、溶剂等经研磨调配而成。

特性:本品施工方便、色泽鲜艳、光亮坚硬、户外耐候性好。

用途:适用于钢铁设备、钢结构等户外物品表面装饰防护。

6）巯基三唑衍生物（PABMT）-磷酸盐复合膜

巯基三唑衍生物（PABMT）-磷酸盐复合膜是本书课题组自主研制的一种耐蚀性能优良并且对输气管道有减阻作用的新型涂层（李锋和魏云鹤,2010）。

7）达克罗

此达克罗为本课题组早期研制的水基涂料产品,耐蚀性能优异（蔡元兴,2006）。

8）N80 钢镀 Ni-W-P 镀层管

此 N80 钢镀 Ni-W-P 镀层管为本课题组自行研制,具有优异的耐蚀性能。具体制备方法及耐蚀性能见第 3 章。

2. 实验设备及药品

实验设备:DN15 镀锌钢管 10 根,DN15 镀 Ni-W-P 钢管 1 根,长度 2.6 m,两端开丝,便于接入减阻率测试环道。

实验药品:氢氧化钠（AR,上海晶纯生化科技股份有限公司）;37％盐酸（AR,上海晶纯生化科技股份有限公司）;万能底漆（工业级,上海万通油漆有限公司）;万能底漆固化剂（工业级,上海万通油漆有限公司）;环氧面漆（工业级,上海涂料有限公司）;ZH304 聚氨酯面漆（工业级,上海万通油漆有限公司）;555 聚氨酯面漆（工业级,上海万通油漆有限公司）;氟碳面漆（工业级,北京万欣和融漆业有限公司）;硝基磁漆（工业级,上海万通油漆有限公司）;醇酸磁漆（工业级,上海万通油漆有限公司）;面漆固化剂（工业级,上海万通油漆有限公司）;达克罗（自制）;巯基三唑衍生物（自制）;磷酸二氢钠（天津市广成化学试剂有限公司）;丙酮（上海晶纯生化科技股份有限公司）。

3. 涂层管的制备

1）前处理

碱洗除油:取 1 号镀锌管,用保鲜膜和塑料胶带将一端出口封住,从另一端注入 10％氢氧化钠溶液,直到注满,将镀锌管直立静置 2 h。2 h 后将镀锌管用清水冲洗干净。重复此步骤,将剩余 9 根镀锌管也用氢氧化钠溶液处理。

酸洗除锌:取碱洗后的 1 号镀锌管,用保鲜膜和塑料胶带将一端封住,从另一端注入 1∶2 盐酸溶液,直到注满。将镀锌管直立静置 3 h。3 h 后用自来水将镀锌管冲洗干净。重复此步骤,将剩余 9 根镀锌管也用盐酸溶液处理。

用 1∶1 盐酸溶液继续腐蚀 1 号管 8 h,之后用自来水冲洗干净,作为粗糙管用作对比实验。

2）制备耐蚀涂层管

将处理过的 1 号管作为粗糙空白管，2 号管作为光滑空白管，3～10 号管用来制备耐蚀涂层管。

涂万能底漆：取 3 号镀锌管，用保鲜膜和塑料胶带将其一段出口封住，将万能底漆加入固化剂后搅拌均匀，注入管道直至注满，停留 1～2 min 后倒出多余的万能底漆，垂直悬空放置。重复此步骤，其余 5 根镀锌管内壁也涂上万能底漆，垂直悬空放置 3 d，确保漆膜干透。

涂防腐涂料：将环氧面漆加入固化剂后搅拌均匀，仍以浸涂的方法给 3 号管内壁涂上环氧面漆，垂直悬空放置 5 d。重复此步骤，分别用 ZH304 聚氨酯面漆、555 聚氨酯面漆、氟碳面漆、硝基磁漆、醇酸磁漆，以浸涂的方法给 4 号、5 号、6 号、7 号、8 号管内壁涂上涂层，垂直悬空放置 5 d，保证面漆漆膜干透。

除油、除锈后的 9 号镀锌管不涂底漆。称取 1 g 巯基三唑衍生物加入到 150 mL 丙酮中，溶解后，再加入 50 mL 2 mol/L 的磷酸盐溶液作为成膜助剂。灌注方法与前述方法相同，静置 2 h 后再将多余溶液放出，24 h 后可用于减阻性能测试。

除油、除锈后的 10 号镀锌管不涂底漆，直接灌注达克罗，灌满后将多余的达克罗放出，垂直静置 10 min 后，进入 120 ℃ 加热箱中烘干。将加热箱温度调到 300 ℃，再将 10 号涂层管进行烧结 30 min，取出自然冷却后即可用于减阻性能测试。

4. 涂层管减阻性能测试

按照减阻率测试环道流程示意图组装减阻率测试环道。

将压力表 A、B 之间的测试管道换成 1 号管（即粗糙空白组）。储水槽中注入 50 L 自来水，将电磁泵放入储水槽中，启动电磁泵，调节水的流量为 1370 L/h，待压力表 A、B 读数稳定后，分别读取 A、B 的压力值并记录。依次调节水的流量为 1400 L/h、1450 L/h、1500 L/h，读取 A、B 压力值并记录。

重复此步骤，依次将 A、B 之间的测试管道换成 2～10 号管，在水的流量为 1370 L/h、1400 L/h、1450 L/h、1500 L/h 的情况下测量 A、B 两点压力值并记录。

实验结束后拿出电磁泵，放空储水槽及测试管道内残留的自来水。

4.5.2 测试结果与讨论

1. ZH304 聚氨酯面漆涂层管

测试数据列于表 4-4 中，测试管两端压力降与流量的关系见图 4-21。

表 4-4　ZH304 聚氨酯面漆涂层管测试数据

项目	流量/(L/h)	p_1/MPa	p_2/MPa	Δp/MPa
粗糙管 空白	1370	0.021	0.012	0.009
	1400	0.024	0.013	0.011
	1450	0.026	0.015	0.011
	1500	0.028	0.016	0.012
光滑管 空白	1370	0.024	0.016	0.008
	1400	0.026	0.017	0.009
	1450	0.028	0.018	0.010
	1500	0.030	0.020	0.010
ZH304 聚氨酯 面漆	1370	0.022	0.014	0.008
	1400	0.025	0.016	0.009
	1450	0.026	0.017	0.009
	1500	0.029	0.018	0.011

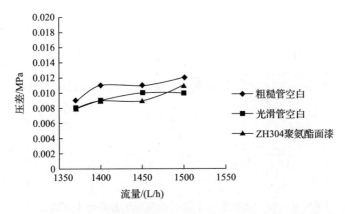

图 4-21　ZH304 聚氨酯面漆涂层管两端压力降与流量的关系

　　从图 4-21 可以看出,涂层管与光滑空白管两端的压力降几乎没有差别,表明光滑管涂敷 ZH304 聚氨酯面漆后阻力没有增加,涂层表面光滑。与粗糙管空白相比,涂层管的阻力明显降低,因此,若采用该涂料进行管道防腐,可以改善粗糙管的表面状态,减小流动阻力,在光滑管表面涂敷也不会增加管道的运行阻力。

2. 555 聚氨酯面漆涂层管

　　测试数据列于表 4-5 中,测试管两端压力降与流量的关系见图 4-22。

表 4-5　555 聚氨酯面漆涂层管测试数据

项目	流量/(L/h)	p_1/MPa	p_2/MPa	Δp/MPa
粗糙管 空白	1370	0.021	0.012	0.009
	1400	0.024	0.013	0.011
	1450	0.026	0.015	0.011
	1500	0.028	0.016	0.012
光滑管 空白	1370	0.024	0.016	0.008
	1400	0.026	0.017	0.009
	1450	0.028	0.018	0.010
	1500	0.030	0.020	0.010
555 聚氨酯 面漆	1370	0.022	0.015	0.007
	1400	0.025	0.016	0.009
	1450	0.026	0.017	0.009
	1500	0.029	0.019	0.010

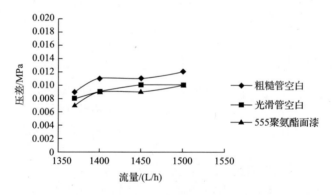

图 4-22　555 聚氨酯面漆涂层管两端压力降与流量的关系

从图 4-22 可以看出,涂层管与光滑空白管两端的压力降几乎没有差别,表明光滑管涂敷 555 聚氨酯面漆后阻力没有增加,涂层表面光滑。与粗糙管空白相比,涂层管的阻力明显降低,因此,若采用该涂料进行管道防腐,可以改善粗糙管的表面状态,减小流动阻力,在光滑管表面涂敷也不会增加管道的运行阻力。

3. 环氧面漆涂层管

测试数据列于表 4-6 中,测试管两端压力降与流量的关系见图 4-23。

表 4-6　环氧面漆涂层管测试数据

项目	流量/(L/h)	p_1/MPa	p_2/MPa	Δp/MPa
粗糙管 空白	1370	0.021	0.012	0.009
	1400	0.024	0.013	0.011
	1450	0.026	0.015	0.011
	1500	0.028	0.016	0.012
光滑管 空白	1370	0.024	0.016	0.008
	1400	0.026	0.017	0.009
	1450	0.028	0.018	0.010
	1500	0.030	0.020	0.010
环氧面漆	1370	0.022	0.014	0.008
	1400	0.025	0.015	0.010
	1450	0.026	0.017	0.009
	1500	0.029	0.018	0.011

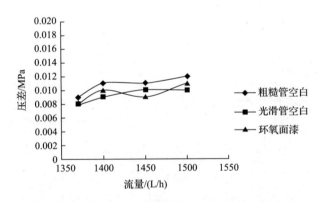

图 4-23　环氧面漆涂层管两端压力降与流量的关系

从图 4-23 可以看出,涂层管与光滑空白管两端的压力降几乎没有差别,表明光滑管涂敷环氧面漆后阻力没有增加,涂层表面光滑。与粗糙管空白相比,涂层管的阻力有所降低,因此,若采用该涂料进行管道防腐,可以改善粗糙管的表面状态,减小流动阻力,在光滑管表面涂敷也不会增加管道的运行阻力。

4. 氟碳面漆涂层管

测试数据列于表 4-7 中,测试管两端压力降与流量的关系见图 4-24。

表 4-7　氟碳面漆涂层管测试数据

项目	流量/(L/h)	p_1/MPa	p_2/MPa	Δp/MPa
粗糙管 空白	1370	0.021	0.012	0.009
	1400	0.024	0.013	0.011
	1450	0.026	0.015	0.011
	1500	0.028	0.016	0.012
光滑管 空白	1370	0.024	0.016	0.008
	1400	0.026	0.017	0.009
	1450	0.028	0.018	0.010
	1500	0.030	0.020	0.010
氟碳面漆	1370	0.022	0.014	0.008
	1400	0.024	0.016	0.008
	1450	0.026	0.017	0.009
	1500	0.029	0.019	0.010

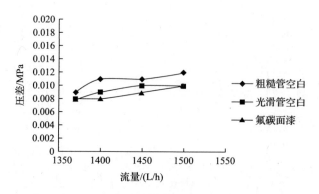

图 4-24　氟碳面漆涂层管两端压力降与流量的关系

从图 4-24 可以看出,涂层管与光滑空白管两端的压力降几乎没有差别,表明光滑管涂敷氟碳面漆后阻力没有增加,涂层表面光滑。与粗糙管空白相比,涂层管的阻力明显降低,因此,若采用该涂料进行管道防腐,可以改善粗糙管的表面状态,减小流动阻力,在光滑管表面涂敷也不会增加管道的运行阻力。

5. 硝基磁漆涂层管

测试数据列于表 4-8 中,测试管两端压力降与流量的关系见图 4-25。

表 4-8　硝基磁漆涂层管测试数据

项目	流量/(L/h)	p_1/MPa	p_2/MPa	Δp/MPa
粗糙管 空白	1370	0.021	0.012	0.009
	1400	0.024	0.013	0.011
	1450	0.026	0.015	0.011
	1500	0.028	0.016	0.012
光滑管 空白	1370	0.024	0.016	0.008
	1400	0.026	0.017	0.009
	1450	0.028	0.018	0.010
	1500	0.030	0.020	0.010
硝基磁漆	1370	0.023	0.014	0.009
	1400	0.025	0.016	0.009
	1450	0.026	0.017	0.009
	1500	0.029	0.019	0.010

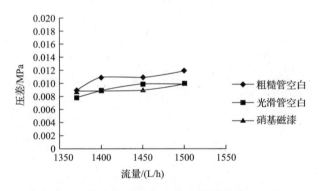

图 4-25　硝基磁漆涂层管两端压力降与流量的关系

　　从图 4-25 可以看出,涂层管与光滑空白管两端的压力降几乎没有差别,表明光滑管涂敷硝基磁漆后阻力没有增加,涂层表面光滑。与粗糙管空白相比,涂层管的阻力有所降低,因此,若采用该涂料进行管道防腐,可以改善粗糙管的表面状态,减小流动阻力,在光滑管表面涂敷也不会增加管道的运行阻力。

6. 醇酸磁漆涂层管

　　测试数据列于表 4-9 中,测试管两端压力降与流量的关系见图 4-26。

表 4-9　醇酸磁漆涂层管测试数据

项目	流量/(L/h)	p_1/MPa	p_2/MPa	Δp/MPa
粗糙管 空白	1370	0.021	0.012	0.009
	1400	0.024	0.013	0.011
	1450	0.026	0.015	0.011
	1500	0.028	0.016	0.012
光滑管 空白	1370	0.024	0.016	0.008
	1400	0.026	0.017	0.009
	1450	0.028	0.018	0.010
	1500	0.030	0.020	0.010
醇酸磁漆	1370	0.022	0.014	0.008
	1400	0.024	0.016	0.008
	1450	0.026	0.017	0.009
	1500	0.029	0.019	0.010

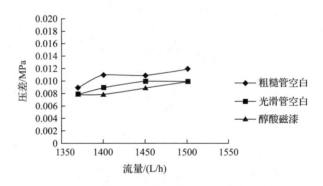

图 4-26　醇酸磁漆涂层管两端压力降与流量的关系

从图 4-26 可以看出,涂层管与光滑空白管两端的压力降几乎没有差别,表明光滑管涂敷醇酸磁漆后阻力没有增加,涂层表面光滑。与粗糙管空白相比,涂层管的阻力明显降低,因此,若采用该涂料进行管道防腐,可以改善粗糙管的表面状态,减小流动阻力,在光滑管表面涂敷也不会增加管道的运行阻力。

7. 巯基三唑衍生物-磷酸盐复合膜涂层管

测试数据列于表 4-10 中,测试管两端压力降与流量的关系见图 4-27。

表 4-10　巯基三唑衍生物-磷酸盐复合膜涂层管测试数据

项目	流量/(L/h)	p_1/MPa	p_2/MPa	Δp/MPa
粗糙管空白	1370	0.021	0.012	0.009
	1400	0.024	0.013	0.011
	1450	0.026	0.015	0.011
	1500	0.028	0.016	0.012
光滑管空白	1370	0.024	0.016	0.008
	1400	0.026	0.017	0.009
	1450	0.028	0.018	0.010
	1500	0.030	0.020	0.010
复合膜	1370	0.023	0.016	0.007
	1400	0.025	0.017	0.008
	1450	0.027	0.018	0.009
	1500	0.029	0.020	0.009

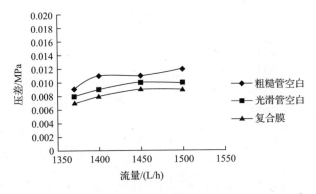

图 4-27　巯基三唑衍生物-磷酸盐复合膜涂层管两端压力降与流量的关系

　　从图 4-27 可以看出,巯基三唑衍生物-磷酸盐复合膜涂层管的压力降小于光滑空白管,表明涂敷巯基三唑衍生物-磷酸盐复合膜后,表面光洁度好于光滑管。与粗糙管空白相比,涂层管的阻力明显降低,因此,若采用该涂层进行管道防腐,可以改善粗糙管的表面状态,减小流动阻力,在光滑管表面涂敷也可进一步改善光滑管的表面光洁度。

8. 达克罗涂层管

　　测试数据列于表 4-11 中,测试管两端压力降与流量的关系见图 4-28。

表 4-11　达克罗涂层管测试数据

项目	流量/(L/h)	p_1/MPa	p_2/MPa	Δp/MPa
粗糙管空白	1370	0.021	0.012	0.009
	1400	0.024	0.013	0.011
	1450	0.026	0.015	0.011
	1500	0.028	0.016	0.012
光滑管空白	1370	0.024	0.016	0.008
	1400	0.026	0.017	0.009
	1450	0.028	0.018	0.010
	1500	0.030	0.020	0.010
达克罗	1370	0.025	0.014	0.011
	1400	0.027	0.015	0.012
	1450	0.029	0.017	0.012
	1500	0.030	0.017	0.013

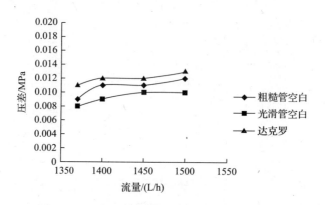

图 4-28　达克罗涂层管两端压力降与流量的关系

从图 4-28 可以看出,达克罗涂层管两端的压力降明显高于光滑空白管甚至高于粗糙管空白,表明达克罗涂层表面粗糙,这可能是由于达克罗涂料中含有大量锌粉和铝粉有关。因此,若采用该涂层进行管道防腐,不仅不能改善粗糙管的表面状态,反而会增加管道的运行阻力。

9. N80 钢镀 Ni-W-P 镀层管

测试数据列于表 4-12 中,测试管两端压力降与流量的关系见图 4-29。

表 4-12　N80 钢镀 Ni-W-P 镀层管测试数据

项目	流量/(L/h)	p_1/MPa	p_2/MPa	Δp/MPa
粗糙管空白	1370	0.021	0.012	0.009
	1400	0.024	0.013	0.011
	1450	0.026	0.015	0.011
	1500	0.028	0.016	0.012
光滑管空白	1370	0.024	0.016	0.008
	1400	0.026	0.017	0.009
	1450	0.028	0.018	0.010
	1500	0.030	0.020	0.010
Ni-W-P	1370	0.022	0.017	0.005
	1400	0.023	0.017	0.006
	1450	0.024	0.018	0.006
	1500	0.027	0.020	0.007

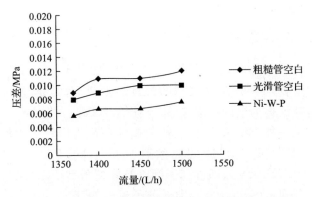

图 4-29　N80 钢镀 Ni-W-P 镀层管两端压力降与流量的关系

从图 4-29 可以看出,N80 钢镀 Ni-W-P 镀层管两端的压力降明显小于光滑空白管,更小于粗糙管空白,表明 N80 钢镀 Ni-W-P 镀层表面光滑。由于其耐蚀性能优异,若采用该涂层管深层卤水的开采管道,可以实现防腐、减阻的双重目的。

4.5.3　结论

(1) 采用浸涂法成功制备了 ZH304 聚氨酯面漆、555 聚氨酯面漆、环氧面漆、氟碳面漆、硝基磁漆、醇酸磁漆、巯基三唑衍生物-磷酸盐复合膜、达克罗 8 种涂层管以及采用电沉积法制备了 Ni-W-P 涂层管。

（2）减阻测试结果表明，除达克罗涂层外，几种内涂层管道的减阻性能与光滑管相比没有降低，而与粗糙管相比，减阻性能则明显提高，其中 N80 钢镀 Ni-W-P 涂层管性能最好，巯基三唑衍生物-磷酸盐复合膜次之。因此，制备的几种内涂层管道减阻性能良好，皆可应用于深层卤水的开采管道，以实现防腐、减阻的目的。

4.6　卤水管道减阻剂的制备及减阻性能测试

根据减阻剂减阻机理及卤水管道减阻剂性质预测，首先对现有水溶性高分子进行分析和初步测试（严瑞瑄，1998），羧甲基纤维素、羧甲基纤维素钠、聚乙烯醇等由于分子量不够大，基本没有减阻作用，黄原胶分子量大但不是线型分子，也没有减阻作用，只有聚丙烯酰胺（分子量 800 万）和聚氧化乙烯（分子量 600 万）符合流体管道减阻剂的性质。我们首先对它们在清水和卤水管道中的减阻性能进行了测试，发现它们在清水中都具有较好的减阻性能，但它们的耐温、耐盐性能都较差，其中聚丙烯酰胺在含盐量 150 g/L 卤水中减阻率下降到 10％左右，而聚氧化乙烯在含盐量 200 g/L 温度 40℃的卤水中减阻率接近于 0。因此它们都不能在高温、高盐的卤水开采管道中进行应用，为此，根据卤水管道减阻剂分子设计，我们设计制备了两种耐温、耐盐性能良好的卤水管道减阻剂。

4.6.1　聚丙烯酰胺减阻性能测试

聚丙烯酰胺（polyacryamide，PAM）是丙烯酰胺（CH_2 ＝$CHCONH_2$，acrylamide，AM）及其衍生物均聚物及共聚物的统称。工业上，凡是 AM 单体含量超过 50％的聚合物都被泛称为聚丙烯酰胺（张学佳等，2008）。

聚丙烯酰胺是一种线型水溶性高分子，是应用最为广泛的水溶性高分子化合物之一。根据其分子链上官能团离解性质的不同，PAM 可分为阳离子型（APAM）、阴离子型（CPAM）、两性离子型以及非离子型（NPAM）；也可根据分子量的不同分为低分子量（<100 万）、中低分子量（100 万～1000 万）以及高分子量（>1000 万）几种类型。由于其良好的水溶性、多变的化学组成及分子量，PAM 及其衍生物可以用作有效的增稠剂、絮凝剂和纸张增稠剂等，广泛应用于石油、造纸、水处理、煤炭、地质、矿冶、建筑、轻纺等工业部门（刘建平等，2010；张桐郡等，2009）。

由于聚丙烯酰胺符合流体管道减阻剂的特征，本研究采用分子量为 800 万的均聚聚丙烯酰胺为研究对象，对其进行减阻性能测试，研究了浓度、雷诺数、温度、盐度及温度与盐度共同作用对其减阻性能的影响，同时还研究了聚丙烯酰胺的抗剪切性能。

1. 测试方法

以清水或工业盐配制的模拟卤水为流动介质,以市售分子量为 800 万的聚丙烯酰胺为减阻剂,在自行设计的减阻率测试环道上进行减阻性能测试。

2. 测试结果及讨论

1) PAM 浓度对减阻的影响

以清水为流动介质,在水温为 10 ℃、流量为 950 L/h($Re=32\ 000$)的条件下,对 PAM 浓度为 10～100 ppm 的溶液进行了减阻性能测试,结果如表 4-13 和图 4-30 所示。

表 4-13　PAM 浓度与减阻率关系测试结果

PAM 浓度 c/ppm	流量 Q/(L/h)	p_1/MPa	p_2/MPa	Δp/MPa	减阻率 DR/%
0	950	0.100	0.020	0.080	0.00
10	950	0.070	0.017	0.053	33.75
20	950	0.060	0.015	0.045	43.75
40	950	0.049	0.014	0.035	56.25
60	950	0.047	0.014	0.033	58.75
80	950	0.040	0.013	0.027	61.15
100	950	0.040	0.013	0.027	61.15

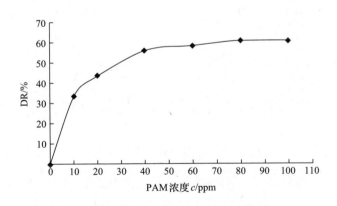

图 4-30　PAM 浓度与减阻率关系曲线

从图 4-30 可以看出,减阻率随 PAM 浓度的增加显著增大,但增加幅度逐渐趋缓。当 PAM 浓度达到 40～50 ppm,减阻率增长幅度很小,这说明 40 ppm 已接近极限浓度。因此,在清水中,PAM 的最佳添加量为 40 ppm,但从使用成本及水质污染角度考虑，10～30 ppm 也可获得较好的减阻效果。

从减阻剂减阻机理来看，减阻剂分子在管壁附近形成弹性层需要一定的数量，超过这一数量只是增加弹性层的厚度，对减阻率的贡献变小。

2）雷诺数对 PAM 减阻率的影响

以清水为流动介质，在水温为 10℃、PAM 加入量为 30 ppm 时，通过回流阀改变流量，测定了雷诺数对 PAM 减阻率的影响。结果见表 4-14 和图 4-31。

表 4-14　减阻率与雷诺数之间的关系

流量 Q /(L/h)	雷诺数 Re	聚丙烯酰胺浓度/ppm						减阻率 DR/%
		0			30			
		p_1	p_2	Δp	p_1	p_2	Δp	
700	23 663	0.046	0.010	0.036	0.032	0.008	0.024	33.33
750	25 353	0.053	0.012	0.041	0.036	0.010	0.026	36.58
800	27 043	0.062	0.013	0.049	0.040	0.011	0.029	40.82
850	28 734	0.072	0.015	0.057	0.045	0.013	0.032	43.86
900	30 424	0.082	0.017	0.065	0.049	0.015	0.034	47.69
950	32 114	0.093	0.019	0.074	0.053	0.017	0.036	51.35

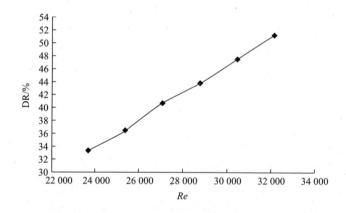

图 4-31　减阻率与雷诺数关系曲线

从图 4-31 可以看出，PAM 的减阻率随雷诺数的增加而增加，基本上呈线性关系。

根据减阻剂减阻机理，当圆管中的流动处于层流或过渡流时，高聚物水溶液没有减阻作用，只有当流动达到湍流状态时才会出现减阻，并且雷诺数越大，管道流动阻力越大，减阻效果越好。

3) 温度对 PAM 减阻率的影响

以清水为流动介质，PAM 加入量为 20 ppm，流量为 950 L/h(Re＝32 000)条件下，测定了介质温度为 10～80 ℃时 PAM 的减阻性能，结果见表 4-15 和图 4-32。

表 4-15　温度对减阻率的影响测试结果

温度 T/℃	流量 Q /(L/h)	聚丙烯酰胺浓度/ppm						减阻率 DR/%
		0			20			
		p_1	p_2	Δp	p_1	p_2	Δp	
20	950	0.093	0.019	0.074	0.057	0.016	0.041	44.59
30	950	0.093	0.019	0.074	0.062	0.017	0.045	39.19
40	950	0.093	0.019	0.074	0.067	0.018	0.049	33.78
50	950	0.093	0.019	0.074	0.071	0.018	0.053	28.38
60	950	0.093	0.019	0.074	0.075	0.019	0.056	24.32
70	950	0.093	0.019	0.074	0.079	0.019	0.060	18.91
80	950	0.093	0.019	0.074	0.084	0.020	0.064	13.51

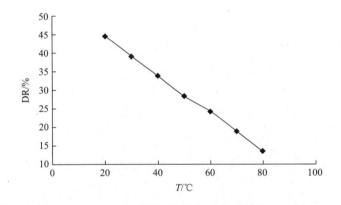

图 4-32　减阻率与温度关系曲线

从图 4-32 可以看出，随着温度升高，PAM 减阻率直线下降。这一现象可以解释为，随着温度升高，分子热运动加剧，高分子链相互缠绕，PAM 的浓度相对降低，致使减阻效果下降。另外，在高温条件下，高分子链也可能发生断链降解，从而使减阻效果逐渐降低。

4) 模拟卤水含盐量对 PAM 减阻率的影响

在水温 20 ℃、Re＝32 000、PAM 加入量为 20 ppm 的条件下，模拟卤水含盐量对减阻率的影响见表 4-16 和图 4-33。

表 4-16　模拟卤水含盐量对减阻率的影响测试结果

含盐量 /(g/L)	空白			20 ppm　PAM			DR/%
	p_1	p_2	Δp	p_1	p_2	Δp	
0	0.083	0.016	0.067	0.048	0.015	0.033	50.75
50	0.081	0.015	0.066	0.054	0.013	0.041	37.88
100	0.080	0.015	0.065	0.055	0.012	0.043	33.85
150	0.086	0.016	0.070	0.060	0.013	0.047	32.86
200	0.078	0.015	0.063	0.057	0.013	0.044	30.16
250	0.076	0.014	0.062	0.058	0.013	0.045	27.42
300	0.076	0.013	0.063	0.059	0.012	0.047	25.40

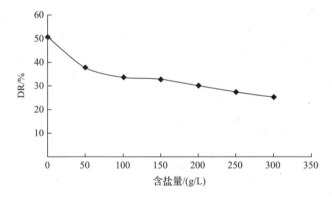

图 4-33　减阻率与卤水含盐量关系曲线

　　由图 4-33 可知,随着模拟卤水中含盐量的增加,PAM 的减阻率先急剧下降,到较低数值后再缓慢下降,表明 PAM 对盐较敏感,但在含盐量为 300 g/L 时,减阻率仍能保持在 25%。

　　5) 模拟卤水温度对 PAM 减阻率的影响

　　在氯化钠含量 150 g/L、PAM 加入量为 20 ppm、$Re=32\ 000$ 的条件下,模拟卤水温度对减阻率的影响见表 4-17 和图 4-34。

　　由图 4-34 可知,随着温度升高,PAM 的减阻率下降非常明显,在温度 50 ℃时减阻率仅为 20%,80 ℃时减阻率仅为 13%。但其变化规律与清水中 PAM 减阻率随温度的变化规律相一致。

表 4-17　模拟卤水温度对减阻率的影响

温度/℃	空白			加入减阻剂			DR/%
	p_1	p_2	Δp	p_1	p_2	Δp	
20	0.086	0.016	0.070	0.060	0.013	0.047	32.86
30	0.086	0.017	0.069	0.063	0.014	0.049	28.98
40	0.083	0.017	0.066	0.065	0.015	0.050	24.24
50	0.081	0.017	0.064	0.067	0.016	0.051	20.31
60	0.081	0.017	0.064	0.069	0.016	0.053	17.19
70	0.080	0.017	0.063	0.070	0.017	0.053	15.87
80	0.080	0.018	0.062	0.072	0.018	0.054	12.90

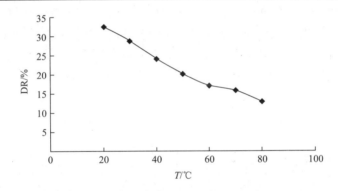

图 4-34　减阻率与模拟卤水温度关系曲线

6) 减阻剂在竖直管道中的减阻作用

以清水为流动介质,在水温 20 ℃、流量为 900 L/h 条件下,在竖直管道中测定 PAM 添加量与减阻率的关系,结果见表 4-18 和图 4-35。

表 4-18　竖直管道中 PAM 减阻性能测试结果

流量 Q/(L/h)	PAM 浓度/ppm	p_1/MPa	p_2/MPa	Δp/MPa	DR/%
	0	0.105	0.007	0.098	0
	10	0.082	0.005	0.077	21.43
900	20	0.071	0.003	0.068	30.61
	40	0.060	0.000	0.060	38.78
	60	0.055	0.000	0.055	43.88

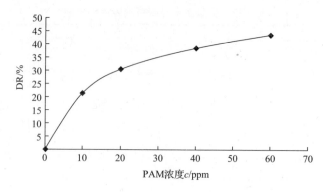

图 4-35　竖直管道中 PAM 减阻率与浓度关系曲线

从图 4-35 可以看出,PAM 在竖直管道中减阻率随浓度变化的规律与水平管道中基本保持一致,减阻效果仍然比较理想。但从表 4-18 可以看出,减阻率数值普遍减小,这是因为竖直管道中静压力产生的压降采用任何方法都不能消除。测试环道的测试管高 2.6 m,产生的静压力为 0.026 MPa,若扣除静压力产生的压降,表 4-18 中的数据可换算成水平测试管中的数据,结果见表 4-19。

表 4-19　竖直管道测试数据换算为水平管测试数据

流量 Q/(L/h)	PAM 浓度/ppm	p_1'/MPa	p_2/MPa	Δp/MPa	真实减阻率/%
	0	0.079	0.007	0.072	0
	10	0.056	0.005	0.051	29.17
900	20	0.045	0.003	0.042	41.67
	40	0.034	0.000	0.034	52.78
	80	0.029	0.000	0.029	59.72

从表 4-19 可见,未使用减阻剂时,流体流动阻力产生的压降远大于流体静压力产生的压降(约 3 倍),使用减阻剂后,流体流动阻力产生的压降大幅度降低。换算后的真实减阻率数据与水平管道测试结果非常吻合,表明减阻剂可以应用于竖直管道。

7) 离心泵对高分子减阻剂的剪切作用

以清水为输送介质,温度 20 ℃,PAM 浓度为 50 ppm,以离心泵为环道动力,测量增输率与循环时间的关系。结果见表 4-20 和图 4-36。

从图 4-36 可以看出,随着剪切时间的延长,PAM 增输率急剧下降,剪切时间为 5 min 左右,增输率已下降 50%;剪切时间为 20 min,PAM 几乎已完全剪切降解。这说明高分子减阻剂在经过离心泵后极易发生剪切降解,因此,在实际提输卤过程中,减阻剂应在潜卤泵后注入,防止高分子减阻剂剪切失效。

表 4-20 离心泵对 PAM 的剪切作用测试结果

t/min	Q/(L/h)	Q'/(L/h)	ΔQ/(L/h)	TI/%
0	910	1100	190	20.88
2	910	1050	140	15.38
4	910	1020	110	12.09
5	910	1000	90	9.89
6	910	990	80	8.79
8	910	980	70	7.69
10	910	960	50	5.49
11	910	950	40	4.40
12	910	940	30	3.30
13	910	930	20	2.20
16	910	920	10	1.10
20	910	915	5	0.55
30	910	910	0	0.00
40	910	910	0	0.00

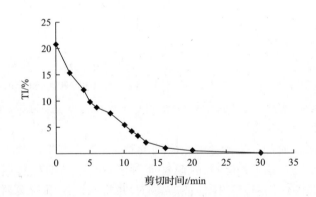

图 4-36 PAM 增输率与剪切时间关系曲线

4.6.2 聚氧化乙烯减阻性能测试

聚氧化乙烯(polyethylene oxide,PEO)是环氧乙烷经过多相催化开环聚合而成的高分子量均聚物,是一种热塑性、结晶性的水溶性聚合物。因聚合度的不同,其分子量可以在 2 万～80 万范围内变动(张亨,2000;崔凤霞等,1999;杜艳芬和韩卿,2003)。

聚氧化乙烯的分子链是线型规整性螺旋结构,在平面上可用图 4-37 表示。

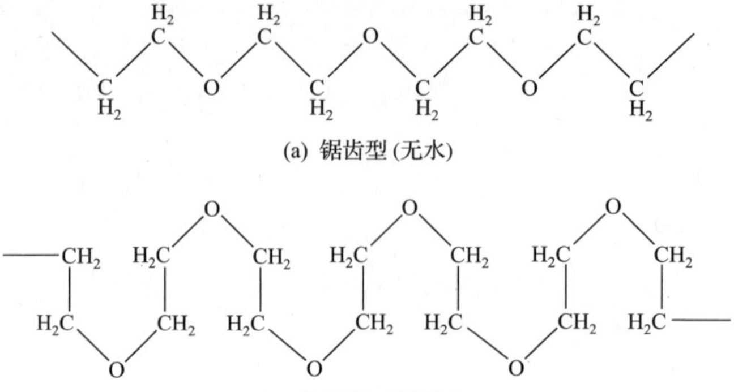

(a) 锯齿型 (无水)

(b) 曲折型 (水溶液中)

图 4-37　聚氧化乙烯分子链结构图

聚氧化乙烯是由结构单元—CH_2—CH_2—O—重复构成,其中 1,2-亚乙基—CH_2—CH_2—是疏水基,而醚键—O—是亲水基。分子链上大量存在的醚键氧原子可以与水分子中的氢原子形成氢键,增大其在水中的溶解性。当聚氧化乙烯溶于水中时,其分子链就由锯齿型变成曲折型,疏水性 1,2-亚乙基置于链的里侧,亲水性醚键中的氧原子置于链的外侧,从而使聚合物链周围变得容易与水结合。曲折型结构整体恰似一个亲水基,即使其体积很大,聚氧化乙烯仍是一种可以完全溶于水的线型高分子聚合物。

由于其特殊的结构特点及多变的分子量,聚氧化乙烯具有多种多样的用途,如水溶性薄膜、织物上浆剂、水相减阻剂、分散剂、增稠剂、絮凝剂、润滑剂、化妆品添加剂以及固体电解质等。目前,聚氧化乙烯已在造纸、农业、纺织、医药、建筑和日用化工等方面得到广泛应用。

由于聚氧化乙烯符合流体管道减阻剂的特征,本研究采用分子量为 600 万的聚氧化乙烯为研究对象,对其进行减阻性能测试,研究了浓度、雷诺数、温度、盐度及温度与盐度共同作用对其减阻性能的影响,并将测试结果与聚丙烯酰胺的测试结果进行比较。

1. 测试方法

以清水或工业盐配制的模拟卤水为流动介质,以市售分子量为 600 万的聚氧化乙烯为减阻剂,在自行设计的减阻率测试环道上进行减阻性能测试。

2. 测试结果及讨论

1) PEO 浓度对减阻率的影响

以清水为流动介质,在水温为 10 ℃、流量为 900 L/h 条件下,测定了 PEO 浓度对减阻率的影响,结果如表 4-21 所示。

表 4-21　PEO 浓度与减阻率关系测试结果

聚丙烯酰胺浓度 c/ppm	流量 Q/(L/h)	p_1/MPa	p_2/MPa	Δp/MPa	减阻率 DR/%
0	900	0.088	0.018	0.070	0.00
10	900	0.064	0.016	0.048	31.43
20	900	0.059	0.016	0.043	38.57
30	900	0.056	0.016	0.040	42.86
40	900	0.052	0.014	0.038	45.71
60	900	0.044	0.013	0.031	55.71
80	900	0.041	0.013	0.028	60.00

将表 4-21 中数据绘制成曲线,结果如图 4-38 所示。

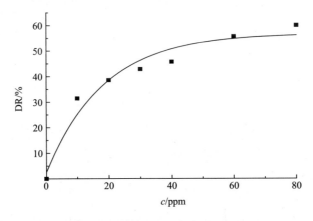

图 4-38　PEO 浓度与减阻率关系图

从图 4-38 可以看出,在其他条件不变时,PEO 减阻率随 PEO 浓度的增加而增大,但增加幅度逐渐减缓。当 PEO 浓度达到 60 ppm,减阻率增长幅度已经很小,说明 60 ppm 已经接近极限浓度。与 PAM 相比,相同浓度下,PEO 减阻率稍微偏低,临界浓度偏高,但两者减阻率随减阻剂浓度的变化规律基本一致,在清水中两者减阻性能相差不大。

2) 雷诺数对 PEO 减阻率的影响

以清水为流动介质,在水温 10 ℃条件下,通过改变流量(改变雷诺数),分别对浓度为 10 ppm、20 ppm、30 ppm、40 ppm 和 60 ppm 的 PEO 溶液进行了减阻性能测试,结果如表 4-22 所示。

表 4-22　雷诺数与 PEO 减阻率关系测试结果

流量 $Q/(L/h)$	雷诺数 Re	不同浓度条件下 PAM 减阻率 DR/%				
		10 ppm	20 ppm	30 ppm	40 ppm	60 ppm
700	23 663	20.45	25.00			
750	25 353	24.00	30.00	32.00	34.00	
800	27 043	25.45	30.91	36.36	38.18	49.09
850	28 734	29.03	35.48	40.32	41.94	53.23
900	30 424	31.43	38.57	42.86	45.71	55.71

表中有空白是因为减阻率太高,测试环道回流阀全开仍然不能将流量控制在设定值。

将表 4-22 中数据绘制成曲线,结果如图 4-39 所示。

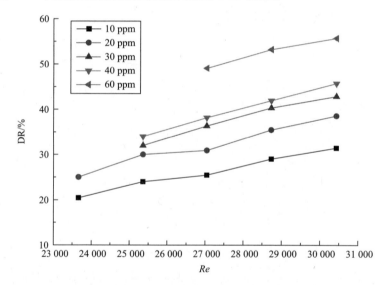

图 4-39　PEO 减阻率与雷诺数 Re 关系图

从图 4-39 可以看出,在所测量的雷诺数范围内,不论 PEO 的浓度大小,减阻率都随雷诺数的增加而增大,并且两者之间基本上呈线性关系。与 PAM 相比,PEO 减阻率随 Re 的变化幅度较小,也就是说在较低的雷诺数下,PEO 减阻率依然很大,这对于低雷诺数条件下的减阻是极为有利的。

3) 温度对 PEO 减阻率的影响

以清水为流动介质,PEO 浓度为 10 ppm、流量为 900 L/h,测定了温度对 PEO 减阻率的影响,结果如表 4-23 所示。

表 4-23 温度对 PEO 减阻率的影响测试结果

温度 $T/℃$	流量 Q /(L/h)	PEO 浓度/ppm						减阻率 DR/%
		0			10			
		p_1	p_2	Δp	p_1	p_2	Δp	
10	900	0.088	0.018	0.070	0.064	0.016	0.048	31.43
20	900	0.091	0.017	0.074	0.064	0.016	0.048	29.73
30	900	0.089	0.016	0.073	0.071	0.016	0.055	27.63
40	900	0.092	0.018	0.074	0.068	0.015	0.053	25.68
50	900	0.092	0.016	0.076	0.076	0.018	0.058	23.68

将表 4-23 中数据绘制成曲线,结果如图 4-40 所示。

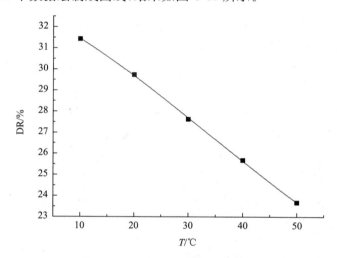

图 4-40 PEO 减阻率与温度关系曲线

从图 4-40 可以看出,在相同浓度和雷诺数条件下,随着温度的升高,PEO 减阻率基本呈线性急剧下降。与 PAM 比较,温度对 PEO 的减阻性能影响更大,这也许是因为 PEO 是长链分子,分子两侧没有侧链基团,温度升高后,分子运动加剧,少了侧链基团之间的静电斥力,高分子链更容易相互缠绕,导致 PEO 的浓度相对降低,减阻效果下降。

4) 盐度对 PEO 减阻率的影响

以模拟卤水为流动介质,含盐量 200 g/L、温度 10 ℃、PEO 浓度为 20 ppm 条件下,测定了 PEO 在卤水管道中的减阻性能,结果如表 4-24 所示。为便于对照,PEO 在清水中的减阻率同时进行了测试。

表 4-24　卤水管道中 PEO 减阻性能测试结果

含盐量 /(g/L)	流量 Q /(L/h)	聚丙烯酰胺浓度/ppm						减阻率 DR/%
		0			20			
		p_1	p_2	Δp	p_1	p_2	Δp	
0	750	0.062	0.012	0.050	0.046	0.011	0.035	30.00
	800	0.069	0.014	0.055	0.050	0.012	0.038	30.91
	850	0.078	0.016	0.062	0.054	0.014	0.040	35.48
	900	0.088	0.018	0.070	0.059	0.016	0.043	38.57
200	750	0.057	0.010	0.047	0.048	0.009	0.039	17.02
	800	0.065	0.012	0.053	0.054	0.011	0.043	18.87
	850	0.073	0.014	0.059	0.058	0.013	0.045	23.73
	900	0.082	0.016	0.066	0.062	0.015	0.047	28.79

将表 4-24 中数据绘制成 Q-DR 曲线,结果如图 4-41 所示。

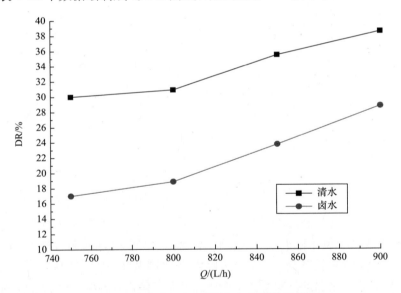

图 4-41　卤水中 PEO 减阻率与雷诺数关系图

从图 4-41 可以看出,在含盐量为 200 g/L 的卤水中,PEO 的减阻率明显降低,这可能是由于卤水中阴阳离子的水化作用很强,能够夺取高聚物分子周围的水分子,使高分子的溶解性变差,分子呈卷曲状态,减阻性能降低。

5）模拟卤水温度对 PEO 减阻性率的影响

以模拟卤水为流动介质，含盐量 200 g/L、PEO 浓度为 20 ppm 条件下，测定了 PEO 在卤水管道中的减阻性能，结果如表 4-25 所示。为便于对照，对 PEO 在清水中的减阻率同时进行了测试。

表 4-25　盐度与温度对 PEO 减阻性能综合影响测试结果

含盐量 /(g/L)	温度 T/℃	流量 Q /(L/h)	聚丙烯酰胺浓度/ppm						减阻率 DR/%
			0			20			
			p_1	p_2	Δp	p_1	p_2	Δp	
0	10	750	0.062	0.012	0.050	0.046	0.011	0.035	30.00
		800	0.069	0.014	0.055	0.050	0.012	0.038	30.91
		850	0.078	0.016	0.062	0.054	0.014	0.040	35.48
		900	0.088	0.018	0.070	0.059	0.016	0.043	38.57
200	10	750	0.057	0.01	0.047	0.048	0.009	0.039	17.02
		800	0.065	0.012	0.053	0.054	0.011	0.043	18.87
		850	0.073	0.014	0.059	0.058	0.013	0.045	23.73
		900	0.082	0.016	0.066	0.062	0.015	0.047	28.79
200	20	750	0.056	0.009	0.047	0.052	0.009	0.043	8.51
		800	0.064	0.011	0.053	0.059	0.011	0.048	9.43
		850	0.071	0.013	0.058	0.062	0.012	0.05	13.79
		900	0.081	0.016	0.065	0.067	0.014	0.053	18.46
200	30	750	0.059	0.011	0.048	0.055	0.009	0.047	4.17
		800	0.068	0.014	0.054	0.062	0.011	0.051	5.56
		850	0.074	0.015	0.059	0.067	0.014	0.053	10.17
		900	0.084	0.017	0.067	0.074	0.016	0.058	13.43
200	40	750	0.059	0.01	0.049	0.058	0.01	0.048	2.04
		800	0.069	0.012	0.057	0.067	0.012	0.055	3.51
		850	0.076	0.015	0.061	0.074	0.015	0.059	3.28
		900	0.089	0.017	0.072	0.085	0.016	0.069	4.17

将表 4-25 中数据绘制成 Q-DR 关系曲线，结果如图 4-42 所示。

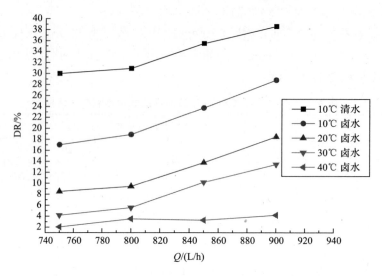

图 4-42 不同温度下卤水中 PEO 减阻率与流量关系曲线

从图 4-42 可以看出,在卤水中,随着温度的升高,PEO 的减阻率迅速下降,当温度为 40 ℃时,PEO 减阻效果已基本可以忽略。

为了更形象地表达卤水中 PEO 减阻率随温度的变化规律,现选择流量为 900 L/h 时的数据,以 PEO 减阻率 DR 对温度 T 作图,结果如图 4-43 所示。

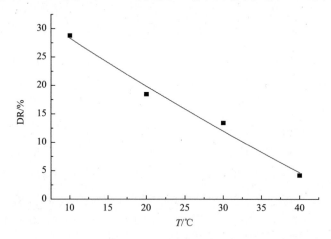

图 4-43 卤水中 PEO 减阻率随温度变化关系曲线

从图 4-43 可以看出,卤水中 PEO 减阻率随温度升高几乎呈直线下降,下降规律与在清水中相似,但下降幅度更大,在 40 ℃时 PEO 减阻率接近于零。因此在温度和盐度的双重作用下,PEO 已经丧失了减阻性能。

4.6.3　磺甲基化聚丙烯酰胺(SPAM)的制备及其减阻性能测试

针对聚丙烯酰胺耐温、耐盐性能差,在高温卤水管道中减阻性能大幅降低的特点,以聚丙烯酰胺为主要原料,参考文献(郭焱等,2004;朱剑钊,1994)对其进行磺甲基化,引进耐温、耐盐的磺甲基。以改性产物在卤水中的减阻率为考核指标,通过正交实验对合成条件进行优化,得到了最佳合成条件,测试了其减阻性能。

1. 磺甲基化聚丙烯酰胺的合成及表征

1) 反应原理

在碱性条件下,PAM 可以与 $NaHSO_3$ 和甲醛发生磺甲基化反应,生成阴离子衍生物磺甲基化聚丙烯酰胺(SPAM)。反应方程式如下:

$$\sim\!\!\sim CH_2CR \sim\!\!\sim + HCHO + NaHSO_3 \xrightarrow{OH^-} \sim\!\!\sim CH_2CR \sim\!\!\sim$$
$$| \qquad\qquad\qquad\qquad\qquad\qquad\qquad\qquad\quad |$$
$$CONH_2 \qquad\qquad\qquad\qquad\qquad\qquad CONHCH_2SO_3Na$$

控制适当的反应条件,PAM 主链不发生变化,而侧链被部分磺甲基化。

2) 实验用药品

实验药品:聚丙烯酰胺(PAM)(工业级,分子量 800 万,郑州市润丰环保材料有限公司);亚硫酸氢钠(AR,天津市广成化学试剂有限公司);甲醛溶液(AR,国药集团化学试剂有限公司);氢氧化钠(AR,上海晶纯生化科技股份有限公司)。

3) 反应条件优化

影响磺甲基化 PAM 耐温、耐盐性能和减阻性能的主要因素为 PAM 分子量以及磺甲基化条件如反应温度、介质 pH、原料配比和反应时间。以磺甲基化产物在常温卤水(150 g/L)中的减阻性能为考察指标,设计四因素三水平正交实验。

正交实验方案:

反应时间(A):$A_1=3$ h、$A_2=4$ h、$A_3=5$ h;

介质 pH(B):$B_1=9$、$B_2=10$、$B_3=11$;

反应温度(C):$C_1=50$ ℃、$C_2=60$ ℃、$C_3=70$ ℃;

PAM：$NaHSO_3$：CH_2O 质量比(D):$D_1=4:6:1$、$D_2=4:6:2$、$D_3=4:6:3$;

正交实验表见表4-26。

表 4-26　磺甲基化聚丙烯酰胺制备正交实验表

实验号	水平组合	实验条件				减阻率/%
		A	B	C	D	
1	$A_1B_1C_1D_1$	3	9	50	4：6：1	28.56
2	$A_1B_2C_2D_2$	3	10	60	4：6：3	34.28
3	$A_1B_3C_3D_3$	3	11	70	4：6：2	30.16
4	$A_2B_1C_2D_3$	4	9	60	4：6：3	33.34
5	$A_2B_2C_3D_1$	4	10	70	4：6：1	35.89
6	$A_2B_3C_1D_2$	4	11	50	4：6：2	32.78
7	$A_3B_1C_3D_2$	5	9	70	4：6：2	31.92
8	$A_3B_2C_1D_3$	5	10	50	4：6：3	33.58
9	$A_3B_3C_2D_1$	5	11	60	4：6：1	32.06

正交实验结果分析见表 4-27。

表 4-27　磺甲基化聚丙烯酰胺制备正交实验结果分析

	反应时间(A)	pH(B)	反应温度(C)	原料配比(D)
k_1	31.00	31.27	31.64	32.17
k_2	34.00	34.58	33.23	31.62
k_2	32.52	31.67	32.66	33.73
R	3.00	3.31	1.59	2.11

从表 4-27 可见,介质 pH 影响最大,其次为反应时间,再次为原料配比。确定的最佳反应条件为:反应温度为 60 ℃、介质 pH 为 10、PAM：NaHSO₃：CH₂O 质量比为 4：6：3、反应时间为 4 h。

4) 磺甲基化反应条件讨论

碱性条件下,温度过低,磺甲基化反应难以发生,温度偏高,PAM 易发生水解反应,生成水解聚丙烯酰胺(HPAM),若温度过高,PAM 还易发生降解,使合成产物减阻性能降低。

控制 PAM：NaHSO₃：CH₂O 的质量比可以引入适量的磺甲基,使聚合物分子链的柔韧性处于恰当水平,既增加了改性 PAM 的耐温、耐盐性能,又保证了其减阻性能。

在酸性介质中,反应体系则会发生复杂的脱水反应,生成一种深色的不溶于水的凝胶。反应体系 pH 过高(大于 11.5),PAM 易发生水解反应,且反应物甲醛自身也会发生坎尼扎罗(Cannizzaro)反应。

　　反应时间过短,磺甲基化反应不完全;反应时间过长,PAM 易发生降解。

　　5) 反应产物的红外光谱表征

　　使用美国热电公司生产的 NICOLET 380 红外光谱仪,KBr 涂片,测定了磺甲基化聚丙烯酰胺的红外谱,如图 4-44 所示。

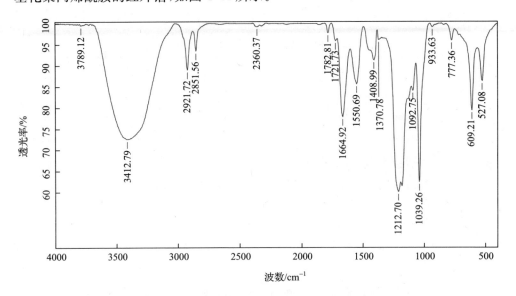

图 4-44　磺甲基化聚丙烯酰胺的红外光谱图

　　从图 4-44 可以看到,1550.69 cm^{-1} 为仲酰胺 N—H 弯曲振动吸收峰,1664.92 cm^{-1} 为仲酰胺 C=O 伸缩振动吸收峰,1039.26 cm^{-1} 出现了—RSO$_3^-$ 中 S=O 伸缩振动吸收峰,分子中有磺酸基的存在,说明 PAM 发生了磺甲基化反应。

2. 磺甲基化聚丙烯酰胺在卤水管道中的减阻性能测试

　　1) SPAM 加入量对减阻率的影响

　　反应获得的磺甲基化聚丙烯酰胺水溶液 20 g,约相当于纯聚合物 1 g,即有效成分含量为 5%。

　　称取不同量反应产物溶于 50 L 水温 20℃、氯化钠含量 150 g/L 的模拟卤水中,在 Re=32 000 的条件下,测得 SPAM 加入量对减阻率的影响,结果如表 4-28 和图 4-45 所示。为便于对照,相同条件下 PAM 的减阻率也示于图 4-45 中。

　　从图 4-45 可以看出,随着磺甲基化聚丙烯酰胺加入量的增加,减阻率先明显增大后趋于平缓,这与 PAM 的变化规律一致。这是由于减阻剂分子在管壁附近形成弹性层时需要一定的浓度,弹性层一旦形成,再增加减阻聚合物浓度只是增加弹性层厚度,对减阻率的贡献变小。因此,在该实验条件下,减阻聚合物的经济添加量为 20~30 ppm。从图 4-45 还可以看出,在本实验条件下,减阻剂加入量为 20 ppm 时,SPAM 的减阻率达到 41%,而同样条件下 PAM 的减阻率仅为 31%,因而改性的磺甲基化聚丙烯酰胺的减阻性能明显好于 PAM,说明 SPAM 的耐盐性能高于 PAM。

表 4-28　SPAM 减阻率与浓度关系测试数据

减阻剂浓度/ppm	空白			20 ppm　SPAM			DR/%
	p_1	p_2	Δp	p_1	p_2	Δp	
10	0.086	0.016	0.070	0.069	0.015	0.054	22.86
20	0.086	0.016	0.070	0.055	0.014	0.041	41.43
30	0.086	0.016	0.070	0.047	0.012	0.035	50.00
40	0.086	0.016	0.070	0.044	0.012	0.032	54.28
60	0.086	0.016	0.070	0.039	0.012	0.027	61.43

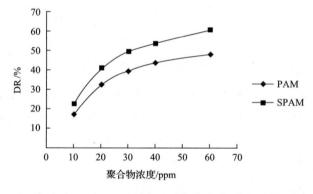

图 4-45　SPAM 和 PAM 的减阻率与浓度关系曲线

2) 模拟卤水含盐量对 SPAM 减阻率的影响

在水温 20℃、$Re=32\,000$、SPAM 加入量为 20 ppm 的条件下,模拟卤水含盐量对减阻率的影响如表 4-29 和图 4-46 所示。为便于对照,相同条件下模拟卤水含盐量对 PAM 减阻率的影响也示于图 4-46 中。

从图 4-46 可以看出,随着模拟卤水中含盐量的增加,SPAM 的减阻率缓慢均匀地下降,而 PAM 先急剧下降到较低数值然后再缓慢下降,表明 SPAM 对盐不很敏感,而 PAM 对盐较敏感。在各种盐度下,SPAM 的减阻率均明显高于 PAM,再次证明其耐盐性能优于 PAM。

表 4-29　SPAM 减阻率与卤水含盐量的关系测试结果

含盐量/ (g/L)	空白			加入减阻剂			DR/%
	p_1	p_2	Δp	p_1	p_2	Δp	
0	0.085	0.018	0.067	0.045	0.013	0.032	52.23
50	0.083	0.017	0.066	0.051	0.015	0.036	45.45
100	0.082	0.016	0.066	0.052	0.014	0.038	42.42
150	0.081	0.016	0.065	0.053	0.014	0.039	40.00
200	0.080	0.016	0.064	0.054	0.014	0.040	37.50
250	0.079	0.015	0.064	0.054	0.013	0.041	35.94
300	0.077	0.014	0.063	0.055	0.013	0.042	33.33

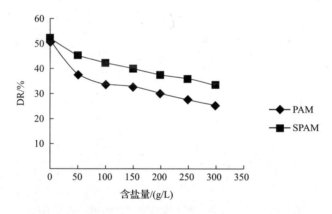

图 4-46　SPAM 和 PAM 的减阻率与卤水含盐量关系曲线

3）模拟卤水温度对 SPAM 减阻率的影响

在氯化钠含量 150 g/L、SPAM 加入量为 20 ppm、$Re=32\,000$ 的条件下,模拟卤水温度对减阻率的影响见表 4-30 和图 4-47。为便于对照,相同条件下模拟卤水温度对 PAM 减阻率的影响也示于图 4-47 中。

从图 4-47 可以看出,随着温度升高,SPAM 的减阻率缓慢均匀下降,下降幅度较小,而 PAM 的减阻率下降幅度很大。在温度 50 ℃时,SPAM 的减阻率达到 32%,80 ℃时为 27%,而同样条件下,PAM 的减阻率仅为 20% 和 13%。表明 SPAM 的耐温性能明显好于 PAM。

磺甲基化聚丙烯酰胺在卤水管道中的减阻性能明显优于 PAM,这是因为磺甲基化使 PAM 分子主链上引入较大的负电性的—$CONHSO_3Na$ 侧基,一方面由于大基团之间的排斥作用使减阻剂分子能够更好地伸展开来,使其减阻性能更好;另一方面侧基的引入使减阻剂分子的刚性大大增加,减小热运动引起的分子变形,使

表 4-30　SPAM 减阻率随温度的变化测试结果

温度 T/℃	空白			加入 SPAM			DR/%
	p_1	p_2	Δp	p_1	p_2	Δp	
20	0.085	0.016	0.069	0.047	0.012	0.041	40.58
30	0.084	0.016	0.068	0.050	0.013	0.042	38.23
40	0.083	0.017	0.066	0.056	0.013	0.043	34.85
50	0.082	0.017	0.065	0.059	0.015	0.044	32.31
60	0.082	0.017	0.065	0.061	0.016	0.045	30.76
70	0.081	0.018	0.064	0.063	0.017	0.046	28.13
80	0.081	0.018	0.063	0.064	0.018	0.046	26.98

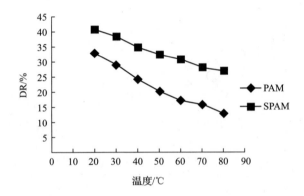

图 4-47　SPAM 和 PAM 减阻率与卤水温度关系曲线

其耐温性能提高;再者,—CONHSO₃Na 的亲水性能更强,在与氯化钠竞争水分子时不处于劣势,能够保证在卤水中处于伸展状态,使减阻剂的耐盐性得到改善。这三方面因素使 SPAM 减阻性能明显优于 PAM,在卤水开采过程中,SPAM 具有更大的经济利用价值。

4.6.4　P(AM/AMPS)的合成及其减阻性能测试

　　针对聚丙烯酰胺耐温、耐盐性能差,磺甲基化聚丙烯酰胺耐温、耐盐性能仍然不很理想的情况,以丙烯酰胺(AM)和亲水能力更强、体积更大的 2-丙烯酰胺基-2-甲基丙磺酸(AMPS)为单体(梁伟等,2010;郭锦棠等,2011),合成了 P(AM/AMPS)耐温、耐盐水溶性减阻聚合物,对其在高温模拟卤水中的减阻性能进行了测试,并与相同条件下 PAM 和 SPAM 的减阻性能进行了对比。

1. P(AM-AMPS)的合成和表征

1）试剂和药品

实验药品：2-丙烯酰胺基-2-甲基丙磺酸（AMPS）（CP，上海晶纯生化科技有限公司）；丙烯酰胺（AM）（AR，国药集团化学试剂有限公司）；十水碳酸钠（AR，国药集团化学试剂有限公司）；过硫酸钾（AR，国药集团化学试剂有限公司）；亚硫酸氢钠（AR，天津市广成化学试剂有限公司）；工业盐（工业级）；聚丙烯酰胺（PAM，分子量 800 万）（工业级，郑州市润丰环保材料有限公司）。

2）合成条件优化

将一定量的 AMPS 和 AM 溶于蒸馏水，加入到三口圆底烧瓶中，水浴控温，用十水碳酸钠调节 pH，通 N_2 30 min 驱氧，然后加入一定量的过硫酸钾引发剂，在一定温度下反应一定时间，反应过程中保持通 N_2，最后得到凝胶状聚合产物。影响合成聚合物性能的因素主要有单体浓度、引发剂用量、反应温度和 AMPS 所占比例。以聚合产物在卤水中的减阻性能为考核指标，设计四因素三水平正交实验。

正交实验方案：

单体浓度（A）（%）：$A_1=20$、$A_2=30$、$A_3=40$；

引发剂用量（B）（%）：$B_1=0.02$、$B_2=0.05$、$B_3=0.10$；

反应温度（C）（℃）：$C_1=30$、$C_2=35$、$C_3=40$；

AMPS 质量分数（D）（%）：$D_1=10$、$D_2=20$、$D_3=30$；

正交实验表见表 4-31。

表 4-31　P(AM-AMPS)合成正交实验表

实验号	水平组合	实验条件				减阻率/%
		A	B	C	D	
1	$A_1B_1C_1D_1$	20	0.02	30	10	45.59
2	$A_1B_2C_2D_2$	20	0.05	35	20	26.47
3	$A_1B_3C_3D_3$	20	0.10	40	30	14.06
4	$A_2B_1C_2D_3$	30	0..02	35	30	40.62
5	$A_2B_2C_3D_1$	30	0.05	40	10	23.44
6	$A_2B_3C_1D_2$	30	0.10	30	20	42.02
7	$A_3B_1C_3D_2$	40	0.02	40	20	34.37
8	$A_3B_2C_1D_3$	40	0.05	30	30	37.68
9	$A_3B_3C_2D_1$	40	0.10	35	10	21.21

正交实验结果分析见表 4-32。

表 4-32　P(AM-AMPS)合成正交实验结果分析

项目	单体浓度(A)	引发剂用量(B)	反应温度(C)	AMPS 占比(D)
k_1	28.71	40.19	41.76	30.08
k_2	35.36	29.20	29.43	34.29
k_2	31.09	25.76	27.60	30.79
R	6.65	14.43	14.16	4.21

　　从表 4-32 可见,引发剂用量影响最大,其次为反应温度,再次为单体浓度。确定的最佳反应条件为:单体浓度为 30%、引发剂用量为单体质量的 0.02%、反应温度为 30℃、AMPS 占比 20%。

　　3）聚合物红外光谱分析

　　采用德国 Bruker 公司 Tensor27 型傅里叶变换红外光谱仪测定聚合物的 FT-IR 谱,KBr 压片法,分辨率 4,扫描次数 64 次。

　　图 4-48 为合成聚合物的 FT-IR 谱。由图可知,3567～3195 cm^{-1} 为伯酰胺的 NH_2 振动吸收峰;2939 cm^{-1} 为 CH_2 的不对称伸缩振动吸收峰;酰胺基中的 C=O 伸缩振动吸收峰出现在 1662 cm^{-1};C—H 伸缩振动吸收峰在 1454 cm^{-1}。合成聚合物的上述峰值数据囊括了 AM、AMPS 单体链节的特征吸收峰,在 1635～1620 cm^{-1} 处未见 C=C 的特征吸收峰,表明单体原料充分地进行了聚合反应,聚合反应产物中无残留单体。

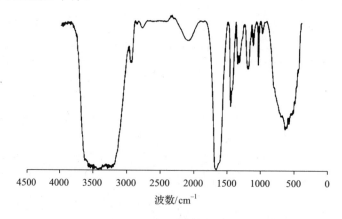

图 4-48　P(AM/AMPS)的 FT-IR 谱

　　4）GPC-MALLS 联用测定 P(AM/AMPS)分子量

　　将样品用去离子水配制成 1～8×10^{-5} g/mL 的溶液,用手动进样方式将溶液通过 0.8 μm 针头过滤器进样,用去离子水进行归一化校正。用 Astra 激光光散射数据采集及处理软件处理数据。可得到聚合物的绝对折光指数增量 dn/dc(图 4-

49)，dn/dc＝0.3510±0.0505 mL/g(其中 R^2＝0.975 835)。采用一点法可得聚合物重均分子量(M_w)＝3.016×10^6 g/mol，均方旋转半径(r_g^2)＝116.6 nm，第二维里系数(A_2)＝1.900×10^{-3} mol·mL/g^2。A_2＞0，证明水是聚合物 P(AM/AMPS)的良溶剂。

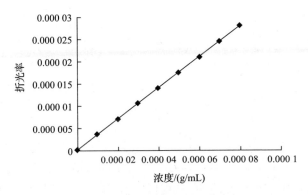

图 4-49　折光率随浓度的变化曲线

2. P(AM/AMPS)在卤水管道中的减阻性能测试

1) P(AM/AMPS)加入量对减阻率的影响

反应获得的 P(AM/AMPS)水溶液 3.3 g 约相当于纯聚合物 1 g，即有效成分为 30%。

称取不同量反应产物溶于 50 L 水温 20℃、氯化钠含量 150 g/L 的模拟卤水中，在 Re＝32 000 的条件下，测得 P(AM/AMPS)加入量对减阻率的影响如表 4-33 和图 4-50 所示。为便于对照，相同条件下 SPAM 和 PAM 的减阻率也示于图 4-50 中。

表 4-33　P(AM/AMPS)减阻率随浓度变化测试数据

减阻剂浓度/ppm	空白			加入减阻剂			DR/%
	p_1	p_2	Δp	p_1	p_2	Δp	
10	0.080	0.016	0.064	0.056	0.013	0.043	32.81
20	0.085	0.016	0.069	0.047	0.012	0.035	49.27
30	0.080	0.016	0.064	0.037	0.012	0.025	60.94
40	0.080	0.016	0.064	0.033	0.011	0.022	65.62
60	0.080	0.016	0.064	0.029	0.010	0.019	70.31

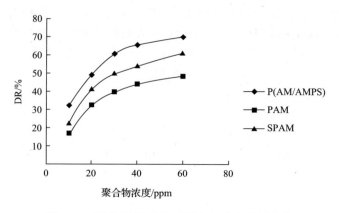

图 4-50　P(AM/AMPS)减阻率与浓度关系曲线

　　由图 4-50 可知,随着减阻聚合物加入量的增加,减阻率先明显增大后趋于平缓,这与 PAM 和 SPAM 的变化规律相同。在本实验条件下,减阻剂加入量为 20 ppm 时,合成减阻聚合物的减阻率达到 49%,而同样条件下,SPAM 和 PAM 的减阻率仅为 41% 和 32%,因而合成聚合物的减阻性能明显好于 PAM,也好于 SPAM,说明合成聚合物的耐盐性能高于 SPAM 更高于 PAM。

　　2) 模拟卤水含盐量对 P(AM/AMPS)减阻率的影响

　　在水温 20℃、$Re=32\,000$、P(AM/AMPS)加入量为 20 ppm 的条件下,模拟卤水含盐量对减阻率的影响如表 4-34 和图 4-51 所示。为便于对照,模拟卤水含盐量对 SPAM 和 PAM 减阻性能的影响也示于图 4-51 中。

表 4-34　模拟卤水含盐量对 P(AM/AMPS)减阻性能的影响测试数据

含盐量/ (g/L)	空白			加入减阻剂			DR/%
	p_1	p_2	Δp	p_1	p_2	Δp	
0	0.087	0.018	0.069	0.041	0.011	0.030	56.52
50	0.086	0.017	0.069	0.043	0.011	0.032	53.62
100	0.085	0.016	0.069	0.045	0.011	0.034	50.72
150	0.085	0.016	0.069	0.047	0.012	0.035	49.27
200	0.083	0.016	0.067	0.049	0.013	0.036	46.27
250	0.083	0.016	0.067	0.051	0.013	0.038	43.28
300	0.083	0.016	0.067	0.053	0.013	0.040	40.30

　　由图 4-51 可知,随着模拟卤水中含盐量的增加,合成减阻聚合物的减阻率缓慢均匀下降,而 PAM 先急剧下降到较低数值后再缓慢下降,表明合成聚合物对盐

不敏感。在各种盐度下,合成聚合物的减阻率均明显高于 PAM,也好于 SPAM,再次证明其耐盐性能优于 SPAM,更优于 PAM。

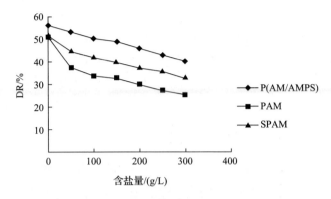

图 4-51　P(AM/AMPS)减阻率与卤水含盐量关系曲线

3) 模拟卤水温度对 P(AM/AMPS)减阻率的影响

在氯化钠含量 150 g/L、减阻聚合物加入量为 20 ppm、$Re=32\,000$ 的条件下,模拟卤水温度对减阻率的影响如表 4-35 和图 4-52 所示。为便于对照,模拟卤水温度对 SPAM 和 PAM 减阻性能的影响也示于图 4-52 中。

由图 4-52 可知,随着温度升高,合成减阻聚合物的减阻率缓慢均匀下降,下降幅度较小,而 PAM 的减阻率下降幅度很大。在温度 50 ℃时,合成减阻聚合物的减阻率达到 39%,80 ℃时,为 32%,同样条件下,SPAM 的减阻率为 32% 和 27%,而 PAM 的减阻率仅为 20% 和 13%。表明 P(AM/AMPS)的耐温性能明显好于 PAM,也好于 SPAM。

表 4-35　模拟卤水温度对 P(AM/AMPS)减阻性能的影响测试数据

温度 T/℃	空白			加入减阻剂			DR/%
	p_1	p_2	Δp	p_1	p_2	Δp	
20	0.085	0.016	0.069	0.047	0.012	0.035	49.27
30	0.084	0.016	0.068	0.050	0.013	0.037	45.59
40	0.083	0.017	0.066	0.052	0.013	0.039	40.91
50	0.082	0.017	0.065	0.055	0.015	0.040	38.46
60	0.082	0.017	0.065	0.057	0.016	0.041	36.92
70	0.081	0.018	0.064	0.059	0.017	0.042	34.38
80	0.081	0.018	0.063	0.060	0.017	0.043	31.75

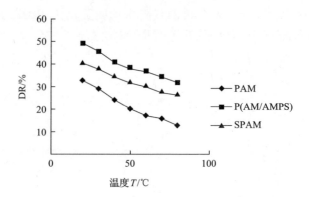

图 4-52　P(AM/AMPS)减阻率与卤水温度关系曲线

合成减阻聚合物 P(AM/AMPS)的耐盐、耐温性能明显好于 PAM,这是因为 AMPS 的体积远大于酰胺基且含有亲水能力更强的磺酸基,不仅可以提高分子链的刚性,减小热运动引起的分子变形,而且在与氯化钠竞争水分子时不处于劣势,能够保证在卤水中处于伸展状态。因而合成减阻聚合物 P(AM/AMPS)是一种耐盐、耐温性能良好的卤水管道减阻剂。

4.6.5　结论

(1) PAM 在温度较低的清水中减阻性能突出,在雷诺数、添加量等最佳条件下,减阻率大于 50%。

(2) 随温度升高和盐度增大,PAM 的减阻率明显降低,但在单一因素影响下仍具有一定的减阻性能,可以用于常温输卤管道。

(3) 减阻剂减阻技术可以用于竖直的提卤管道,但减阻率低于水平的输卤管道。

(4) 离心泵对高分子减阻剂具有强烈的剪切作用,因此减阻剂应在泵后注入提输卤管道。

(5) PEO 在温度较低的清水中有较好的减阻性能,在雷诺数、添加量等最佳条件下,减阻率大于 50%。但随温度升高和盐度增大,PEO 的减阻率急剧降低,不能用于采输卤管道。

(6) 通过对聚丙烯酰胺改性,成功制备了磺甲基化聚丙烯酰胺(SPAM),以其在模拟卤水中的减阻率为考核指标,通过正交实验进行优化,得到的最佳反应条件为:反应温度为 60 ℃、介质 pH=10、PAM：NaHSO$_3$：CH$_2$O 质量比为 4：6：3、反应时间为 4 h。

（7）SPAM 在高温高盐的模拟卤水中水具有较高的减阻性能，明显好于 PAM，可应用于黄河三角洲深层卤水开采的提输卤管道。

（8）通过水溶液聚合法成功合成了 P(AM/AMPS)减阻聚合物，以其在模拟卤水中的减阻率为考核指标，通过正交实验进行优化，得到的最佳反应条件为：单体浓度 30%，引发剂用量（占单体质量比）0.02%，反应温度 30 ℃，AMPS 质量比为 20%。

（9）合成减阻聚合物在高温高盐的模拟卤水中水具有更高的减阻性能，不但明显好于 PAM，而且好于 SPAM，用于黄河三角洲深层卤水开采的提输卤管道可以达到节约能耗的目的。

4.7　减阻技术现场应用试验

本研究合成的耐温耐盐水溶性减阻聚合物 P(AM/AMPS)在实验室减阻率测试环道中获得了很好的减阻效果。为了验证研发的减阻技术在实际卤水开采过程中应用的可行性，我们在黄河三角洲地区分别选择了一口深层卤水井和一口浅层卤水井进行了现场应用试验，同时委托有资质的节能检测单位进行现场检测和认证。

4.7.1　在黄河三角洲深层采卤试验井中的应用

1. 试验井基本情况

成井深度 2498.5 m，采卤深度 1227.11 m，出卤水温 60 ℃左右，矿化度 4～5°Be′，泵管为 DN100 无缝钢管，出水量在 30 m³/h 左右。为防止动液面大幅度波动影响测试结果，试验时在电路中加装变频控制柜，维持出水量在 30 m³/h 左右。

2. 减阻剂注入方法

A：将潜卤泵与泵管结合处加装三通，原泵管口径不变，侧孔焊接 2 分减阻剂注入管，注入管深入采卤管内 20 cm 且顺流弯折，采卤管外部连接注入管并引到地面。B：将减阻剂配制成 1% 水溶液（清水、卤水皆可），存放于容器中，通过电磁泵与可调流量计连接再与注入管连接，将电磁泵置于减阻剂溶液中。C：根据采卤量 30 m³/h，按 20 ppm 的比例计算减阻剂溶液的加入量为 30×(20/1 000 000)÷(1/100)＝0.06 m³/h＝60 L/h，通过可调流量计进行减阻剂加入量控制。

3. 试验结果

抽卤试验观测记录见表 4-36，节能效果见表 4-37。

表 4-36 深层卤水井抽卤试验观测记录表

观测日期	时间	水表读数/m³	抽水流量/(m³/h)	水温/℃	卤水浓度/°Be′	备注
2014.2.11	8:00	110.34	—	53	4	电表读数 1158.7
	8:30	122.73	—	58	4.5	电表倍率 120 倍
	9:00	134.90	24.56	58	4.5	
	9:30	149.62		61	3.5	
	10:00	164.22	29.32	60	4	
	10:30	178.45		61	4	
	11:00	195.16	30.94	61	4.5	
	11:30	210.45		60	4	
	12:00	226.10	30.94	61	4	
	12:30	240.98		60	4	
	13:00	257.04	30.94	60	4	
	13:30	271.45		61	4	
	14:00	287.98	30.94	61	4	
	14:30	301.94		61	4	
	15:00	317.88	29.90	61	4	
	15:30	339.89		61	4	
	16:00	350.46	32.58	61	4	
	16:30	365.98		62	4	
	17:00	380.36	29.90	61	4	
	17:30	394.83		62	4	
	18:00	410.26	29.90	61	4	
	18:30	425.78		62	3.5	
	19:00	441.78	31.52	61	4	
	19:30	455.25		61.5	3.5	
	20:00	471.68	29.90	61	3.5	
	20:30	485.15		62	3.5	
	21:00	501.58	29.90	61	3.5	
	21:30	515.86		61	3.5	
	22:00	533.10	31.52	61	3.5	
	22:30	547.38		61	3.5	
	23:00	564.62	31.52	61	3.5	
	23:30	578.09		61	3	

观测日期	时间	水表读数/m³	抽水流量/(m³/h)	水温/℃	卤水浓度/°Be′	备注
2014.2.12	0:00	594.52	29.90	61	3.5	
	0:30	608.80		61	3	
	1:00	626.04	31.52	61	3.5	
	1:30	640.32		61	3	
	2:00	657.56	31.52	61	3.5	
	2:30	671.84		61	3	
	3:00	689.08	31.52	61	3.5	
	3:30	703.36		61	3	
	4:00	720.60	31.52	61	3.5	
	4:30	734.88		61	4	
	5:00	752.12	31.52	61	3.5	
	5:30	765.30		61	3.5	
	6:00	781.44	29.32	61	3.5	
	6:30	794.62		62	3	
	7:00	810.76	29.32	61	4	
	7:30	823.94		62	4	
	8:00	840.08	29.32	61	3.5	
	8:30	853.26		62	3.5	
	9:00	869.40	29.32	61	4	
	9:30	884.21		62	3.5	
	10:00	901.98	32.58	61	4	
	10:30	915.39		62	3.5	
	11:00	931.76	29.78	63	3.5	
	11:30	945.17		63	3.5	
	12:00	961.54	29.78	62	3.5	
	12:30	975.01		63	4	
	13:00	991.44	29.90	64	4	
	13:30	1004.91		62	4	
	14:00	1021.34	29.90	63	4	
	14:30	1035.33		62	4	
	15:00	1052.28	30.94	64	4	
	15:30	1065.46		63	3.5	

观测日期	时间	水表读数/m³	抽水流量/(m³/h)	水温/℃	卤水浓度/°Be′	备注
	16:00	1081.60	29.32	64	4	
	16:30	1095.07		64	3.5	
	17:00	1111.50	29.90	64	4	
	17:30	1124.97		64	3.5	
	18:00	1141.40	29.90	64	3.5	
	18:30	1154.87		64	4	
	19:00	1171.30	29.90	64	4	
	19:30	1184.77		64	3.5	
	20:00	1201.20	29.90	64	4	
	20:30	1215.48		64	3.5	
	21:00	1232.72	31.52	64	4	
	21:30	1246.19		64	3.5	
	22:00	1262.62	29.90	64	4	
	22:30	1276.09		64	3.5	
	23:00	1292.52	29.90	64	4	
	23:30	1305.99		64	3.5	
2014.2.13	0:00	1322.42	29.90	64	4	
	0:30	1335.89		64	3.5	
	1:00	1352.32	29.90	64	4	
	1:30	1365.79		64	3.5	
	2:00	1382.22	29.90	64	4	
	2:30	1395.69		64	3.5	
	3:00	1412.12	29.90	64	4	
	3:30	1425.59		64	3.5	
	4:00	1442.02	29.90	64	3.5	
	4:30	1456.01		64	3.5	
	5:00	1472.96	30.94	64	4	电表读数1206.4 开始注入减阻剂
2014.2.13	8:00	1472.96	—	61	4	电表读数1206.4
	8:30	1490.18	—	61	4	
	9:00	1504.24	31.28	61	4	
	9:30	1518.48		62	3.5	

续表

观测日期	时间	水表读数/m³	抽水流量/(m³/h)	水温/℃	卤水浓度/°Be'	备注
	10:00	1534.58	30.34	62	4	
	10:30	1549.62		62	3.5	
	11:00	1564.70	30.12	63	4	
	11:30	1579.72		63	3.5	
	12:00	1594.68	29.98	63	3.5	
	12:30	1609.48		63	4	
	13:00	1624.64	29.96	63	4	
	13:30	1640.14		63	3.5	
	14:00	1655.44	30.80	63	4	
	14:30	1670.48		63	3.5	
	15:00	1685.86	30.42	63	4	
	15:30	1700.88		63	3.5	
	16:00	1715.96	30.10	64	4	
	16:30	1730.06		64	3.5	
	17:00	1746.18	30.22	64	4	
	17:30	1761.20		64	3.5	
	18:00	1776.26	30.08	64	4	
	18:30	1791.84		64	3.5	
	19:00	1806.22	29.96	64	4	
	19:30	1821.24		64	3.5	
	20:00	1836.20	29.98	64	4	
	20:30	1851.20		64	4	
	21:00	1866.34	30.14	64	4	
	21:30	1881.54		64	3.5	
	22:00	1896.06	29.72	64	4	
	22:30	1911.08		64	3.5	
	23:00	1926.06	30.00	63	4	
	23:30	1941.98		64	3.5	
2014.2.14	0:00	1956.00	29.94	63	4	
	0:30	1971.02		63	3.5	
	1:00	1986.98	29.98	64	3.5	
	1:30	2001.06		63	4	

续表

观测日期	时间	水表读数/m³	抽水流量/(m³/h)	水温/℃	卤水浓度/°Be′	备注
	2:00	2016.12	30.14	63	4	
	2:30	2031.40		64	3.5	
	3:00	2046.38	30.26	63	4	
	3:30	2061.52		63	3.5	
	4:00	2076.70	30.32	63	4	
	4:30	2091.68		63	3.5	
	5:00	2106.66	29.96	63	4	
	5:30	2121.64		63	3.5	
	6:00	2136.62	29.96	63	4	
	6:30	2151.58		63	3.5	
	7:00	2166.56	29.94	63	4	
	7:30	2181.52		63	3.5	
	8:00	2196.54	29.98	64	3.5	电表读数 1226.3

表 4-37　深层卤水井抽卤试验节能效果

项目	采卤量				能耗			
	水表读数/m³		采卤量	涌水量	电表读数		耗电量	采卤能耗
	自	至	/m³	/(m³/d)	自	至	/(kW·h)	/(kW·h/m³)
应用前	110.34	1472.96	1362.62	726.73	1158.7	1206.4	5724	4.20
应用后	1472.96	2166.54	723.58	723.58	1206.4	1226.3	2388	3.30

从表 4-37 可见,注入减阻剂以后单位采卤能耗从 4.20 kW·h/m³ 降低到 3.30 kW·h/m³,降低 21.43%,节能效果非常明显。

4.7.2　在黄河三角洲浅层采卤井中的应用

1. 试验井基本情况

成井深度约 150 m,采卤深度 82 m,出卤水温 19℃左右,矿化度 12°Be′左右,泵卤管为 DN50 PE 硬管,出水量在 9~10 m³/h。该井卤水充足,动液面基本稳定,不需加装变频控制柜。

2. 减阻剂注入方法

A、B 同 4.7.1 节;C:根据采卤量 10 m³/h,按 20 ppm 的比例计算减阻剂溶液

的加入量为 $10 \times (20/1\,000\,000) \div (1/100) = 0.02\ \text{m}^3/\text{h} = 20\ \text{L/h}$，通过可调流量计进行减阻剂加入量控制。

3. 试验结果

抽卤试验观测记录见表 4-38，节能效果见表 4-39。

表 4-38　浅层卤水井抽卤试验观测记录表

观测日期	时间	抽水流量/(m³/h)	水温/℃	卤水浓度/°Be′	备注
2014.10.14	8:00	—	—	—	电表读数 471.2
	8:30	9.58	19	12	电表倍率 40 倍
	9:00	9.56	19	12	
	9:30	9.54	19	12	
	10:00	9.54	19	12	
	10:30	9.52	19	12	
	11:00	9.50	19	12	
	11:30	9.50	19	12	
	12:00	9.48	19	12	
	12:30	9.48	20	12	
	13:00	9.48	20	11.5	
	13:30	9.46	20	11.5	
	14:00	9.50	20	11.5	
	14:30	9.50	20	11.5	
	15:00	9.46	20	11.5	
	15:30	9.44	21	11.5	
	16:00	9.40	21	11.5	
	16:30	9.40	21	11.5	
	17:00	9.42	21	11.5	
	17:30	9.40	20	11.5	
	18:00	9.38	20	11.5	
	18:30	9.40	20	12	
	19:00	9.36	20	12	
	19:30	9.38	20	12	
	20:00	9.36	19	12	

观测日期	时间	抽水流量/(m³/h)	水温/℃	卤水浓度/°Be′	备注
	20:30	9.36	19	12	
	21:00	9.34	19	12	
	21:30	9.32	19	12	
	22:00	9.34	19	12	
	22:30	9.36	19	12	
	23:00	9.32	19	12	
	23:30	9.32	19	12	
2014.10.15	0:00	9.36	19	12	
	0:30	9.34	19	12	
	1:00	9.34	19	12	
	1:30	9.36	18	12	
	2:00	9.32	18	12	
	2:30	9.36	18	12.5	
	3:00	9.34	18	12.5	
	3:30	9.36	18	12.5	
	4:00	9.36	18	12.5	
	4:30	9.36	18	12.5	
	5:00	9.38	18	12.5	
	5:30	9.36	18	12.5	
	6:00	9.38	18	12.5	
	6:30	9.34	18	12.5	
	7:00	9.32	18	12.5	
	7:30	9.34	18	12.5	
	8:00	9.32	18	12.5	电表读数 475.1 开始注入减阻剂
2014.10.15	8:30	—	—	—	电表读数 475.1
	9:00	12.22	19	12	
	9:30	12.20	19	12	
	10:00	12.20	19	12	
	10:30	12.18	19	12	
	11:00	12.20	19	12	
	11:30	12.20	19	12	

观测日期	时间	抽水流量/(m³/h)	水温/℃	卤水浓度/°Be′	备注
	12:00	12.20	20	12	
	12:30	12.18	20	11.5	
	13:00	12.20	20	11.5	
	13:30	12.20	20	11.5	
	14:00	12.20	20	11.5	
	14:30	12.16	20	11.5	
	15:00	12.20	21	11.5	
	15:30	12.18	21	11.5	
	16:00	12.18	21	11.5	
	16:30	12.14	21	11.5	
	17:00	12.12	21	11.5	
	17:30	12.16	21	11.5	
	18:00	12.14	21	11.5	
	18:30	12.14	21	12	
	19:00	12.12	20	12	
	19:30	12.14	20	12	
	20:00	12.16	20	12	
	20:30	12.12	20	12	
	21:00	12.12	20	12	
	21:30	12.14	20	12	
	22:00	12.10	20	12	
	22:30	12.12	20	12	
	23:00	12.10	19	12	
	23:30	12.10	19	12	
2014.10.16	0:00	12.12	19	12.5	
	0:30	12.10	18	12.5	
	1:00	12.06	18	12.5	
	1:30	12.08	18	12.5	
	2:00	12.06	18	12.5	
	2:30	12.04	18	12.5	
	3:00	12.06	18	12.5	
	3:30	12.06	18	12.5	

观测日期	时间	抽水流量/(m³/h)	水温/℃	卤水浓度/°Be′	备注
	4:00	12.00	18	12.5	
	4:30	12.02	18	12.5	
	5:00	12.04	18	12.5	
	5:30	12.02	18	12.5	
	6:00	12.04	18	12.5	
	6:30	12.00	18	12.5	
	7:00	11.96	18	12.5	
	7:30	12.00	18	12.5	
	8:00	12.00	18	12.5	
	8:30	12.00	18	12.5	电表读数 479.0

表 4-39　浅层卤水井抽卤试验节能效果

项目	采卤量		能耗			
	总采卤量/m³	平均涌水量/(m³/h)	电表读数		耗电量/(kW·h)	单位能耗/(kW·h/m³)
			自	至		
应用前	225.6	9.4	471.2	475.1	156	0.6915
应用后	290.4	12.1	475.1	479.0	156	0.5372

从表 4-39 可见,注入减阻剂以后,在不增加用电量的情况下,平均采卤量由 9.4 m³/h 增加到 12.1 m³/h,增输率达到 28.72%。换算成单位采卤能耗,从 0.6915 kW·h/m³ 降低到 0.5372 kW·h/m³,降低 22.31%,节能效果非常明显。

4.8　本 章 结 论

本章首先根据流体力学原理分析了流体管道阻力成因,找出了影响流体管道阻力的主要因素,提出了减阻降耗技术对策。然后从析盐晶粒控制、内涂层表面光滑减阻、减阻剂减阻等方面开展减阻降耗技术研究,其中重点研究了减阻剂减阻技术,给出了减阻剂减阻机理,设计、建立了减阻率测试环道和测试方法,测试了现有水溶性聚合物 PAM 和 PEO 的减阻性能,合成了两种耐温、耐盐的水溶性减阻聚合物。最后将研发的卤水管道减阻剂 P(AM/AMPS)在黄河三角洲深层、浅层卤水井中进行了应用试验,获得了良好的减阻降耗效果。在采输卤减阻降耗技术研究过程中,形成了如下几条主要结论:

（1）保持管径减阻、光滑减阻和减阻剂减阻都能降低流体与管壁之间的摩擦阻力。

（2）减阻剂减阻技术节能效果突出，可以应用于黄河三角洲深层卤水的开采管道，卤水管道减阻剂分子应为含有强极性短侧链、分子量大于 100 万的超高分子量线型聚合物。

（3）羧甲基纤维素钠和黄原胶是较好的氯化钠晶体生长调节剂，能够有效控制氯化钠结晶颗粒的大小，其最佳添加量分别为氯化钠固含量的 0.14% 和 0.28%，与文献报道使用的葡萄糖相比，添加剂的用量分别降低了 91.3% 和 82.5%。

（4）根据流体力学原理设计安装的减阻剂测试环道和测试方法科学合理，简单实用，测试数据准确、可信。

（5）采用浸涂法制备了聚氨酯面漆、环氧面漆、氟碳面漆、硝基磁漆、醇酸磁漆、巯基三唑衍生物-磷酸盐复合膜、达克罗等 8 种涂层管，采用电沉积法制备了 N80 钢镀 Ni-W-P 涂层管。对涂层管的减阻性能测试结果表明，除达克罗涂层外，其他几种涂层管的减阻性能相比粗糙管明显提高，其中 N80 钢镀 Ni-W-P 涂层性能最好，巯基三唑衍生物-磷酸盐复合膜次之。因此，除达克罗涂层外，制备的几种内涂层管减阻性能良好，皆可应用于深层卤水的开采管道，以实现防腐、减阻的目的。

（6）PAM 和 PEO 在温度较低的清水中减阻性能突出，在雷诺数、添加量等最佳条件下，减阻率大于 50%。随温度升高和盐度增大，PAM 的减阻率明显降低，但在单一因素影响下仍具有一定的减阻性能，可以用于常温输卤管道，而 PEO 耐温、耐盐性能都很差，不能用于采输卤管道。

（7）测试表明，减阻剂减阻技术可以用于竖直的采卤管道，但减阻率低于水平的输卤管道。离心泵对高分子减阻剂具有强烈的剪切作用，因此减阻剂应在泵后注入采输卤管道。

（8）通过对聚丙烯酰胺改性，成功制备了磺甲基化聚丙烯酰胺（SPAM），以其在模拟卤水中的减阻率为考核指标，通过正交实验进行优化，得到的最佳反应条件为：反应温度为 60℃、介质 pH＝10、PAM∶NaHSO$_3$∶CH$_2$O 质量比为 4∶6∶3、反应时间为 4 h。

（9）SPAM 在高温、高盐的模拟卤水中具有较高的减阻性能，明显好于 PAM，可应用于黄河三角洲深层卤水的采输卤管道。

（10）通过水溶液聚合法成功合成了 P(AM/AMPS)减阻聚合物，以其在模拟卤水中的减阻率为考核指标，通过正交实验进行优化，得到的最佳反应条件为：单体浓度 30%，引发剂用量（占单体质量比）0.02%，反应温度 30℃，AMPS 质量比为 20%。

　　(11) 合成的 P(AM/AMPS)在高温、高盐的模拟卤水中水具有更高的减阻性能,不但明显好于 PAM,而且好于 SPAM,用于黄河三角洲深层卤水的采输卤管道可以达到节约能耗的目的。

　　(12) 研发的减阻剂产品在深层和浅层采卤井中现场应用结果表明,单位采卤能耗都可降低 20%以上,节能效果明显。

第 5 章　深层卤水资源开采过程中的生态环境风险预防及控制技术

生命周期评价理论由于可以系统、科学、客观、有效地考虑二次污染或污染转移，对能源、资源以及废弃物进行源头优化匹配利用，实现外排物质减量化、资源化与无害化，因而成为当今国际上进行可持续发展评估与管理、清洁生产以及政策制定的必备工具之一。2013 年，为避免因产品环境评价方法不同，给消费者和采购方带来混乱的环境信息与高额环境信息披露成本，欧盟委员会在其环保法令(Communication on Building the Single Market for Green Products)中发布了基于生命周期评价(life cycle assessment，LCA)建立绿色产品的统一市场公告，指出生命周期评价是未来评价绿色产品唯一的方法。因此本研究利用生命周期评价的方法对黄河三角洲深层卤水开采全过程的环境影响进行了评价。然而，由于我国在生命周期评价领域的研究起步较晚，与欧、美、日等发达国家或地区相比，我国的生命周期评价理论与应用研究还存在较大差距，尤其是生命周期基础清单和环境影响评价模型构建领域的研究十分匮乏。至今还没建立起完备的卤水开采生命周期清单。

本研究以现场监测为主、文献调研以及企业调研等方法为辅，进行生命周期清单数据收集与确立。该清单涉及深层卤水开采生命周期过程(采卤、输卤)的能源、材料、资源、运输以及废物处理处置等单元。本研究最大限度地采用现场的实测数据，并结合我国基础排放数据(例如能源生产、运输、固体垃圾处置、污水处理等)，构建符合黄河三角洲深层卤水开采现状的生命周期清单，为后续的生命周期评价分析提供数据支撑。随后，对生命周期清单的环境影响进行归类，在选择淡水/陆地酸性化、生态毒性、淡水/海水富营养化、农业/城市土地占用、土地演变、气候变化、人类健康、能源耗竭等中间影响类别的基础上，进一步将所选择的中间影响类别归结于生态损害、健康损害、资源耗竭终点影响类别，用以构建符合黄河三角洲深层卤水开采的环境影响类别。然后，采用多种不同的生命周期影响评价方法(ReCiPe，IMPACT 2002＋，CML 和 TRACI)对黄河三角洲深层卤水开发及利用的环境影响进行定量解析，利用比较舍弃缺失、过高或过低特征影响因子方法，筛选出符合黄河三角洲深层卤水开采的生命周期影响评价方法；并在此基础上对深层卤水开采生命周期环境影响进行定量解析，识别量化深层卤水开采生命周期环境影响关键污染物质及其产生环节，建立了源头减量控制技术。此外，本研究通过生命周期成本评价法，识别、量化和评估钻井与采输卤过程的经济负荷，进而结合 LCA 综合评价该项目的经济与环境集成影响，建立环境与成本的综合评价体系，促进环境效益与经济效益的平衡，同时可以识别出钻井过程中经济成本较高、环境影响较大的环节,从而提出与能源类型、开采模式、工艺参数、固废处置等相应的源头减量控制技术。

此外,针对污染物对健康与生态风险的损伤机制(环境宿命、暴露、摄入、风险与损伤),在上述识别并确定关键污染因子(即多胁迫因子)的基础上,结合我国的地理、环境、人口条件,依据多介质模型、化学物质毒性数据库、剂量-反应模型,构建了多污染因子共存条件下的生态与健康毒性特征化评价方法,并将其带入本研究筛选出的 LCA 评价方法中,形成了适合黄河三角洲深层卤水开采的 LCA 评价方法,并对黄河三角洲深层卤水开采再评价。结合再评价结果,利用生态足迹法、环境滴定法以及污染物的半致死浓度(LD_{50}),对深层卤水开采生态风险临界值与生态风险分别进行了界定与预警,并预测了开发过程中突发性和非突发性污染事故产生的潜势和概率(技术路线图见图 5-1)。

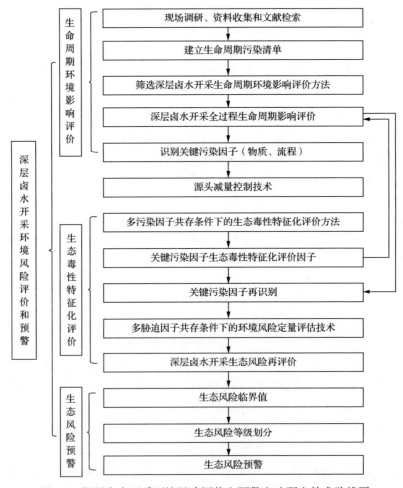

图 5-1　深层卤水开采环境风险评价和预警方法研究技术路线图

5.1　国内外研究现状

5.1.1　生命周期评价

1) 生命周期评价的内涵

(1) 生命周期评价的定义。

生命周期评价针对一种产品、工艺和服务过程,通过对整个生命周期内能量和物质的使用及污染排放的辨识和定量,评价其对环境的潜在影响,并通过分析,寻求缓解环境影响的过程和方法。对于生命周期评价的定义,政府、企业以及一些机构从自身角度出发,对它有各自的提法。

美国环境保护署(USEPA)对生命周期评价的定义为:对自最初从地球中获得原材料开始,到最终所有残留物归返地球结束的任何一种产品或人类活动所带来的污染物排放及其环境影响进行评价的方法;国际环境毒理学与化学学会(SETAC)对生命周期评价的定义:全面地审视一种工艺或产品"从摇篮到坟墓"的整个生命周期有关的环境影响;美国 3M 公司对生命周期评价的定义:在从制造到加工、处理乃至最终作为残留有害废物处置的全过程中,检查如何减少或消除废物的方法;国标 GB/T 24040—2008 对生命周期评价的定义:对一个产品系统的生命周期中输入、输出及其潜在环境影响的汇编和评价。

(2) 生命周期评价的特点。

生命周期评价能定量解析产品或服务的环境影响,该方法具有以下几方面(ISO 14040,2006)特点:

生命周期评价根据所确定的目的和范围,从原料的开采、原材料的生产、产品的制造、产品的使用以及废弃物的处置的全过程,对产品或服务的影响进行评价。

生命周期评价的研究具有灵活性,不存在统一模式。根据所研究的目的和范围,生命周期评价研究的深度和时间跨度可存在较大的差异。

生命周期评价产品或系统对环境造成的潜在影响,但不预测绝对的或精确的环境影响,这是由于生命周期评价是基于功能单位对潜在环境影响的相对表述,是对环境数据在时间与空间上的整合,以及评价模型中固有的不确定性等原因导致的。

生命周期评价不同于其他的环境管理方法(如环境影响和风险评价等),该方法是基于功能单位的一个相对的环境影响评价方法,可以利用其他方法获取相关信息;生命周期评价的方法学是开放的,可以容纳新的技术发展以及新的科学发展。

2）生命周期评价起源与发展

（1）萌芽阶段（20世纪60年代）。

生命周期评价起源于20世纪60年代后期，所关注的问题主要集中于能源效率、原材料的消耗和废弃物处理等领域。第一个较为完整的研究为可口可乐公司于1969年进行的利用玻璃容器代替塑料容器的可行性研究，当时称为资源与环境状况分析（resource and environment potential assessment,REPA）（Bonifaz et al.，1996）。该研究从原材料采集到废弃物最终处置的整个过程，对不同材质的饮料罐在生产过程产生的环境污染进行了比较分析，揭开了生命周期评价的序幕。随后，美国和欧洲的一些研究机构和咨询公司也相继开展了类似的研究。这一时期的研究主要是工业企业内部行为，研究结果可作为企业内部产品开发和管理的决策工具（Gurran,1996；Hunt and Franklin,1996）。英国学者伊恩·鲍斯特德提出了清单研究理论，并于1979年出版了《工业能量分析手册》一书。

（2）探索阶段（20世纪70~80年代）。

20世纪70年代，因为能源危机的出现，致使很多研究工作从污染物排放转向了能源分析与规划。这一时期的研究以能源分析法为主，出现了"净能量分析"（net energy analysis）法和类似清单分析的"生态衡算"（ecobalance）法（Bonifaz et al.，1996；Jensen et al.，1997）。"净能量分析"和"生态衡算"法以能源与物料平衡以及生态试验为依据，对产品整个生命周期对环境的输入、输出进行量化。20世纪70年代末到80年代中期出现了全球性的固体废弃物问题，生命周期评价方法也由此进一步应用到废弃物的产生、处理和处置过程，进而为企业制定固体废弃物减量目标提供相关的决策依据。

（3）迅速发展阶段（20世纪80年代末以后）。

随着可持续发展和循环经济理论的日趋完善，生命周期评价得到广泛关注与迅速发展。1989年，荷兰国家居住、规划与环境部（VROM）针对传统的"末端治理"的环境政策，第一次提出制定面向产品的环境政策。该研究提出对产品的整个生命周期内的所有环境影响进行评价，并对生命周期评价的基本方法和数据进行标准化。1990年，SETAC首次召开关于生命周期评价的国际会议，该次会议首次正式提出"生命周期评价"的概念。随后，荷兰政府开展了历时三年的"废物再利用"研究，此研究取得了大量研究成果，并与1992年发布题为《产品生命周期环境评价》的报告。

1992年后，SETAC组织有关研究机构，对生命周期评价开展了深入的研究。1993年，SETAC公布了题为《生命周期评价纲要——实用指南》的纲领性报告，此报告为生命周期评价提供了一个基本的技术框架，为生命周期评价的进一步研究提供坚实的基础。国际标准化组织(ISO)从 1992 年开始筹划包括生命周期评价标准在内的 ISO 14000 环境管理系列标准的制定,并于 1993 年 6 月正式成立了"环境管理标准技术委员会",负责环境管理工具及体系的国际标准化工作(ISO 14040,1997;ISO 14041,1998;ISO 14042,2000;ISO 14043,2000)。ISO 14040 确立了生命周期评价的原则和框架,ISO 14041 规范了 LCA 的目的和范围的确立以及清单分析,ISO 14042 规范了影响评价,ISO 14043 确立了解释的内容和步骤。1993 年,USEPA 委托相关研究机构进行了生命周期清单的研究,并出版了《生命周期评价——清单分析的原则与指南》,1995 年又出版了《生命周期分析质量评价指南》和《生命周期影响评价:概念框架、关键问题和方法简介》,此类研究使生命周期评价体系得到进一步的完善。联合国环境规划署(UNEP)于 20 世纪 90 年代中期开始参与对生命周期评价的研究,并于 1996 年发表了题为《生命周期评价:概念与方法》的报告,为生命周期评价的研究提供了背景信息和范例。在美国环境保护署、荷兰以及瑞士政府的支持下,UNEP 在 1999 年 10 月发表了题为《面向全世界的生命周期评价应用》的报告,阐述了生命周期评价在世界范围内的接受程度以及应用水平。2000 年,UNEP 与 SETAC 合作,研究了生命周期评价在当今社会及未来发展中的应用,并于 2002 年制定出详细的研究纲要与计划。国际标准化组织于 2006 年对 ISO 14040 系列标准进行了整合,将原来的四个标准合并为现在的两个标准(ISO 14040,2006;ISO 14044,2006)。

在亚洲,日本、韩国以及印度等国家,均建立了生命周期评价研究会。各种生命周期软件与数据库纷纷推出,促进了生命周期评价的发展与应用。

3) 生命周期评价的框架

一个完整的生命周期评价包括四个有机组成部分:研究目的与范围的确定、清单分析、影响评价和生命周期影响评价解释(ISO 14040,2006;ISO 14044,2006)。

(1) 研究目的与范围的确定。

根据所研究的应用意图、开展该研究的原因等因素确定评价的目的,并按照评价目的界定研究范围,包括评价所研究的产品系统的定义、产品系统的功能、研究的功能单位、系统边界的确定、选择的影响类型与影响评价方法、假设条件、有关数据要求和限制条件等。研究目的与范围的确定是生命周期评价的第一步,影响到整个评价工作程序、研究结论的准确性,是生命周期评价过程中非常重要的一步。目的和范围设定要适当,过小得出的结论不可靠,过大则会加大以后三步(清单分析、影响评价以及结果解释)的工作量。

(2) 清单分析。

生命周期清单分析是指生命周期评价中对所研究产品的整个生命周期过程中数据的收集与计算,并以此量化评价系统的输入与输出。在系统边界中每一个单元过程的数据可由以下几方面构成:能源、原材料等输入;产品、副产物以及废物排放;向水体、大气、土壤的直接污染排放;以及其他环境影响。

（3）影响评价。

生命周期影响评价是生命周期评价过程中理解和评估产品系统在整个生命周期中潜在环境影响的大小及重要性的阶段。生命周期影响评价的目的是根据生命周期清单的结果对研究系统产生的潜在环境影响进行评价。

生命周期影响评价框架及其程序必须透明,并且提供其广泛应用范围的适用性和可操作性。一般可将影响评价再分为三阶段:分类、特性化和评价。分类是将对环境有一致或类似影响的排放物分作一类,一般按照对人类健康的影响、对生态环境（自然界、植被等）的影响、对资源（特别是枯竭资源）的影响和对社会福利的影响等分成四大类,并附以不同的影响因子。特性化是把各影响因子对环境影响的强度和程度予以定量化。评价是将以上分类并定量化的各种影响因子统一归结为一个指标、重要的因素分派给不同影响种类的过程。

（4）生命周期影响评价解释。

生命周期影响评价解释是依据规定的评价目标和范围,对清单分析以及影响评价的结果进行评估,并根据从中得到的信息来得出结论并提出建议。在生命周期影响评价完成后,进行生命周期评价的最后一个环节——生命周期影响评价解释。生命周期影响评价解释在程度上可大可小,在评价解释过程中,生命周期清单和影响评价的结果用于提出改进建议,使所研究系统对造成的潜在环境影响最小化。

4) 生命周期评价的工具

欧美国家研究开发了一些生命周期评价工具和数据库,然而每种软件都是各种开发商从自身角度出发进行开发设计的,因此其特点与应用范围都有具体的要求,对各种生命周期评价软件的比较见表5-1。

表 5-1　不同环境评价方法的比较

软件名称	数据来源	特点	销售商
Simapro	荷兰	生命周期清单分析与影响评价模型,具有强大的数据库支撑	PRé Consultants
GaBi	德国	生命周期清单分析以及影响评价模型,数据库包括 800 多种物质和能源以及 10 余种工业类型	IPTS
Boustead	欧洲	生命周期清单分析,数据库系统性强,范围广,涵盖广泛的材料加工和能源生产过程	Boustead

续表

软件名称	数据来源	特点	销售商
KCL-ECO	芬兰	生命周期清单分析，主要应用于芬兰及欧洲其他国家的纸浆制造以及纸张生产的清单分析	The Finnish Plup and Paper Research Institute
PEMS	欧洲	生命周期清单分析和影响评价，包括原材料生产、运输，能源生产以及废物管理等	Pira
LCAiT	瑞典	生命周期清单分析，主要对于能源生产、运输，以及一些化学物质、纸张和塑料的评价	CIT Ekologik
TEAM	美国	生命周期清单分析与成本分析模型，涵盖200多个独立的数据文件以及 10 类评价对象	Ecobalance
ATHENA	加拿大	北美地区建筑物生命周期评价	ATHENA Materials Inst
Bee 2.0	美国	建筑生命周期评价	Building and Fire Research Laboratory

5）生命周期评价在我国的应用

面对日益严峻的环境问题，为了实现污染预防以及全过程的环境管理体系，国际社会正在探索一些有效的实现可持续发展战略的途径，如清洁生产、循环经济以及生命周期评价等。这些都是当今全球环境管理的主要发展方向，虽然各方法都有明确的论点，但也有相同之处，那就是基于生命周期的思想和循环经济的理论指导下的环境管理发展战略（邓南圣和王小兵，2003）。生命周期评价作为目前产品与环境管理环境影响评价最科学的方法之一，日益受到人们的重视与青睐（郑秀军等，2013）。生命周期评价可以对人类所从事活动全过程的资源消耗以及造成的环境影响有一个彻底、全面、综合的评价。生命周期评价的研究和应用，在科学评价其环境协调性、有效保护环境资源等方面起到了积极作用（王爱华，2007）。生命周期评价在我国的应用涉及许多行业的产品、工艺和服务的评价，同时，生命周期评价作为一种有效的环境管理工具，在我国企业的环境管理、清洁生产审核等方面发挥了积极的作用（白璐等，2010）。譬如《中华人民共和国清洁生产促进法》第二十条指出，产品和包装物的设计，应当考虑其在生命周期中对人类健康和环境的影响，优先选择无毒、无害、易于降解或者便于回收利用的方案。可见，生命周期评价是很好的清洁生产审核方法。

自 2012 年起，国家工信部、科技部以及财政部等部门先后提出了逐步建立产品生态设计基础数据库、选择清洁生产评价指标以及提供基于生命周期评价的产品生态报告等要求。生命周期评价在行业中的应用主要包括产品生命周期评价、工艺技术生命周期评价、农业及服务业中的生命周期评价;在环境管理中的应用包括作为企业的环境管理工具、用于清洁生产审核以及用于环境标志认证等;在环境工程中的应用主要体现在城市污水处理厂的管理和城市固体废弃物资源化管理方面。目前生命周期评价在我国已被广泛地应用于建筑材料生产(Hong et al.,2012)、运输(Chen et al.,2014)、固体废物处置(Hong et al.,2010)、废物资源化利用(Hong and Li,2010;Hong et al.,2013)、化工产品制造(Hong and Li,2013;Hong et al.,2014)、能源生产(Cui et al.,2012)等领域。

5.1.2　生命周期成本评价

1. 生命周期成本评价定义

生命周期成本(life cycle cost,LCC)是指在产品经济有效使用期间所发生的与该产品有关的所有成本,包括开发(计划、设计和测试)、生产(加工作业)以及后勤支持(广告、销售和保证等)。主要包括以下几个方面:产品设计成本、制造成本、使用成本、废弃处置成本、环境保护成本。

2. 生命周期成本评价的发展

对于生命周期成本研究,早在1950年美国对可靠性的研究就已经开始萌生(肖保生,1997),而生命周期成本评价的概念最早在20世纪60年代后期由美国国防部率先使用,其主要原因是典型武器系统的运行和支持成本占了产品购买成本的75%,为了解决该问题,美国国防部提出了生命周期成本的概念,后来该概念被逐步推广到民用工业部门(Woodward,1997);到20世纪70年代开始进入实用化时代;到了80年代,生命周期成本评价成为生命周期管理的一个重要内容。在1984年,美国国家科学基金会组织的一个学术界和工业界的联合会议中,提出了34个可研究的课题,并通过一个计分模型进行计分,之后按优先顺序排列,有两个研究领域得了最高分,其中一个就是产品生命周期设计的经济评价(张旭梅和刘飞,2001)。90年代之后,随着环境问题日益引起民众以及政府部门的关注,生命周期成本评价也逐渐进入了迅速发展的时期,经过多年的实践和应用,生命周期成本评价的应用领域已经十分广泛(王寿兵等,2007)。

产品的生命周期成本评价在产品设计、整合系统开发、产品生命周期成本知识库构建等方面都取得了一定的研究成果,应用领域愈发广泛,研究视角多元化(韩庆兰和水会莉,2012)。但仍存在很多不足,生命周期成本评价的研究中对综合控制各阶段成本的研究还很薄弱,生命周期成本评价面临基础数据缺失、数据可信度差的问题,标准规范不健全,没有统一的通用标准,这些都是制约生命周期成本评价发展的因素。

3. 生命周期成本评价的应用

美国最早在 19 世纪 60 年代提出了生命周期成本的概念,英国的生命周期成本评价概念最早出现在 1974 年英国皇家特许测量师协会出版的《建筑与工料测量》季刊中,之后一批工程造价界的学者和实际工作者将生命周期成本应用于工程造价领域,并在英国皇家特许测量师协会的直接组织和大力推动下,生命周期成本分析理论和实践得到了广泛深入的研究和推广(韩庆兰和水会莉,2012)。日本在 20 世纪 70 年代开始引进产品生命周期成本法,依托日本防卫厅等机构对生命周期成本评价法的重视,日本设备工程师协会的生命周期成本委员会、后勤学会日本支部的相继成立,产品生命周期成本评价法在日本得到了极大的发展。

生命周期成本评价在国外被应用于工业生产、管理投资以及社会生活的方方面面。Kim 等使用产品生命周期成本评价法研究了轻轨系统开发建设项目,以提高轻轨系统开发效率(Kim et al. ,2008)。Hong 等使用生命周期成本法对日本下水污泥处置方法进行比较,分别比较了基础处理、基础处理加堆肥、基础处理加干燥、基础处理加焚烧、基础处理加焚烧和熔化、基础处理加熔化,通过研究发现基础处理加熔化是其中环境与经济双赢的处置方法(Hong et al. ,2009)。

中国的生命周期成本评价起步较晚,我国于 20 世纪 80 年代引入产品生命周期成本法,在国家标准 CB 6992—86《可靠性与维修性管理》中,将产品的生命周期划分为概念与定义、设计与研制、制造与安装、使用与维护以及处理五个阶段。1988 年,高克勒等翻译了日本学者日比宗平的《寿命周期评价法》,系统地介绍了生命周期成本评价法。1993 年,廖祖仁等编著了《产品寿命周期费用评价法》一书,系统地介绍了生命周期成本评价法的基本内容。

我国自引入生命周期成本分析以来,逐渐将其应用于研究武器系统全生命周期成本的控制和管理工作中。产品生命周期评价法最先被用于军事方面,后来逐步应用于民用工业中(韩庆兰和水会莉,2012)。目前,中国生命周期成本评价已被广泛地应用到产品设计、设备管理、汽车行业、环保行业、建筑行业以及管理投资等方面(陈晓川和方明伦,2002)。

王寿兵等使用生命周期评价方法,对上海市柴油动力公交车和压缩天然气动力公交车进行比较,为上海乃至全国公交系统的能源优化和生态化提供了技术支持(王寿兵等,2007)。刘敬尧等应用生命周期成本分析方法对不同发电方案的经济性能进行了评价,从环境和经济两个层面综合分析对比了常规粉煤发电、整体煤气化联合循环和天然气联合循环的经济成本,发现各技术方案的优势和不足,为燃煤发电替代技术提供科学的定量依据(刘敬尧等,2009)。钱宇等利用环境成本的概念,分析生命周期成本的组成,采用生命周期成本分析法建立化工产品设计的概念框架及实施步骤,为化工产品开发提供科学依据(钱宇等,2006)。邵新宇等以国内环境影响数据和标准为依据,利用生命周期成本评价方法对 4135G 型柴油发动机进行环境与经济的综合评价(邵新宇等,2008)。

　　虽然我国学者在 20 世纪 80 年代就开始认识到生命周期成本分析的重要意义,但因其发展较为缓慢,且有许多缺陷,对生命周期成本分析的系统研究不充分,国内编写的系统论述生命周期成本分析的专著也很少;缺乏与生命周期成本分析有关的数据积累和法律、法规的制定;对生命周期成本分析的应用不够深入。受国内企业管理体制较乱、数据可靠性差、研究本身涉及学科较多、工作量大、难度高以及缺乏经费支持等方面的制约,中国在生命周期成本分析领域的研究和应用国外相比有较大差距(陈晓川和方明伦,2002)。

5.1.3　生态风险评价

1. 生态风险评价的定义

　　根据美国环境保护署(USEPA)的定义,生态风险评价(ERAs)是评估由于一种或多种外界因素导致可能发生或正在发生的不利生态影响的过程,其目的是帮助环境管理部门了解和预测外界生态影响因素和生态后果之间的关系,有利于环境决策的制定。生态风险评价被认为能够用来预测未来的生态不利影响或评估因过去某种因素导致生态变化的可能性。USEPA 对生态风险评价工作有较成熟的方法和数据库,并且做了大量的生态风险评价工作。生态风险评价一般分为以下过程:①制订计划,根据评价内容的性质、生态现状和环境要求提出评价的目标和评价重点;②风险识别,判断分析可能存在的危害及其范围;③暴露评价和生态影响表征,分析影响因素的特征以及对生态环境的影响程度和范围;④风险评价结果表征,对评价过程得出结论,作为环保部门或规划部门的参考以及生态环境保护决策的依据。

2. 生态风险评价的发展

　　在国外,生态风险评价始于 20 世纪 70、80 年代美国颁布的环境法令中,这些法令对公众健康和环境的风险评价做出要求(Barnthouse,2008;Suter,2008)。20世纪 80 年代,USEPA 实验室、美国能源部橡树岭国家实验室在环境保护署的支持下研究开展了风险评价项目,这些项目促进了生态风险评价方法的正式化形成和发展。在风险评估讨论会的赞助下,美国环境保护署成立相关工作团队并颁布生态风险评价白皮书(Barnthouse et al.,2007)。USEPA 在 1992 年,出台了美国《生态风险评价框架》,并在 1998 年颁布了《生态风险评价指南》,该指南提出以"三步法"进行生态风险评价,即问题形成、问题分析和风险表征,并要求在进行正式评价之前制定总体规划,明确评价目标(Barnthouse et al.,2007;毛小苓和倪晋仁,2005)。美国的生态风险评价体系被很多国家参考并采纳,澳大利亚、新西兰、加拿大、荷兰、英国等国家随后都开发了相似的生态风险评价框架。从结构上讲,这些框架的主要差别在于利益相关人和管理流程的不同(Power and McCarty,2002)。之后,美国环境保护署扩展、精炼了《生态风险评价指南》中一些地区的评价内容,进一步提高了生态风险评价程序的科学性(Barnthouse et al.,2007)。

我国从 20 世纪 90 年代开始引入国外生态风险评价内容并加以研究(毛小苓和倪晋仁,2005)。2009 年,我国水利部发布了《生态风险评价导则》,详细介绍了生态风险评价的定义、评价流程及方法等。根据导则,生态风险评价以暴露表征和效应表征为基础,包括问题提出、风险分析与风险表征三个阶段。

由于生态/健康风险评价涉及诸多因素(例如污染物排放、地理、气候、物种分布等),发现和解读各项风险因素的证据、风险因素与生态/人体损伤之间的因果关系、评估和诠释风险因素对生态/健康的影响十分困难,为应对国际社会对跨学科研究的需求,也为政策制定提供可靠、科学的依据,世界卫生组织(WHO)于 2004年提出健康比较风险评估理论(comparative risk assessment),对健康影响的评估环节进行了简化。目前,该比较风险评估理论已被推广应用到区域生态/健康风险和 LCA 中。Jolliet 等(2003)、Rosenbaum 等(2008)和 Goedkoop 等(2009),已利用该比较风险评估理论构建了包含上千种化学物质排放引发的欧洲地区的生态/健康风险与损伤评价模型。

5.1.4　环境风险预警

环境风险是指在人们生产和生活过程中,由人类活动或者人类活动与自然界的运动共同作用引起,并能通过环境介质传播的突发性事故对环境造成危害,产生破坏及损失等不利事件发生的概率。环境风险的作用对象是人类社会生存、发展的基础——环境。环境风险具有两个主要特点,即不确定性和危害性。随着经济的快速发展,我国的工业化、城市化进程逐渐加快,人类消耗自然资源的速率也逐步增长。快速的工业化意味着污染物排放量的迅速增多,而污染物的增多又会对人类和环境健康构成巨大危害,因此人类所面临的环境风险压力也在逐渐增加。

环境风险预警能够在灾害以及危险发生之前,根据过往发生的环境事故或者观察到的可能性前兆向相关部门报告危险情况,从而发出紧急信号以避免环境危害的发生,或者最大限度地降低环境事故所造成的损失。建立环境风险预警监测系统的目的是追踪识别污染源及污染排放因子,降低或者阻止有害环境影响的发生(Brosnan,1999)。环境风险预警不仅是环境科学发展的必然结果,更是保障当今社会环境安全性的重要方法。环境风险预警的出现标志着环境保护措施由事故发生后的被动处理转向了事故发生前的预测和预防。由此可见,环境风险预警工作的进行,不仅是宏观的环境控制与管理体系中的一个重要发展方向,更是环境保护与管理体系中应当重点保障和促进的重要工作。正是由于这些原因,环境风险预警工作已经逐渐受到越来越多的国家级环保机构及国际上相关组织的重视。

从 20 世纪 70 年代开始,环境风险预警就逐步引起了一些发达国家的重视(毕军等,2009)。1989 年联合国环境规划署与环境活动中心提出了"地区性紧急事故意识和防备(awareness and preparedness for emergencies at local level,APELL)计划",即为"APELL 计划"。近年来在高度工业化的发达国家及部分工业发展较快的发展中国家,发生了一系列由工业生产造成的环境污染事故,这对当地居民的生命财产安全都造成了巨大损失,严重破坏了当地的生态环境安全。这些事件带给人们在维持环境安全方面的反思,因此提出了如何维持环境健康、正确处理紧急环境污染事故的问题,这便是联合国环境规划署于 1988 年提出的"APELL 计划"。"APELL 计划"强调对事故的预防,目的是提高人们对突发性环境污染事故的了解和认识,帮助各地区做好准备,令相关组织制定相应的应急计划,正确、迅速地处理工业事故所造成的环境紧急事件,确保工业区附近人民的生命健康,保护人民的生命和财产安全不受损失,维护生态环境健康。20 世纪 90 年代,我国也通过先试点、后推广的方法逐步贯彻实施了"APELL 计划",目前国内主要工业城市均已建立了较为完善的指挥通信系统,这为预防、减少化学事故起到了积极作用(王莹,1999)。建立环境风险预警监测系统的目的是追踪识别污染源及污染排放因子,降低或者阻止有害环境影响的发生(Brosnan,1999)。这就要求预警系统满足以下条件:提供充足的预警反应事件、可承担的费用、易于施行的技术、覆盖所有潜在的威胁、源头可识别、敏感性达到规定水平、产生失误少、稳定性高、能够重复运行并且可核查、满足全年运行条件(Ingeduld,2006)。基于这些要求,经过近几十年的发展,国际上的环境风险预警已经在系统开发、产品实用化方面取得了较好的进展,并且实现了环境预警技术向公共服务领域的延伸,例如:莱茵河水污染预警系统、多瑙河水污染预警系统(毕军等,2009)。在欧洲,1998 年欧盟通过了 2119/98/EC 决议,建立起应急预警系统(EWRS),2013 年又新出台了 1082/2013/EU

决议,这些决议都是由欧洲疾病预防控制中心(ECDC)所执行的。在 2014 年 2 月,EWRS 被改进为一个高级风险管理系统,可以对生物、化学和环境危害进行监控预警(Orford et al. ,2014)。

我国在环境风险预警领域起步较晚,已开展的环境风险工作大多被局限在重大的工程项目或突发性事故风险分析,例如南水北调、三峡工程、油库泄露等重要事件。直到近几年来突发性污染事故频频发生,各有关部门才开始提高了对环境风险的预防和应急处理设置的实行,并结合一些重大污染事故的处置和影响性,展开了一系列的研究工作(薛婕等,2009)。我国在生态风险预警方面已经展开过一些研究工作,但是系统地将其应用于环境影响评价当中尚且存在困难,这是由于生态风险评价涉及大气、水体、土壤和生态系统等多个对象,化学物资环境宿命、暴露、摄入、风险与损伤等诸多途径。我国尚无多污染因子共存条件下的区域生态风险评价模型。环境污染事件本身存在着不确定性和复杂性。因而环境风险预警涵盖了企业、工业园区、区域、城市等多方弥漫,涉及水体、大气、土壤和生态系统等多目标,是一项由物理、化学、生物、经济、社会等多要素共同加和作用的复杂体系。目前,针对生态环境影响评价多采用层次分析法、物元分析理论、模糊评价法和集对分析等理论为基础的评价指标体系或评价模式;关于多胁迫共存条件下环境评价模式和指标体系的研究主要采用多因子叠加与模糊评价综合分析等方法。未见有多胁迫因子共存条件下的区域生态环境风险评估及其未来风险预测等方面的研究,从而导致难以科学、客观地提出经济、环境、技术可行的生态环境风险控制技术方案。在环境风险评价预警方面,我国现存的研究主要集中在环境风险预警指标体系、环境风险预警模型、环境风险预警系统和环境风险预警仪器设备等研究领域(毕军等,2009)。环境风险预警指标体系是由一系列相互联系、能迅速反映环境系统情况的统计指标。构建环境指标体系应满足科学性、可比性、全局性、统一性的基本要求,而设计环境风险预警指标体系时,还应遵循超前性、实用性、灵活性、可持续性四个原则。建立环境风险预警指标体系是分析环境质量的变化趋势,实现对特定的环境风险进行预警以及快速进行响应和处理的基础。我国在预警指标体系的建设方面已经积累了较多的研究成果。从环境风险预警指标体系来说,李俊红等根据环境污染与退化等问题,构建了环境预警指标体系。该指标体系分为预警征兆指标和预警情况指标两部分。预警征兆指标包含了环境保护指标和社会经济指标;预警情况指标则包括环境污染指标和污染治理指标(李俊红等,2000)。颜卫忠考虑环境现象的性质和特点,构建了环境预警指标体系,并运用该体系,根据相关指标的监测数据,构建环境预警指数模型,以此来测定环境问题对于环境系统的影响程度,用以确定预警区间,发出预警信号进行环境风险预警(颜卫忠,2002)。李玉文等对环境预警指标体系在突发环境事故预警和饮用水水源地安全预警中的应用进行了深入的分析和总结(李玉文等,2013)。从预警模型来说,中国已有区域层面的环境风险预警模型:张妍等建立了区域环境风险预警系统模型,并探讨了该系统中的模块管理(张妍和尚金城,2002);李捷等应用环境预警系统模型,选择了不良状态预警、缓慢恶化预警和迅速恶化预警三种预警类型,通过相关计算及权重分析,进行了环境质量的分析、评估和预测,得出相应的预警结论(李捷等,2002);俞露等以环境风险评价为基础,构建了区域水环境安全预警系统,并且开发了南水北调东线工程水安全预警系统模型(俞露等,2005);魏清宇等分析了太湖蓝藻监测问题,建立了蓝藻水华遥感动态监测预警模型(魏清宇等,2008);于长江等针对突发性水污染事故,建立了风险预警系统模型(于长江和孟宪林,2007)。从预警系统来说,国家"863"计划在资源环境领域设立了"网络化环境污染事故区域预警系统(2001AA136043)"项目和"重大环境污染事件应急技术系统研究开发与应用示范(2009AA06A418)"项目,这些项目都资助了环境风险预警系统的研发。目前我国已经累积了一些风险预警系统研究和应用的成功案例,例如谢红霞等以"5S"技术[遥感(RS)、全球定位系统(GPS)、地理信息系统(GIS)、专家系统(ES)、三位分析可视化(VS)]应对突发性环境污染事故应急预警系统的全程模拟(谢红霞,2004);熊德琪等在国外溢油应急信息系统基础之上,针对大连海域的特点研究开发了"大连海域溢油模拟信息系统"(熊德琪等,2002),针对珠江口海域的环境特点研究开发了"珠江口区域海上溢油应急预报信息系统"(熊德琪等,2005),这两个系统均能够模拟海上溢油的漂移扩散、性质变化,并将其可视化;杨洁等在总结环境风险决策支持系统发展现状的基础之上,建立了江苏段长江沿江开发环境风险监控预警系统,以便对水质中的有毒有机物进行监控和预警(杨洁等,2006);王彦颖将WebGIS技术运用在ArcGIS平台上,创建了松花江污染应急决策支持系统,实现了对松花江污染事件的动态模拟(王彦颖,2007)。从仪器设备方面来说,传感器作为实现自动检测及控制的重要环节,由于在日常监测中具有反应灵敏、检测快速准确等优点,近年来受到国内外高度关注,例如利用紫外光电传感器对环境问题特征污染物的实时监测、建立生物传感器在线监测污染因子并预警,以及开发生物行为学传感器等成为研究热点(孟庆军等,2006;毕军等,2009)。但是,我国当前的环境预警工作存在很多亟待解决的问题,例如:预警监测体系不完整、基础数据缺失以及在技术支撑方面尚不能应对污染事件进行预警的实际需求等诸多问题(周文龙,2014;毕军等,2009)。并且,现存的研究多是针对直接环境风险进行预警,针对由于物料、能源或资源的投入带来的隐含环境风险的预警研究较为薄弱(康毅力等,2013;练章富等,2012;张茂林等,2012;魏超南和陈国明,2012)。由于突发性风险极具突然性、难预测性,风险一旦发生则会给人类和自然带来较大的破坏和损失,而非突发性风险则具有潜伏性,风险发生后带来的破坏程度和损失相对会小一些,所以人们一般对突发性风险给予的关注要大一些。曾光明等（2002）研究表明人们的这种理解有所欠缺，在不同条件下，两类风险发生的可能性大小有显著差别，应视具体情况选择风险分析的侧重点。

在卤水开采的环境风险与预警评价研究领域，国内外关于开采过程中生态环境影响控制和管理措施研究十分匮乏，类似研究主要集中于石油、煤炭等的开采过程中的环境影响分析与评价。现有研究一般在资料收集与实地调研的基础上，根据开发工程的特点，采用遥感、GIS、资料收集与数据整理等方法对其生态影响因子进行识别，分析各个生态环境要素的影响，并提出相应的水土保持、生态建设配套措施、污染与事故的预防等影响控制和管理措施。目前，从全生命周期角度构建预警级别的研究较少，并且对生态环境影响控制的研究多为定性研究，缺少科学、客观的定量化表征方法，从而导致难以科学、客观、系统地提出生态环境影响控制和管理措施。此外，国内外目前关于污染成因、排放特征和污染因子识别的研究较多，但针对深井卤水开采过程的环境影响的研究较少，且分析方法多为定性讨论，缺乏系统全面的评价模式。深井卤水开采中存在卤水泄漏、地质塌陷等诸多环境风险和问题，因此在深层卤水开采项目中，通过研究揭示深井卤水资源开采过程中的污染成因机制、污染排放特征，建立污染排放清单，建立开采过程中主要污染因子识别及确定技术方法有着尤为重要的意义。并且，国内外针对开采过程中不同模式和工艺技术参数带来的环境影响方面研究较为匮乏，仅在石油和煤炭开采领域存在少量研究。虽然深井卤水开采可以参照石油开采的钻井技术和提升技术，但黄河三角洲特殊地质构造，卤水与石油本身性质的差异，提升过程使用的阻垢剂、缓蚀剂等化学助剂的不同，使得深井卤水开采模式和技术参数具有其特殊性。因此根据深井卤水开采的特殊性，研究不同开采模式和工艺技术参数对污染物形成和产生量的影响，建立深井卤水资源开采源头减量化技术，对黄河三角洲卤水资源生态高效开采具有重要意义。

5.2　开采区环境质量现状调查

5.2.1　调查评价范围

本研究针对位于垦利县东南 10 km 东兴地区建立深层卤水高效开采综合示范工程进行深层卤水开采生命周期环境影响评价。该示范区位于垦利县污水处理厂东北约 500 m、省道 316 与省道 230 交叉口的东北约 1000 m。深层卤水开采区实际占地 9120 m²，在此基础上半径扩大 500 m 作为本次研究的评价范围（图 5-2）。

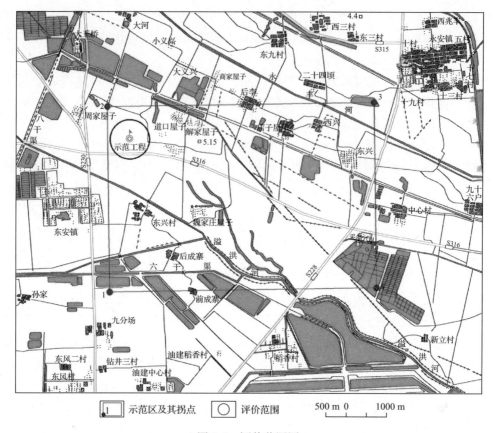

图 5-2 评价范围图

5.2.2 开采区所在地区域环境概况

　　黄河三角洲是我国三大河口三角洲之一,位于山东省的北部、渤海湾南岸和莱州湾西岸,西面和南面连接陆地,东面和北面临海,行政区域范围包括山东省东营市的东营区、河口区、利津县和垦利县的绝大部分或全部,以及滨州沾化县的 4 个乡,此外还涉及东营广饶县和滨州无棣县的边缘,人口约 223 万人,人口密度为 200 人/km²,属于环渤海经济的交汇地带。自 1855 年以来,黄河一共经历了十次大的改道和五十多次河口摆动,最终形成了以宁海为顶点,北起套儿河河口,南到支脉沟口,向海延伸至 16 m 等深线处的扇形堆积体,生态特征和地貌特征较为特殊。三角洲陆上面积为 5212 km²,其中 1855 年以来增生的陆地达 2530 km²,水下面积约为 1500 km²,海岸线长约 350 km。但是黄河三角洲的陆地面积正在不断缩小,1996~2004 年的 9 年间,陆地面积蚀退达 68.2 km²。整个三角洲平原东北低、西南高,地表高程在三角洲顶点宁海处,最高为 7 m,缓缓向海倾斜,地面平坦,坡度约为 0.1‰~0.15‰。

1. 气候条件

根据 2009~2013 年垦利年鉴,垦利县地处温带季风气候区,虽濒临渤海,但大陆性季风影响明显,冬季干冷,夏季湿热,四季分明,春旱多风、夏热多雨、秋旱多于涝、冬寒少雪。年降水量丰、枯期交替出现,年际变化大。受当地气候的影响,降水量在时间和空间分布上极不均匀。在空间上,降水量由南向北依次递减;在时间上,降水量的年际变化较大且年内分布也极不均匀。夏季盛行东南风,冬季盛行西北风,春季多东北风,秋季多西风,全年气温偏高,冬季少大风严寒,春季温暖湿润,温度回升快。

2008~2012 年,年平均日照时数为 2457.82 h,2008 年日照时数达到最大值 2513.1 h,2010 年日照时数达到最小值 2415.6 h。日照时数夏季偏大,冬季偏小。

2008~2012 年,年平均气温 13.38 ℃,五年中年最高气温 40.5 ℃,出现在 2009 年;最低气温—14.3 ℃,出现在 2008 年、2009 年和 2010 年。总体来说,全年气温偏高,冬季出现阶段性寒冷,夏季出现阶段性酷热,冬季少大风严寒,春季温暖湿润,温度回升快。

根据 2009~2013 年垦利年鉴中降水统计资料,2008~2012 年,5 年平均降水量为 513.58 mm,2012 年降水量达到最大值 663.8 mm,约为年平均降水量的 1.9倍;2008 年降水量达到最小值 360.6 mm,仅是年平均降水量的 70.2%;最大最小年降水量比约为 1.8。垦利地区降水量年内分布极不均匀,根据 2011~2012 年月平均降水量统计资料分析可知,春季(3~5 月)平均降水量为 45.85 mm,占全年平均降水量的 7.5%;夏季(6~8 月)平均降水量为 435.05 mm,占全年平均降水量的 71.6%,降水主要集中在夏季;秋季(9~11 月)平均降水量为 101.3 mm,占全年平均降水量的 16.7%;冬季(12 月至次年 2 月)平均降水量 25.55 mm,仅占全年平均降水量的 4.2%。该区域降水量主要集中在汛期(6~9 月),降水量为 478.65 mm,占全年平均降水量的 78.8%,易产生洪涝灾害。

2. 水文条件

黄河三角洲地表水系非常发育,包括客水河流和境内河流,其中黄河、马颊河、徒骇河、支脉河和小清河为客水河流,其余均为境内河流。境内河流中,共有 21 条流域面积达 100 km² 以上,黄河以南有小岛河、永丰河和广利河等;黄河以北主要包括德惠新河、朱龙河和秦口河等。这些河流以黄河现行流路为分水岭,由陆地向海洋呈放射状展布。在所有河流中,黄河是流经三角洲最长且影响最为深刻的河流。黄河是三角洲地区最主要的淡水来源和陆源物质来源,也是黄河三角洲形成的重要塑造营力,此外也是该区地下水的重要补给来源。黄河年均输沙量占各河流输沙总量的 99.8%,年入海水量占入海径流总量的 94.2%。海洋的水文特征对地下水的影响较大,海洋动力是三角洲形成的主要塑造营力。

根据山东省垦利县东兴地区深层卤水资源普查设计报告,研究区内地下水分为南部冲洪积潜水-承压水、黄河三角洲潜水和黄河三角洲浅层承压水三个系统,各系统中地下水的盐化程度和地下水的起源变化很大。

1）南部冲洪积潜水-承压水

小清河以南的地下水赋存于第四系冲洪积物中,主要由发源于鲁中山地的淄河冲洪积物组成,地层自南而北微倾,含水层呈扇状或片状分布,含水层颗粒由粗变细,层次逐渐增多,单层厚度渐薄。垂向上含水层颗粒自下而上由粗变细,含水层系统垂向上可概化为潜水-微承压水。

小清河以北含水层为承压水,赋存于第四系冲洪积物中,含水层由砾石、粗砂和中细砂组成,分布于小清河以北的广大平原地区,含水层厚度由南向北递减,富水性也渐差。其顶界面受微咸水和咸水体的控制,总趋势为自南向北埋深增加,至北部利津-史口-东营-辛安水库-广南水库一线附近急剧向下倾伏,或埋深于 500 m以下,或完全尖灭。

2）黄河三角洲潜水

黄河三角洲潜水主要为微咸水和咸水,微咸水和咸水是黄河三角洲地区含水量最大的水体,含水层厚度自南向北增厚。三角洲冲海积物主要呈水平层状分布,全新世之前的沉积环境为浅海环境,浅部以强烈的冲积作用为主,由泛滥平原和决口扇组成的现今黄河河床带和古河床带导致了岩相的突变,形成了高渗透的浅部砂体,现代黄河与古河道的连通渗入形成了一些浅层地下淡水透镜体。

3）黄河三角洲浅层承压水

黄河三角洲浅层承压水主要为咸水和卤水,赋存于第四系更新统海积和垦利组冲积（陆相）地层中。地下水卤水全盐量（TDS）高于 50 g/L,是由埋藏海水蒸发浓缩形成的,呈带状分布,宽度 10~20 km 不等。

4）地下水的补给、径流、排泄

地下水的补给、径流和排泄随分布位置、季节和含水层埋深不同而变化,这就决定了地下水水量、水质在空间和时间上的分布不同。该区域地下水补给方式主要为灌溉回归水、大气降水和地表水补给,排泄方式主要有蒸发、人为抽取和向海输送,补排关系相对简单。小清河南部冲洪积潜水-微承压水主要接受南部山区侧向径流和大气降水的垂直渗透补给。在天然状态下,地下水排泄方式为向北径流排泄和蒸发排泄,现在主要的排泄方式为人工开采,人工开采已经导致一个面积达 355 km² 的降落漏斗的形成。小清河以北承压水在 20 世纪 70 年代主要接受南部地下侧向径流的补给,而自 80 年代以来,由于不断抽取地下水,小清河以南逐渐形成了地下水降落漏斗,造成地下水位持续下降（牛玉生,2005）。

黄河三角洲潜水接受地表水、大气降水的补给,排泄方式主要为蒸发和径流入海。黄河三角洲潜水径流与地形存在着密切关系。从黄河到海岸带,地面高程缓慢下降,黄河以北,地形向北和东北方向倾斜,黄河以南,地形向东南方向倾斜。黄河河床构成了天然的地下水分水岭,地下水径流方向以黄河为分水岭向两边指向海边。在地面高程比较高的黄河故道,多形成水脊,在黄河故道之间,地面高程相对比较低的洼地多形成水谷。

黄河三角洲承压水主要为咸水和卤水,形成于海侵时存留下来的古海水的蒸发和浓缩,排泄方式为人工开采,部分地段接受上部潜水的补给。

3. 地貌和地质条件

黄河频繁改道,以及黄河特殊的受水盆地和三角洲地区的气候条件,导致三角洲的地形条件相当复杂,整个三角洲形成了多层次的地貌形态。黄河三角洲平原上主要地貌形态有河道高地、泛滥平原和洼地、天然堤及决口扇等;水下三角洲地貌类型主要为边缘沙坝和河口沙坝等(王娟,2011)。

黄河三角洲位于济阳拗陷的东北部,是中、新生代的沉降区,沉降幅度达12 000 m,中生代以前的地层及构造均被数千米的新生界所覆盖。华北凹陷结晶基底为太古界变质岩,下古生界寒武和奥陶系是以碳酸盐岩为主的海相沉积;中生界侏罗和白垩系为巨厚的碎屑岩、火山岩系;新生界为滨海湖泊-河流相沉积,沉积厚度达 7000 m。第三系是一套极厚的含油泥沙和含盐泥沙岩构造,分为上第三系和下第三系。上第三系自下而上分为馆陶组和明化镇组,厚达千米;下第三系由老到新分为孔店组、沙河街组和东营组,其中沙河街组是胜利油田的高产油层。第四系平原组,厚 200～400 m,覆盖于明化镇组之上,主要是浅黄、灰黄色黏土,粉砂、细砂及含砾砂层。黄河三角洲地区的第四纪地层呈水平分布,海相层薄但稳定,陆相层内层面多弯曲,有很多埋藏的古河道。受燕山运动和喜山运动的影响,区内表现为以差异性升降运动为主。自新生代以来,本区一直缓慢下沉,沉积形成了巨厚的新生代地层,开采区凹陷内由老到新有古近纪孔店组、沙河街组和东营组,新近纪馆陶组、明化镇组,第四纪平原组。

根据卤水资源评价报告,设计深度 2500 m 内由老到新有古近纪沙河街组和东营组,新近纪馆陶组、明化镇组,第四纪平原组。由新到老叙述如下:

第四纪平原组(Q_pp):底板埋深 360 m,上部为浅棕黄、浅绿、灰色砂质黏土、黏土夹黏土质粉砂岩;下部为浅黄、浅灰绿色粉砂质黏土或浅灰绿色黏土质粉砂。与下伏明化镇组不整合接触。钻探风险提示:易坍塌,做好泥浆护壁。

新近纪明化镇组(N_2m):底板埋深 1046 m,岩性为棕黄色、浅灰色、棕红色泥岩夹浅灰色、棕黄色粉砂岩及部分海相薄层岩。明化镇与下伏馆陶组呈整合接触。钻探风险提示:防黏土浸、防吸附、防泥包。

新近纪馆陶组(N_1g)：底板埋深 1360 m，下部为浅灰色、灰白色厚层含砾砂岩夹少量紫红色泥岩、灰绿色泥岩、粉砂岩构成正旋回。上部为灰色砂岩、粉砂岩与浅灰色、灰绿色砂质泥岩、泥岩、少量紫红色泥岩组成的正旋回结构。钻探风险提示：防黏土浸、防吸附、防泥包。

古近纪东营组(E_3d)：底板埋深 1708 m，为灰绿色、紫红色泥岩夹灰白色砂岩、含砾砂岩。钻探风险提示：防坍塌、防吸附、防泥包。

古近纪沙河街组一段($E_3\hat{s}^1$)：底板埋深 1914 m，下部岩性为灰色、深灰色、灰绿色泥岩夹砂质灰岩、白云岩及钙质砂岩。中部为灰色泥岩夹生物灰岩、鲕状灰岩、针孔状藻白云岩及白云岩等。上部为灰色、灰绿色、灰褐色泥岩，夹钙质砂岩、粉细砂岩。钻探风险提示：防钙浸。

古近纪沙河街组二段($E_2\hat{s}^2$)：底板埋深 2129 m，下段下部为灰绿色泥岩与砂岩含砾砂岩互层夹碳质泥岩。上部为灰绿色、紫红色泥岩与砂岩，含砾砂岩互层。上段为紫红色、灰色泥岩与灰色砂岩、含砾砂岩互层，地层厚 150～200 m。钻探风险提示：防坍塌、防卡钻、防吸附、防泥包。

古近纪沙河街组三段($E_2\hat{s}^3$)：盆地东部为厚层粉细砂岩夹灰色泥岩、碳质泥岩。盆地西部为灰色、深灰色泥岩夹砂岩。钻探风险提示：防盐浸、防吸附、防泥包。

5.2.3　开采区环境质量现状调查

1. 调查目的

为了解黄河三角洲深层卤水开采区域的环境质量现状，本研究对黄河三角洲深层卤水开采区大气、水、土壤以及生态环境现状进行了调研。

2. 调查方法

根据 SO_2、总悬浮颗粒物（TSP）、PM_{10}、H_2S 监测标准，采用甲醛吸收-副玫瑰苯胺分光光度法（HJ 482—2009）测定 SO_2 的浓度，重量法测定 TSP（GB/T 15432—1995）、PM_{10}（HJ 618—2011）浓度，亚甲蓝分光光度法测定（GB/T 11742—1989）H_2S 的浓度。

为了解开采区水质质量状况，本研究对开采区地表水与地下水水质进行监测。根据全盐量、铬、铜、锌、镉、铅、铁浓度监测标准，按照重量法测定全盐量（HJ/T 51—1999），根据原子吸收分光光度法测定铁、锌的浓度，使用火焰原子吸收分光光度法测定镉、铜、铅的浓度，根据二苯碳铵二肼分光光度法测铬的浓度（GB/T 5750.6—2006）。

根据土壤中各物质浓度监测标准，测定了各目标物质的浓度。采用重量法测定水溶性总盐的含量（NY/T 1121.16—2006），使用半微量凯氏法测定土壤中的总氮含量(LY/T 1228—1999),依据欧盟认证方法(BSEN 13137:2001)进行测定总有机碳(TOC)的含量,按照红外分光光度法测定总石油烃含量(CJ/T 221—2005),根据 X 射线荧光光谱法测定 F、Na_2O、MgO、Al_2O_3 等的含量(GB/T 16597—1996)。

3. 调查结果

1) 大气环境质量现状

开采区 SO_2、TSP、PM_{10} 以及 H_2S 的浓度监测结果见表 5-2,逐日跟踪调查的结果见表 5-3。

表 5-2　空气环境质量现状监测结果

项目名称	标准代号	标准名称	检出限/(mg/m³)	监测值/(mg/m³)
SO_2	HJ 482—2009	甲醛吸收-副玫瑰苯胺分光光度法	0.07	0.03
PM_{10}	HJ 618—2011	重量法	0.01	0.15
TSP	GB/T 15432—1995	重量法	1×10⁻³	0.29
H_2S	GB/T 11742—1989	亚甲蓝分光光度法	2×10⁻³	—

注:—为未检出。

表 5-3　东营市空气环境质量现状(数值代表年平均值)　　(单位:mg/m³)

		西城阳光环保公司	耿井村	市环保局	广南水库
SO_2		0.11	0.10	0.11	0.13
NO_2		0.05	0.04	0.04	0.05
CO		1.24	2.37	1.37	1.61
O_3	每天 1 h 平均	0.12	0.10	0.10	0.10
	每天 8 h 平均	0.03	0.03	0.03	0.02
PM_{10}		0.18	0.19	0.17	0.23

钻井区位于一般工业区,故执行《环境空气质量标准》(GB 3095—2012)中二级空气质量标准,即日均值 $SO_2 \leqslant 0.15$ mg/m³,TSP$\leqslant 0.3$ mg/m³,$PM_{10} \leqslant 0.15$ mg/m³,$NO_x \leqslant 0.10$ mg/m³。实际监测数据与跟踪调研数据表明,评价区域 SO_2、TSP 以及 NO_x 均低于(GB 3095—2012)《环境空气质量标准》中的二级标准,H_2S 未检出。根据垦利年鉴,垦利县空气环境质量达标率由 92%(2011 年)下降到 85%(2012 年),垦利县城区空气质量呈下降趋势,因此开展卤水开采对空气环

境质量影响的评价是非常必要的。

2）水环境质量现状

卤水开采区域周边流经的天然河流为溢洪河,溢洪河的水质监测结果见表5-4。

表 5-4　地表水环境质量现状监测结果　　　　（单位:mg/L）

检验项目	河水	分析方法
全盐量	$2.11×10^4$	HJ/T 51—1999
铬	$<3×10^{-4}$	GB/T 5750.6—2006
铜	$2.94×10^{-2}$	GB/T 5750.6—2006
锌	$8×10^{-3}$	GB/T 5750.6—2006
镉	$<1×10^{-4}$	GB/T 5750.6—2006
铅	$2×10^{-4}$	GB/T 5750.6—2006
铁	$5.5×10^{-2}$	GB/T 5750.6—2006

溢洪河执行《地表水环境质量标准》(GB 3838—2002)中Ⅴ类标准,pH6～9,铬≤0.1 mg/L,铜≤1.0 mg/L,锌≤2.0 mg/L,镉≤0.01 mg/L,铅≤0.1 mg/L。评价区域铬、铜、锌、镉、铅含量均符合《地表水环境质量标准》(GB 3838—2002)中Ⅴ类标准要求。

对于卤水开采区地下水环境质量现状的监测结果见表5-5。

表 5-5　地下水环境质量现状监测结果　　　　（单位:mg/L）

检验项目	地下水	分析方法
铬	$<3×10^{-4}$	GB/T 5750.6—2006
铜	$1.1×10^{-3}$	GB/T 5750.6—2006
锌	0.02	GB/T 5750.6—2006
镉	$<1×10^{-4}$	GB/T 5750.6—2006
铅	$<1×10^{-4}$	GB/T 5750.6—2006
铁	0.12	GB/T 5750.6—2006

卤水开采现场地下水执行《地下水环境质量标准》(GB/T 14848—1993)中Ⅳ类标准,pH6～9,铬≤0.1 mg/L,铜≤1.5 mg/L,锌≤5.0 mg/L,镉≤0.01 mg/L,铅≤0.1 mg/L,铁≤1.5 mg/L。评价区域铬、铜、锌、镉、铅、铁含量均符合《地下水环境质量标准》(GB/T 14848—1993)中Ⅳ类标准要求。

3）土壤环境质量现状

土壤环境质量现状如表5-6所示。

表 5-6　土壤质量监测结果

项目	数值	分析方法
水溶性总盐/(g/kg)	23.8	NY/T 1121.16—2006
阳离子交换量/[cmol(+)/kg]	5.95	LY/T 11243—1999
总氮/(g/kg)	0.21	LY/T 1228—1999
总磷/(g/kg)	513.25	HJ 623—2011
TOC/%	0.7	BSEN 13137:2001
总石油烃/(mg/kg)	<20	CJ/T 221—2005
F^-/%(质量分数)	3.82×10^{-2}	GB/T 16597—1996
Na_2O/%(质量分数)	2.65	GB/T 16597—1996
MgO/%(质量分数)	2.40	GB/T 16597—1996
Al_2O_3/%(质量分数)	11.81	GB/T 16597—1996
SiO_2/%(质量分数)	63.95	GB/T 16597—1996
P_2O_5/%(质量分数)	0.22	GB/T 16597—1996
SO_3/%(质量分数)	0.46	GB/T 16597—1996
Cl^-/%(质量分数)	1.62	GB/T 16597—1996
K_2O/%(质量分数)	2.73	GB/T 16597—1996
CaO/%(质量分数)	9.21	GB/T 16597—1996
TiO_2/%(质量分数)	0.65	GB/T 16597—1996
V_2O_5/%(质量分数)	2.93×10^{-3}	GB/T 16597—1996
Cr_2O_3/%(质量分数)	1.48×10^{-2}	GB/T 16597—1996
MnO/%(质量分数)	7.78×10^{-2}	GB/T 16597—1996
Fe_2O_3/%(质量分数)	4.04	GB/T 16597—1996
NiO/%(质量分数)	6.33×10^{-3}	GB/T 16597—1996
CuO/%(质量分数)	3.73×10^{-3}	GB/T 16597—1996
ZnO/%(质量分数)	8.25×10^{-3}	GB/T 16597—1996
Br^-/%(质量分数)	4.70×10^{-3}	GB/T 16597—1996
Rb_2O/%(质量分数)	2.29×10^{-2}	GB/T 16597—1996
SrO/%(质量分数)	3.52×10^{-2}	GB/T 16597—1996
ZrO_2/%(质量分数)	3.20×10^{-2}	GB/T 16597—1996
Y_2O_3/%(质量分数)	2.30×10^{-3}	GB/T 16597—1996
Nb_2O_5/%(质量分数)	1.17×10^{-2}	GB/T 16597—1996

上述监测结果表明深层卤水开采区表层土壤 NaCl 含量大于 0.6%，属于重度盐碱地。

4. 调查结论

本研究通过对开采区环境质量现状的调研与监测，并与该地所处环境功能区环境质量标准进行比较，结果表明，该项目所在区域环境空气、水质量现状符合环境质量标准要求，但项目所在区域土壤环境质量较差，生态承载能力较低。

5.3　深层卤水开采全过程生命周期清单构建研究

5.3.1　研究目的

生命周期清单是进行生命周期评价的基础。但是，我国目前尚无关于深层卤水开采生命周期清单。因此，需要构建一份精确、完整的深层卤水开采生命周期清单，为后续的 LCA 工作提供数据支持；同时也为相关产业及产品的生命周期清单、生命周期评价、宏观的决策及相关法规的制定提供数据支撑。

5.3.2　研究方法

本研究以现场监测为主，文献调研、企业调研等方法为辅，进行生命周期清单构建。在深层卤水开采生命周期备选清单的基础上，利用泰勒系列展开不确定性分析模型[式(5-1)]对数据质量进行把关（Frischknecht et al.，2005；Hong et al.，2010a）。

$$GSD_O^2 = \exp[S_1^2(\ln GSD_1^2)^2 + S_2^2(\ln GSD_2^2)^2 + \cdots + S_n^2(\ln GSD_n^2)^2]^{1/2} \quad (5\text{-}1)$$

式中，S_i 为模型的相对敏感性；GSD_i^2 为各参数的相应数据质量指标。

将符合数据质量要求的数据用于清单的构建，舍弃不符合数据质量要求的数据，并且重新收集相关的数据，重复上述过程，直至所有数据均符合数据质量要求。本研究将最大限度地采用现场的实测数据，并结合研究区域当地的基础排放数据，构建符合黄河三角洲深层卤水开采现状的生命周期清单。

5.3.3　研究内容

（1）备选清单的建立；
（2）功能单位与系统边界的界定；

（3）黄河三角洲深层卤水钻井及采输卤生命周期清单的数据采集；

（4）生命周期清单确立方法；

（5）生命周期清单构建。

5.3.4　研究结果

1. 建立黄河三角洲钻井和采输卤生命周期备选清单

深层卤水开采时，其工艺流程包括勘探、钻井、测井、井下作业、采卤、输卤等几部分，现对其主要工艺流程和产污环节进行分析。

1）钻井

钻井阶段的污染源主要来自钻井设备和钻井施工现场，主要包括：

（1）废气：主要来自大功率柴油机排放的 SO_2、NO_x、烟尘；其次还有汽车等移动污染源排放，以及人类生活等无组织排放。

（2）污水：主要是钻井中循环排水、清洁设备和工具排水、发电机冷却水排水、生活污水汇积形成钻井污水，其成分中含有悬浮物质、石油类、硫化物、重金属等多种化学物质；其次还有生活污水排放。

（3）固体废弃物：主要有废弃泥浆、钻井岩屑。废弃泥浆成分复杂，是钻井过程中由黏土、加重材料、各种化学处理剂、污水、污油、钻屑组成的多相悬浮性物质，其组成成分如下：

钻井液：钻井液中添加了各种化学处理剂和活性剂，它的成分比较复杂，一般都含有重金属（如锌、铅、铬、汞、镉等）、油类、膨润土、碱和化合物（包括有机物）等对人、畜和环境有害的物质，如铁铬盐、磺化沥青、磺化栲胶、磺化褐煤等，主要来自三个方面：一是钻井过程中排放的废钻井液；二是地面循环系统盛放的和为处理复杂情况储备的钻井液；三是固井时水泥浆置换出来的钻井液，三者约占总废物量的70%左右。

废液：钻井过程中各作业设备清洗液、井液、污水（雨水冲洗井场携带部分泥浆及油类物质而形成）等组成的废液，其有害物质主要是油类物质，也有少量的有机处理剂、重金属及碱类物质等，其 COD_{Cr} 值也较高，约占总废物量的10%。

钻屑：钻井过程中，泥浆循环于钻头中，在润滑钻头的同时，也将钻屑携带到地面，钻屑多为固体颗粒，少部分以泥砂的形式混在钻井液中，约占总废弃物的20%，所含污染物主要是钻井液。

钻井泥浆成分复杂，一般呈碱性，pH 在 8.5～12 之间，有的可达 13 以上；外观一般呈黏稠流体或半流体状，具有颗粒细小、级配差不大、黏度大、含水率高不易脱水（含水率约在 30%～90%）等特性，且其自然干结过程缓慢，干结物遇水浸湿后易再度形成钻井废泥浆样物。

2) 井下作业

井下作业一般在深层卤水开采投产前及投产以后进行,井下作业过程中主要有清洗废液和小部分废弃钻井液等。

清洗废液:转磨、洗井、冲砂过程中,对井下作业机械设备进行清洗所流出的废水中含有污泥、石油等成分。

废弃钻井液:钻井过程中存留的小部分钻井液。

3) 采卤

在采卤过程中主要污染物产生于动力所需柴油机燃烧能源排放的 SO_2、NO_x、烟尘。

4) 输卤

在输卤过程中主要污染物产生于动力所需柴油机燃烧能源排放的 SO_2、NO_x、烟尘等,设备、管道清洗产生的废水以及卤水泄漏等。

通过上述分析以及数据库(Ecoinvent Centre,2010)调研,本研究建立的备选清单如表 5-7 所示。

表 5-7　钻井过程生命周期备选清单(功能单位:2500.66 m)

类别	名称	数量	单位
	褐煤	0.20	kg
	重晶石	270	kg
	皂土	20	kg
	无机物	42.2	kg
	有机物	9.05	kg
	润滑油	60	kg
原材料和燃料	钢筋	210	kg
	水泥	200	kg
	公路运输	81.1	t·km
	铁路运输	487	t·km
	原油	31.6	kg
	柴油	8.99×10^3	MJ
	天然气	4.10	m³
排放到大气	颗粒物	1.48×10^{-2}	kg

类别	名称	数量	单位
	铝	6×10^{-2}	kg
	可吸附有机卤素	4.78×10^{-7}	kg
	砷离子	4.2×10^{-4}	kg
	钡	6×10^{-3}	kg
	生物需氧量	0.30	kg
	硼	9×10^{-3}	kg
	钙	0.60	kg
	氯化物	6.00	kg
	铬	6×10^{-4}	kg
	化学需氧量	3.00	kg
	氟化物	3×10^{-3}	kg
	芳香烃	3×10^{-3}	kg
排放到水体	铁离子	0.18	kg
	镁	0.12	kg
	锰	3×10^{-3}	kg
	二氯甲烷	6×10^{-2}	kg
	磷	1.2×10^{-3}	kg
	钾	0.9	kg
	硅	3×10^{-2}	kg
	钠	6.00	kg
	锶	1.8×10^{-2}	kg
	硫	0.12	kg
	可溶性有机碳	0.30	kg
	总有机碳	0.30	kg
	锌离子	1.2×10^{-3}	kg
废弃物处置	钻井废物	237	kg
	危险废弃物	5.00	kg

2. 设定功能单位和系统边界

1) 功能单位的选取

确定 LCA 研究范围时,必须明确指出所研究系统的功能单位。功能单位应该与研究的目的与范围相一致。功能单位的主要目的之一是为输入、输出数据提供一个统一计量的基础。因此,在进行生命周期评价研究时,必须明确定义功能单位,且功能单位必须是可量化的(ISO 14044,2006)。按照 ISO 14044(2006)对功能单位的要求,本研究针对钻井与采输卤过程,分别设立了 2500.66 m 深钻井与 1 m³ 卤水为评价的功能单位。

2)系统边界确定

系统边界决定 LCA 中包括哪些单元过程,系统边界的确定需要与研究的目的与范围相一致(ISO 14044,2006)。根据 ISO 14044(2006)对确定系统边界的要求,本研究确立了卤水开采生命周期评价的系统边界。

图 5-3 为本研究的系统边界,该边界包括钻井过程中所需的所有原材料和能源投入、采输卤过程所需的能源投入与基建、输卤过程的能源投入与基建、钻井固体废物土地利用过程的直接污染物排放等环节。

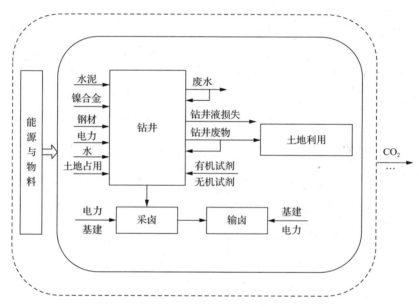

图 5-3　黄河三角洲深层卤水开采系统边界图

3. 卤水开采生命周期清单的数据采集

1)背景清单

依据备选清单研究结果可知,黄河三角洲深层卤水开采过程中涉及的背景清单为电力、水泥、钢材、陆地运输、固废/废水处置、化学试剂、基建等。本研究针对卤水开采污染源多、强度大、影响因素复杂、风险高等制约卤水资源生态高效开采的关键生态环境技术难题,根据卤水开采、输送过程中所需基础数据,将生产工艺、装机容量、能源与原料构成、直接排放等原始数据进行收集与集合,利用生命周期评价法构建了超临界煤电、超超临界煤电、亚临界煤电、水泥、炼钢用焦炭、陆地运输、氯化钠、固体废物在水泥厂和电厂混合焚烧处置、直接堆放、填埋、废水处理等生命周期清单(Cui et al.,2012;Hong et al.,2014;Chen et al.,2014;Hong et al.,2013;Hong et al.,2010a)。对于我国缺少的数据(基建、柴油生产、化学试剂生产)借鉴了欧洲数据库(Ecoinvent database)用以补充和完善。

2) 现场调研与监测

(1) 井身结构。

钻孔为直孔,完钻孔深 2500.66 m。采用二开钻井,其中一开采用 Φ346 mm 牙轮钻头钻进,钻进深度为 0~500.58 m;二开采用 Φ241.3 mm 仿生耦合 PDC 钻头和牙轮钻头钻进,钻进深度为 500.58~2500.66 m。

(2) 钻探机具设备。

示范工程施工过程中使用的钻探机具设备主要有:钻塔(K41,41 m),钻机(RPS-3000,220 kW),天车(TC-170,170 t),游车大钩(YG-170,170 t),送水器(XL-160,160 t),风动绞车(XJFH-5/35),气罐(2 m³),柴油发电机组(600 kW),泥浆罐(40 m³),除砂器(0.55 kW),振动筛(1.1 kW),液压钳,柴油机(12V135BZLD,400 kW),螺杆空气压缩机(LG-3.6/8,37 kW),泥浆泵(3NB-500,34.5 MPa)。

(3) 钻具组合。

根据实际调研,在井深为 0~510 m 时,钻具组合为:牙轮钻头(Φ346 mm)+钻铤(φ203 mm)2 根+钻铤(φ178 mm)8 根+钻杆(φ127 mm);在井深为 510~2500.66 m 时,钻具组合为:仿生耦合 PDC 钻头(Φ241.3 mm)/牙轮钻头(Φ241.3 mm)+钻铤(φ127 mm)10 根+钻杆(φ127 mm)。

(4) 钻井液。

根据设计钻遇地层情况,钻探过程中在 0~500 m,采用清水自然造浆,补充适量膨润土辅助造浆;500~2500.66 m,利用课题研制的聚合物饱和盐水泥浆(ZJY2),其基本配方如表 5-8 所示。

表 5-8　聚合物饱和盐水泥浆基本配方

序号	物质名称	配比
1	膨润土	3%~5%
2	纯碱(Na_2CO_3)	0.1%~0.2%
3	火碱(NaOH)	0.1%~0.3%
4	磺化沥青(FT-1)	1%~3%

续表

序号	物质名称	配比
5	抗盐共聚物	0.6%～1.0%
6	水解聚丙烯腈铵盐	0.5%～1.5%
7	腐殖酸钾(KHm)	0.2%～0.3%
8	消泡剂	0.1%～1%
9	NaCl	36%

（5）主要成分分析。

根据 GB/T 16597—1996 监测方法标准,利用 X 射线荧光光谱法监测泥浆、地层岩屑、开采区土壤以及钻井液中的主要成分含量,结果见表 5-9。

表 5-9　泥浆与地层岩屑、土壤、钻井液中的主要成分含量

项目	泥浆与地层岩屑	土壤背景值	钻井液
F^-/%(质量分数)	—	3.82×10^{-2}	—
Na_2O/%(质量分数)	29.12	2.65	33.19
MgO/%(质量分数)	1.41	2.40	1.94
Al_2O_3/%(质量分数)	9.94	11.81	9.45
SiO_2/%(质量分数)	28.92	63.95	25.70
P_2O_5/%(质量分数)	4.70×10^{-2}	0.22	4.57×10^{-2}
SO_3/%(质量分数)	0.45	0.46	0.72
Cl^-/%(质量分数)	21.76	1.62	20.49
K_2O/%(质量分数)	1.61	2.73	1.23
CaO/%(质量分数)	2.76	9.21	3.08
TiO_2/%(质量分数)	0.44	0.65	0.45
V_2O_5/%(质量分数)	—	2.93×10^{-3}	—
Cr_2O_3/%(质量分数)	1.47×10^{-2}	1.48×10^{-2}	2.07×10^{-2}
MnO/%(质量分数)	5.28×10^{-2}	7.78×10^{-2}	3.61×10^{-2}
Fe_2O_3/%(质量分数)	3.36	4.04	3.56
NiO/%(质量分数)	5.50×10^{-3}	6.33×10^{-3}	5.60×10^{-3}
CuO/%(质量分数)	4.73×10^{-3}	3.73×10^{-3}	4.30×10^{-3}
ZnO/%(质量分数)	6.63×10^{-3}	8.25×10^{-3}	7.30×10^{-3}

续表

项目	泥浆与地层岩屑	土壤背景值	钻井液
Br^-/%（质量分数）	6.33×10^{-4}	4.70×10^{-3}	4.10×10^{-3}
Rb_2O/%（质量分数）	9.73×10^{-3}	2.29×10^{-2}	1.48×10^{-2}
SrO/%（质量分数）	2.78×10^{-2}	3.52×10^{-2}	3.14×10^{-2}
ZrO_2/%（质量分数）	1.80×10^{-2}	3.20×10^{-2}	1.27×10^{-2}
BaO/%（质量分数）	4.13×10^{-2}	—	—
Y_2O_3/%（质量分数）	2.10×10^{-3}	2.30×10^{-3}	—
Nb_2O_5/%（质量分数）	5.67×10^{-4}	1.17×10^{-2}	1.70×10^{-3}

注：—表示未检出。

4. 生命周期清单确立方法

生命周期清单是指生命周期评价中对所研究产品整个生命周期中输入和输出进行汇编的阶段，它属于一份关于所研究系统的输入和输出数据清单（樊庆锌等，2007）。目前，国内外构建的生命周期清单方法种类繁多，但大体上可以分为三类：①基于学术研究、国家或机构的统计数据，结合各污染物的排污系数、去除效率、物质代谢平均值等进行的构建；②基于经济投入产出分析，对直接和间接的资源投入和环境输出进行的构建；③在基于各具体工艺流程、原辅料与能源构成、废弃物处置与资源化利用的原始数据进行收集、集合基础上的构建。由于依据原始数据的清单构建方式可以精确、完整地反映具体生产与利用过程、物质流动与污染物排放状况以及数据质量（准确性、完整性、可用性、一致性等）等。虽然我国目前生命周期评价的研究取得了重要的成果，但还需要积累大量的研究案例，生命周期清单构建方面还不够成熟，没有建立持续的生命周期评价数据库。由于生命周期评价的研究工作主要是由高校和研究所完成，企业的参与力度还不够，因此也就导致我国生命周期评价实践的主要问题为数据，尤其是特定现场数据的缺乏。原始数据收集渠道不够明确，导致无法对数据质量进行分析。另外，对各行业各产品的生命周期评价，需要确定统一的数据类型和标准，使得结果能在不同层次上进行比较。这些实际的数据质量问题对于我国生命周期评价研究的发展有着重要影响。综上所述，我国生命周期清单的构建方面主要存在以下几个问题：

（1）生命周期评价中所做的选择和假定，在某些程度上主观性较强，如系统边界的选定、收集数据的渠道等。

（2）数据完整性和精确度不高。构建一个完整的生命周期清单需要大量数据,很多研究者主要依赖统计年鉴、全国平均工艺水平的工程估计或专业判断来获取数据。这在很大程度上会导致最终结果的不准确,从而得出错误的结论。

(3) 大多数生命周期评价分析研究没有进行不确定性分析。

(4) 用于评价环境影响的模型有一定局限性,在很多特定条件下可行性不高。

针对以上几点问题,本研究在初步构建的深层卤水开采生命周期清单的基础上,利用泰勒系列展开不确定性分析模型,依据图 5-4 所示清单构建路线图,进行原始数据清单收集与筛选。具体构建流程图见图 5-4。

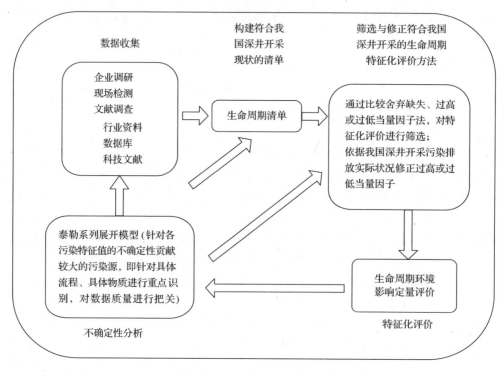

图 5-4　黄河三角洲深层卤水开采生命周期清单研究路线图

(1) 原始数据收集:通过企业调研、现场检测、文献调查(主要包括行业资料、数据库、科技文献等)获得符合需求的相关数据。

(2) 构建生命周期清单:依据我国典型处理工艺并集合其具有代表性的数据,构建符合我国产业链生产现状的数据库。

(3) 修正当量因子:筛选与修正符合我国产业链生产现状的生命周期特征化评价方法,通过比较舍弃缺失、过高或过低当量因子法对评价方法进行筛选,依据我国实际状况修正过高或过低当量因子。

(4) 进行特征化评价:对生命周期环境影响进行定量评价。

（5）进行不确定性分析：利用泰勒系数展开（Taylor series expansion）模型，针对各污染特征值的不确定性贡献较大的污染源即针对具体流程、具体物质进行重点识别，对数据质量进行把关。如数据符合不确定性分析标准，就将其加入到我国数据库（生命周期清单）中，如果数据质量不合格，就需要重新进行数据收集、数据筛选等工作。

5. 生命周期清单构建

依据 ISO 14041（ISO，2006）标准和图 5-4 所示清单研究技术路线图，针对钻井与采输卤分单元构建清单，结果如表 5-10 和表 5-11 所示。这里需要着重指出，由于示范工程尚未进行输卤，表 5-11 所示输卤清单来自文献调研（许云，2011），假设输卤管的使用寿命为 10 年。关于基建（包含泵房与储卤）过程的数据，取自 Ecoinvent 数据库（Ecoinvent Centre，2010）。

表 5-10　黄河三角洲深层卤水钻井生命周期清单（功能单位：2500.66 m）

类别	名称	数量	单位
土地占用	固体废物填埋占地	936	m^2
	废水池占地	22	m^2
	泥浆池占地	54	m^2
	简易铁皮房占地	60	m^2
	泥浆罐占地	14	m^2
	仓库占地	54	m^2
	其他	7980	m^2
建筑	简易铁皮房	135	m^3
	仓库	162	m^3
	泥浆罐	28	m^3
资源消耗	电力	1.48×10^5	kW・h
	水	1.50×10^3	m^3
	抗盐共聚物	1.95	t
	包被剂	0.95	t
	降失水剂	6.38	t
	抗高温稀释剂	1.95	t
	黏土粉	12.25	t

续表

类别	名称	数量	单位
资源消耗	烧碱	3.33	t
	纯碱	0.50	t
	腐殖酸钾	2.00	t
	石盐	50.00	t
	润滑油	4.25	t
	高黏 CMC	3.00	t
	磺化沥青	1.00	t
	消泡剂	2.01	t
	碳酸钙	0.15	t
	水泥	30.00	t
	钢材	102.64	t
排放到土壤（地层岩屑）	Na_2O	16.27	t
	Cl^-	12.38	t
	CuO	0.62	kg
	BaO	25.36	kg
排放到土壤（泥浆渗漏）	Na_2O	52.01	t
	SO_3	445.04	kg
	Cl^-	32.13	t
	Cr_2O_3	10.00	kg
	CuO	0.98	kg
	Nb_2O_5	0.55	kg
排放到土壤（废弃泥浆）	Na_2O	34.67	t
	SO_3	296.70	kg
	Cl^-	21.42	t
	Cr_2O_3	6.67	kg
	CuO	0.65	kg
	Nb_2O_5	0.37	kg

表 5-11　采输卤过程的生命周期清单(功能单位：1 m³ 卤水)

	名称	用量
采卤	电力	3.30 kW·h
输卤	PVC	41.22 g
	电力	2.77 kW·h
基建	铸铁	9.25×10^{-8} kg
	黄铜	1.3×10^{-11} kg
	青铜	2.16×10^{-11} kg
	铝	2.27×10^{-10} kg
	钢筋	3.7×10^{-7} kg
	钢铁	6.62×10^{-8} kg
	铜	1.77×10^{-8} kg
	合成橡胶	8.65×10^{-12} kg
	聚氯乙烯	2.4×10^{-8} kg
	玻璃板	6.65×10^{-9} kg
	水泥	1.09×10^{-6} kg
	混凝土	4.69×10^{-9} m³
	贫瘠混凝土	3.32×10^{-10} m³
	船运	3.04×10^{-7} t·km
	铁路运输	9.99×10^{-7} t·km

5.3.5　结论

本研究采用文献调研、Ecoinvent 数据库调研的方式,构建了卤水开采全过程备选清单;在利用泰勒系列展开不确定性分析模型对数据把关的基础上,确立了清单构建技术路线,依据 ISO 14041 标准,以现场监测数据为主、文献调研为辅的方式,结合课题组构建的我国基础生命周期清单,构建了符合黄河三角洲深层卤水开采的生命周期清单。

5.4　生命周期评价和源头减量控制技术

5.4.1　研究目的

为科学、有效地提出黄河三角洲深层卤水开采的减量控制技术,本研究对卤水开采生命周期造成的潜在环境影响进行量化分析,在识别关键污染因子的基础上提出适合黄河三角洲深层卤水资源开采利用的源头减量控制技术。

5.4.2　研究内容

(1) 黄河三角洲深层卤水开采生命周期评价。

(2) 源头减量控制技术。

5.4.3　研究方法

1) 黄河三角洲深层卤水开采生命周期评价方法

(1) 评价方法筛选。

本项目采用国际上通用的多种不同的生命周期影响评价方法[ReCiPe(Goedkoop et al.,2009;De Schryver et al.,2009)、IMPACT 2002+(Jolliet et al.,2003)、CML(Guinée et al.,2001)以及 TRACI(Bare et al.,2003)]对钻井过程的环境影响进行定量解析,从而筛选出适合黄河三角洲深层卤水开采的生命周期影响评价方法。其中,ReCiPe 方法(Goedkoop et al.,2009;De Schryver et al.,2009)包括 16 种影响类别,即气候变化($kg\ CO_2\ eq$)、臭氧层破坏($kg\ CFC\text{-}11\ eq$)、人类毒性($kg\ 1,4\text{-}DB\ eq$)、光化学氧化物质形成($kg\ NMVOC$)、颗粒物形成($kg\ PM_{10}\ eq$)、电离辐射($kg\ U_{235}\ eq$)、陆地酸性化($kg\ SO_2\ eq$)、淡水富营养化($kg\ P\ eq$)、海洋富营养化($kg\ N\ eq$)、生态毒性($kg\ 1,4\text{-}DB\ eq$)、农业土地占用($m^2 \cdot a$)、城市土地占用($m^2 \cdot a$)、自然土地转化($m^2 \cdot a$)、水资源耗竭(m^3)、金属资源耗竭($kg\ Fe\ eq$)以及化石燃料耗竭($kg\ oil\ eq$);IMPACT 2002+方法(Jolliet et al.,2003)包含了 15 种影响类别,包括致癌($kg\ C_2H_3Cl\ eq$)、非致癌($kg\ C_2H_3Cl\ eq$)、可吸入无机物($kg\ PM_{2.5}\ eq$)、电离辐射($Bq\ C\text{-}14\ eq$)、臭氧层破坏($kg\ CFC\text{-}11\ eq$)、可吸入有机物($kg\ C_2H_4\ eq$)、水生态毒性($kg\ TEG\ water$)、陆地生态毒性($kg\ TEG\ soil$)、陆地酸性化($kg\ SO_2\ eq$)、土地占用($m^2 org.\ arable$)、水体酸性化($kg\ SO_2\ eq$)、水体富营养化($kg\ PO_4\ P\text{-}lim$)、全球变暖($kg\ CO_2\ eq$)、不可再生能源($MJ\ primary$)和矿物开采($MJ\ surplus$);TRACI 方法(Bare et al.,2003)包含了 9 种影响类别,包括全球变暖($kg\ CO_2\ eq$)、酸性化($H^+\ moles\ eq$)、致癌性($kg\ benzen\ eq$)、非致癌性($kg\ toluen\ eq$)、呼吸性影响($kg\ PM_{2.5}\ eq$)、富营养化($kg\ N\ eq$)、臭氧层破坏($kg\ CFC\text{-}11\ eq$)、生态毒性($kg\ 2,4\text{-}D\ eq$)和烟雾($g\ NO_x\ eq$);CML 方法包含了 10 种影响类别,包括非生物消耗($g\ Sb\ eq$)、酸性化($kg\ SO_2\ eq$)、富营养化($kg\ PO_4\ eq$)、全球变暖($kg\ CO_2\ eq$)、臭氧层破坏($kg\ CFC\text{-}11\ eq$)、人类毒性($kg\ 1,4\text{-}DB\ eq$)、水体生态毒性($kg\ 1,4\text{-}DB\ eq$)、海洋生态毒性($kg\ 1,4\text{-}DB\ eq$)、陆地生态毒性($kg\ 1,4\text{-}DB\ eq$)和光化学氧化物质形成($kg\ C_2H_4\ eq$)。

此外,每种生命周期评价方法有着各自的优点与缺点。EDIP 97 和 EPS 2000这两种方法较早地提出了易于操作的生命周期评价体系和参照产品支出意愿(WTP)来评价原材料和资源,从而能够帮助企业决策者通过环境审计合理使用原材料及资源,实现节能减排,促进可持续发展。但是这两种方法也存在一些问题,它们的因果关系链不十分完善,而且进行的是非生物资源加权因素,不能直接参照WTP进行估计。Ecoindicator 99、CML 2001 这两种方法引入了多介质模型并采用中间点分析减少了假设的数量和模型的复杂性,易于操作,可以描述污染物在不同介质中的迁移转化规律,很好地预测长时间跨度的生态毒性影响。同样的,它们也存在一定的缺点,没有给出营养物质和酸排放到水体和土壤中的破坏因素,没有提供氯化氢、硫化氢和重要的营养物质磷酸盐等酸的损害因素范围,在是否排放到海水中和排放到新鲜水中以相同的方式予以处理等。此外,氟化氢和其他无机化学物质生态毒性难以确定,毒性类型中缺乏氟氯化碳排放的特性数据,也有可能导致影响评价结果的不确定性。IMPACT 2002+、ReCiPe、EDIP 2003 等方法逐渐趋于完善,如 IMPACT 2002+采用了中间点/损害相结合的可行方法,通过 14 个中间点类型将 LCI 结果和 4 个终点影响类型结合。用损害指标的量化结果来代表环境质量的变化,降低评价的复杂性。但是其特性因素的不确定性没有得到解决,用一些简化的模型来量化损害指标,仅能得到近似结果,误差较大。在综合了上述各种方法的优缺点后,各国研究者又对其进行不断地改进和完善。目前国际上通用的较完善的 LCA 评价方法是 IMPACT 2002+、ReCiPe、IMPACT world+。

(2)黄河三角洲深层卤水开采环境影响评价。

在上述确定的功能单位、系统边界以及生命周期清单的基础上,利用筛选出的生命周期环境影响评价模型(ReCiPe)对黄河三角洲深层卤水钻井和采输卤过程进行生命周期环境影响评价,量化上述过程造成的潜在环境影响。

(3)关键污染因子识别。

利用归一化法对上述生命周期环境影响评价结果进行分析,并识别出关键污染因子(包含影响类别、流程、物质、介质)。

(4)敏感性分析。

针对上述识别出的关键因子,通过逐一改变其输入数值的方法来解释这些关键因子变动对生命周期环境影响评价结果的影响程度。

2)源头减量控制技术研究方法

利用 ReCiPe 模型对不同能源类型、主要过程微观因子变动、无害化处置方法、不同开采模式、不同工艺技术参数对环境的影响进行评价。采用生命周期评价理论构建环境影响评价指标体系,并利用不确定性分析法对构建的环境影响指标体系的合理性进行验证。

5.4.4　研究结果

1. 黄河三角洲卤水开采生命周期环境影响评价结果

生命周期影响评价(LCIA)是生命周期评价的重要环节,目标在于理解和评估一个产品系统潜在环境影响重要性和意义的阶段,主要是对生命周期清单中各种物料的投入和产出进行定性或定量评估的一个过程。ISO 14044（2006）中对生命周期影响评价方法有详细的介绍。该标准将环境影响评价主要分为四个基本环节,分别是分类、特征化、归一化和权重。

一旦定义了影响类别并且 LCI 结果被分配到这些影响类别中,定义特征化因子是必要的。这些因子应该能够反映一个 LCI 结果对影响类别的相对贡献。例如,以 500 年为时间尺度,1 kg N_2O 对全球变暖的贡献是 1 kg CO_2 贡献的 156 倍。这意味着如果 CO_2 的特征化因子为 1,N_2O 的特征化因子是 156。由此可知,全球变暖影响类别评价结果是 LCI 结果与特征化因子的乘积。

1）中间点环境影响评价

本项目针对钻井过程的生命周期环境影响中间点评价结果见表 5-12。

表 5-12　钻井过程的环境影响评价结果（功能单位：2500.66 m）

影响类别	单位	数值			
		ReCiPe	IMPACT 2002＋	CML	TRACI
气候变化	kg CO_2 eq	$3.56×10^5$	$3.25×10^5$	$3.62×10^5$	$3.62×10^5$
臭氧层破坏	kg CFC-11 eq	$1.01×10^{-2}$	$1.02×10^{-2}$	$1.02×10^{-2}$	$1.27×10^{-2}$
人类毒性	kg 1,4-DB eq	$2.27×10^4$			
光化学氧化物质生成	kg NMVOC	$2.10×10^3$			
颗粒物形成	kg PM_{10} eq	598.36	375.18 kg $PM_{2.5}$ eq		
电离辐射	kg U_{235} eq	$1.97×10^4$			
陆地酸性化	kg SO_2 eq	$1.64×10^3$			
淡水富营养化	kg P eq	12.3			
海洋富营养化	kg N eq	272.16			
生态毒性	kg 1,4-DB eq	849.93			
农业土地占用	$m^2·a$	$3.25×10^3$			
城市土地占用	$m^2·a$	$1.12×10^4$			
自然土地转化	m^2	539.35			
水资源耗竭	m^3	$2.66×10^3$			
金属资源耗竭	kg Fe eq	$1.18×10^4$			
化石燃料耗竭	kg oil eq	$1.52×10^5$	$6.78×10^6$ MJ primary		

根据表 5-12 可知,2500.66 m 深卤水钻井过程中产生的生态毒性、人类毒性、气候变化、化石燃料耗竭的影响分别是 849.93 kg 1,4-DB eq、$2.27×10^4$ kg 1,4-DB eq、$3.56×10^5$ kg CO_2 eq、$1.52×10^5$ kg oil eq。对于臭氧层破坏这一中间点环境影响类别,ReCiPe 的评价结果与 IMPACT 2002＋和 CML 相一致;对于颗粒物

形成中间点环境影响类别，ReCiPe 的评价结果大于 IMPACT 2002＋的评价结果，这是因为在 IMPACT 2002＋模型中，没有考虑粒径大于 2.5 μm 的颗粒物的影响。对于全球变暖中间点环境影响类别，ReCiPe 的评价结果与 TRACI、CML 一致。而 IMPACT 2002＋的评价结果小于 ReCiPe 的评价结果，这是因为 ReCiPe 模型考虑的时间范围为 100 年，而 IMPACT 2002＋考虑的时间期限是 500 年，若 ReCiPe 也将时间期限设为 500 年，则其评价结果与 IMPACT 2002＋的评价结果相同；对于非再生资源耗竭中间点环境影响类别，ReCiPe 的评价结果是 1.52×10^5 MJ primary（以 42.62 MJ/kg oil eq 进行转化），与 IMPACT 2002＋的评价结果（6.48×10^5 MJ primary）相一致。对于其他中间点环境影响类别，由于不同模型所选取的参照物质及环境影响类别不同，难以进行比较。综上，ReCiPe 的评价结果较为稳定，因而被选为后续生命周期环境影响评价研究用模型。

针对采输卤过程的生命周期环境影响中间点评价结果见表 5-13。

表 5-13　采输卤过程的环境影响（功能单位：1 m³ 卤水）

影响类别	单位	ReCiPe
气候变化	kg CO_2 eq	5.29
臭氧层破坏	kg CFC-11 eq	6.64×10^{-9}
人类毒性	kg 1,4-DB eq	0.26
光化学氧化物质生成	kg NMVOC	3.69×10^{-2}
颗粒物形成	kg PM_{10} eq	8.22×10^{-3}
电离辐射	kg U_{235} eq	1.96×10^{-2}
陆地酸性化	kg SO_2 eq	2.17×10^{-2}
淡水富营养化	kg P eq	1.98×10^{-4}
海洋富营养化	kg N eq	4.55×10^{-3}
生态毒性	kg 1,4-DB eq	1.08×10^{-2}
农业土地占用	m² · a	6.84×10^{-4}
城市土地占用	m² · a	7.09×10^{-3}
自然土地转化	m²	1.76×10^{-5}
水资源耗竭	m³	9.16×10^{-4}
金属资源耗竭	kg Fe eq	7.88×10^{-3}
化石燃料耗竭	kg oil eq	1.36

表 5-13 表明，1 m³ 卤水采输过程中产生的生态毒性、人类毒性、气候变化、化石燃料耗竭的影响分别是 1.08×10^{-2} kg 1,4-DB eq、0.26 kg 1,4-DB eq、5.29 kg CO_2 eq、1.36 kg oil eq。

针对钻井和采输卤过程，电力制备过程对整体环境负荷贡献最大（＞95%）。

这里需要着重指出,由于缺乏本土数据,本研究的基建(包含泵房与储卤)、PVC 管材制备过程的数据均来自于欧洲 Ecoinvent 数据库(Ecoinvent Centre,2007),但这些欧洲数据对于整体环境负荷的影响不大,因此断定采用欧洲数据未对本研究结果产生较大的影响。

　　2)归一化结果

　　对卤水开采生命周期中间点环境影响评价结果进行归一化分析,结果如图 5-5 和图 5-6 所示。

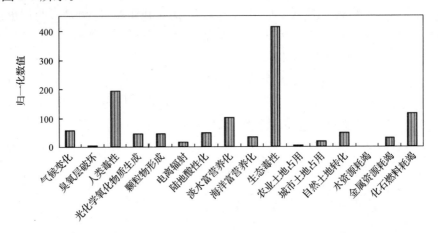

图 5-5　钻井过程归一化结果

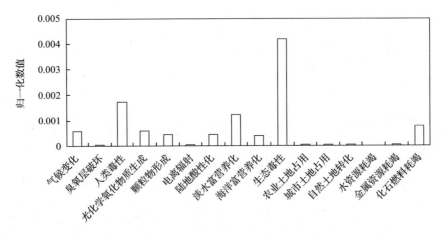

图 5-6　采输卤过程归一化结果

　　归一化分析结果表明,钻井与采输卤过程引发的生态毒性、人类毒性、淡水富营养化、化石燃料耗竭影响类别的潜在环境影响较大;在气候变化、光化学氧化物质形成、颗粒物形成、陆地酸性化、海洋富营养化影响类别引发的环境负荷较小。

此外,钻井过程针对自然土地转化、金属资源耗竭影响类别也有较小的影响;而对其他剩余环境影响类别的影响可以忽略不计。

　　3）关键污染因子识别

　　利用 ReCiPe 方法对上述构建的生命周期清单的归一化结果表明,卤水开采过程造成的最主要的潜在环境影响是生态毒性和人类毒性。因此需要对造成人类毒性和生态毒性的关键流程和关键物质进行识别分析。从生命周期角度追究污染因子,电力和钢铁生产过程是造成人类毒性和生态毒性的关键因素,其环境影响见表 5-14。

表 5-14　功能单位电力(1 kW·h)与功能单位钢材(1 t)使用量的变化对环境的影响

类别	电力	钢材
气候变化(kg CO$_2$ eq)	1.06	1720.57
生态毒性(kg 1,4-DB eq)	9.43×10^{-5}	0.36
人类毒性(kg 1,4-DB eq)	1.49×10^{-2}	31.32
淡水富营养化(kg P eq)	1.05×10^{-5}	1.30×10^{-2}
化石燃料耗竭(kg oil eq)	7.61×10^{-6}	0.68

关键物质分析见表 5-15。

表 5-15　钻井与采输卤过程主要潜在环境影响类别物质及其来源

影响类别	关键物质	关键流程
人类毒性	Hg,As,Ba	钢、电力、直接排放、泥浆渗漏
生态毒性	Ba,V,Ni	钢、电力

　　Ba(主要来源于钻井液渗漏和钻井废物直接填埋处置过程)和 Hg、As(主要来源于钢和电力生产过程)是造成人类毒性的关键物质;Ba(主要来源于钻井液渗漏和钻井废物直接填埋处置过程)和 V、Ni(主要来源于钢和电力生产过程)是造成生态毒性的关键物质。

　　4）敏感性分析

　　针对关键环节的敏感性分析结果见表 5-16。

表 5-16　关键环节敏感性分析

类别	电力	钢材	钻井废物填埋及泥浆渗漏
生态毒性(kg 1,4-DB eq)	12.10	15.48	1.69
人类毒性(kg 1,4-DB eq)	308.10	362.65	188.46
淡水富营养化(kg P eq)	0.24	0.21	0
化石燃料耗竭(kg oil eq)	1.61×10^3	1.98×10^4	0

表 5-16 表明,钢材的生产过程增加 5% 所产生的环境负荷在所有环境影响分类中最大,这是由于该过程排放的大量重金属所致;电力生产过程增加 5% 所产生的环境负荷仅次于钢材生产过程,而钻井废物填埋及泥浆渗漏增加 5% 所产生的环境负荷最小。

2. 源头减量控制技术

深层卤水开采涉及流程主要包括勘探、钻井、测井、井下作业、采卤、输卤等。废气的直接排放主要来自大功率柴油机排放的 SO_2、NO_x、烟尘;其次还有汽车等移动污染源排放,生活等无组织排放。与此类同,污水的直接排放主要来自钻井中废液排放、清洁设备和工具排水、发电机冷却水排水、生活污水与设备、管道清洗产生的废水等。固废排放源头有废弃泥浆、钻井岩屑等。此外,还有由于钻井过程中物料、能源、基建的投入引发的隐含"三废"排放。针对这些污染源头,本研究利用生命周期评价理论,提出了如下源头减量控制技术。

1) 不同能源类型对环境的影响

为避免现场使用柴油、天然气排放的 SO_2、NO_x、烟尘对开采区的环境造成直接影响,本项目采用煤电作为卤水开采所用能源。为探寻不同能源类型对环境的影响,本研究还针对钻井过程中常用的柴油、天然气发动机进行了环境的影响解析。研究结果的中间点分析值与其不确定性分析结果如表 5-17 和表 5-18 所示。

表 5-17　不同发电类型中间环境影响评价值(功能单位:2500.66 m)

环境影响类别	单位	中间环境影响评价值数值		
		现场柴油发电	煤电	天然气发动机
气候变化	kg CO_2 eq	3.88×10^5	3.58×10^5	3.09×10^5
臭氧层破坏	kg CFC-11 eq	2.94×10^{-2}	1.00×10^{-2}	9.91×10^{-3}
人类毒性	kg 1,4-DB eq	1.18×10^4	1.26×10^4	1.00×10^4
光化学氧化物质生成	kg NMVOC	4.13×10^3	2.16×10^3	1.39×10^3
颗粒物形成	kg PM_{10} eq	1.40×10^3	6.83×10^3	4.93×10^3
电离辐射	kg U_{235} eq	2.05×10^4	1.79×10^4	1.76×10^4
陆地酸性化	kg SO_2 eq	2.86×10^4	1.66×10^4	1.26×10^4
淡水富营养化	kg P eq	2.87	4.18	2.66
海洋富营养化	kg N eq	159.77	92.67	60.31
生态毒性	kg 1,4-DB eq	247.20	133.88	120.07

环境影响类别	单位	中间环境影响评价值数值		
		现场柴油发电	煤电	天然气发动机
农业土地占用	$m^2 \cdot a$	3.32×10^4	3.24×10^4	3.23×10^4
城市土地占用	$m^2 \cdot a$	9.66×10^5	9.65×10^5	9.65×10^5
自然土地转化	m^2	6.17×10^2	5.39×10^2	5.45×10^2
水资源耗竭	m^3	2.43×10^5	2.19×10^5	2.14×10^4
金属资源耗竭	kg Fe eq	1.28×10^4	1.17×10^4	1.17×10^4
化石燃料耗竭	kg oil eq	1.70×10^5	1.47×10^5	1.50×10^5

表 5-18　不同发电类型的环境影响概率大小比较(功能单位:2500.66 m)

影响类别	概率(置信区间 95%)		
	柴油≥煤电/%	柴油≥天然气/%	煤电≥天然气/%
气候变化	77.50	98.90	90.60
臭氧层破坏	100	100	52.40
人类毒性	29.7	89.70	94.9
光化学氧化物质生成	89.80	100	99.60
颗粒物形成	99.80	100	98.90
电离辐射	86.10	88.10	55.60
陆地酸性化	93.60	99.90	98.00
淡水富营养化	15.40	75.30	95.80
海洋富营养化	84.10	100	99.90
生态毒性	99.90	99.80	73.6
农业土地占用	59.90	59.60	50.40
城市土地占用	50.80	48.20	51.20
自然土地转化	80.00	78.70	46.20
水资源耗竭	80.60	83.90	57.40
金属资源耗竭	77.50	76.10	51.10
化石燃料耗竭	91.40	86.20	41.2

　　不确定性分析结果表明,天然气发动机所产生的环境影响最小,其次是煤电,柴油利用所产生的环境影响最大。其中,以气候变化为例,柴油现场发电产生的环境影响大于等于煤电产生的环境影响的概率为 77.50%,说明柴油现场发电所产生的环境影响在气候变化这一影响类别与煤电的影响相差不大。以此类推可知,

对于人类毒性、电离辐射、富营养化、农业土地占用、城市土地占用、自然土地转化、水资源耗竭、金属资源耗竭环境影响类别,利用柴油作能源与利用煤电作能源进行钻井产生的潜在环境影响相近;对于生态毒性、臭氧层破坏、光化学氧化物形成、颗粒物形成和陆地酸性化环境影响类别,利用柴油作能源进行钻井造成的潜在环境影响大于利用煤电作能源造成的潜在环境影响。天然气发动机所产生的环境影响在气候变化、人类毒性、光化学氧化物形成、颗粒物形成和陆地酸性化环境影响类别明显大于煤电;在剩余的环境影响类别中利用天然气发动机作能源与利用煤电作能源进行钻井产生的潜在环境影响相近。

2)主要微观因子变动对整体环境的影响

主要微观因子变动对整体环境的影响见表 5-19。

表 5-19　主要过程微观变化对环境的影响

影响类别	单位	1 kW·h 电力	1 t 钢材
气候变化	kg CO_2 eq	0.86	1.25×10^3
臭氧层破坏	kg CFC-11 eq	1.08×10^{-9}	1.87×10^{-5}
人类毒性	kg 1,4-DB eq	4.16×10^{-2}	80.60
光化学氧化物质生成	kg NMVOC	6.03×10^{-3}	6.95
颗粒物形成	kg PM_{10} eq	1.34×10^{-3}	2.42
电离辐射	kg U_{235} eq	3.19×10^{-3}	1.09×10^2
陆地酸性化	kg SO_2 eq	3.53×10^{-3}	7.14
淡水富营养化	kg P eq	3.21×10^{-5}	3.91×10^{-2}
海洋富营养化	kg N eq	7.45×10^{-4}	0.86
生态毒性	kg 1,4-DB eq	1.76×10^{-3}	2.59
农业土地占用	m^2·a	1.09×10^{-4}	25.5
城市土地占用	m^2·a	1.16×10^{-3}	13.7
自然土地转化	m^2	2.84×10^{-6}	13.8
水资源耗竭	m^3	8.96×10^{-5}	7.02
金属资源耗竭	kg Fe eq	1.26×10^{-3}	77.5
化石燃料耗竭	kg oil eq	0.22	6.56×10^2

由表 5-15 可知,电力和钢生产过程是造成人类毒性和生态毒性的关键流程,为了更清楚地了解电力和钢生产过程的变化对于环境的具体影响,本研究讨论每节约 1 kW·h 的电量和每节约 1 t 钢材所减少的环境影响,具体结果如表 5-19 所示。结果表明,对于所有的影响类别(气候变化、臭氧层消耗、人类毒性、光化学氧化形成、颗粒物形成、电离辐射、陆地酸性化、水体富营养化、海洋富营养化、生态毒性、农业土地占用、城市土地占用、自然土地转化、水资源消耗、金属消耗以及化石

燃料的消耗),每节约 1 t 钢材所减少的环境影响均要大于每节约 1 kW·h 的电量所减少的环境影响。

3) 无害化处置

不同钻井泥浆处置方式生命周期环境影响评价结果如表 5-20 所示。

表 5-20　不同钻井泥浆处置方式生命周期评价结果(功能单位:1 t 干燥钻井泥浆)

环境影响类别	处置方式				
	土地利用	制免烧砖	水泥窑中焚烧	填埋	城市生活垃圾混合焚烧
气候变化/ kg CO_2 eq	0	36.56	209.27	170.59	37.63
臭氧层破坏/ kg CFC-11 eq	0	1.95×10^{-6}	3.52×10^{-7}	3.04×10^{-6}	1.60×10^{-7}
人类毒性/ kg 1,4-DB eq	3.01	16.35	22.55	108.49	291.69
光化学氧化物质生成/ kg NMVOC	0	0.1	0.1	1.84	0.4
颗粒物形成/ kg PM_{10} eq	0	4.92×10^{-2}	8.47×10^{-2}	5.67×10^{-1}	9.98×10^{-2}
电离辐射/ kg U_{235} eq	0	3.97	1.68	12.34	0.62
陆地酸性化/ kg SO_2 eq	0	0.16	0.37	1.15	0.29
淡水富营养化/ kg P eq	0	6.58×10^{-3}	2.21×10^{-3}	1.51×10^{-1}	1.68×10^{-2}
海洋富营养化/ kg N eq	0	1.63×10^{-2}	4.87×10^{-2}	3.36	2.00×10^{-1}
生态毒性/ kg 1,4-DB eq	1.13	0.95	1.22	6.27	11.00
农业土地占用/ ($m^2 \cdot a$)	0	0.28	0.38	0.5	1.98×10^{-2}
城市土地占用/ ($m^2 \cdot a$)	0	0.29	0.16	0.67	0.13

续表

环境影响类别	处置方式				
	土地利用	制免烧砖	水泥窑中焚烧	填埋	城市生活垃圾混合焚烧
自然土地转化/ m^2	0	3.29×10^{-3}	1.63×10^{-3}	7.34×10^{-3}	-1.10×10^{-4}
水资源耗竭/ m^3	0	0.35	0.42	0.52	2.62×10^{-2}
金属资源耗竭/ kg Fe eq	0	1.35	1.28	11.02	0.35
化石燃料耗竭/ kg oil eq	0	5.81	18.93	74.54	12.16

　　从表 5-20 可以看出,对于所有的环境影响类别(气候变化、臭氧层破坏、人类毒性、光化学氧化物质形成、颗粒物形成、电离辐射、陆地酸性化、水体富营养化、海洋富营养化、生态毒性、农业土地占用、城市土地占用、自然土地转化、水资源消耗、金属消耗以及化石燃料的消耗),钻井废弃泥浆土地利用的处置方式产生的潜在环境影响最小。这是由于本研究所应用的钻井液含重金属种类少、含量低造成的。相对于钻井废弃泥浆土地利用的处置方式,其他处置方式造成较大的潜在环境影响,这主要是因为其他处置过程有额外的物料和能源投入。

　　4) 开采模式对环境的影响

　　针对不同开采模式即泵参数改变对采卤过程的生命周期环境影响,利用 ReCiPe 模型进行了解析,结果见图 5-7 和表 5-21。

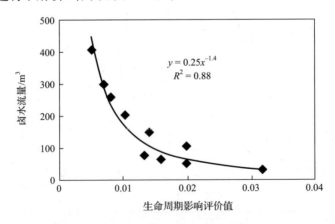

图 5-7　同一外径条件下,卤水流量和环境负荷的关系

表 5-21　不同流量采卤泵所产生的环境负荷

影响类别	单位	采卤泵-WP100	采卤泵-WP150	采卤泵-WP200	采卤泵-WP250	采卤泵-WP30	采卤泵-WP300	采卤泵-WP400	采卤泵-WP50	采卤泵-WP60	采卤泵-WP80
气候变化	kg CO_2 eq	19.49	13.82	10.151	7.95	31.17	6.89	5.07	19.48	15.59	13.07
臭氧层破坏	kg CFC-11 eq	2.45×10^{-8}	1.74×10^{-8}	1.28×10^{-8}	1.00×10^{-8}	3.93×10^{-8}	8.67×10^{-9}	6.39×10^{-9}	2.45×10^{-8}	1.96×10^{-8}	1.65×10^{-8}
陆地酸性化	kg SO_2 eq	8.04×10^{-2}	5.70×10^{-2}	4.19×10^{-2}	3.28×10^{-2}	0.13	2.84×10^{-2}	2.09×10^{-2}	8.04×10^{-2}	6.43×10^{-2}	5.39×10^{-2}
淡水富营养化	kg P eq	2.39×10^{-4}	1.69×10^{-4}	1.24×10^{-4}	9.73×10^{-5}	3.82×10^{-4}	8.43×10^{-5}	6.21×10^{-5}	2.39×10^{-4}	1.91×10^{-4}	1.60×10^{-4}
海洋富营养化	kg N eq	5.17×10^{-3}	3.67×10^{-3}	2.69×10^{-3}	2.11×10^{-3}	8.27×10^{-3}	1.83×10^{-3}	1.35×10^{-3}	5.17×10^{-3}	4.13×10^{-3}	3.47×10^{-3}
人类毒性	kg 1,4-DB eq	0.43	0.30	0.22	0.17	0.68	0.15	0.11	0.43	0.34	0.29
光化学氧化物质生成	kg NMVOC	0.14	9.86×10^{-2}	7.25×10^{-2}	5.67×10^{-2}	0.22	4.92×10^{-2}	3.62×10^{-2}	0.14	0.11	9.33×10^{-2}
颗粒物形成	kg PM_{10} eq	0.34	2.41×10^{-2}	1.77×10^{-2}	1.38×10^{-2}	5.43×10^{-2}	1.20×10^{-2}	8.83×10^{-3}	3.39×10^{-2}	2.71×10^{-2}	2.28×10^{-2}
生态毒性	kg 1,4-DB eq	2.24×10^{-3}	1.59×10^{-3}	1.17×10^{-3}	9.11×10^{-4}	3.58×10^{-3}	7.90×10^{-4}	5.82×10^{-4}	2.24×10^{-3}	1.79×10^{-3}	1.50×10^{-3}
电离辐射	kBq U_{235} eq	7.23×10^{-3}	5.13×10^{-3}	3.77×10^{-3}	2.95×10^{-3}	0.12	2.56×10^{-3}	1.88×10^{-3}	7.23×10^{-3}	5.78×10^{-3}	4.85×10^{-3}
农业土地占用	$m^2\cdot a$	2.47×10^{-3}	1.75×10^{-3}	1.29×10^{-3}	1.01×10^{-3}	3.95×10^{-3}	8.73×10^{-4}	6.43×10^{-4}	2.47×10^{-3}	1.98×10^{-3}	1.66×10^{-3}
城市土地占用	$m^2\cdot a$	2.64×10^{-2}	1.87×10^{-2}	1.38×10^{-2}	1.08×10^{-2}	4.22×10^{-2}	9.33×10^{-3}	6.87×10^{-3}	2.64×10^{-2}	2.11×10^{-2}	1.77×10^{-2}
自然土地转化	m^2	6.43×10^{-5}	4.56×10^{-5}	3.35×10^{-5}	2.62×10^{-5}	1.03×10^{-4}	2.27×10^{-5}	1.67×10^{-5}	6.43×10^{-5}	5.14×10^{-5}	4.31×10^{-5}
水资源耗竭	m^3	0.96	0.68	0.50	0.39	1.54	0.34	0.25	0.96	0.77	0.65
金属资源耗竭	kg Fe eq	2.82×10^{-2}	2.00×10^{-2}	1.47×10^{-2}	1.15×10^{-2}	4.51×10^{-2}	9.96×10^{-3}	7.33×10^{-3}	2.82×10^{-2}	2.25×10^{-2}	1.89×10^{-2}
化石燃料耗竭	kg oil eq	4.71	3.34	2.45	1.92	7.53	1.66	1.23	4.71	3.77	3.16

在同一采卤泵径条件下,生命周期整体环境负荷随卤水流量呈幂指数关系,环境负荷随流量的增加而减小,但是当流量达到一定程度以后,整体环境负荷基本趋于稳定。

表 5-21 表明,对于所有的中间点环境影响类别(气候变化、臭氧层破坏、人类毒性、光化学氧化物质形成、颗粒物形成、电离辐射、陆地酸性化、水体富营养化、海洋富营养化、生态毒性、农业土地占用、城市土地占用、自然土地转化、水资源消耗、金属消耗以及化石燃料的消耗),其生命周期影响评价结果数值随着流量的增加而减小。

同一排量不同采卤泵外径所产生的环境负荷见表 5-22。

表 5-22　同一排量不同采卤泵外径所产生的环境负荷($100\ m^3/d$)

影响类别	单位	采卤泵-QYDB106 系列	采卤泵-QYDB116 系列	采卤泵-QYDB118 系列
气候变化	kg CO_2 eq	5.53	6.58	9.34
臭氧层破坏	kg CFC-11 eq	6.97×10^{-9}	8.30×10^{-9}	1.18×10^{-8}
人类毒性	kg 1,4-DB eq	2.28×10^{-2}	2.71×10^{-2}	3.85×10^{-2}
光化学氧化物质生成	kg NMVOC	6.78×10^{-5}	8.07×10^{-5}	1.15×10^{-4}
颗粒物形成	kg PM_{10} eq	1.47×10^{-3}	1.75×10^{-3}	2.48×10^{-3}
电离辐射	kg U_{235} eq	0.12	0.14	0.20
陆地酸性化	kg SO_2 eq	3.95×10^{-2}	4.70×10^{-2}	6.67×10^{-2}
淡水富营养化	kg P eq	9.63×10^{-3}	1.15×10^{-2}	1.63×10^{-2}
海洋富营养化	kg N eq	2.78×10^{-5}	3.31×10^{-5}	4.70×10^{-5}
生态毒性	kg 1,4-DB eq	3.32×10^{-4}	3.95×10^{-4}	5.61×10^{-4}
农业土地占用	$m^2 \cdot a$	2.74×10^{-4}	3.27×10^{-4}	4.64×10^{-4}
城市土地占用	$m^2 \cdot a$	2.05×10^{-2}	2.44×10^{-2}	3.47×10^{-2}
自然土地转化	m^2	7.02×10^{-4}	8.35×10^{-4}	1.19×10^{-3}
水资源耗竭	m^3	7.49×10^{-4}	8.92×10^{-4}	1.27×10^{-3}
金属资源耗竭	kg Fe eq	1.83×10^{-5}	2.17×10^{-5}	3.08×10^{-5}
化石燃料耗竭	kg oil eq	0.27	0.33	0.46

在采卤量相同的情况下($100\ m^3/d$),不同采卤泵外径所产生的环境负荷随着泵外径的增大而增加。

5)不同工艺技术参数对环境的影响

(1)不同输卤管材环境影响

根据卤水对不同材质材料的腐蚀速率的影响实验提供的数据,20 ℃条件下,未处理的 N80 钢的腐蚀速率是 8.05×10^{-2} mm/a,化学镀 Ni-W-P 的 N80 钢的腐

蚀速率是 1.21×10^{-2} mm/a，电沉积镀 Ni-W-P 的 N80 钢的腐蚀速率是 1.04×10^{-2} mm/a。根据调研结果，本研究中输卤管寿命取上限 30 年，输卤距离取 30 km，输卤管外径取 508 mm，结合腐蚀实验提供的镀膜厚度（膜厚 1 mm）以及示范工程提供的卤水井出水量（726.73 m^3/d）。本研究利用 ReCiPe 法，分别分析输送 1 m^3 卤水时不同材质的输卤管材造成的潜在环境影响，结果见表 5-23。

表 5-23　不同管材对输卤过程的环境影响（功能单位：1 m^3 卤水）

影响类别	单位	数值			
		PVC 管	HDPE 管	N80 钢管	N80-Ni-W-P 钢管
气候变化	kg CO_2 eq	6.05×10^{-2}	3.91×10^{-2}	0.27	0.23
臭氧层破坏	kg CFC-11 eq	8.86×10^{-11}	4.19×10^{-12}	3.95×10^{-9}	6.83×10^{-9}
人类毒性	kg 1,4-DB eq	1.56×10^{-4}	1.20×10^{-4}	1.51×10^{-3}	1.37×10^{-3}
光化学氧化物质生成	kg NMVOC	9.77×10^{-7}	3.82×10^{-7}	2.74×10^{-6}	3.38×10^{-6}
颗粒物形成	kg PM_{10} eq	9.09×10^{-6}	2.66×10^{-6}	6.45×10^{-5}	5.52×10^{-5}
电离辐射	kg U_{235} eq	4.34×10^{-3}	1.01×10^{-4}	1.34×10^{-2}	1.29×10^{-2}
陆地酸性化	kg SO_2 eq	2.57×10^{-4}	1.76×10^{-4}	1.51×10^{-3}	1.26×10^{-3}
淡水富营养化	kg P eq	5.58×10^{-5}	4.01×10^{-5}	6.12×10^{-4}	5.36×10^{-4}
海洋富营养化	kg N eq	1.53×10^{-6}	9.36×10^{-8}	4.44×10^{-6}	5.49×10^{-6}
生态毒性	kg 1,4-DB eq	1.48×10^{-5}	6.22×10^{-6}	1.51×10^{-5}	1.54×10^{-5}
电离辐射	kBq U_{235} eq	1.61×10^{-5}	1.99×10^{-6}	9.58×10^{-5}	9.83×10^{-5}
农业土地占用	$m^2 \cdot a$	1.79×10^{-4}	8.52×10^{-6}	2.30×10^{-2}	2.49×10^{-2}
城市土地占用	$m^2 \cdot a$	1.57×10^{-5}	1.20×10^{-4}	5.38×10^{-3}	4.72×10^{-3}
自然土地转化	m^2	1.47×10^{-5}	2.76×10^{-6}	2.86×10^{-3}	2.61×10^{-3}
水资源耗竭	m^3	2.64×10^{-7}	-1.25×10^{-8}	2.92×10^{-5}	2.78×10^{-5}
金属资源耗竭	kg Fe eq	1.61×10^{-2}	8.09×10^{-4}	0.28	0.30
化石燃料耗竭	kg oil eq	1.83×10^{-4}	4.06×10^{-5}	1.64×10^{-2}	1.50×10^{-2}

不同输卤管材所产生的环境影响的概率（置信区间 95%）分析结果如表 5-24 所示。

从表 5-24 可见，采用 N80 钢管和 N80 镀 Ni-W-P 钢管所产生的环境影响最大，其次是 PVC 管，采用 HDPE 管所产生的环境影响最小。其中，以农业土地占用这一影响类别为例，在 95% 可信度区间内，HDPE 管所产生的环境影响≥N80 镀 Ni-W-P 管所产生的环境影响的概率为 0，即对于农业土地占用这一影响类别，N80 镀 Ni-W-P 输卤管对输卤过程产生的潜在环境影响远大于 HDPE 管。以此类推，N80 镀 Ni-W-P 与 N80 钢输卤管的环境负荷相似，都远大于 PVC 输卤管，PVC 输卤管在淡水生态毒性、淡水富营养化、人类毒性、电离辐射、海洋生态毒性、海洋富营养化、金属资源耗竭、自然土地转化、臭氧耗竭、陆地生态毒性、城市土地占用和水资源耗竭环境影响类别产生的潜在环境影响均大于 HDPE 输卤管。

表 5-24　管材对输卤过程的环境影响概率大小比较(功能单位：1 m³ 卤水)

影响类别	概率(置信区间95%)			
	HDPE≥N80 镀 Ni-W-P/%	N80≥N80 镀 Ni-W-P/%	N80 镀 Ni-W-P≥PVC/%	HDPE≥ PVC/%
农业土地占用	0	56.70	100	24.80
气候变化	0	57.90	99.50	18.80
化石燃料耗竭	0.70	62.90	98.70	49.70
淡水生态毒性	11.50	44.40	60.30	3.40
淡水富营养化	2.10	30.50	91.40	2.10
人类毒性	0	48.70	95.40	0
电离辐射	0	38.20	100	0
海洋生态毒性	0	39.90	99.90	0
海洋富营养化	0	60.90	99.80	0.70
金属资源耗竭	0	52.50	100	0.50
自然土地转化	8.20	48	94.70	0.30
臭氧耗竭	0	8.40	100	0
颗粒物形成	0	59.10	100	24.50
光化学氧化物质生成	0	63.70	99.80	21.80
陆地酸性化	0	55.90	100	28.80
陆地生态毒性	0	25.70	99.30	0
城市土地占用	0	54.50	100	0.10
水资源耗竭	0	42	100	0

（2）不同采卤管材的环境影响。

根据高温卤水对不同材质材料的腐蚀速率的影响实验提供的数据，90 ℃条件下，未处理的 N80 钢的腐蚀速率是 1.58 mm/a，化学镀 Ni-W-P 的 N80 钢的腐蚀速率是 0.32 mm/a，电沉积镀 Ni-W-P 的 N80 钢的腐蚀速率是 0.34 mm/a。实验条件下，采卤管的腐蚀速率均大于 0.3 mm/a，属于严重腐蚀，腐蚀裕量为大于等于 3 mm。因此，本研究中腐蚀裕量取值为 3 mm。根据卤水开采示范工程提供的现场数据，采卤管壁厚为 6.91 mm，卤水井出水量是 726.73 m³/d，结合腐蚀实验提供的镀膜厚度（膜厚 1 mm），本研究利用 ReCiPe 法，分析采集 1 m³ 卤水，由不同材质的采卤管材所造成的潜在环境影响。分析结果如表 5-25 所示，其不确定性分析结果如表 5-26 所示。

表 5-25　不同采卤管材所产生的和环境影响（功能单位：1 m³ 卤水）

影响类别	单位	采卤-1Cr13 钢	采卤-1Cr13 钢镀 Ni-W-P	采卤-20#钢	采卤-20 钢镀 Ni-W-P	采卤-2205 双相不锈钢	采卤-2205 双相不锈钢镀 Ni-W-P	采卤-304 不锈钢	采卤-304 不锈钢镀 Ni-W-P	采卤-316 L 不锈钢
气候变化	kg CO_2 eq	5.86	3.95	13.30	6.01	1.09	1.07	4.91	3.43	3.65
臭氧层破坏	kg CFC-11 eq	8.76×10^{-8}	9.47×10^{-8}	1.99×10^{-7}	1.44×10^{-7}	1.64×10^{-8}	2.55×10^{-8}	7.34×10^{-8}	8.27×10^{-8}	5.46×10^{-8}
陆地酸性化	kg SO_2 eq	3.34×10^{-2}	2.30×10^{-2}	7.60×10^{-2}	3.50×10^{-2}	6.24×10^{-3}	6.21×10^{-3}	2.80×10^{-2}	2.00×10^{-2}	2.08×10^{-2}
淡水富营养化	kg P eq	6.07×10^{-5}	5.12×10^{-5}	1.38×10^{-4}	7.80×10^{-5}	1.13×10^{-5}	1.38×10^{-5}	5.09×10^{-5}	4.46×10^{-5}	3.79×10^{-5}
海洋富营养化	kg N eq	1.43×10^{-3}	9.44×10^{-4}	3.25×10^{-3}	1.44×10^{-3}	2.67×10^{-4}	2.56×10^{-4}	1.20×10^{-3}	8.21×10^{-4}	8.91×10^{-4}
人类毒性	kg 1,4-DB eq	0.30	0.21	0.68	0.32	5.56×10^{-2}	5.73×10^{-2}	0.25	0.18	0.19
光化学氧化物质生成	kg NMVOC	3.35×10^{-2}	2.18×10^{-2}	7.63×10^{-2}	3.32×10^{-2}	6.26×10^{-3}	5.90×10^{-3}	2.81×10^{-2}	1.89×10^{-2}	2.09×10^{-2}
颗粒物形成	kg PM_{10} eq	1.36×10^{-2}	9.09×10^{-3}	3.08×10^{-2}	1.38×10^{-2}	2.53×10^{-3}	2.46×10^{-3}	1.14×10^{-2}	7.90×10^{-3}	8.45×10^{-3}
生态毒性	kg 1,4-DB eq	2.55×10^{-3}	1.91×10^{-3}	5.81×10^{-3}	2.91×10^{-3}	4.77×10^{-4}	5.15×10^{-4}	2.14×10^{-3}	1.66×10^{-3}	1.59×10^{-3}
电离辐射	kBq U_{235} eq	0.51	0.39	1.16	0.60	9.51×10^{-2}	0.11	0.43	0.34	0.32
农业土地占用	m²·a	0.12	8.00×10^{-2}	0.27	0.12	2.23×10^{-2}	2.16×10^{-2}	0.10	6.95×10^{-2}	7.43×10^{-2}
城市土地占用	m²·a	6.33×10^{-2}	4.36×10^{-2}	0.14	6.64×10^{-2}	1.18×10^{-2}	1.18×10^{-2}	5.31×10^{-2}	3.79×10^{-2}	3.95×10^{-2}
自然土地转化	m²	6.46×10^{-4}	4.57×10^{-4}	1.47×10^{-3}	6.97×10^{-4}	1.21×10^{-4}	1.24×10^{-4}	5.42×10^{-4}	3.98×10^{-4}	4.03×10^{-4}
水资源耗竭	m³	6.29	4.74	14.30	7.22	1.17	1.28	5.27	4.13	3.92
金属资源耗竭	kg Fe eq	0.36	0.25	0.82	0.38	6.78×10^{-2}	6.78×10^{-2}	0.30	0.22	0.23
化石燃料耗竭	kg oil eq	2.92	1.90	6.64	2.90	0.54	0.52	2.45	1.65	1.82

续表

影响类别	单位	采卤-316 L不锈钢镀 Ni-W-P	采卤-铝合金	采卤-铝合金镀 Ni-W-P	采卤-N80钢	采卤-N80钢镀 Ni-W-P	采卤-Q235钢	采卤-Q235钢镀 Ni-W-P
气候变化	kg CO_2 eq	1.73	698.14	6.14	7.22	3.48	10.92	4.11
臭氧层破坏	kg CFC-11 eq	4.14×10^{-8}	4.73×10^{-6}	1.47×10^{-7}	1.08×10^{-7}	8.35×10^{-8}	1.63×10^{-7}	9.85×10^{-8}
陆地酸性化	kg SO_2 eq	1.01×10^{-2}	3.13	3.57×10^{-2}	4.12×10^{-2}	2.02×10^{-2}	6.23×10^{-2}	2.39×10^{-2}
淡水富营养化	kg P eq	2.24×10^{-5}	3.87×10^{-2}	7.95×10^{-5}	7.48×10^{-5}	4.51×10^{-5}	1.13×10^{-4}	5.32×10^{-5}
海洋富营养化	kg N eq	4.14×10^{-4}	0.36	1.47×10^{-3}	1.76×10^{-3}	8.32×10^{-4}	2.66×10^{-3}	9.82×10^{-4}
人类毒性	kg 1,4-DB eq	9.27×10^{-2}	24.82	0.33	0.37	0.19	0.56	0.22
光化学氧化物质生成	kg NMVOC	9.55×10^{-3}	4.82	3.39×10^{-2}	4.13×10^{-2}	1.92×10^{-2}	6.25×10^{-2}	2.27×10^{-2}
颗粒物形成	kg PM_{10} eq	3.98×10^{-3}	1.30	1.41×10^{-2}	1.67×10^{-2}	8.01×10^{-3}	2.53×10^{-2}	9.45×10^{-3}
生态毒性	kg 1,4-DB eq	8.35×10^{-4}	0.13	2.97×10^{-3}	3.15×10^{-3}	1.68×10^{-3}	4.76×10^{-3}	1.98×10^{-3}
电离辐射	kBq U_{235} eq	0.17	7.31	0.61	0.63	0.35	0.95	0.41
农业土地占用	m^2·a	3.50×10^{-2}	0.30	0.12	0.15	7.05×10^{-2}	0.22	8.32×10^{-2}
城市土地占用	m^2·a	1.91×10^{-2}	1.55	6.77×10^{-2}	7.79×10^{-2}	3.84×10^{-2}	0.12	4.53×10^{-2}
自然土地转化	m^2	2.00×10^{-4}	1.19×10^{-2}	7.11×10^{-4}	7.96×10^{-4}	4.03×10^{-4}	1.20×10^{-3}	4.76×10^{-4}
水资源耗竭	m^3	2.08	93.36	7.37	7.75	4.18	11.73	4.93
金属资源耗竭	kg Fe eq	0.11	3.29	0.39	0.45	0.22	0.68	0.26
化石燃料耗竭	kg oil eq	0.83	186.42	2.96	3.60	1.68	5.44	1.98

表 5-26　管材对输卤过程的环境影响概率大小比较（功能单位:1 m³ 卤水）

影响类别	Cr13 钢≥Cr13 钢镀 Ni-W-P/%	20#钢≥20 钢镀 Ni-W-P/%	2205 双相不锈钢≥2205 双相不锈钢镀 Ni-W-P/%	304 不锈钢≥304 不锈钢镀 Ni-W-P/%	316 L 不锈钢≥316 L 不锈钢镀 Ni-W-P/%	铝合金≥铝合金镀 Ni-W-P/%	N80 钢≥N80 钢镀 Ni-W-P/%
农业土地占用	76.00	92.30	50.90	75.60	67.80	88.90	91.60
气候变化	77.40	93.10	52.40	76.50	68.50	100	91.50
化石燃料耗竭	79.30	93.40	55.00	79.20	70.60	100	92.40
淡水生态毒性	70.70	90.70	41.60	68.50	61.10	100	88.30
淡水富营养化	58.60	82.90	30.80	54.00	47.50	100	78.70
人类毒性	73.10	91.40	45.10	71.40	63.30	100	89.70
电离辐射	66.70	89.50	38.00	65.50	57.40	100	87.00
海洋生态毒性	67.70	89.60	39.70	65.80	58.50	100	87.80
海洋富营养化	78.60	93.10	53.80	77.70	69.80	100	92.00
金属资源耗竭	74.50	91.60	48.30	73.80	65.50	100	90.40
自然土地转化	68.30	83.20	44.20	65.70	60.00	97.80	83.30
臭氧消耗	38.10	71.90	14.80	34.10	29.20	100	64.00
颗粒物形成	77.80	93.10	52.60	77.00	69.00	100	91.60
光化学物质生成	79.40	93.50	55.00	79.30	70.50	100	92.50
陆地酸性化	76.40	92.90	50.60	75.50	67.40	100	90.70
陆地生态毒性	59.90	85.70	29.50	55.00	47.70	100	81.00
城市土地占用	76.30	92.20	49.80	75.00	67.40	100	91.00
水资源耗竭	69.40	90.20	41.90	67.80	59.90	100	88.10

续表

影响类别	Q235 钢≥Q235 镀 Ni-W-P/%	1Cr13 钢≥20#钢/%	20#钢≥2205 双相不锈钢/%	2205 双相不锈钢≥304 不锈钢/%	304 不锈钢≥316 L 不锈钢/%	316 L 不锈钢≥铝合金/%	N80 钢≥Q235 钢/%
农业土地占用	97.50	5.70	100	0.20	70.70	0.20	21.40
气候变化	97.80	5.70	100	0.20	70.70	0	21.40
化石燃料耗竭	98.10	5.70	100	0.20	70.70	0	21.40
淡水生态毒性	96.70	5.70	100	0.20	70.70	0	21.40
淡水富营养化	90.70	5.70	100	0.20	70.70	0	21.40
人类毒性	97.20	5.70	100	0.20	70.70	0	21.40
电离辐射	96.30	5.70	100	0.20	70.70	0	21.40
海洋生态毒性	96.40	5.70	100	0.20	70.70	0	21.40
海洋富营养化	98.00	5.70	100	0.20	70.70	0	21.40
金属资源耗竭	97.20	5.70	100	0.20	70.70	0	21.40
自然土地转化	89.00	12.60	91.80	8.70	67.40	2.30	24.70
臭氧消耗	82.20	5.70	100	0.20	70.70	0	21.40
颗粒物形成	97.90	5.70	100	0.20	70.70	0	21.40
光化学物质生成	98.10	5.70	100	0.20	70.70	0	21.40
陆地酸性化	97.80	5.70	100	0.20	70.70	0	21.40
陆地生态毒性	93.30	5.70	100	0.20	70.70	0	21.40
城市土地占用	97.50	5.70	100	0.20	70.70	0	21.40
水资源耗竭	96.60	5.70	100	0.20	70.70	0	21.40

表 5-25 和表 5-26 表明，在 95％可信度区间内，1Cr13 钢和 1Cr13 钢镀 Ni-W-P、2205 双相不锈钢和 2205 双相不锈钢镀 Ni-W-P、304 不锈钢和 304 不锈钢镀 Ni-W-P、316 L 不锈钢和 316 L 不锈钢镀 Ni-W-P 所产生的潜在环境影响差别不大。20♯钢和 20♯钢镀 Ni-W-P、铝合金和铝合金镀 Ni-W-P、N80 钢和 N80 镀 Ni-W-P、Q235 钢和 Q235 镀 Ni-W-P 所产生的潜在环境影响，Ni-W-P 镀层管均小于不镀 Ni-W-P 钢管。2205 双相不锈钢所产生的潜在环境影响最小，其次是 1Cr13 钢，铝合金所产生的潜在环境影响是最大的。由于 2205 双相不锈钢价格比较昂贵，所以综合环境和经济角度，1Cr13 钢比较合适。

（3）不同类型钻头对环境的影响。

不同类型钻头对环境影响的评价结果见表 5-27。

表 5-27　不同钻头类型环境影响（功能单位：钻井 1 m）

影响类别	单位	仿生 PDC 钻头	牙轮钻头	常规钻头
气候变化	kg CO_2 eq	77.60	84.50	120
臭氧层破坏	kg CFC-11 eq	1.08×10^{-7}	1.17×10^{-7}	1.66×10^{-7}
人类毒性	kg 1,4-DB eq	205	223	316
光化学氧化物质生成	kg NMVOC	0.60	0.65	0.92
颗粒物形成	kg PM_{10} eq	0.13	0.15	0.21
电离辐射	kg U_{235} eq	0.32	0.35	0.49
陆地酸性化	kg SO_2 eq	0.44	0.48	0.67
淡水富营养化	kg P eq	3.19×10^{-3}	3.48×10^{-3}	4.92×10^{-3}
海洋富营养化	kg N eq	7.41×10^{-2}	8.07×10^{-2}	0.11
生态毒性	kg 1,4-DB eq	194	211	298
农业土地占用	$m^2\cdot a$	1.09×10^{-2}	1.18×10^{-2}	1.67×10^{-2}
城市土地占用	$m^2\cdot a$	0.12	0.13	0.18
自然土地转化	m^2	2.82×10^{-4}	3.07×10^{-4}	4.35×10^{-4}
水资源耗竭	m^3	8.91×10^{-3}	9.70×10^{-3}	1.37×10^{-2}
金属资源耗竭	kg Fe eq	0.13	0.14	0.19
化石燃料耗竭	kg oil eq	2.16	2.35	3.33

表 5-27 表明，对于所有影响类别，采用常规钻头所产生的环境影响最大，其次是牙轮钻头，仿生 PDC 钻头所产生的环境影响最小。与常规钻头相比，使用仿生 PDC 钻头每钻井 1 m 深可在气候变化、人类毒性、生态毒性和化石燃料耗竭影响类别上分别产生 42.40 kg CO_2 eq、111 kg 1,4-DB eq、104 kg 1,4-DB eq 和 1.17 kg oil eq 的环境效益。

（4）减阻剂对环境的影响。

根据本课题研究结果，在黄河三角洲深层卤水开采过程中注入减阻剂能够使单位采卤过程中的能耗从 4.20 kW·h/m³ 降低到 3.30 kW·h/m³，节能 21.43%。对于浅层卤水开采过程中注入减阻剂能够使单位采卤过程中的能耗从 0.69 kW·h/m³ 降低到 0.54 kW·h/m³，节能 22.31%，节能效果很明显。深层卤水和浅层卤水开采过程节能所带来的环境效益如表 5-28 和表 5-29 所示。

表 5-28　深层卤水开采节能所产生的环境效益（功能单位：1 m³ 卤水）

影响类别	单位	环境影响
气候变化	kg CO_2 eq	0.77
臭氧层破坏	kg CFC-11 eq	9.73×10^{-10}
人类毒性	kg 1,4-DB eq	3.74×10^{-2}
光化学氧化物质生成	kg NMVOC	5.42×10^{-3}
颗粒物形成	kg PM_{10} eq	1.21×10^{-3}
电离辐射	kg U_{235} eq	2.87×10^{-3}
陆地酸性化	kg SO_2 eq	3.18×10^{-3}
淡水富营养化	kg P eq	2.89×10^{-5}
海洋富营养化	kg N eq	6.70×10^{-4}
生态毒性	kg 1,4-DB eq	1.58×10^{-3}
农业土地占用	m^2·a	9.83×10^{-5}
城市土地占用	m^2·a	1.05×10^{-3}
自然土地转化	m^2	2.55×10^{-6}
水资源耗竭	m^3	8.06×10^{-5}
金属资源耗竭	kg Fe eq	1.13×10^{-3}
化石燃料耗竭	kg oil eq	0.20

表 5-29　浅层卤水开采节能所产生的环境效益（功能单位：1 m³ 卤水）

影响类别	单位	环境影响
气候变化	kg CO_2 eq	0.13
臭氧层破坏	kg CFC-11 eq	1.67×10^{-10}
人类毒性	kg 1,4-DB eq	6.42×10^{-3}
光化学氧化物质生成	kg NMVOC	9.30×10^{-4}
颗粒物形成	kg PM_{10} eq	2.07×10^{-4}
电离辐射	kg U_{235} eq	4.92×10^{-4}

续表

影响类别	单位	环境影响
陆地酸性化	kg SO$_2$ eq	5.45×10^{-4}
淡水富营养化	kg P eq	4.95×10^{-6}
海洋富营养化	kg N eq	1.15×10^{-4}
生态毒性	kg 1,4-DB eq	2.72×10^{-4}
农业土地占用	m^2 · a	1.69×10^{-5}
城市土地占用	m^2 · a	1.79×10^{-4}
自然土地转化	m^2	4.37×10^{-7}
水资源耗竭	m^3	1.38×10^{-5}
金属资源耗竭	kg Fe eq	1.94×10^{-4}
化石燃料耗竭	kg oil eq	3.35×10^{-2}

（5）缠丝镀膜滤水管对环境影响。

缠丝镀膜滤水管和普通滤水管对环境的影响见表 5-30。

表 5-30　缠丝镀膜滤水管和普通滤水管对环境影响（功能单位：钻井 1 m）

影响类别	单位	滤水管-J55 钢	滤水管 J55 钢镀 Ni-W-P-缠丝
气候变化	kg CO$_2$ eq	4.26×10^{-3}	2.14×10^{-3}
臭氧层破坏	kg CFC-11 eq	6.37×10^{-11}	3.21×10^{-11}
人类毒性	kg 1,4-DB eq	2.43×10^{-5}	1.22×10^{-5}
光化学氧化物质生成	kg NMVOC	4.42×10^{-8}	2.22×10^{-8}
颗粒物形成	kg PM$_{10}$ eq	1.04×10^{-6}	5.22×10^{-7}
电离辐射	kg U$_{235}$ eq	2.17×10^{-4}	1.09×10^{-4}
陆地酸性化	kg SO$_2$ eq	2.44×10^{-5}	1.22×10^{-5}
淡水富营养化	kg P eq	9.86×10^{-6}	4.95×10^{-6}
海洋富营养化	kg N eq	7.15×10^{-8}	3.59×10^{-8}
生态毒性	kg 1,4-DB eq	2.43×10^{-7}	1.22×10^{-7}
农业土地占用	m^2 · a	1.54×10^{-6}	7.75×10^{-7}
城市土地占用	m^2 · a	3.70×10^{-4}	1.86×10^{-4}
自然土地转化	m^2	8.67×10^{-5}	4.35×10^{-5}
水资源耗竭	m^3	4.60×10^{-5}	2.31×10^{-5}
金属资源耗竭	kg Fe eq	4.70×10^{-7}	2.36×10^{-7}
化石燃料耗竭	kg oil eq	4.58×10^{-3}	2.30×10^{-3}

表 5-30 表明,对于所有环境影响类别,缠丝镀膜滤水管的环境影响均小于普通滤水管。与普通滤水管相比,使用缠丝镀膜滤水管每钻井 1 m 深可在气候变化、人类毒性、生态毒性与化石燃料耗竭影响类别上分别产生 $2.12×10^{-3}$ kg CO_2 eq、$1.21×10^{-5}$ kg 1,4-DB eq,$1.21×10^{-7}$ kg 1,4-DB eq 和 $2.28×10^{-3}$ kg oil eq 的环境效益。

(6)过程控制。

针对钻井过程中产生的污水,本项目采用了将钻井泥浆循环综合利用于钻进过程中,生活污水排入城市污水管网等措施避免或减少污水排放。

此外,建议针对输卤流量进行在线监测,一旦发生卤水或乏水泄漏,输卤泵房关闭卤水池出口阀门或停止采卤泵运行,制盐项目区也应同时停止生产和供水。迅速启动专人赶往泄漏处,同时用夹板和铅垫包扎泄漏点。在原地挖坑,并在坑内铺上塑料布,防止污染扩大。待卤水、乏水不泄漏时,取下夹板,修理人员进行焊补或更换管道作业。尽最大可能地减轻对地下水的影响。

针对固体废物排放控制,建议完钻后对岩屑及钻井废弃泥浆进行无害化处理。不要进行露天堆放,以避免因雨水冲刷对环境造成危害。针对废气排放控制,建议使用天然气发动机为能源,以减轻钻井生命周期过程中的废气排放。针对噪声控制,建议尽量安排在白天进行机械施工工作,如碰到确实要连续工作时,事先项目部向当地环保门申请经得同意后,才开始施工。

对进场的各项机械设备进行合理的布局,并加强对机械设备的润滑、紧固、调整待保养和维修工作,以减轻噪声对周围生活环境的影响。另外,工地上专门配备机修工,对各机械进行监视,维修工发现消声器损坏或运行过程中产生异常声响的设备应立即停机,查明原因,安排维修,排除故障后方可再次运行。车辆在运输过程中,严禁使用喇叭,通过市区时采用限速行驶,使用消音器等方法降低噪声。夜间施工时,派专人在办公室值班,积极做好控制噪声的措施。项目部配备耳塞、耳罩等防护用品,发放到木工机具操作工等一些产生噪声较大职工使用,以减轻噪声对人体的伤害。

针对土壤污染控制,由于污染主要来自钻井泥浆土地利用和填埋过程中的重金属排放。为有效防止以上两种处置过程的土壤污染,可以种植有较强吸收力的植物,降低有毒物质的含量,通过生物降解净化土壤(例如蚯蚓能降解重金属),施加抑制剂改变污染物质在土壤中的迁移转化方向,减少作物的吸收(例如施用石灰),提高土壤的 pH,促使镉、汞、铜、锌等形成氢氧化物沉淀,还可以通过增施有机肥、改变耕作制度、换土、深翻等手段,治理土壤污染。

此外,针对生态环境综合控制(植被),建议对废水池、岩屑池表面覆土回填,种植普通草本植被绿化恢复生态。井场表面铺一层碎石可有效地防止雨水冲刷、场地周场围修临时排水沟,井场挡土墙可有效减少水土流失。堆放弃土应该覆盖土工布或砂浆抹面减少水土流失。土方临时堆放场位于场内地势低洼处,设置挡土墙减少水土流失。完钻后部分弃土用于回填、复垦,然后弃土堆放平整,夯实,需要改良土壤达到复垦要求。由于放喷热辐射将影响植被,建议放喷出口设置放喷池,可保护放喷热辐射对周边植物的影响,地表植被破坏很少,放喷前清除周边 10 m 范围内的杂草和农作物,并通过设置 3.5 m 高的挡火墙减轻影响。

井喷是一种地层中流体喷出地面或流入井内其他地层的现象,大多发生在开采石油天然气的现场。石油天然气开采过程中一旦发生井喷,往往伴随着 H_2S 等有毒气体的泄漏,威胁人民生命财产安全,破坏生态环境,在极端条件下甚至产生极其恶劣的影响。控制措施如下:

防止站内火源诱发泄漏气体燃烧爆炸事故,时刻检测井场 H_2S 浓度,避免站内人员中毒。并且,配备应急点火系统,明确点火时间以及点火管理。

确立事故泄漏后外环境污染物的消除方案。当发生天然气扩散时,应及时进行井控,争取最短时间控制井喷源头,尽可能切断泄漏源。由于含甲烷气体扩散时间短,因此通过空气流动自然扩散和自然降雨降低空气中甲烷浓度,必要时可通过消防车喷雾状水溶解将大气污染物转化为地表水污染物。

建立风险监控、报警措施、应急预案。用于合理有效地组织各机构部门进行应急监测、抢险、救援、疏散及控制措施,提高预警能力,保障防范和应急及时有效进行。

对周边居民进行风险应急培训、演练,确定范围及路线以便及时安全撤离。用于提高居民防范风险和应急自救能力,减小环境风险影响,用于预防事故对居民的影响,减少风险影响,防止死亡。

6) 环境影响评价指标体系的构建

本研究参照王晓伟等(2009)构建的生命周期环境影响指标体系,采用筛选出的生命周期环境影响评价模型(ReCiPe)中的终点评价法对黄河三角洲深层卤水开采进行生命周期环境影响评价指标体系构建,结果见图 5-8。

图 5-8 表明,该指标体系将环境影响类别分为健康影响、生态影响与资源消耗三大类。其中健康影响类别包含气候变化、臭氧层破坏、人类毒性、光化学氧化物质生成、颗粒物形成与电离辐射;生态影响类别包含陆地酸性化、淡水/陆地/海洋富营养化、生态毒性;资源消耗影响类别包含农业/城市土地占用、自然土地转化、金属资源耗竭与化石燃料耗竭。

生命周期影响评价指标体系构建表具体如表 5-31 所示。

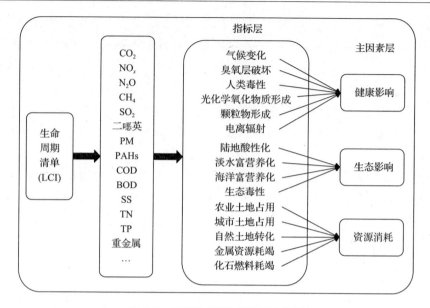

图 5-8 指标体系模型构建示意图

表 5-31 输卤管材的环境影响指标（功能单位：$1 \, m^3$ 卤水）

目标层	主因素层	指标层	输卤管材			
			HDPE	N80 钢	N80 镀 Ni-W-P	PVC
环境影响指标	健康影响	气候变化	$5.66×10^{-6}$	$8.38×10^{-5}$	$3.39×10^{-5}$	$8.77×10^{-6}$
		臭氧层破坏	$1.12×10^{-10}$	$2.30×10^{-7}$	$1.82×10^{-7}$	$2.36×10^{-9}$
		人类毒性	$8.63×10^{-7}$	$2.50×10^{-4}$	$1.10×10^{-4}$	$3.70×10^{-5}$
		光化学氧化物质生成	$3.58×10^{-6}$	$6.75×10^{-5}$	$2.57×10^{-5}$	$5.24×10^{-6}$
		颗粒物形成	$2.85×10^{-6}$	$9.51×10^{-5}$	$3.81×10^{-5}$	$3.96×10^{-6}$
		电离辐射	$6.47×10^{-9}$	$3.81×10^{-5}$	$1.89×10^{-5}$	$1.36×10^{-7}$
	生态影响	陆地酸性化	$3.15×10^{-6}$	$8.64×10^{-5}$	$3.60×10^{-5}$	$4.09×10^{-6}$
		淡水富营养化	$1.32×10^{-6}$	$2.07×10^{-5}$	$1.17×10^{-5}$	$3.37×10^{-6}$
		海洋富营养化	$3.62×10^{-7}$	$1.92×10^{-5}$	$7.51×10^{-6}$	$1.24×10^{-6}$
		生态毒性	$2.28×10^{-6}$	$9.58×10^{-5}$	$4.51×10^{-5}$	$1.03×10^{-5}$
	资源消耗	农业土地占用	$2.21×10^{-9}$	$2.16×10^{-6}$	$8.69×10^{-7}$	$2.89×10^{-9}$
		城市土地占用	$3.56×10^{-9}$	$8.05×10^{-6}$	$3.37×10^{-6}$	$1.90×10^{-8}$
		自然土地转化	$-1.04×10^{-9}$	$5.30×10^{-6}$	$2.31×10^{-6}$	$2.20×10^{-8}$
		金属资源耗竭	$9.13×10^{-6}$	$8.05×10^{-5}$	$3.38×10^{-5}$	$4.12×10^{-7}$
		化石燃料耗竭	$2.68×10^{-5}$	$2.23×10^{-4}$	$8.56×10^{-5}$	$2.65×10^{-5}$
		总分	$4.70×10^{-5}$	$1.08×10^{-3}$	$4.53×10^{-4}$	$1.01×10^{-4}$

表 5-31 表明,采用环境影响指标计算不同输卤管材的环境影响(以 1 m³ 卤水为功能单位)顺序如下:N80 钢>N80 镀 Ni-W-P>PVC>HDPE。其判断结果与上述利用不确定性分析判别的环境影响评价结论基本一致(N80 钢镀 Ni-W-P≈N80 钢>PVC>HDPE)。其主要是由于环境影响指标计算过程中存在着较大的不确定性,需要对清单、指标层环境影响、主因素层环境影响以及目标层环境影响间的误差传播进行进一步解析。不确定性分析是做环境与经济影响评估的根本,是做出正确的评估、建议及指南的基础。在未进行不确定性分析的基础上,进行决策分析难以客观、科学地得出正确的结论。

5.4.5　结论

(1) 通过对评价方法的筛选,最终选择 ReCiPe 方法作为黄河三角洲深层卤水开采生命周期影响评价的方法。其归一化评价结果表明,生态毒性和人类毒性造成的潜在环境影响最大;来自于钻井液渗漏和钻井废物直接填埋处置过程的 Ba 和来自于钢和电力生产过程的 Hg 和 As 是人类毒性的关键物质;来自于钻井液渗漏和钻井废物直接填埋处置过程的 Ba 和来自于钢和电力生产过程的 V 和 Ni 是生态毒性的关键物质。其敏感性分析结果表明,钢材所产生的环境影响敏感性最大。

(2) 针对源头减排控制技术研究,构建了生命周期影响评价指标体系,并利用不确定性分析进行了验证,而仅根据指标体系进行决策是不客观的。不确定性分析结果表明,现场使用柴油产生环境负荷最大;在相同卤水管外径条件下,环境负荷与采卤量成负相关的幂指数关系;在相同采卤量条件下,环境负荷随采卤泵外径的增大的增加;此外,现场使用天然气、采用仿生耦合 PDC 钻头、HDPE 输卤管、镀 Ni-W-P 采卤管、2205 双目不锈钢采卤管、1Cr13 采卤管、缠丝镀膜滤水管、加入减阻剂、聚合物饱和盐水钻井液(ZJY2)可有效降低环境负荷。

5.5　多污染因子共存条件下的生态毒性特征化评价

5.5.1　研究目的

研究构建适合黄河三角洲深层卤水开采的多污染因子共存条件下的生态毒性特征化评价方法,并在此基础上构建符合黄河三角洲深层卤水开采的多胁迫因子共存条件下的环境风险定量评估技术,用以研究黄河三角洲深层卤水开采引发的环境影响。

5.5.2　研究内容

(1) 多污染因子共存条件下胁迫因子环境风险定量评估技术的建立。

（2）评估技术适用性验证。

（3）黄河三角洲深层卤水开采生命周期环境影响评价方法的构建。

（4）深层卤水开采生命周期环境影响评价模型的应用。

5.5.3　研究方法

1. 多污染因子共存条件下胁迫因子环境风险定量评估技术

生态毒性的评估包含地域影响类别特征化评估，其所需资料极其庞大，如果针对其中的每一个特征化因子（一种环境毒理学研究成果的重要应用方式）都进行逐一计算的话，将会极大地阻碍这些具有区域信息的特征化评价在我国实际中的应用，因此需要逐步进行构建。本研究首先针对问题较为突出且对我国生态系统健康损伤评价较为关键的、在不同研究中统一性较差的、特征因子繁多的、复合污染共存条件下的生态毒性评价体系进行构建。

本研究在筛选出的适合我国国情的卤水开采生命周期环境影响评价方法的基础上，识别并量化关键污染源（流程、物质）。随后针对不同研究中统一性较差的环境影响类别的关键特征影响因子，结合我国的地理、环境、人口条件，依据 Mackay 的多介质逸度模型（Mackay, 2001），EPA[①]、TOXENT[②] 与 ESIS 的化学物质毒性数据库[③]，EPA 的剂量-反应模型[④]，解析关键污染因子在所存在介质层中的平流、降解或界面质量交换迁移、转化与归趋，从污染源、污染物在环境中的排放、积累浓度、暴露剂量、内在剂量、动植物感染风险以及物种损伤几个方面，科学地、客观地定量研究各关键污染因子的潜在生态环境影响。

多介质环境模型是研究各种生态环境中污染物的一种十分有效的数学模型和技术手段，其采用平衡判据（通常是逸度）来代替浓度，简化了化学物质在多个环境相空间中的分配与迁移的数学表达式。在稳态或非稳态条件下，根据质量守恒定律，对所研究的各个环境相分别建立计算模型方程，最终合并得出整个环境体系中污染物的演化性质、分布状态以及动态行为的数值解或分析解（Mackay, 2001）。模型中逸度容量 Z 值、迁移和转化参数 D 值是两个重要的参数。大气、水域、土壤和沉积物等不同环境相的 Z 值[$mol/(m^3 \cdot Pa)$]不同，它反映了该相吸收污染物的能力，该值由化学物质的种类、温度及环境介质等因素决定。Z 值较大时，体系相

---

① US Environmental Protection Agency (USEPA)：ECOTOX database. http://cfpub. epa. gov/ecotox/

② TOXNET：Databases on toxicology, hazardous chemicals, environmental health, and toxic releases. http://toxnet. nlm. nih. gov/

③ ESIS：European chemical substances information system. http://ecb. jrc. ec. europa. eu/ esis/

④ US Environmental Protection Agency (US EPA)：Dose-response assessment：to document the relationship between dose and toxic effect. http://www. epa. gov/risk/dose-response. htm

吸收物质后,相对应的逸度增加不大,物质倾向于保留在该相中。反之,则倾向于逸出该体系相。D 值也称为过程传输参数[mol/(Pa·h)],每个 D 值对应一个过程。D 值与逸度相乘得到过程的传输通量 N(mol/h,$N=Df$)。D 值的大小反映了该过程的质量传输快慢,D 值越大说明传输速率越快。模型常用的环境介质 Z 值及多介质环境模型中通常考虑的过程参数 D 值如表 5-32 与表 5-33 所示。

表 5-32　不同环境相介质的逸度容量 Z 值定义

介质	定义	解释
水	$Z_H=1/H=Z_A/K_{AW}$	H 为亨利定律常数(Pa·L/mol),K_{AW} 为空气-水分配系数
气溶液	$Z_Q=K_{QA}Z_A$	K_{QA} 为气溶胶-空气分配系数
空气	$Z_A=1/RT$	R 为气体常数[8.314 Pa·m³/(mol·K)],T 为热力学温度(K)
脂质相	$Z_L=Z_0$	(与辛醇 Z 值相同)
辛醇	$Z_0=Z_W K_{OW}$	K_{OW} 为辛醇-水分配系数
有机碳	$Z_{OC}=K_{OC}Z_W(\rho_{oc}/1000)$	K_{OC} 为有机碳分配系数(L/kg),ρ_{oc} 为有机碳密度(kg/m³)
生物相	$Z_B=LZ_L$	L 为脂质相体积分数

注:未标明单位的参数无量纲。

表 5-33　模型计算过程的 D 值定义

过程	定义	解释
平流(流动)	$D=GZ=UAZ$	G 为介质的流量,A 为面积,U 为流速
扩散传输	$D=BAZ/Y$	B 为分子有效扩散系数(m³/h),A 为面积(m²),Y 为扩散距离(m)
化学反应	$D=VZk$	V 为体积(m³),k 为反应速率常数(h⁻¹)
质量传输	$D=kAZ$	K 为质量传输系数或传输速率(m/h)
生长稀释	$D=ZdV/dt=VZk$	dV/dt 为生长速率(m³/h),k 为生长速率常数(h⁻¹)

注:表达式中 Z 分别为与过程相关的环境介质的逸度容量。

通过定义与推导一系列的 Z 值和 D 值,用逸度作为平衡判据,分别对空气相、水体相、土壤相以及沉积物相等多个环境介质相建立质量平衡方程,计算出各自的逸度 f(Pa),再通过 $C=fZ$ 计算出污染物在各介质相中的浓度 C 值,最终可以得出污染物在各个环境相中的分配、各种运动过程的速率以及滞留时间等参数。对于非挥发性的物质,例如重金属污染物、离子化合物和金属有机物类污染物等,Mackay 和 Diamond(1989)提出用等量浓度 A 来替代逸度。逸度 f(Pa)和等量浓度 A(mol/m³)都与浓度 C 呈线性关系,即 $C=fZ=AZ$,这里与 A 相乘的 Z 是无量纲的纯数。运用等量浓度作为平衡判据时,以 Z_w(水相逸度容量)值 1.00 为基础,导出其他环境相的 Z 值,得到适合于重金属等非挥发性污染物质的逸度多介质模型(刘信安和吴昊等,2004)。

随后,通过对环境污染物排放、宿命、暴露、摄入、风险与损伤途径的研究,按照

图 5-9 所示的研究路线求解黄河三角洲深层卤水开采关键污染因子生态毒性特征值。表 5-34 为各关键因子的理化性质、环境迁移和毒理学参数（Goedkoop et al.，2009；De Schryver et al.，2009）。

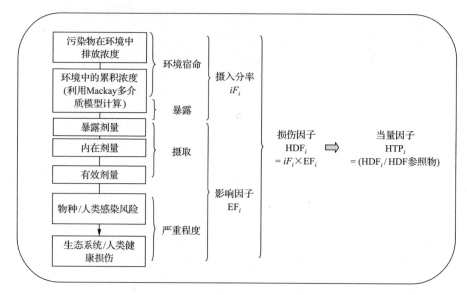

图 5-9　多污染因子共存条件下的我国生态与健康毒性特征化评价技术路线图

表 5-34　关键污染因子的理化性质、环境迁移和毒理学参数

名称		As	Ba	Hg	V	Ni
MW	g/mol	74.92	137.33	200.59	50.94	58.69
$K_H(25℃)$	Pa·m³/mol	$1×10^{-20}$	$1×10^{-20}$	$1×10^{-20}$	$1×10^{-20}$	
K_{doc}	L/kg	100	$3.98×10^3$	$2.51×10^5$	100	
$K_{P_{SS}}$	L/kg	$7.94×10^3$	$2.00×10^3$	$2.00×10^5$	$5.01×10^3$	$1×10^{-20}$
$K_{P_{Sd}}$	L/kg	251.19	316.23	$7.94×10^4$	125.89	
$K_{P_{Sl}}$	L/kg	550	0.4	$6.30×10^3$	300	
k_{degP}	s^{-1}	$1×10^{-20}$	$1×10^{-20}$	$1×10^{-20}$	$1×10^{-20}$	100
k_{degA}	s^{-1}	$1×10^{-20}$	$1×10^{-20}$	$1×10^{-20}$	$1×10^{-20}$	$2.51×10^4$
k_{degW}	s^{-1}	$1×10^{-20}$	$1×10^{-20}$	$1×10^{-20}$	$1×10^{-20}$	$7.94×10^4$
k_{degSd}	s^{-1}	$1×10^{-20}$	$1×10^{-20}$	$1×10^{-20}$	$1×10^{-20}$	280
k_{degSl}	s^{-1}	$1×10^{-20}$	$1×10^{-20}$	$1×10^{-20}$	$1×10^{-20}$	
$av_{logEC_{50}}$	mg/L	37.3	1.56	-1.11	37.3	$1×10^{-20}$
$ED50_{inh,noncanc}$	kg/lifetime	$1.29×10^2$	1.69	$1.87×10^2$	$1.29×10^2$	$1×10^{-20}$
$ED50_{ing,noncanc}$	kg/lifetime	$1.29×10^2$	1.69	$1.15×10^2$	$1.29×10^2$	$1×10^{-20}$

续表

名称		As	Ba	Hg	V	Ni
ED50$_{inh,canc}$	kg/lifetime	6.18×10^2		1.36		1×10^{-20}
ED50$_{ing,canc}$	kg/lifetime	95.4	NEG	1.36		1×10^{-20}
BAF$_{root}$	kg$_{veg}$/kg$_{soil}$	9.20×10^4	1.00×10^3	7.20×10^3	1.10×10^3	-9.13×10^2
BAF$_{leaf}$	kg$_{veg}$/kg$_{soil}$	4.30×10^3	1.00×10^3	8.60×10^2	3.00×10^3	19.67
BTF$_{meat}$	d/kg$_{meat}$	2.00×10^3	1.40×10^4	7.70×10^3	2.50×10^3	19.67
BTF$_{milk}$	d/kg$_{milk}$	6.00×10^5	1.60×10^4	2.60×10^3	2.00×10^5	1.11
BAF$_{fish}$	L/kg$_{fish}$	390	47	4.50×10^3	290	1.11

2. 评价技术适用性验证

毒性(生态与健康)特征因子具有地域性,本研究采用构建的特征化评价方法对毒性特征因子进行理论推算。由于生态与人类毒性特征化评价路线类同,下面的研究将采用多环芳烃(PAHs)的环境实测数据、流行病学的剂量-反应数据对多污染因子共存条件下的我国生态与健康毒性特征化评价输出结果的可靠性进行验证。研究以 PAHs 为例进行模型验证的主要原因是由于我国关于 PAHs 污染排放(水、土壤、大气)监测数据非常丰富。并且,PAHs 是一种复合污染物,故研究PAHs 可对多污染因子共存条件下的我国健康/生态毒性特征化评价方法的构建起到很好的示范作用。表 5-35 为美国环境保护署(USEPA)公布的 16 种公认的优控 PAHs 污染物名称。

表 5-35　16 种优控多环芳烃

中文名称	英文名称(简称)	中文名称	英文名称(简称)
萘	Naphthalene(NAP)	苯并(a)芘	Benzo(a)pyrene(BaP)
苯并(k)荧蒽	Benzo(k)fluoranthene(BkF)	苊烯	Acenaphthylene(ANY)
苯并(g,h,i)芘(二萘嵌苯)	Benzo(g,h,i)perylene(BPE)	苊	Acenaphthene(ANA)
苯并(b)荧蒽	Benzo(b)fluoranthene (BbFA)	荧蒽	Fluoranthene(FLT)
屈	Chrysene(CHR)	芘	Pyrene (PYR)
蒽	Anthracene(ANT)	苯并(a)蒽	Benzo(a)anthracene(BaA)
茚苯(1,2,3-c,d)芘	Indeno(1,2,3-c,d)pyrene (IPY)	二苯并(a,h)蒽	Dibenzo(a,h)anthracene (DBA)
芴	Fluorene(FLU)	菲	Phenanthrene(PHE)

研究首先对我国人为排放的 16 种 PAHs 大气污染物排放进行定量,随后将其在环境介质中的理论计算浓度与报道的环境监测浓度进行对比,从而完成对多介质逸度模型暴露过程的验证。其次,对通过动物模型外推的暴露对人体健康的影响进行分析,识别出关键污染因子,然后与流行病学数据求解的健康影响进行对比,对通过动物模型外推的暴露求解的人体健康影响评价进行验证。最后,针对关键污染因子产生的健康影响的叠加效应,通过 DNA 损伤分析进行验证。验证技术路线图见图 5-10。

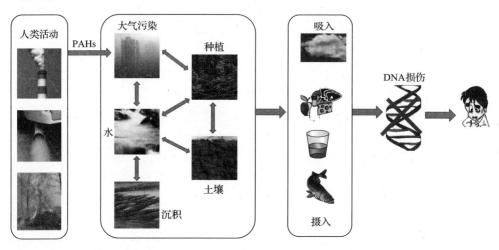

图 5-10　模型验证技术路线图

1) 模型暴露

为了验证研究构建的模型可靠性,研究对模型的暴露过程进行验证。即通过对实际报道的历年多环芳烃(PAHs)在环境介质(大气、地表水、土壤)中的实际排放量与本研究采用的多介质模型估算的 PAHs 排放量的比较,验证模型的可靠性。

为得到 PAHs 排放清单,研究对我国各省 PAHs 排放量进行了计算。研究范围包括我国 31 个省、直辖市和自治区(不包括港澳台地区)。所针对的主要排放源是秸秆燃烧、薪柴燃烧、生活用煤、工业用煤、交通运输、土法炼焦和工业炼焦七种人类活动。其中,秸秆燃烧主要考虑玉米、小麦以及水稻三种作物所产生的秸秆室内外焚烧,利用稻谷比例由三者历年的产量得出所产生的秸秆数量(中华人民共和国国家统计局,2006~2013)。这里需要着重指出,由于缺少部分数据,薪柴使用量由 2003~2007 年的薪柴使用量及其年度消减系数推算得到,薪柴 2003~2007 年使用量的数据来自统计年鉴。生活用煤主要包括无烟煤和有烟煤两种。交通运输主要计算以汽油为动力的轻卡、重卡、轿车、摩托等车辆和以柴油为动力的轻卡、中卡、公共汽车等车辆的排放。上述统计数据来源于中国统计年鉴(中华人民共和国国家统计局,2006~2013)。各行业 PAHs 大气污染物排放系数引自文献 Xu 等(2006)和张彦旭

(2010)。最后,利用式(5-2)对我国 PAHs 人为大气污染物排放量进行了计算,得到了 PAHs 排放清单。并在此基础上依据 Mackay 的多介质模型对我国 31 个省、直辖市和自治区(不包括港澳台地区)的 PAHs 的理论排放浓度进行了解析。

$$E_{\text{T}} = \sum_{i=1}^{n} \text{EA}_i \times \text{EF}_i \tag{5-2}$$

式中,E_{T}、EA_i 和 EF_i 分别为总排放量、每种源头的排放活动量及每种排放因子。

同时研究还对地表水(郭广慧等,2012)、土壤(中华人民共和国国家统计局,2006~2013)中的实际排放量与本研究构建的模型估算的 PAHs 排放量(孟阳,2009)进行了比较,以此来验证模型暴露过程的可靠性。

2)健康影响评价

研究针对构建的我国 PAHs 大气污染排放清单,从物质的内在毒性和摄入因子的角度出发,依据图 5-10 所示技术路线对人群健康影响进行计算。即首先针对造成环境影响的污染物排放,依据质量平衡原理,利用非平衡、稳态、流动条件下的多介质模型定量各物质在大气、土壤、水体、沉积物等多个介质层的平流、降解或界面质量交换迁移、转化与归趋状况。然后,通过式(5-3)求解人类健康的摄入分值(iF_i,$\text{kg}_{\text{吸入}}/\text{kg}_{\text{排出}}$)。

$$iF_i = (M_i \times E_i)/S \tag{5-3}$$

式中,S 是污染物释放速率(kg/d),M_i 是污染物在介质 i 处的人体暴露剂量(kg)或物种暴露浓度(kg/m^3),E_i 是指人体摄入常数(d^{-1})。随后,利用剂量-反应模型,定量各污染源对人群健康损伤(致癌和非致癌)的影响因子。为尽可能地降低剂量-反应模型的不确定性,50% 个体(人或物种)有效剂量将被用到该模型中。利用摄入分率与影响因子求解出污染物对人类致癌与非致癌的潜在风险,并选择参照物质,定量致癌、非致癌影响类别的当量因子(即污染物与参照物的比值)。

3)关键因子识别

利用相对大小比较法找出对人群健康影响贡献较大的关键因子。

4)多环芳烃关键因子对 DNA 损伤分析研究(研究所用试剂、材料见附录 2)

为了确定关键因子对人体健康的损伤情况,本实验利用彗星实验来检测关键因子对细胞中 DNA 的损伤效应。早期的研究结果表明,苯并芘进入人体后,可以与 DNA 结合,从而阻止 DNA 复制,引发错配造成 DNA 损伤(Jernstrom and Gräslund,1994)。DNA 损伤主要表现在单链的断裂或双链的断裂。彗星实验(单细胞凝胶电泳)是检测 DNA 断裂的一种方便、灵敏、准确的生物学实验方法。单细胞凝胶电泳实验(SCGE),可以高效准确地分析 DNA 单、双链断裂损伤情况。当某种外源性或是内源性损伤因子导致 DNA 损伤后,DNA 断裂成为较小的片段。之后在细胞裂解液的作用下,细胞膜核膜的结构均遭到了破坏,其中的蛋白质、RNA等物质随着裂解液而流出,由于细胞基因组的DNA分子量大从而无法从细胞中流出。而碱性电解质使DNA发生解螺旋、损伤,且带负电荷的DNA片段在电场力的作用下,向正极迁移形成"彗星"状图像。未受损伤的细胞基因组DNA在细胞内不发生迁移。DNA受损越严重,产生的DNA碎片越多,在相同的电泳条件下,迁移的距离就越长。据此可以准确快速地分析细胞DNA损伤情况。

为检测细胞中与DNA损伤以及损伤修复相关的蛋白质的表达,本研究利用免疫印迹实验(Western blot)来检测与DNA损伤修复相关的蛋白MOF在DNA受到多环芳烃关键因子损伤后,蛋白MOF表达量的变化趋势。免疫印迹实验是将细胞中的全部蛋白提取后,利用SDS聚丙烯酰胺凝胶电泳将分子量不同的蛋白质分离。其原理是SDS聚丙烯酰胺凝胶具有孔隙,由于细胞中不同蛋白质的分子量以及所带电荷多少不同,因此,当它们在电场力的作用下移动时,蛋白质受到的电场力以及阻力不同,所以在相同时间内,蛋白质在凝胶上分布的位置不同。通过转膜将蛋白质从凝胶转移到固态PVDF膜上,然后利用特定的抗体通过抗原抗体反应检测相关蛋白表达水平的变化情况。

研究利用人体肺细胞作为实验研究对象。在细胞的培养过程中,将多环芳烃关键因子加入细胞培养基,多环芳烃关键因子随着营养物质一同参与细胞日常代谢,以模仿人体暴露于多环芳烃之中。据研究表明,大气中的多环芳烃多以颗粒或是气体形式存在,可以吸附到空气中的微小颗粒中,一同被人体通过呼吸途径进入体内。因此肺部是多环芳烃进入人体后最先到达的器官,也是人体受到多环芳烃影响最为严重的器官之一(Jacob and Seidel,2002)。选用了三种人体肺细胞,分别是人胚胎肺成纤维细胞(HELF)和两种人肺癌细胞(A549,H1299),模拟关键因子对人体DNA损伤的影响。细胞存放于液氮中,以保证细胞的活性和基本的生物学特征。实验用细胞复苏后,用含有10%胎牛血清的RPMI1640培养基培养。将每种1×10^5个细胞接种在60 mm×16 mm的细胞培养板中,接种后放入37 ℃,5%CO_2细胞培养箱中培养。

为了模拟人体暴露于含有多环芳烃的环境之中,本研究将两种关键因子(苯并芘、苯并蒽)添加到细胞培养基中,使得它们可以与营养物质共同参与细胞的代谢活动。由于苯并芘与苯并蒽的水溶性较低,本研究先将苯并芘和苯并蒽分别充分溶解到有机溶剂二甲基亚砜(DMSO)之中,再将其溶解到培养基中。由于高浓度的二甲基亚砜对于细胞也可能造成损伤,因此所用的DMSO溶液浓度保持在不超过整个溶液浓度的1%。研究设定三种暴露浓度(0.5 μmol/L,1.0 μmol/L和4.0 μmol/L),每种暴露浓度又设定三个暴露时间(24 h,48 h和72 h)来尽可能全面地模仿人体暴露于多环芳烃的各种时间及浓度情况。为了测试细胞在受到多环芳烃关键因子损伤后的自我修复能力。研究先利用适量浓度的关键因子处理细胞一定的时间,使细胞内的DNA受到损伤,再将细胞移入正常培养基中模拟人体处于无多环芳烃的环境之中,观察其自我修复情况。研究将细胞暴露在关键因子浓度为 1.0 mmol/L 的有机溶剂 DMSO 中 24 h 后,将其移到新的正常培养基中培养,观察其在一定时间段(24 h,48 h 和 72 h)DNA 自我修复情况。为了研究多环芳烃作用细胞之后细胞存活率,本研究利用 MTT 法来测试细胞受到 PAHs 污染物损伤后的存活情况。

上述研究严格按照以下实验步骤进行操作,具体如下:

细胞复苏实验。细胞样本存放于 -196 ℃ 液氮中低温保存,使细胞暂时脱离生长状态保留其特性。当实验需要使用到相关细胞时,从液氮中拿出细胞复苏并培养传代扩增。细胞复苏采用快速融化手段,可以保证细胞在很短时间内即溶化,避免由于缓慢溶化使水分渗入细胞内形成胞内再结晶,对细胞造成伤害。实验前先将水浴锅预热至 37 ℃,紫外线照射超净台 30 min,用 70% 乙醇擦拭台面。将培养基提前从冰箱中取出放入 37 ℃ 恒温箱预热。从 -80 ℃ 冰箱中取出冻存管,迅速放入 37 ℃ 水浴锅,并不断轻轻摇晃,使其尽快溶化,切勿超过 3 min。待冻存管内液体全部融化后,从水浴锅取出冻存管,用乙醇消毒后放入超净台中,利用吸管将细胞悬液转入 15 mL 离心管,然后加入 2 mL 培养基,充分混匀,配平后放入离心机,1200 r/min,5 min。吸走上清,加入新鲜培养基 3~5 mL,吹打混匀,接种至 6 cm 培养板中,放入培养箱,37 ℃,5%CO$_2$ 条件下培养。次日更换培养基。

凋亡细胞琥珀酸脱氢酶活性检测(MTT 法)。MTT 全称 3-(4,5-dimethylthiazol-2-yl)-2,5-diphenyltetrazolium bromide,是一种黄颜色的染料。原理为活细胞线粒体中,含有琥珀酸脱氢酶,它能使外源性 MTT 还原为蓝紫色结晶甲臢(formazan)并存在于细胞中,而死细胞琥珀酸脱氢酶失活无法进行此反应。有机溶剂二甲基亚砜(DMSO)能溶解细胞中的甲臢。用酶标仪于 570 nm 处测定其光吸收值(OD 值),可间接反映活细胞数量。在正常情况下,细胞数与甲臢形成的量成正比。该方法在一些检测生物活性因子的活性、抗肿瘤药物大规模的筛选、细胞毒性试验等领域得到了广泛应用。它的特点是准确、灵敏度高、经济。将待检测细胞以 5×10^3 个/(100 μL·孔)密度接种于 96 孔板中,在对数生长期进行分组实验:设空白组、正常对照组、药物诱导组(空白组不加细胞、正常对照组不加药物)。药物作用终止前 4 h,于各孔加入 5 mg/mL MTT 20 μL,细胞放回培养箱继续培养 4 h 终止培养。小心吸弃孔内培养上清液,每孔加入 100 μL DMSO,振荡 10~20 min,使结晶物充分溶解。使用酶标仪测定每个孔光密度值,测试波长 570 nm。各组 OD 值取均值后,计算存活细胞百分数。存活细胞百分数=(OD 实验/OD 对照)×100%(以空白组 OD 值调零)。

彗星实验。制作第一层胶,将 1% 正常熔点琼脂糖水浴加热溶解,将载玻片插入胶中抽出,放入免疫组化染色盒中晾干。将培养板中的细胞利用胰酶消化,用培养基吹打制成细胞悬浊液。细胞计数,将其浓度调整为 1.0×10^4 个/mL,将低熔点琼脂糖水浴加热溶解,待其温度冷却到 40 ℃左右,取 40 μL 细胞悬浊液与 60 μL 低熔点琼脂糖充分混合。将充分混合的液体滴加到铺好第一层胶的载玻片上,每片盖玻片重复滴两滴,盖上盖玻片,防止产生气泡。室温放置 5 min。移去盖玻片,滴加配制好的裂解液,每片滴加 200 μL,放入湿盒内 4 ℃避光裂解 1 h。将载玻片放入电泳液洗两遍(浸泡),每次 5 min。将载玻片放入电泳槽中排好,加入电泳液,冰上解旋 20 min。开始电泳,25 V,1 h(冰上)。将载玻片放入中和液,浸泡三次,每次 5 min。用吸水纸将玻片表面的中和液尽量吸干,滴加工作浓度的 PI 染液,每片 500 μL,避光 4 ℃染色,30 min。镜检拍照。荧光显微镜下,绿光激发,观察并拍照。

免疫印迹法检测细胞内蛋白表达变化。收集细胞,利用冷的 PBS 洗一遍细胞,4000 r/ min,离心 5 min,进行细胞总蛋白提取。弃上清,估计细胞体积,加入 5~10 倍于细胞体积的裂解液,放入细胞超声破碎仪超声,每次 5 s,共三次。功率为 20%~30%。超声后将细胞放于冰上裂解 1 h。每 15 min 弹打一次防止细胞沉淀,有利于细胞与裂解液充分接触。将细胞置于低温高速离心机中,4 ℃, 12 000 r/mim,30 min。取上清,分装蛋白样品。用 BSA 法测定蛋白浓度。配置 BSA 工作液:根据标准品和样品的数量,按照 50 体积试剂 A,1 体积试剂 B 配置适量 BSA 工作液,充分混匀。将蛋白标准品按 0 μL、1 μL、2 μL、4 μL、6 μL、8 μL、10 μL 加到 96 孔板的蛋白标准品孔中,加灭菌双蒸水补足到 10 μL;取 10 μL 待测样品加入 96 孔板,每个样品设定 2~3 个平行。向待测样品孔内和蛋白质标准品孔中加入 200 μL BSA 工作液,充分混匀。37 ℃温育 30 min。冷却至温室。酶标仪 562 nm 波长下测定吸光度。制作标准曲线,从标准曲线中求出样品浓度。凝胶电泳采用 SDS-PAGE 法:每个蛋白样品取 50 μL,加入 12.5 μL 5×蛋白质上样缓冲液,均匀混合。金属浴 95 ℃,5 min,将凝固好的凝胶上的梳子小心拔出,第一个孔加入 3~5 μL 蛋白标准分子量 Marker。上样,利用 BSA 法测得每个样品的浓度,每孔加入等质量的蛋白样品,用 1×上样缓冲液补齐到等体积。100 V 稳压电泳 1.5 h,待溴酚蓝电泳至胶的底部时停止电泳。转膜:将转膜夹子,海绵,三层滤纸全部浸泡在转膜液中。在转膜夹子内,从负极到正极依次放入海绵、三层滤纸、胶体、PVDF 膜、滤纸、海绵。在转膜液中排净气泡。盖紧转膜夹子,转入转膜槽内。100 mA 恒流 1.5 h 或是 200 mA 恒流 1.5 h。封闭抗原抗体反应:称取 0.75 g 脱脂奶粉,加入到 15 mL TBST 中配置成 5%脱脂奶粉溶液,将 PVDF 膜放入 5%脱脂奶粉溶液中,摇床缓慢摇 1 h。封闭结束后,TBST 简单冲洗。利用 3% BSA 溶液稀释一抗(1:1000),与 PVDF 膜上的蛋白反应,摇床 4 ℃过夜。将孵育结束的 PVDF 膜取出,放入 TBST 中冲洗,每次 10 min,冲洗三次。将洗干净的 PVDF 膜取出,放入用 TBST 稀释好的二抗(1:3000),室温下孵育 1 h。孵育结束后,TBST 冲洗,每次 10 min 冲洗 3 遍。显色:将 ECL 试剂盒 A、B 液充分等体积混合,滴加到 PVDF 膜上。将 PVDF 膜放入曝光机,曝光。收集图片,保存,分析。

3. 黄河三角洲深层卤水开采生命周期环境影响评价方法的构建

本研究依据上述构建的多污染因子共存条件下的我国生态与健康毒性特征化评价方法中求解的特征因子值,对筛选出的适合黄河三角洲深层卤水生命周期环境影响评价模型(ReCiPe)中的相关关键污染因子的特征毒性系数进行修正,构建了适合黄河三角洲深层卤水开采的生命周期环境影响评价方法。

4. 深层卤水开采生命周期环境影响评价模型的应用

根据构建的符合黄河三角洲深层卤水开采的生命周期环境影响评价法对构建的深层卤水开采的生命周期清单进行 LCA 再评价。

5.5.4　研究结果

1. 多污染因子共存条件下胁迫因子环境风险定量评估技术

根据图 5-9 所示的多污染因子共存条件下的我国生态与健康毒性特征化评价方法,结合表 5-34 中关键污染因子的理化性质、环境迁移和毒理学参数,本研究求解出黄河三角洲深层卤水开采关键污染因子生态毒性特征值,并与国际上常用的生命周期影响评价模型(ReCiPe、CML)中相应的毒性特征值进行比较,结果见表 5-36。

表 5-36　关键污染因子的生态毒性特征因子　(单位:kg 1,4-DB/kg)

关键污染因子	介质	本研究	ReCiPe	CML
Hg	空气	3.58×10^3	698.29	1.23×10^6
As	水	19.88	30.70	1.19×10^5
Ba	土壤	48.72	1.93	4.20×10^5
V	水	142.25	190.30	8.59×10^6
Ni	水	20.91	194.30	2.25×10^6
Ni	空气	1.81×10^3	95.86	3.76×10^6

表 5-36 表明,这些依据我国国情求解的关键因子的生态毒性特征化值与欧洲的 ReCiPe 和 CML 模型有明显差异,结果说明直接使用欧洲的评价模型进行评价是不准确的,构建符合我国国情的评价模型是十分必要的。

2. 技术适用性验证

1) 模型暴露

本研究构建了我国 2005～2012 年期间大气中人为 PAHs 排放的清单,结果见表 5-37。

表 5-37　PAHs 排放清单　　　　　　（单位：kt）

时间 名称	2005 年	2006 年	2007 年	2008 年	2009 年	2010 年	2011 年	2012 年
苊	4.14	4.40	4.37	4.34	4.38	4.59	4.86	5.06
苊烯	7.97	8.56	8.32	8.24	8.59	8.88	9.54	8.89
蒽	2.45	2.61	2.43	2.47	2.49	2.67	2.86	2.96
苯并(a)蒽	1.87	2.01	1.78	1.81	1.96	2.09	2.34	2.20
苯并(a)芘	0.96	1.08	1.13	1.16	1.28	1.42	1.64	1.54
苯并(b)荧蒽	0.93	1.04	1.10	1.12	1.23	1.36	1.57	1.49
苯并(g,h,i)苝	0.62	0.68	0.71	0.72	0.79	0.86	0.98	0.95
苯并(k)荧蒽	0.98	1.05	0.96	0.97	1.04	1.12	1.24	1.22
屈	2.11	2.23	1.90	1.92	2.03	2.14	2.34	2.32
二苯并(a,h)蒽	0.33	0.34	0.34	0.33	0.34	0.35	0.37	0.40
荧蒽	5.35	5.96	6.24	6.40	6.85	7.61	8.61	8.28
芴	3.31	3.64	3.64	3.70	3.99	4.36	4.93	4.70
茚苯(1,2,3-c,d)芘	0.36	0.40	0.43	0.43	0.48	0.53	0.62	0.58
萘	24.12	26.41	26.13	26.37	28.53	30.56	34.21	33.75
菲	9.44	10.65	11.66	11.88	12.86	14.29	16.31	15.43
芘	3.71	4.13	4.17	4.26	4.67	5.14	5.89	5.45

根据 Mackay 的多介质逸度模型（Mackay，2001）计算的 PAHs 在大气、土壤、地表水中排放浓度，并与文献报道的大气（陈静，2012；孔令军，2012；马万里等，2010；万显烈等，2003）、土壤（陈静，2012）以及地表水（马万里等，2012）中 PAHs 的实测值进行比较，结果分别如图 5-11、图 5-12 和图 5-13 所示。

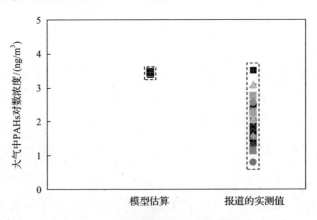

图 5-11　大气中 PAHs 含量模型估算对数值与实测对数值对比图

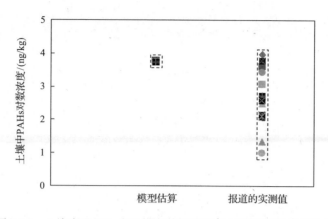

图 5-12 土壤中 PAHs 含量模型估算对数值与实测对数值对比图

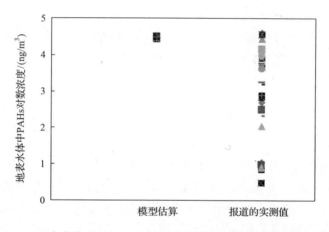

图 5-13 地表水中 PAHs 含量模型估算对数值与实测对数值对比图

由图 5-11 可以看出,由多介质模型估算的我国历年空气中 PAHs 平均浓度位于 2.45~3.01 μg/m³,位于我国大气 PAHs 含量分布实测特征值变化区间;图 5-12 表明我国历年土壤中 PAHs 平均浓度位于 5.36~5.97 mg/kg,位于我国土壤 PAHs 含量分布实测特征值变化区间;图 5-13 显示我国历年地表水体中 PAHs 平均浓度介于 25.52~31.63 mg/m³,位于我国地表水体多环芳烃含量分布实测特征值变化区间。

2) 健康影响评价

本研究解析的 PAHs 排放与健康影响的关联结果如图 5-14 所示,横轴为动物模型外推方法,左侧纵轴为流行病学研究所得数值,右侧纵轴为 PAHs 排放量。

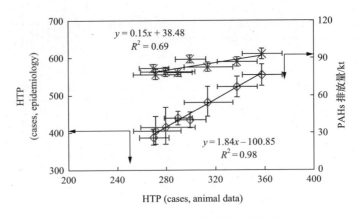

图 5-14 PAHs 排放与健康影响的关联

从图 5-14 可以看出,动物模型外推法与流行病学研究法具有很好的相关性($R^2=0.98$),而与 PAHs 排放量相关性相对较差($R^2=0.69$)。因此,与清单分析相比采用图 5-9 所示的风险评价模型更为精确。

3) 关键因子识别与其 DNA 损伤分析研究

为开展多污染因子共存条件下的健康/生态风险因子分析、提取和识别,本研究针对我国 PAHs 污染物排放清单(表 5-37),利用上述研究中构建的多污染因子共存条件下的我国健康毒性特征化评价方法(图 5-9),对 PAHs 的人群健康影响进行了量化分析。结果表明在我国历年大气人为 PAHs 排放量中,所占比例不超过 10% 的苯并芘和苯并蒽,对人群健康的影响却占到历年总影响的 90% 以上,证明了苯并芘和苯并蒽在人群健康影响中所占的关键地位。因此本研究针对关键因子(苯并芘和苯并蒽)进行研究。

为了分析大气中 PAHs 污染物对细胞内 DNA 损伤及修复情况,利用彗星实验检测受到关键因子损伤后,细胞内 DNA 的损伤及修复程度。利用免疫印迹实验研究和分析细胞内与 DNA 修复相关蛋白质的表达量变化。利用各个时间及浓度梯度的细胞进行 MTT 实验,检测出受到关键 PAHs 污染因子损伤后,细胞并未出现大量死亡情况,存活率皆在 85% 以上。上述结果说明细胞在一定的暴露时间内,暴露于含有一定浓度关键因子环境之中致死率并不高。

此外,本研究利用单细胞彗星实验来探究细胞内 DNA 的损伤,结果如图 5-15 所示。

图 5-15 是利用倒置相差荧光显微镜放大 400 倍后所观察到的情况。可以看出,HELF 细胞在不受到关键因子损伤时,DNA 并未出现损伤情况(第一横排)。当细胞存活于含有 PAHs 关键因子环境之中时,较低浓度的情况下,较短时间内即可造成细胞内 DNA 分子的损伤,而且细胞内的 DNA 损伤情况随着暴露时间与

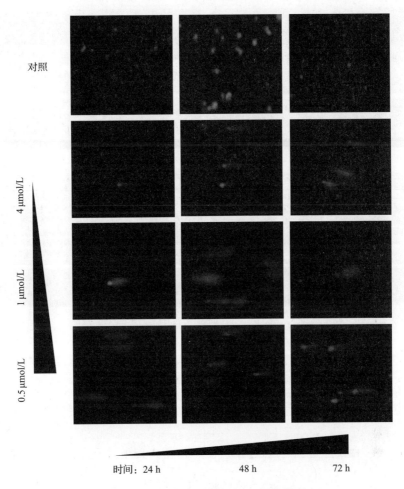

图 5-15　苯并芘对细胞 DNA 损伤情况

暴露浓度的升高而升高。另外两种肺癌细胞（A549 与 H1299）也呈现出与 HELF 细胞相同的趋势。研究结果表明,细胞在受到关键因子侵染后会造成 DNA 损伤,且 DNA 损伤情况随着暴露时间与暴露浓度的升高而升高。

　　苯并蒽对细胞 DNA 损伤情况见图 5-16,彗星图像中彗星尾部荧光与彗星头部荧光强度比值见图 5-17。

　　从图 5-16 可以看出,对关键因子苯并蒽来说,其对细胞内 DNA 损伤情况与苯并芘相类似,低浓度短时间内的暴露也可使细胞内的 DNA 受到损伤,且细胞内 DNA 的损伤情况也随暴露时间及暴露浓度的增加而增加。从图 5-17 可以看出,当细胞受到苯并蒽侵染后,DNA 也会受到不同程度的损伤,且损伤程度随着其作用的时间与浓度的增加而增加。

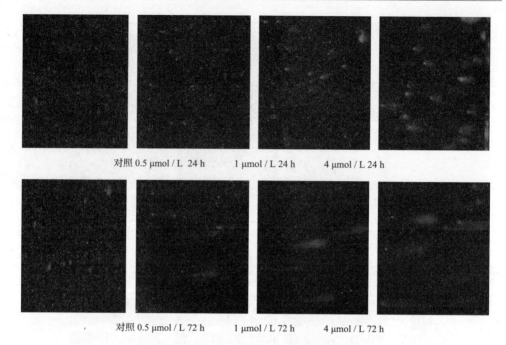

图 5-16　苯并蒽对细胞 DNA 损伤情况

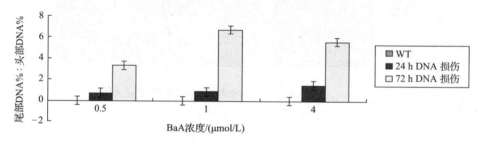

图 5-17　彗星图像中彗星尾部荧光与彗星头部荧光强度比值

　　在探究细胞内 DNA 受到关键因子损伤后自我修复情况的实验结果表明,在细胞受到苯并芘或是苯并蒽的作用后,会出现严重的 DNA 损伤,但是,当细胞在正常培养基中培养一定时间后,细胞中的 DNA 损伤情况会逐渐减少,最终恢复到正常水平。在细胞最初受到关键因子侵染时,DNA 损伤程度急剧上升,彗星实验中尾部 DNA 与头部 DNA 荧光强弱比值由最初的 0.33 迅速升高至 6.52,但是在当细胞在不含关键因子的环境中培养一段时间后,尾部与头部荧光强弱比逐渐下降,在培养到 72 h 之后,逐渐恢复到正常水平。

　　此外,如上所述,我国大气人为 PAHs 污染排放对健康影响的关键因子为苯并芘、苯并蒽,其次为屈。为了探究两种关键因子并存情况下对人群健康的影响,本研究将所使用的三种细胞分别同时暴露于含有苯并芘、苯并蒽两种关键因子的环境之中,以模拟人体受到两种关键因子共同作用的情况,用以探究在受到两种关键因子共同作用下,内部的 DNA 分子损伤情况,结果如图 5-18 所示。

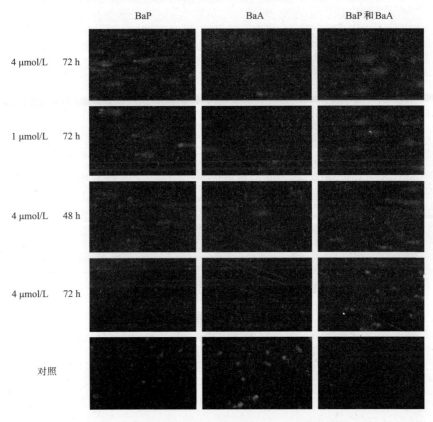

图 5-18　苯并芘和苯并蒽对细胞中 DNA 的共同作用

图 5-18 表明,细胞在受到苯并芘和苯并蒽的联合作用后,相比与苯并芘或是苯并蒽的单独作用来说,对细胞 DNA 的损伤效应更加强烈。而且,DNA 的损伤程度随着暴露的时间和暴露浓度的增加而增加。

单细胞凝胶电泳实验的定量分析结果如图 5-19 所示。

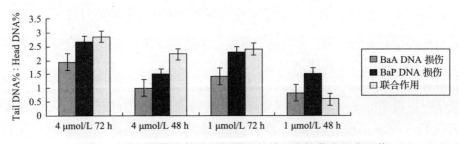

图 5-19　彗星图像中彗星尾部荧光与彗星头部荧光强度比值

从图 5-19 可以看出,与苯并芘或是苯并蒽的单独作用相比,二者的联合作用对细胞 DNA 的损伤效应更加强烈。而且,DNA 的损伤程度随着暴露时间和暴露浓度的增加而增加。

为探究在细胞 DNA 受到关键因子损伤时,细胞内部相关蛋白的表达情况,本研究选取了与 DNA 损伤及修复相关蛋白 MOF 作为研究对象。组蛋白乙酰基转移酶 MOF 是乙酰基转移酶 MYST 家族的一员,在 DNA 损伤修复过程中起重要作用。

采用免疫印迹方法分析细胞中相关蛋白表达量变化结果如图 5-20 所示。1号为正常 HELF 细胞中 MOF 的表达量,2、3、4、5、6、7 号分别为关键因子 $0.5~\mu mol/L$、$1.0~\mu mol/L$、$4.0~\mu mol/L$ 浓度处理细胞 24 h 以及关键因子 $0.5~\mu mol/L$、$1.0~\mu mol/L$、$4.0~\mu mol/L$ 浓度处理细胞 72 h 的样本。

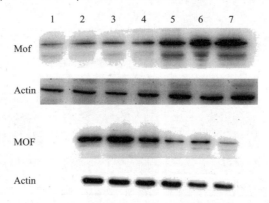

图 5-20　免疫印迹实验结果分析细胞中相关蛋白表达量变化

图 5-20 表明,MOF 的表达量随着关键因子作用细胞的时间与浓度的增加而增加。在细胞最初受到关键因子损伤后,细胞内 MOF 蛋白的表达水平显著增高,而随着细胞 DNA 损伤的修复,MOF 蛋白的表达水平逐渐降低,恢复到正常表达水平。

综上,本研究构建的多污染因子共存条件下的我国生态/人体毒性评价技术是合理的。

3. 黄河三角洲深层卤水开采生命周期环境影响评价方法的构建

研究构建的黄河三角洲深层卤水开采生命周期环境影响评价方法研究路线见图 5-21。研究依据上述构建的符合我国国情的多胁迫因子共存条件下的生态风险定量评估技术,求解关键污染因子的生态毒性特征值;然后利用求解出的关键污染因子生态毒性特征值,替换本研究筛选出的特征化评价方法(ReCiPe)中相应的当量因子;再次对清单进行 LCA 解析,并验证关键污染源是否有变动;若有新的关键污染源出现,则再次进行修正,直至无新的关键污染源出现为止。

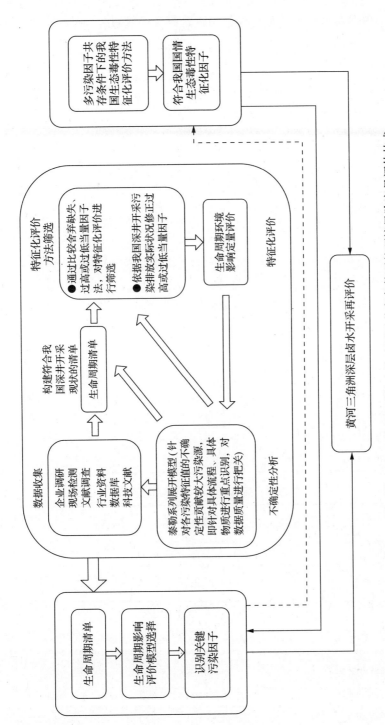

图 5-21　符合黄河三角洲深层卤水开采的多胁迫因子共存条件下的环境风险定量评估技术

4. 深层卤水开采生命周期环境影响评价模型的应用

针对钻井与采输卤过程的 LCA 再评价结果见表 5-38 和表 5-39。

表 5-38 钻井过程 LCA 再评价值

影响类别	单位	数值
气候变化	kg CO_2 eq	3.56×10^5
臭氧层破坏	kg CFC-11 eq	1.01×10^{-2}
人类毒性	kg 1,4-DB eq	4.07×10^6
光化学氧化物质生成	kg NMVOC	2.10×10^3
颗粒物形成	kg PM_{10} eq	598.36
电离辐射	kg U_{235} eq	1.97×10^4
陆地酸性化	kg SO_2 eq	1.64×10^3
淡水富营养化	kg P eq	12.30
海洋富营养化	kg N eq	272.16
生态毒性	kg 1,4-DB eq	7.83×10^4
农业土地占用	$m^2 \cdot a$	3.25×10^3
城市土地占用	$m^2 \cdot a$	1.12×10^4
自然土地转化	m^2	539.35
水资源耗竭	m^3	2.66×10^3
金属资源耗竭	kg Fe eq	1.18×10^4
化石燃料耗竭	kg oil eq	1.52×10^5

表 5-39 采输卤过程的 LCA 再评价

影响类别	单位	ReCiPe
气候变化	kg CO_2 eq	5.29
臭氧层破坏	kg CFC-11 eq	6.64×10^{-9}
人类毒性	kg 1,4-DB eq	1.79
光化学氧化物质生成	kg NMVOC	3.69×10^{-2}
颗粒物形成	kg PM_{10} eq	8.22×10^{-3}
电离辐射	kg U_{235} eq	1.96×10^{-2}
陆地酸性化	kg SO_2 eq	2.17×10^{-2}
淡水富营养化	kg P eq	1.98×10^{-4}
海洋富营养化	kg N eq	4.55×10^{-3}

影响类别	单位	ReCiPe
生态毒性	kg 1,4-DB eq	5.35×10^{-3}
农业土地占用	$m^2 \cdot a$	6.84×10^{-4}
城市土地占用	$m^2 \cdot a$	7.09×10^{-3}
自然土地转化	m^2	1.76×10^{-5}
水资源耗竭	m^3	9.16×10^{-4}
金属资源耗竭	kg Fe eq	7.88×10^{-3}
化石燃料耗竭	kg oil eq	1.36

从表 5-38 和表 5-39 可以看出,黄河三角洲深层卤水开采钻井过程产生的毒性值是 4.14×10^6 kg 1,4-DB eq,大于利用 ReCiPe 法计算的毒性值;对于采卤过程的毒性值是 1.80 kg 1,4-DB eq,大于利用 ReCiPe 法计算的毒性值。

5.5.5　结论

(1) 关键污染因子的生态毒性特征因子分析结果表明,同一关键因子的生态毒性特征值在不同模型中有很大的差异,因此基于中国国情的生态毒性特征值评价黄河三角洲深层卤水开采造成的生态毒性影响是非常必要的。

(2) 模型验证结果表明,本研究构建的适合我国国情的多污染因子共存条件下的生态/健康毒性风险评价模型是可行的。

(3) 研究结果修正了 ReCiPe 模型中识别的关键污染因子的毒性特征系数,并在此基础构建了适用于黄河三角洲深层卤水开采的生命周期环境影响评价方法,解决了生态/健康毒性特征因子具有区域化的问题,为黄河三角洲深层卤水开采生命周期环境影响评价提供了理论支撑。针对黄河三角洲深层卤水开采生命周期环境影响的再评价结果表明,使用 ReCiPe 模型会过低地评价黄河三角洲深层卤水开采产生的毒性(健康毒性和生态毒性)影响。

5.6　深层卤水开采生命周期成本分析

5.6.1　研究目的

本研究采用生命周期成本法以及生命周期进行环境与经济集成评价法,识别卤水开采造成经济、环境影响的关键环节,量化深层卤水开采生命周期成本。

5.6.2　研究内容

利用生命周期经济成本分析法（LCC）（Hong et al.，2013），对黄河三角洲深层卤水开采生命周期进行经济成本分析。具体如下：

（1）利用 LCC 对钻井（2500.66 m）过程的生命周期经济成本进行了评价，并识别出造成钻井经济成本的主要原因。

（2）利用生命周期环境与经济集成评价法对钻井 2500.66 m 生命周期过程造成的环境、经济影响进行评价，从而提出能同时减少钻井经济成本与环境影响的有效措施。

（3）利用 LCC 法对采输卤过程的生命周期经济成本进行了评价，并识别出造成采卤产生潜在环境影响的主要原因。

（4）利用生命周期环境与经济集成评价法对采输卤过程的生命周期过程造成的环境、经济影响进行评价，从而提出能同时减少采输卤过程造成经济成本与环境影响的有效措施。

5.6.3　研究方法

本研究根据卤水开采示范工程提供的数据，初步构建出黄河三角洲深层卤水开采生命周期经济成本清单，随后根据文献调研，补充缺失数据；并利用泰勒展开式对成本清单进行数据质量把关，最终构建出符合黄河三角洲深层卤水开采的生命周期经济成本清单；进而对黄河三角洲深层卤水开采生命周期操作成本进行分析，从而识别出造成卤水开采生命周期经济成本的主要原因；并通过生命周期环境与经济集成评价法，对黄河三角洲深层卤水开采全过程环境、经济影响进行集成评价，从而提出能同时减少深层卤水开采生命周期环境影响与经济成本的有效措施。

钻井过程的成本评价范围涉及能源、物料消耗、运输、固废处置、人工、基建、测井费用和滤水管加工等环节；采输卤过程的成本分析包括采卤阶段电力消耗、输卤阶段 HDPE 消耗以及输卤阶段电力消耗，由于数据缺失，采卤泵房和输卤泵房的基建没有考虑在内。

5.6.4　研究结果

1. 钻井过程生命周期成本评价

研究构建了钻井 2500.66 m 的生命周期成本清单，结果见表 5-40。

表 5-40　钻井生命周期成本清单（功能单位：2500.66 m）

		用量	单价	合计 （单位：万元）
基建	简易铁皮房	135.14 m³		0.24
	仓库	162.00 m³		0.00
能源	电力	1.48×10^5 kW·h	1.20 Y/(kW·h)	17.76
	水	1.50×10^3 m³	4.50 Y/m³	0.68
原料	抗盐共聚物	1.95 t	18 800 Y/t	3.67
	包被剂	0.95 t	14 500 Y/t	1.38
	降失水剂	6.38 t	7 600 Y/t	4.85
	抗高温稀释剂	1.95 t	7 500 Y/t	1.46
	黏土粉	12.25 t	480 Y/t	0.59
	烧碱	3.33 t	3 400 Y/t	1.13
	纯碱	0.50 t	2 800 Y/t	0.14
	腐殖酸钾	2.00 t	2 500 Y/t	0.50
	石盐	50.00 t	700 Y/t	3.50
	润滑油	4.25 t	12 059 Y/t	5.13
	高黏 CMC	3.00 t	12 000 Y/t	3.60
	磺化沥青	1.00 t	3 800 Y/t	0.38
	消泡剂（大桶）	1.58 t	14 000 Y/t	2.22
	消泡剂（小桶）	0.43 t	13 000 Y/t	0.55
	碳酸钙	0.15 t	1 800 Y/t	2.70×10^{-2}
	钢材-管材	101.30 t	7 000 Y/t	70.92
	钢材-钻头	10 个	40 000 Y/个	40.00
	水泥	30.00 t	600 Y/t	1.80
人工	工人	17 人	27 500 Y/人	46.75
	技术员	3 人	42 500 Y/人	12.75
搬迁费				20.00
运输				1.50
固废处理				0.00
滤水管加工费				5.00
测井费				10.00
其他				13.50

　　表5-40列出的能源成本主要来自电力的消耗;人工成本由普通工人和技术人员的工资构成;根据示范工程现场实际状况,钻井过程占地成本为零;钻井现场使用简易铁皮房,由于铁皮房可以循环使用(寿命为10年),因此本研究只考虑简易铁皮房在钻井期间的折旧费;钢材消耗主要由管材和钻头的费用构成。

　　钻井生命周期成本的主要构成见图5-22。

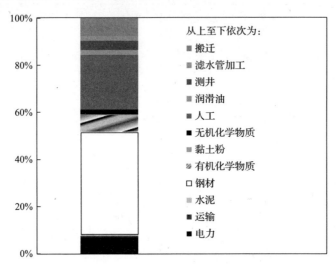

图5-22　钻井生命周期成本构成

　　由图5-22可知,钢材的经济成本最大,占总经济成本的43.28%;其次为人工成本,占总经济成本的23.22%;搬迁费用、有机化学试剂成本和电力成本分别占钻井总成本的7.80%、7.26%和6.93%。

2. 钻井过程经济与环境集成评价

　　钻井过程的生命周期环境与经济集成评价结果如图5-23所示。

　　由图5-23可以看出,钢材与人工成本是造成钻井过程经济成本的主要原因。基建、滤水管加工、测井、搬迁和其他环节的成本消耗在钻井全过程中所占比例很小;黏土粉、水泥、运输和润滑油的经济成本较大,但环境影响相对较小;钻井废物是经济单赢的环节,经济成本很小,但环境影响较大;化学物质、电力和钢材是经济和环境影响都较大的环节,其中钢材的成本消耗和环境影响都最大,是钻井过程的关键环节,电力与化学物质的环境影响比较大,但成本消耗与刚才相比较小。

3. 采输卤过程成本评价

　　研究构建了采输1 m³卤水的经济成本清单,如表5-41所示。根据示范工程

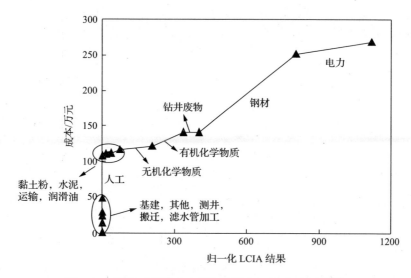

图 5-23　钻井过程的生命周期环境与经济集成评价结果

提供的数据可知,提取 1 m³ 卤水消耗电力 3.30 kW·h;根据文献调研(许云,2011)知,输送 1 m³ 卤水消耗电力 2.77 kW·h(输卤距离为 30 km)。根据上述针对 4 种常用输卤管材的环境影响分析结果可知,HDPE 管材的环境影响最小,因此本研究选用 HDPE 管材进行输卤过程的生命周期影响评价。

表 5-41　采输卤经济成本清单(功能单位:1 m³)

		用量	单价	合计/元
采卤	电力	3.30 kW·h	1.20 Y/(kW·h)	3.96
输卤	HDPE	6.03 g	3.94 Y/kg	0.43
	电力	2.77 kW·h	1.20 Y/(kW·h)	3.32

由表 5-41 可以看出,采提 1 m³ 卤水的电力成本为 3.96 元;输送 1 m³ 卤水的电力成本为 3.32 元,HDPE 管材成本为 0.43 元,相对于整体经济负荷较小。

4. 采输卤过程经济与环境集成评价

图 5-24 给出了采输 1 m³ 卤水的经济与环境集成评价的结果。

从图 5-24 可以看出,采卤、输卤过程电力的环境与经济影响都较大;与此相反,输卤过程中 HDPE 的成本消耗和环境影响都很小,可以忽略不计。

5.6.5　结论

(1) 针对钻井过程,影响经济成本的关键环节是钢材与人工成本;针对采输卤

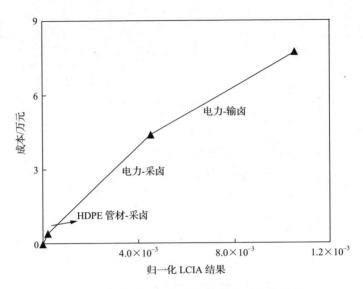

图 5-24　采输卤过程环境与经济集成评价结果

过程,影响经济成本的关键环节是电力消耗。

（2）针对钻井和采输卤过程,分别控制钢材和电力的消耗是环境-经济双赢的关键环节。

5.7　深层卤水开采全生命周期生态环境风险防控和预警

5.7.1　研究目的

本研究对黄河三角洲深层卤水开采过程中突发性与非突发性环境风险潜势进行量化评价,并对开采区生态风险临界值进行界定。为有效地降低或者阻止深层卤水在开采过程中有害环境事件的发生,建立深层卤水开采生命周期生态环境风险防控和预警机制。

5.7.2　研究内容

（1）突发性事故的概率与环境风险潜势。

（2）非突发性事件环境风险潜势。

（3）生态风险临界值。

（4）生态风险预警。

5.7.3　研究方法

1. 突发性事故的概率与环境风险潜势

1）突发性事故发生概率

根据山东省历年（2005～2013 年）环境突发事件发生次数[①]、山东省历年（2001～2013 年）地质灾害发生次数[②]、中国历年（1990～2009 年）钻井井喷次数[③]，在 95% 可信度条件下，利用式（5-4）对卤水泄漏、井矿塌陷、井喷、地质塌陷的概率进行预测。

$$P = \frac{1}{x\sigma\sqrt{2\pi}}\exp\left[-\frac{(\ln x - \mu)^2}{2\sigma^2}\right] \tag{5-4}$$

式中，P 为事件发生的概率；x 为事件发生最大次数；μ 为中间值；σ 为对数标准偏差。

2）卤水泄漏的环境风险潜势分析

依据研究已构建的多污染因子共存条件下的生态毒性特征化评价方法，求解出卤水中相应物质的生态毒性特征影响因子，进而完成了针对卤水泄漏造成的环境影响潜势进行的解析。

3）井矿塌陷的环境风险潜势分析

依据本研究构建的符合黄河三角洲深层卤水开采的多胁迫因子共存条件下的环境风险定量评估技术，结合本研究中已构建的生命周期清单，对井矿塌陷的环境风险潜势进行解析。

2. 非突发性事件环境风险潜势

1）长期采输卤过程中电力的消耗引发的环境风险潜势

根据示范工程提供的采卤能耗（3.30 kW·h/m³）、采卤量（726.73 m³/d）、文献调研的输卤能耗（2.77 kW·h/m³；许云，2011），按年工作时间为 330 d 计算，可知年采输卤电力消耗量为 1.18×10^6 kW·h。由于黄河三角洲电力多以煤电为主，因而针对煤电消耗所产生的环境风险潜势进行了分析。

2）钻井液毒性对环境风险的影响潜势

通过对我国常用钻井液进行调研，找出常用钻井液及其重金属含量（张琼，

---

① 数据来源：中国统计年鉴 2005～2013 年数据。

② 数据来源：中国统计年鉴 2001～2013 年数据。

③ http://wenku.baidu.com/link?url=nsUEXy1Vc1IfbGlq9O5f9dUgEP_7x2qJezwpxrYGmcDES3Ds3UYjBa6JJ1p2-B78ZPJq_cBHDk952mwlcVLEUDFMNAXndPHM8xoTNDcd8-C

2012),根据前文(见5.5.3节)构建的多胁迫因子共存条件下生态毒性特征评价方法,求解出常见重金属的生态毒性值,进而计算出常用钻井液的生态毒性;在此基础上利用 ReCiPe 模型对钻井液潜在生态风险进一步求解。并计算对数标准偏差(GSD²),利用泰勒系列展开不确定性分析模型对钻井液造成的生态毒性风险进行排序。

3. 生态风险临界值

1) 钻井固体废物处置生态风险临界值

深层卤水开采过程中,钻井废物因富含重金属、盐分,其处置不当可能对生态环境造成较大影响。为了确定卤水开采区生态风险临界值,以深层卤水资源开发区域土壤浓度为背景,以该区域土壤标准(GB 15618—2009)为约束,根据研究构建的多污染因子共存条件下的我国生态与健康毒性特征化评价方法(图5-9),求解出重金属的生态毒性特征值,进而对深层卤水开采区的最大生态环境总环境容量进行量化。

2) 钻井生命周期的生态风险临界值

在建立的符合黄河三角洲深层卤水开采钻井过程生命周期清单的基础上,利用生态足迹法(Ecoinvent Centre,2010),根据钻井生命周期过程的生态需求与生态承载力,确定钻井过程生命周期生态风险临界值(生态承载力)。

4. 生态风险预警

1) 钻井生命周期生态风险预警

结合本研究已构建的深层卤水开采生命周期清单,在利用生态足迹法(Ecoinvent Centre,2010)计算相应的生态承载力与生态需求值的基础上,按照式(5-5)确定超生态风险系数 I。

$$I = \frac{生态需求}{生态承载力} - 1 \tag{5-5}$$

根据超生态风险系数(I),将生态风险划分为无警、轻警、中警、重警、巨警 5 个等级。各预警生态风险等级具体含义如下:

无警($I \leqslant 0$):生态系统服务功能基本完善,生态环境基本未受干扰,生态系统结构完整,功能性强,系统恢复再生能力强,生态问题不显著,生态灾害少。

轻警($0 < I \leqslant 1.0$):生态系统服务功能较为完善,生态环境较少受到破坏,生态系统尚完整,功能尚好,一般干扰下可恢复,生态问题不显著,生态灾害不大。

中警($1.0 < I \leqslant 3.0$):生态系统服务已有退化,生态环境受到一定破坏,生态结构

有变化,但尚可维持基本功能,受干扰后易恶化,生态问题显现,生态灾害时有发生。

重警(3.0<I≤5.0):生态系统服务功能基本崩溃,生态过程很难逆转,生态环境受到严重破坏,生态系统结构残缺不全,功能丧失,生态恢复与重建困难,生态环境问题很大,并经常演变为生态灾害。

巨警(I>5.0):生态系统服务功能严重退化,生态环境受到较大破坏,生态系统结构破坏较大,功能退化且不全,受外界干扰后恢复困难,生态问题较大,生态灾害较多。

根据生态需求与生态承载力,构建微观变量(半径)与生态风险等级(以 I 进行分类)的关系,建立深层卤水钻井过程的生态风险防控与预警机制。

2) 卤水泄漏生态风险预警

采用半数致死量 LD_{50} 预警法(秦力青,2011),将卤水泄漏的生态风险等级分别为无警、轻警、中警、重警、巨警。具体风险等级划分如下:

无警(P<0.1):污染物对物种生长没有影响,生长环境没有发生变化;

轻警(0.1<P<0.2):污染物对物种生长影响尚不明显,物种能正常生长;

中警(0.2<P<0.3):物种生长环境受到一定的破坏,物种生长受到一定程度的影响;

重警(0.3<P≤0.5):物种生长环境受到较大的破坏,物种已经不能正常生长;

巨警(0.5<P):物种生长环境受到很大的破坏,物种濒临死亡。

此外,根据式(5-6)求解出卤水泄漏速率,并根据事故发生时间,求解事故发生后卤水泄漏总量与体积,从而进行卤水泄漏的生态风险预警。

$$Q_L = C_d A \rho \sqrt{\frac{2(P - P_0)}{\rho} + 2gh} \tag{5-6}$$

式中, Q_L 为液体泄漏速度,kg/s; C_d 为液体泄漏系数; A 为裂口面积,m²; ρ 为液体密度; P、P_0 为容器内及环境压力,Pa; g 为重力加速度; h 为裂口之上液位高度。

进而构建微观变量(半径)与生态风险等级(以 P 进行分类)的关系,建立输卤过程管道泄漏的生态风险防控与预警机制。

5.7.4　研究结果

1. 突发性事故的概率与环境风险潜势

1) 突发性事故发生概率

在95%可信度条件下,利用式(5-4)对卤水泄漏、井矿塌陷、井喷、地质塌陷的概率进行预测。卤水泄漏与井矿塌陷的最大可信事故概率是 1.59×10^{-3}，井喷的最大可信事故概率是 3.69×10^{-4}，地质坍塌的最大可信事故概率是 1.10×10^{-8}。

2）卤水泄漏的环境风险潜势分析

根据示范工程提供的卤水监测数据，结合卤水中相应物质的生态毒性特征值，计算得到 1 m³ 卤水泄漏产生的健康毒性潜势与生态毒性潜势分别为 7.31×10^3 kg 1,4-DBeq 和 453.28 kg 1,4-DBeq。利用 ReCiPe 模型（Goedkoop et al.，2009；De Schryver et al.，2009），可知单位卤水泄漏产生的健康风险潜势与生态风险潜势分别为 5.11×10^{-3} DALY（伤残调整年数）和 8.88×10^{-5} Species·a（年度物种消失分数）。

3）井矿塌陷的环境风险潜势分析

卤水开采现场实际钻井深度为 2500.66 m，钻井过程中可能发生井矿塌陷的事故。每 100 m 深钻井发生井矿塌陷事故时产生的环境影响潜势分析结果如表 5-42 所示。

表 5-42　100 m 深钻井的生命周期环境影响潜势

影响类别	单位	数值
气候变化	kg CO₂ eq	1.42×10^4
臭氧层破坏	kg CFC-11 eq	4.04×10^{-4}
人类毒性	kg 1,4-DB eq	65.20
光化学氧化物质生成	kg NMVOC	84.00
颗粒物形成	kg PM₁₀ eq	23.93
电离辐射	kg U₂₃₅ eq	7.88×10^2
陆地酸性化	kg SO₂ eq	65.60
淡水富营养化	kg P eq	0.49
海洋富营养化	kg N eq	10.89
生态毒性	kg 1,4-DB eq	1.25
农业土地占用	m²·a	1.30×10^2
城市土地占用	m²·a	4.48×10^2
自然土地转化	m²	21.57
水资源耗竭	m³	1.06×10^2
金属资源耗竭	kg Fe eq	4.72×10^2
化石燃料耗竭	kg oil eq	6.08×10^3

表 5-42 表明,每 100 m 卤水井深度发生井矿塌陷事故时,会造成 65.20 kg 1,4-DB eq 的潜在人类毒性影响和 1.25 kg 1,4-DB eq 的潜在生态毒性影响;当在钻井深度为 1000 m 时发生井矿塌陷事故,则会造成 652 kg 1,4-DB eq 的潜在人类毒性影响和 12.5 kg 1,4-DB eq 的潜在生态毒性影响;其他环境影响类别的环境负荷值可依此类推。

2. 非突发性事件生态风险

1) 长期采输卤过程中电力的消耗对环境风险的影响潜势

对采输卤过程年度煤电消耗产生的环境负荷潜势进行分析,结果见表 5-43。

表 5-43　采输卤过程年度煤电消耗产生的环境负荷潜势

影响类别	单位	数值	对数标准偏差
气候变化	kg CO_2 eq	1.25×10^6	1.24
臭氧层破坏	kg CFC-11 eq	1.57×10^{-3}	2.61
人类毒性	kg 1,4-DB eq	6.06×10^4	2.27
光化学氧化物质生成	kg NMVOC	8.77×10^3	1.47
颗粒物形成	kg PM_{10} eq	1.95×10^3	1.47
电离辐射	kg U_{235} eq	4.64×10^3	2.27
陆地酸性化	kg SO_2 eq	5.14×10^3	1.45
淡水富营养化	kg P eq	49.72	6.85
海洋富营养化	kg N eq	1.08×10^3	1.50
生态毒性	kg 1,4-DB eq	2.56×10^3	1.56
农业土地占用	$m^2 \cdot a$	158.97	2.76
城市土地占用	$m^2 \cdot a$	1.69×10^3	1.71
自然土地转化	m^2	4.13	1.45
水资源耗竭	m^3	130.40	2.13
金属资源耗竭	kg Fe eq	1.83×10^3	2.28
化石燃料耗竭	kg oil eq	3.16×10^5	1.13

表 5-43 表明,煤电年度消耗可造成的人类和生态毒性的潜在影响分别是 6.06×10^4 kg 1,4-DB eq 和 2.56×10^3 kg 1,4-DB eq。采用 ReCiPe 模型(Goedkoop et al.,2009;De Schryver et al.,2009)进一步分析可知,采输卤过程年度煤电消耗造成的健康与生态风险潜势分别为 2.27DALY 和 9.96×10^{-3} Species·a。

2）钻井液毒性对环境风险的影响潜势

对我国常用钻井液生态环境风险进行求解,结果如表 5-44 所示。

表 5-44　我国常见钻井液泄漏引发的生态风险潜势

钻井液名称	生态环境风险（Species·a/kg-DS-排放）	GSD^2	排序
CMC-HV	7.19×10^{-10}	1.79	5
PAC141	1.75×10^{-9}	1.98	4
SM-1	9.91×10^{-10}	1.58	5
NH$_4$-HPAN	1.21×10^{-9}	1.60	4
KHPAN	5.38×10^{-10}	1.77	5
KCl	2.17×10^{-10}	2.09	6
FCLs	1.41×10^{-7}	2.18	1
PHP	3.63×10^{-10}	1.66	6
KF-1	3.91×10^{-10}	1.62	6
SMP	1.75×10^{-9}	1.58	4
OSA-K	6.00×10^{-10}	1.63	5
BaSO$_4$	1.12×10^{-8}	1.80	2
FA-367	1.41×10^{-9}	2.00	4
KPAM	7.72×10^{-10}	2.05	5
FT-1	1.28×10^{-9}	1.89	3
NaOH	2.90×10^{-10}	2.06	6
XY-27	4.97×10^{-9}	1.89	3
KPAN	1.18×10^{-9}	1.56	4
CMC-LV	4.27×10^{-10}	2.01	6
PAM	5.11×10^{-10}	1.76	5
Na$_2$CO$_3$	5.53×10^{-10}	1.92	5
SMK	4.26×10^{-8}	2.31	2
本研究	1.09×10^{-9}	1.62	4

表 5-44 表明,每千克干燥钻井液泄漏可造成 $10^{-7}\sim10^{-10}$ Species·a 的生态风险,与其他常用钻井液的生态毒性相比,本课题采用的钻井液的生态环境风险较小。

3. 生态风险临界值的确定

1）钻井固废处置

针对本项目生成的钻井固体废物而言,根据土壤环境容量计算可知,1 kg 无重金属污染的自然土壤中剩余生态毒性容量是 0.42 kg 1,4-DB eq,1 kg 钻井废物(钻井岩屑及废弃钻井泥浆)土地利用造成的潜在生态毒性是 29.83 g 1,4-DB eq。1 kg 自然土壤中的剩余生态毒性容量远大于相同质量的钻井废物造成的潜在生态毒性值。但是由于本次深层卤水开采区所在土壤中 NaCl 的含量大于 0.6%,属于重度盐碱地,生态承载力较低。因此,综合考虑土壤中所含 NaCl 背景浓度与氯化钠的 LD_{50}(半数致死量),1 kg 自然土壤对本项目生成固废生态毒性的最大可容纳量为 $2.03×10^{-2}$ kg 1,4-DB eq,即项目实施过程中,向 1 kg 土壤中排放的本项目生成固体废物生态毒性超过 $2.03×10^{-2}$ kg 1,4-DB eq 时,将有半数以上的物种受到损伤。同时,在整个钻井过程(2500.66 m)中,钻井废物的生态毒性影响为 $4.33×10^{3}$ kg 1,4-DB eq。因此,当钻井废物土地利用占地应大于 0.16 km²(深 1 m,黄河三角洲盐碱地土壤密度 1.33 t/m³)时,才能保证造成的生态毒性值不超过开采区土壤环境容量。

2）钻井生命周期

根据生态足迹法计算的卤水开采钻井过程的生态风险临界值为 351 hm²。其中,钻井过程向环境直接排放的生态风险临界值所占比重最大(>99.7%),其次为钢材、运输及电力制备等环节(<0.3%)。

4. 生态风险预警

1）钻井过程生态风险预警

生态风险临界值的计算结果表明,黄河三角洲深层卤水钻井全过程的生态需求与生态承载力分别为 83.91 hm² 和 351.39 hm²,计算得到超生态风险系数 $I<0$,生态风险等级为无警。因此,钻井生命周期对生态环境的影响很小。

依据生态需求与生态承载力,构建了深层卤水开采钻井过程生态风险防控与预警机制,即

$$P = \frac{7.4×10^{4}}{r^2} - 1 \tag{5-7}$$

根据式(5-7),得到钻井占地面积与生态预警的关联图(图 5-25)。

由图 5-25 可知,当以钻井台为圆心,所占区域半径分别在 111 m 以内、111～136 m、136～192 m、192～271 m、大于 271 m 时,钻井生命周期过程的生态风险等级分别为巨警、重警、中警、轻警、无警。

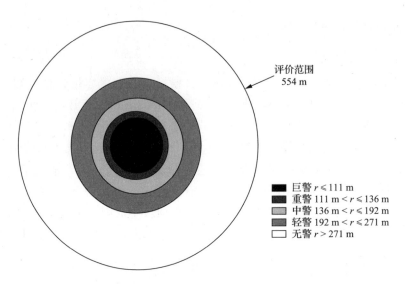

图 5-25　钻井生命周期过程生态风险预警

2) 卤水泄漏过程生态风险预警

计算结果表明,单位土壤面积(m^2)上卤水泄漏量小于 3.25×10^{-2} m^3 是无警,卤水泄漏量为 $3.25\times10^{-2}\sim6.49\times10^{-2}$ m^3 是轻警,卤水泄漏量为 $6.49\times10^{-2}\sim9.74\times10^{-2}$ m^3 是中警,卤水泄漏量为 $9.74\times10^{-2}\sim0.16$ m^3 是重警,卤水泄漏量大于 0.16 m^3 是巨警。

根据卤水泄漏速率求解式(5-6),假设卤水泄漏孔径为 0.06 m,液体泄漏系数取 0.62、液体密度取 1200 kg/m^3、裂口之上液位高度取 0.5 m,管道运行压力为 2 MPa,并且,假设事故发生 10 min 后,系统启动停机保护,抢修人员 30 min 内赶到现场并使泄漏得到控制。计算得到卤水泄漏总量与体积分别为 82.93 t 和 69.1 m^3。由于卤水泄漏不会无限制地向地面渗透,而是以一定液面厚度向四周扩散。假设输卤地面为草地,扩展液池最小厚度为 20 mm,则卤水最大扩散半径为 33.2 m。

在此基础上,构建了卤水泄漏半径(r)与卤水泄漏生态风险等级(以 P 进行划分)的关系,即

$$P=\frac{50}{r^2}-3.2\times10^{-3} \tag{5-8}$$

根据式(5-8)计算结果表明,当卤水泄漏半径分别在 9.98 m 以内、$9.98\sim12.8$ m、$12.8\sim15.7$ m、$15.7\sim22.1$ m,大于 22.1 m 时,输卤管卤水泄漏的生态风险等级分别为无警、轻警、中警、重警、巨警。

5.7.5　结论

（1）在 95% 可信度条件下，深层卤水开采过程中突发性事件的最大可信概率为：卤水泄漏与井矿塌陷的最大可信事故概率是 1.59×10^{-3}，井喷的最大可信事故概率是 3.69×10^{-4}，地质坍塌的最大可信事故概率是 1.10×10^{-8}。

（2）研究解析了深层卤水开采过程突发性与非突发性生态风险及污染事故产生潜势表明：单位卤水泄漏产生的健康风险潜势与生态风险潜势分别为 5.11×10^{-3} DALY 和 8.88×10^{-5} Species·a；每百米井矿塌陷事故产生的健康与生态风险潜势分别为 2.39×10^{-2} DALY 和 8.28×10^{-4} Species·a；采输卤过程年度煤电消耗产生的健康与生态风险潜势分别为 1.65 DALY 和 8.03×10^{-3} Species·a；钻井过程中每千克干燥钻井液泄漏可带来的生态风险在 $10^{-7} \sim 10^{-10}$ Species·a 之间变动。

（3）研究利用生态足迹法、半数致死量 LD_{50} 预警法确定了钻井生命周期过程与卤水泄漏的超生态风险系数，并以此为依据进行了钻井过程与卤水泄漏的生态风险预警，构建了微观变量（卤水开采区半径 r、卤水泄漏半径 r）与宏观变量（生态风险等级 P）的关系。

参 考 文 献

Abanades S, Flamant G, Gagnepain B, et al. 2002. Fate of heavy metals during municipal solid waste incineration. Waste Management Research, 20: 55-68.

Abdou M I, Al-sabagh A M, Dardir M M. 2013. Evaluation of Egyptian bentonite and nano-bentonite as drilling mud. Egyptian Journal of Petroleum, 22(1): 53-59.

Anon. 1997. Diamond tools enter iron age. Metal Powder Report, 12: 10-12.

Anto T, Kobayosi Y. 1994. Treatment of special management municipal waste fly ash. Waste Management Research, 5: 18-31 (in Japanese).

Bare J C, Norris G A, Pennington D W, et al. 2003. TRACI —The tool for the reduction and assessment of chemical and other environmental impacts. Journal of Industrial Ecology, 6: 56-68.

Barnthouse L. 2008. The strengths of the ecological risk assessment process: Linking science to decision making. Integrated Environmental Assessment and Management, 4(3): 299-305.

Barnthouse L W, Munns Jr W R, Sorensen M T. 2007. Population-level ecological risk assessment. CRC Press.

Baruah B, Mishra M, Bhattacharjee C R, et al. 2013. The effect of particle size of clay on the viscosity build up property of mixed metal hydroxides (MMH) in the low solid-drilling mud compositions. Applied Clay Science, 80-81: 169-175.

Beims T. 1999. New bits optimize drilling performance. The American Oil and Gas Reporter, 42(7): 65-68.

BinMerdhah A B. 2012. Inhibition of barium sulfate scale at high-barium formation water. Journal of Petroleum Science and Engineering, 90: 124-130.

Brosnan T M. 1999. Early warning monitoring to detect hazardous events in water supplies. An ILSI (International Life Sciences Institute) Risk Science Institute Workshop Report. Washington, DC: ILSI Press.

Burger E D, Munk W R, Whal H A. 1980. Flow increase in the Trans Alaska Pipeline Flow using a polymeric drag reducing additive. SPE 9419, (9): 35-42.

Castella P S, Blanc I, Gomez M, et al. 2009. Integrating life cycle costs and environmental impacts of composite car-bodies for a Korean train. International Journal of Life Cycle Assessment, 14: 429-442.

Chemeda Y C, Christidis G E, Khan N M T, et al. 2014. Rheological properties of palygorskite-bentonite and sepiolite-bentonite mixed clay suspensions. Applied Clay Science, 90: 165-174.

Chen W, Hong J, Xu C. 2014. Pollutants generated by cement production in China, their impacts, and the potential for environmental improvement. Journal of Cleaner Production, DOI: 10. 1016/j. jclepro. 2014. 04. 048.

Chernozubov V B, Douglas J M, Johnson S W. 1973. Proceedings 4th Intern Symposium on Fresh Water from the Sea. Heidelberg, 57-59.

Cui X, Hong J, Gao M. 2012. Environmental impact assessment of three coal-based electricity generation scenarios in China. Energy, 45: 952-959.

Cui Z, Hou Y, Hong J, et al. 2011. Life cycle assessment of coated white board—A case study in China. Journal of Cleaner Production, doi: 10. 1016/j. jclepro. 2011. 04. 007.

De Schryver A M, Brakkee K W, Goedkoop M J, et al. 2009. Characterization factors for global warming in life cycle assessment based on damages to humans and ecosystems. Environmental Science Technology, http://dx. doi. org/10. 1021/es800456m.

Deng X, Wang G, Ren H. 2000. Discussion at the treatment and disposal of the sewage sludge in Shanghai wastewater plants. China Water and Wastewater, 16: 19-22.

Di X, Nie Z, Yuan B, Zuo T. 2007. Life cycle inventory for electricity generation in China. The International Journal of Life Cycle Assessment, 12(4): 217-224.

Ecoinvent Centre. 2007. Ecoinvent data v2. 0—Final reports Ecoinvent 2000 No. 1-15, Swiss centre for life cycle inventories, Dubendorf, CH. http://www. ecoinvent. org.

Ecoinvent Centre. 2010. Ecoinvent life cycle inventory database v2. 2. Swiss centre for life cycle inventories. http://www. ecoinvent. org.

Ertuğrul İşcia, Sevim İşçi Turutoğlub. 2011. Stabilization of the mixture of bentonite and sepiolite as a water based drilling fluid. Journal of Petroleum Science and Engineering, 76: 1-5.

Evans U R. 1976. 金属的腐蚀与氧化. 华保定等译. 北京: 中国工业出版社.

Fava J A. 2002. Life cycle initiative: A joint UNEP/SETAC partnership to advance the life-cycle economy. The International Journal of Life Cycle Assessment, 7(4): 196-198.

Frischknecht R, Jungbluth N, Althaus H J, et al. 2005. The Ecoinvent database: Overview and methodological framework. International Journal of Life Cycle Assessment, 10: 3-9.

Gao Y, Zheng Z J, Zhu M, et al. 2004. Corrosion resistance of electrolessly deposited Ni-P and Ni-W-P alloys with various structrues. Materials Science and Engineering, A381: 98-103.

Goedkoop M, Heijungs R, Huijbregts M, et al. 2009. ReCiPe 2008—A life cycle impact assessment method which comprises harmonised category indicators at the midpoint and the endpoint level. First Edition Report I: Characterization. http://www. lciarecipe. net.

Goedkoop M, Spriensma R. 2000. The Eco-indicator 99: A damage oriented method for life cycle assessment, methodology report, second edition. Amersfoort (NL), Netherlands: PRE Consultants.

Guinée J B, Gorrée M, Heijungs R, et al. 2001. Life cycle Assessment: an operational guide to the ISO Standards, Part 3: Scientific Background. Ministry of Housing, Spatial Planning and Environment (VROM) and Centre of Environmental Science (CML), Den Hag and Leiden, the Netherlands. http://www. leidenuniv. nl/cml/ssp/projects/lca2/lca2. html.

Gunter S, Michael S, George F H, et al. 2009. Global needs for knowledge dissemination, research, and development in materials deterioration and corrosion control. The World Corrosion.

Gurran M A. 1996. Environmental life-cycle assessment. USA: McGraw-Hill Companies Inc.

Hondo H, Tonooka Y, Uchiyama Y. 1998. Analysis of product activity environment impact using input-output relation table. Central Research Institute of Electric Power Industry Research Report Y97017 (in Japanese).

Hong J L, Chen W, Wang Y T, et al. 2014. Life cycle assessment of caustic soda production: A case study in China. Journal of Cleaner Production, 66: 113-120.

Hong J L, Hong J M, Otaki M, et al. 2009. Environmental and economic life cycle assessment for sewage sludge treatment processes in Japan. Waste Management, 29(2): 696-703.

Hong J L, Li X Z. 2011. Environmental assessment of sewage sludge as secondary raw material in cement production-A case study in China. Waste Management, 31: 1364-1371.

Hong J L, Li X Z. 2013. Speeding up cleaner production in China through the improvement of cleaner production audit. Journal of Cleaner Production, 40: 129-135.

Hong J L, Li X Z, Cui Z J. 2010a. Life cycle assessment of four municipal solid waste management scenarios in China. Waste Management, 30: 2362-2369.

Hong J M, Xu C Q, Hong J L, et al. 2013. Life cycle assessment of sewage sludge co-incineration in a coal-based power station. Waste Management, 33: 1843-1852.

Hong J M, Zhou J, Hong J L, et al. 2012. Environmental and economic life cycle assessment of aluminum-silicon alloys production: a case study in China. Journal of Cleaner Production, 24: 11-19.

Hong J L, Shaked S, Rosenbaum R, Jolliet O. 2010b. Analytical uncertainty propagation in life cycle inventory and impact assessment: application to an automobile front panel. The International Journal of Life Cycle Assessment, 15(5): 499-510.

Hong R J, Wang G F, Guo R Z, et al. 2006. Life cycle assessment of BMT based integrated municipal solid waste management: case study in Pudong, China. Resource Conserve Recycle, 49: 129-146.

Hunt R G, Franklin W E. 1996. LCA-How it came about: Personal reflection on the original and the development of LCA in the USA. The International Journal of Life Cycle Assessment, 1(1): 4-7.

Huston D W. 1976. Drag reduction characteristic of polymer additives. Polym. Sci., 14: 713-716.

Ingeduld P. 2006. Real time analysis for early warning systems, security of water supply systems: From source to tap. Netherlands: Springer. 65-84.

ISO International Standard 14041. 1998. Environmental management—Life cycle assessment—Goal and scope definition and inventory analysis. International Organisation for Standardization (ISO), Geneva.

ISO International Standard 14042. 2000. Environmental management—Life cycle assessment—Life cycle impact assessment. International Organisation for Standardization (ISO), Geneva.

ISO International Standard 14043. 2000. Environmental management—Life cycle assessment-Life cycle interpretation. International Organisation for Standardization (ISO), Geneva.

ISO International Standard 14040. 1997. Environmental management—Life cycle assessment—Principles and framework. International Organisation for Standardization (ISO), Geneva.

ISO International Standard 14044. 2006. Environmental management—Life cycle assessment—Requirements and guidelines. International Organization for Standardization (ISO).

Jacob J, Seidel A. 2002. Biomonitoring of polycyclic aromatic hydrocarbons in human urine. Journal of Chromatography B, 778(1-2): 31-47.

Japan air Environment Task Force of The Central Environment Council, Exhaust Emission Control Expert Committee Report. 1999. Exhaust emission control of dioxin (in Japanese).

Jensen A A, Elkington J, et al. 1997. Life cycle assessment (LCA): A guide to approaches, experiences and information sources. Copenhagen: Report to the European Environment Agency.

Jernstrom B, Graslund A. 1994. Covalent binding of benzo(a)pyrene [7, 8-dihydrodiol-9, 10-expoxide benzo(a)pyrene] to DNA: Molecular structures, induced mutations and biological consequences. Biophysical Chemistry, 49: 185-199.

Jolliet O, Margni M, Charles R, et al. 2003. IMPACT 2002+: A new life cycle impact assessment methodology. International Journal Life Cycle Assessment, 8: 324-330.

Kim G T, Lee D H, Kim H B, et al. 2008. Development of a life cycle costing system for light rail transit construction projects. //The 25th International Symposium on Automation and Robotics in Construction. ISARC-2008, 76-87.

Koc R, Kodambake S K. 2000. Tungsten carbide (WC) synthesis from novel precursors. Journal of the European Ceramic Society, 20: 1859-1869.

Koiwa L, Usuda M, Osaka T. 1988. Effect of heat-treatment on the structure and resistivity of electroless Ni-W-P alloy films. Journal of the Electrochemical Society, 135(5): 1222-1228.

Kutz M. 2005. Handbook of environmental degradation of materials. William Andrew.

Li P W, Daisaka H, Kawaguchi Y, et al. 1999. Turbulence structure of drag reduction surfactant solution in two-dimensional channel with additional enhancement method. ASME Proceeding of the 5th ASME/JSME Joint Thermal Engineering Conference, San Diego(USA), 15-19.

Li Y. 2005. Trend of resource circulation using methane fermentation technology. //Twentieth Environmental Symposium, Japan. Society of Civil Engineers, 13-23 (in Japanese).

Macdonald J R. 1992. Impedance spectroscopy. Annals of Biomedical Engineering, 20(3): 289-305.

Mackay D. 2001. Multimedia environmental models: The fugacity approach. 2nd Edition. CRC Press.

Masui T, Tsuchida K, Matsuoka Y, et al. 2001. Integration of computable general equilibrium model and end-use model for sewage sludge management. Environmental System Research, 29: 237-244 (in Japanese).

Ministry of International Affairs and Communications of Japan. 1995. Interindustryrelations table of Japan (in Japanese).

Ministry of Land, Infrastructure and Transport Government of Japan. 2002. Data base concerning sewage sludge effective use (in Japanese).

Ministry of the Environment Government of Japan. 1995. Option for the environmental taxes with considering global warming report.

Ministry of the Environment Government of Japan. Sewage law No. 13-4. http://www. env. go. jp/recycle/waste/sp_contr/.

Ministry of the Health Government of Japan. 1999. Waste management in Japan (in Japanese).

Miyamoto H, Matsuda M, Yoshigae T, et al. 1997. Operation result of large-scale sewage sludge melting plant. Kobe Steel Engineering Reports, 47: 60-63 (in Japanese).

Motier J F, Prilutaski D J. 1985. Case histories of polymer drag reduction in crude oil lines. Pipe Line Industry, 6: 33-37.

Neville A, Reyes M, Hodgkiess T, et al. 2000. Mechanisms of wear on a cobalt-base alloy in liquid-solid slurries. Wears, 238: 138-150.

Oberbacher B, Nikodem H, Klöpffer W. 1996. LCA-How it came about: An early systems analysis of packaging for liquids. The International Journal of Life Cycle Assessment, 1(2): 62-65.

Ohno T, Karasawa H, Kobayashi H. 2002. Cost reduction of polycrystalline diamond compact bits through improved durability. Geothermics, 31(2): 245-262.

Orford R, Crabbe H, Hague C, et al. 2014. EU alerting and reporting systems for potential chemical public health threats and hazards. Environment International, 72: 15-25.

Papachristos V D, Panagopoulos C N, Christoffersen L W, et al. 2001. Young's modulus, hardness and scratch adhesion of Ni-P-W multilayered alloy coatings produced by pulse plating. Thin Solid Films, 396: 173-182.

Peng C H, Liu Z Y, Wei X Z. 2012. Failure analysis of a steel tube joint perforated by corrosion in a well-drilling pipe. Engineering Failure Analysis, 25: 13-28.

Power M, McCarty L S. 2002. Trends in the development of ecological risk assessment and management frameworks. Human and Ecological Risk Assessment, 8(1): 7-18.

POYRY. 2006. International finance corporation. China: Technical assistance for the sustainable development of the non-wood pulp and paper industry. Environmental Assessment. October, Final report.

Rlesenfeld F C, Blohm C L. 1950. Corrosion problems in gas purification units employing MEA solutions. Petroleum Refiner, 29(4): 141-150.

Rosenbaum R K, Bachmann T M, Gold L S. 2008. USEtox—the UNEP-SETAC toxicity model: Recommended characterisation factors for human toxicity and freshwater ecotoxicity in life cycle impact assessment. The International Journal of Life Cycle Assessment, 13: 532-546.

Savins J G. 1964. The relation for evaluating the drag reduction. Society of Petroleum Engineers Journal, 4: 203-205.

Schmitt G, Horstemeier M. 2006. Fundamental aspects of CO_2 metal loss corrosion-Part II:

Influence of different parameters on CO_2 corrosion mechanisms. Corrosion.

Senosiain J. 2003. Bio-Architecture. Architectural Press.

Senthilmurugan B, Ghosh B, Kundu S S, et al. 2010. Maleic acid based scale inhibitors for calcium sulfate scale inhibition in high temperature application. Journal of Petroleum Science and Engineering, 75(1): 189-195.

Sheikholealami R, Watkinson A P. 1986. Scaling of plain and externally finned heat exchanger tubes. Journal of Heat Transfer, 108: 147-152.

Shen L, Nieuwlaar E, Worrell E, et al. 2011. Life cycle energy and GHG emissions of PET recycling: change-oriented effects. The International Journal of Life Cycle Assessment, 16: 522-536.

Shen T T, Xiao D H, Ou X Q, et al. 2011. Effects of LaB6 addition on the microstructure and mechanical properties of ultrafine grained WC-10Co alloys. Journal of Alloys and Compounds, 509(4): 1236-1243.

Song Z X, Wang L A, Ding S M, et al. 2009. Distribution features and chemical states of heavy metals in municipal solid waste incineration fly ash. Journal of Safety and Environment, 9: 53-56.

Suter G W. 2008. Ecological risk assessment in the United States environmental protection agency: A historical overview. Integrated Environmental Assessment and Management, 4(3): 285-289.

Svanstrom M, Froling M, Olofsson M, et al. 2005. Environmental assessment of supercritical water oxidation and other sewage sludge handling options. Waste Management Research, 23: 356-366.

Takatsuki H. 1999. Effect of decentralized energy supply on global warming controlling and city environment. Kyoto University (in Japanese).

Tokyo Bureau of Sewerage Technology Investigation Annual Report. 2005. Study on fly ash in incinerating process (in Japanese).

Toms B A. 1948. Some obervations on the flow of linear polymer solutions through straight tubes at large reynolds numbers. Proceeding of 1st International Congress on Rheology. Amsterdam: North Holland, 135-138.

Tunc S, Duman O, Kanci B. 2012. Rheological measurements of Na-bentonite and sepiolite particles in the presence of tetradecyltrimethylammonium bromide, sodium tetradecyl sulfonate and Brij 30 surfactant. Colloids and Surfaces A: Physicochemical and Engineering Aspects, 398: 37-47.

Udo Haes H A, Jolliet O, Norris G, et al. 2002. UNEP/SETAC life cycle initiative: Background, aims and scope. The International Journal of Life Cycle Assessment, 7(4): 192-195.

Virk P S, Lwagger D. 1989. Aspect of mechanisms in type B drag reduction structure of the turbulence and drag reduction. IUTAM Sympoosium. Zurich, Switzerland: Springer-verlay, 25-28.

Watanabe M, Kida A, Yamane S. 2002. Study on resource recovery of fly ash generated from melting process for municipal solid waste. Hiroshima Health Environmental Central Report, 10: 53-57 (in Japanese).

White A. 1969. Some observations on the flow characteristics for certain dilute macromolecular solutions. Proc Symp on Viscous Drag Reduction, Dallas(USA): Plenum Press, N. Y, 297-311.

White B, Hemming J. 1976. Drag reduction by additives (review and bibliography). BHRA Fluid Engineering, Cranfield.

Woodward D G. 1997. Life cycle costing—theory, information acquisition and application. International Journal of Project Management, 15(6): 335-344.

Xia Z, Chou K C, Szklarska-Smialowska Z. 1989. Pitting Corrosion of Carbon Steel in CO_2 Containing NaCl Brine. Corrosion, 45(8): 636-642.

Xu C, Chen W, Hong J L. 2014. Life-cycle environmental and economic assessment of sewage sludge treatment in China. Journal of Cleaner Production, 67: 79-87.

Xu S S, Liu W X, Tao S. 2006. Emission of polycyclic aromatic hydrocarbons in China. Environmental Science and Technology, 40(3): 702-708.

白璐, 孙启宏, 乔琦. 2010. 生命周期评价在国内的研究进展评述. 安徽农业科学, 38 (5): 2553-2555.

薄向利, 祁增忠, 夏代宽, 等. 2005. 树枝状结晶氯化钠的研究. 海湖盐与化工, 35(1): 1-5.

毕军, 曲常胜, 黄蕾. 2009. 中国环境风险预警现状及发展趋势. 环境监控与预警, (1): 1-5.

蔡洁. 1999. 减阻剂的研制及应用. 广东石油化工高等专科学校学报, 9(1): 35-38.

蔡元兴. 2006. 环保型富锌涂层工艺与性能的研究. 济南: 山东大学硕士学位论文.

曹文虎, 吴蝉. 2004. 卤水资源及其综合利用技术. 北京: 地质出版社.

陈静. 2012. 西安市大气和土壤中多环芳烃的污染特征研究. 西安: 西安建筑科技大学硕士毕业论文.

陈小清, 李宝宝, 罗志鹏, 等. 2011. 油区腐蚀及防护技术研究进展. 辽宁化工, 40(9): 956-958.

陈晓川, 方明伦. 2002. 制造业中产品全生命周期成本的研究概况综述. 机械工程学报, 38(11): 17-25.

陈钰秋, 陈克明. 1998. 化学镀 Ni-W-P 合金层镀覆工艺的研究. 华中理工大学学报, 26(1): 104-106.

楚南. 2005. 中国材料的自然环境腐蚀. 北京: 化学工业出版社.

崔凤霞, 郭春梅, 王开林, 等. 1999. 聚氧化乙烯(PEO)的合成及应用. 精细石油化工, 6: 41-44.

代常友. 2007. 阀式正作用液动冲击器的性能参数分析. 成都: 成都理工大学硕士学位论文.

代加林, 李文端, 徐僖. 1989. 聚甲基丙烯酸乙酯分子线团尺寸与减阻性能关系的研究. 油田化工, 6: 58-64.

邓超, 王丽琴, 吴军. 2007. 生命周期评价与生命周期成本集成方法研究. 中国机械工程, 18(15): 1804-1809.

邓明毅. 1997. 聚合物稀溶液紊流减阻作用机理综述. 钻井液与完井液，1(14)：36-39.

邓南圣，王小兵. 2003. 生命周期评价. 北京：化学工业出版社.

窦梅，南碎飞，段培清. 2010. 换热器内置弹簧脉冲流动防垢除垢实验研究. 高校化学工程学报，24(5)：893-896.

杜艳芬，韩卿. 2003. 聚氧化乙烯的合成及应用. 西南造纸，(1)：23-26.

樊庆锌，敖红光，孟超. 2007. 生命周期评价. 环境科学与管理. 32(6)：177-180.

付加胜，李根生，田守嶒，等. 2014. 液动冲击钻井技术发展与应用现状. 石油机械，06：1-6.

关中原，李国平. 2001. 国外减阻剂研究新进展. 油气储运，20(6)：1-3.

关中原，李春漫，尹国栋，等. 2001. EP 系列减阻剂的研制与应用. 油气储运，20(8)：32-34.

郭广慧，吴丰昌，何宏平，等. 2012. 中国地表水体多环芳烃含量分布特征及其生态风险评价. 中国科学，42(5)：680-691.

郭锦棠，周贤明，靳建洲，等. 2011. 抗高温耐盐 AMPS/AM/AA 降失水剂的合成及其性能表征. 石油学报，32(3)：470-473.

郭焱，马素德，倪炳华，等. 2004. 驱油用磺化聚丙烯酰胺的合成及其性能研究. 西安石油大学学报，19(3)：29-31.

哈尔滨建筑工程学院水利学教研室. 1976. 应用聚氧化乙烯降低湍流摩阻的实验研究. 力学，(4)：213-219.

韩庆兰，水会莉. 2012. 产品生命周期成本理论应用研究综述. 财务与金融，(3)：33-38.

何龙飞. 2009. 可再生沟槽式仿生金刚石钻头的试验研究. 长春：吉林大学硕士学位论文.

何品晶，邵立明，宗兵年. 1997. 污水厂污泥综合利用与消纳的可行性途径分析. 环境卫生工程，4：21-25.

何仁洋，唐鑫，赵雄，等. 2013. 管道石油天然气腐蚀防护的相关技术研究进展. 化工设备与管道，50(1)：53-55.

何晟，朱水元，郁莉强. 2009. 苏州市生活垃圾特性分析及处理对策. 环境卫生工程，(6)：62-64.

何旭，付传起，杨萍，等. 2013. 稀土铈对化学镀 Ni-P-PTFE 复合镀层防垢性能的影响. 功能材料，20：004.

贺彩虹，王世宏. 2006. 不锈钢的腐蚀种类及影响因素. 当代化工，35(1)：40-42.

侯晖昌. 1987. 减阻力学. 北京：科学出版社.

侯玲玲. 2012. 盐水腐蚀机理与缓蚀剂研究. 荆州：长江大学硕士学位论文.

胡通年. 1997. 减阻剂在我国输油管道的应用试验. 油气储运，16(6)：11-14.

黄河. 2008. 沙漠蜥蜴体表的生物耦合特性研究. 长春：吉林大学硕士学位论文.

黄智贤，钱宇. 2007. 生命周期成本分析及其应用研究. 化工进展，26(8)：1186-1191.

黄智贤，吴燕翔. 2009. 天然气发电的环境效益分析. 福州大学学报：自然科学版，37(1)：147-150.

贾美玲，蔡家品，黄玉文，等. 2003. 大陆科学钻探用新型镶嵌式钻头的研究. 探矿工程(增刊)：289-292.

贾淑果，姜秉元. 1999. 电沉积 Ni-W-P 合金层的组织结构与性能. 材料保护，32(4)：6-7.

贾涛，徐丙贵，李梅，等. 2012. 钻井用液动冲击器技术研究进展及应用对比. 石油矿场机械，12：83-87.

菅志军，辜华良，侯传彬，等. 2002. 石油钻井液动射流式冲击器的设计. 石油矿场机械，6：40-43.

菅志军，殷琨，蒋荣庆，等. 2000. 增大液动射流式冲击器单次冲击功的试验研究. 长春科技大学学报，3：303-306.

江宏俊. 1985. 流体力学. 北京：高等教育出版社.

蒋明英，龚文平，李中全，等. 2010. 羊塔克地区复杂地层高密度饱和盐水钻井液技术研究. 石油天然气学报，32(3)：281-284.

蒋青光，张绍和，陈平，等. 2008. 新型优质孕镶金刚石钻头研制. 金刚石与磨料磨具工程，(6)：12-16.

金承平，欧阳伟，刘翔，等. 2010. 聚磺饱和盐水钻井液技术在土库曼阿姆河右岸的应用. 钻采工艺，33：25-28.

荆国华，周作明，唐受印，等. 2002. MA2AMPS 共聚物的制备及其性能研究. 水处理技术，28(2)：82-85.

康毅力，王海涛，游利军，等. 2013. 基于层次分析法的地层钻井液漏失概率判定. 西南石油大学学报(自然科学版)，35(4)：180-186.

柯扬船. 2003. 蒙脱土-聚合物纳米复合材料及其在油田开发中应用性能探讨. 油田化学，20(2)：99-102.

垦利县政府. 垦利年鉴. 2012-2013. 北京：中国文联出版社.

孔令军. 2012. 哈尔滨大气中 PAHs 污染特征. 环境科学与管理，37(06)：145-152.

李爱昌，姚素薇，赵水林，等. 1995. 电沉积 Ni-W-P 合金催化析氢特性研究. 表面技术，24(3)：8-10

李锋，魏云鹤. 2010. 基于巯基三唑化合物的复配天然气减阻剂的减阻性能研究. 天然气工业，30(11)：87-91.

李国平，杨睿. 2000. 国内外减阻剂研制及生产新进展. 油气储运，19(1)：3-7.

李国平. 2006. 油气减阻剂若干关键问题的理论研究与应用开发技术. 济南：山东大学博士学位论文.

李鹤林，白真权，刘道新，等. 2003. 模拟油田 H_2S/CO_2 环境中 N80 钢的腐蚀及影响因素研究. 材料保护，36(4)：32-34.

李建生，李霞，魏清. 2010. 工业水处理表面活性剂的减阻性能研究. 工业水处理. 30(1)：19-21.

李捷，张玉福，许祯，等. 2002. 环境预警系统在天津开发区环境质量评估中的应用. 城市环境与城市生态，15(5)：40-41.

李军. 2012. 盐膏层钻井钻井液技术分析. 中国石油和化工标准与质量，2：70-71.

李俊红，刘树枫，袁海林. 2000. 浅谈环境预警指标体系的建立. 西安建筑科技大学学报(自然科学版)，32(1)：78-81.

李文瑞. 1990. 聚甲基丙烯酸癸酯溶液的减阻性能和抗剪切性能的研究. 油田化学，2：31-36.

李玉文，贺涛，李泰儒，等. 2013. 环境预警指标体系的研究与应用. 2013 中国环境科学学会学术年会论文集(第三卷).

李宗利，王纪科，周建召. 1996. 双壁波纹塑料滤水管耐围压能力分析. 西北农业大学学报，24(6): 69-73.

练章富，邓昌松，韩松，等. 2012. 石油钻井作业的安全葡萄图管理技术. 中国安全生产科学技术，8(5): 129-133.

梁凌，成官文，朱宗强，等. 2008. 桂林市垃圾堆肥处理现状及改进对策. 环境卫生工程，16(4): 16.

梁伟，赵修太，韩有祥，等. 2010. 驱油用耐温抗盐聚合物研究进展. 特种油气藏，17(2): 11-14.

廖艳芬，漆雅庆，马晓茜. 2009. 城市污水污泥焚烧处理环境影响分析. 环境科学，29(11): 2359-2365.

林雁. 2002. 从结构仿生到生态仿生看仿生学的发展. 生物学教学，27(2): 4-5.

刘福国. 2008. 油田钻具、管道系统腐蚀规律及缓蚀剂缓蚀性能和机制研究. 青岛：中国海洋大学博士学位论文.

刘宏，郭荣新，李莎，等. 2011. 非晶态 Ni-W-P 镀层退火晶化和激光晶化组织结构的演变. 中国有色金属学报，21(8): 1936-1942.

刘建平，王雪芳，杨小敏. 2010. 高分子量聚丙烯酰胺的合成与应用进展. 化学工程师，179(8): 26-28.

刘锦生. 1989. 高分子 PEO 减阻剂的应用. 节能，2: 22-25.

刘敬尧，李睨，何畅，等. 2009. 燃煤及其替代发电方案的生命周期成本分析. 煤炭学报，34(10): 1435-1440.

刘信安，吴昊，Charles Q J. 2004. 三峡水域重金属化学污染归趋行为的多介质等量浓度计算模型. 计算机与应用化学，21(2): 299-304.

刘尧军，靳秀田. 1995. 利用油田废井开采深层卤水试验研究. 中国井矿盐，3: 11-13.

刘玉祥. 2011. 地热能开发中滤水管的选择与应用. 地下水，33(3): 101-103.

龙凤乐，郑文军，陈长风，等. 2005. 温度、CO_2 分压、流速、pH 值对 X65 管线钢 CO_2 均匀腐蚀速率的影响规律. 腐蚀与防护，26(7): 290-293.

卢芬芳，徐坊，申守庆. 2004. 休斯·克里斯坦森公司的新型 PDC 钻头及牙轮钻头. 石油钻探技术，32(6): 31.

卢绮敏等. 2001. 石油工业中的腐蚀与防护. 北京：化学工业出版社.

陆海勤，丘泰球，刘晓艳，等. 2005. 超声场-静电场协同防垢机理. 华南理工大学学报，33(9): 82-86.

路长青，汪鹰. 1995. 磺酸共聚物的合成及阻垢分散性能的研究. 工业水处理，15(3): 14-17.

罗旗荣，曹旦夫，丁友，等. 2005. 临濮输油管道添加减阻剂运行现场试验. 油气储运，24(6): 31-34.

罗肇丰等. 1984. 钻井技术手册(一)钻头. 北京：石油工业出版社.

马保松，张祖培，孙友宏. 1998. 钻井工程用超硬材料及钻头的发展. 地质与勘探，34(2):

50-54.

马丽萍, 王志宏, 龚先政. 2006. 城市道路两种货车运输的生命周期清单分析. 2006 年材料科学与工程新进展——"2006 北京国际材料周"论文集.

马万里, 李一凡, 孙德智, 等. 2010. 哈尔滨市大气中多环芳烃的初步研究. 中国环境科学, 30(2): 145-149.

马万里, 刘丽艳, 齐虹, 等. 2012. 松花江流域冰封期水体中多环芳烃的污染特征研究. 环境科学, 33(12): 4220-4225.

马祖礼. 1984. 生物与仿生. 天津: 天津科学技术出版社.

毛小苓, 倪晋仁. 2005. 生态风险评价研究述评. 北京大学学报(自然科学版), 41(4): 646-654.

孟庆军, 杨俊慧, 张利群, 等. 2006. 生物监测在水环境安全预警系统中的应用. 山东科学, 19(3): 39-41.

孟阳. 2009. 多环芳烃在湿地多介质环境中的迁移模拟及生态风险分析. 哈尔滨: 哈尔滨工程大学硕士学位论文.

牛玉生. 2005. 东营市地下淡水资源及其可持续开发利用. 资源开发与市场, 21(4): 343-345.

欧共体标准. 2001. [BSEN 13137: 2001]测定 TOC 的含量.

潘爱芳, 马润勇, 杨彦柳. 2009. 油田注水开发防垢现状及新技术研究. 北京: 石油工业出版社.

潘一, 孙林, 杨双春, 等. 2014. 国内外管道腐蚀与防护研究进展. 腐蚀科学与防护技术, 26(1): 77-80.

彭军生, 杨利. 2001. PDC 钻头技术的新进展. 石油机械, 29(11): 49-51.

齐瑞江, 曹作忠. 2009. 污泥焚烧处理成本分析. 环境工程, 27(5): 103-109.

钱宇, 黄智贤, 江燕斌. 2006. 化工产品的生命周期成本分析. 化工进展, 25(2): 126-130.

任露泉, 丛茜. 1997. 仿生非光滑推土板减粘降阻的试验研究. 农业机械学报, 28(2): 1-5.

任露泉, 李建桥, 陈秉聪. 1995. 非光滑表面的仿生降阻研究. 科学通报, 40(19): 1812-1814.

任露泉, 杨卓娟, 韩志武. 2005. 生物非光滑耐磨表面仿生应用研究展望. 农业机械学报, 36(7): 144-147.

任武刚. 2004. 薄壁滤水井管的稳定性研究. 杨凌: 西北农林科技大学硕士学位论文.

邵新宇, 邓超, 吴军, 等. 2008. 产品设计中生命周期评价与生命周期成本的集成与优化. 机械工程学报, 44(9): 13-20.

邵雪明, 林建忠. 2001. 高聚物减阻机理的研究. 浙江工程学院学报, 18(1): 15-19.

申守庆. 2002. 美国十大钻头公司的十大钻头新技术. 国外油田工程, 18(7): 14-20.

申守庆. 2006. 改进型 PDC 钻头攻坚啃硬. 石油商报, 7(12).

申守庆, 南继春. 2001. 挑战钻井极限的国外新型钻头. 国外油田工程, 17(8): 40-43.

施太和, 张智, 等. 2005. 高温高压防腐措施模拟实验及防腐对策研究. 西南石油学院项目研究报告, 2005(3): 12-50.

四川省地质局四〇二地质队探矿科. 1982. 小口径双作用阀式液动冲击器试验. 煤田地质与勘探, 3: 60-62.

宋月清，孙毓超. 2005. 金刚石工具制造理论与实践. 第一版. 郑州：郑州大学出版社.

宋昭峥，张雪君. 2000. 原油减阻剂的研究概况. 油气田地面工程，11：7-10.

宋兆辉. 2011. 复合盐饱和盐水钻井液在利 97 井中的应用. 中外能源，16：66-69.

苏为科，李斌睿，刘红，等. 1994. 减阻剂溶液的传递机理. 浙江工学院学报，2：93-98.

孙建波，柳伟，杨丽颖，等. 2008. 高矿化度介质中 J55 钢的 CO_2 腐蚀电化学行为. 金属学报，44(8)：991-994.

孙寿家，郑彤，马玉新. 1998. 缔合型高分子共聚物与油相减阻. 高分子通报，6(2)：81-87.

汤秀华. 2010. 添加剂对氯化钠结晶的影响. 化学工业与工程技术，31(2)：15-17.

田先勇. 2012. 油田 N80 油套管腐蚀性影响因素研究. 科学技术与工程，20(16)：3962-3964.

屠厚泽. 1990. 岩石破碎学. 北京：地质出版社. 25-35.

万显烈，杨凤林. 2003. 大连市区大气中 PAHs 来源、分布及随季节变化分析. 大连理工大学学报，43(2)：160-163.

王爱华. 2007. 竹/木质产品生命周期评价及其应用研究. 北京：中国林业科学研究院博士学位论文.

王成达，严密林，赵新伟，等. 2006. 油气田开发中 H_2S/CO_2 腐蚀研究进展. 西安石油大学学报：自然科学版，20(5)：66-70.

王传留，孙友宏，刘宝昌，等. 2011. 仿生耦合孕镶金刚石钻头的试验及碎岩机理分析. 中南大学学报(自然科学版)，(5)：1321-1325.

王刚，徐闯，徐鹏，等. 2014. 滨 425 区块结垢机理及防治措施研究. 环境工程，(S1)：207-210.

王光江，韦金芳，成西涛. 2000. 衣康酸/丙烯酸二元共聚物的合成及其阻垢性能研究. 工业水处理，20(4)：25-26.

王光雍. 1989. 环境腐蚀考察团出国考察报告. 腐蚀科学与防护技术，1(2)：41-44；1(3)：40-44，48.

王建新，宋邦平. 2007. 丘陵山区输卤管清洗技术应用实践. 中国井矿盐，38(6)：26-30.

王娟. 2011. 黄河三角洲地下水化学成分特征及其形成机制研究. 青岛：中国海洋大学硕士学位论文.

王佩平，应付晓，刘红玉. 2006. 正电胶纳米乳液钻井液在胜利油田的应用. 江汉石油职工大学学报，19(4)：38-39.

王人杰，蒋荣庆，韩军智. 1988. 液动冲击回转钻探. 北京：地质出版社.

王寿兵，林宗虎，张旭，等. 2007. 上海市柴油和 CNG 公交车生命周期成本比较. 复旦学报（自然科学版），46(1)：123-128.

王晓伟，李剑锋，李方义，等. 2009. 机电产品生命周期评价指标与量化方法研究. 山东大学学报，39(5)：73-79.

王彦颖. 2007. 基于 WebGIS 的松花江(吉林省江段)污染应急决策支持系统研究. 长春：东北师范大学硕士学位论文.

王毅，冯辉霞，张婷，等. 2008. 绿色水处理剂聚天冬氨酸的合成与性能研究. 净水技术，27(2)：62-65.

王莹. 1999. 努力做好阿佩尔(APELL)计划. 职业卫生与应急救援, 17(2): 57-58.

王玉振. 2009. 第五讲产品设计与开发过程. 中国环境管理, (4): 46-56.

王中华. 2011a. 国内外油基钻井液研究与应用进展. 断块油气田, 18(4): 533-537.

王中华. 2011b. 国内外钻井液技术进展及对钻井液的有关认识. 中外能源, 16(1): 48-60.

韦保仁, 王俊. 2009. 苏州市生活垃圾两种处置方法的生命周期影响评价. 环境工程学报, 3(8): 1517-1520.

韦保仁, 王俊, 田原聖隆, 等. 2009. 苏州城市生活垃圾处置方法的生命周期评价. 中国人口·资源与环境, 19(2): 93-97.

韦保仁, 王俊, 王香治. 2008. 苏州垃圾填埋生命周期清单分析. 环境科学与技术, 31(11): 89-91.

韦新东. 1994. 对高聚物减阻机理的探讨. 吉林建筑工程学院学报, 4: 63-69.

魏超南, 陈国明. 2012. "深水地平线"钻井平台井喷事故剖析与对策探讨. 钻采工艺, 8: 1.

魏健, 夏代宽, 李萍, 等. 2009. 自贡食用氯化钠结晶的改性研究. 无机盐工业, 41(4): 28-30, 57.

魏清宇, 江南, 吕恒, 等. 2008. 太湖蓝藻水华遥感动态监测预警模型的建立. 地球信息科学, 10(2): 156-160.

翁贤芬. 2009. 大颗粒氯化钠的制备研究. 盐业与化工, 38(5): 18-19.

吴虎, 张克明, 郝仕根. 2007. 塔河深井穿盐膏层钻井液技术. 吐哈油气, 12(2): 169-178.

武丽丽. 2001. 丙烯磺酸钠/异丙烯膦酸/丙烯酸三元共聚物的合成及其阻垢缓蚀机理研究. 太原: 太原理工大学硕士学位论文.

夏明珠, 吴金斗. 2003. 膦酰基羧酸的合成方法与阻垢性能的关系. 精细化工, 20(3): 172-174.

夏宇正, 童忠良. 2009. 涂料最新生产技术与配方. 北京: 化学工业出版社.

项明杰, 李毓枫, 彭向明. 2014. 注清水井腐蚀结垢机理及对策研究. 石油化工应用, 8: 039.

肖保生. 1997. 设备管理系统. 西安: 西北工业大学出版社.

肖荣鸽, 周加明, 潘杰, 等. 2013. 油田注水管线结垢机理及模型预测. 油气田地面工程, 32(3): 20-22.

谢红霞, 胡勤海. 2004. 突发性环境污染事故应急预警系统发展探讨. 环境污染与防治, 26(1): 44-45.

晓斌, 张阿玲, 陈贵锋. 2005. 中国洁净煤发电的生命周期清单分析. 洁净煤技术, 11(2): 1-4.

熊德琪, 杜川, 赵德祥, 等. 2002. 大连海域溢油应急预报信息系统及其应用. 交通环保, 23(3): 5-7.

熊德琪, 杨建立, 严世强. 2005. 珠江口区域海上溢油应急预报信息系统的开发研究. 海洋环境科学, 24(2): 63-66.

徐跃忱, 刘同友. 2014. 管道石油天然气腐蚀防护的相关技术研究进展. 化工管理, 33: 066.

许晓丽, 李素梅, 宋志刚, 等. 2007. W 含量对化学镀 Ni-W-P 镀层的影响研究. 材料保护, 40(9): 34-35.

许云. 2011. 输卤泵节能改造浅析. 中国井矿盐, 42: 19-23.

薛婕, 罗宏. 2009. 流域环境风险管理探讨. 环境科技, 22(A02): 51-54.

薛玉娜, 刘明, 王荣. 2013. J55钢铬铝合金化后在NaCl溶液中的电化学腐蚀行为. 材料保护, 46(10): 33-36.

严瑞瑄. 1998. 水溶性高分子. 北京: 化学工业出版社.

颜卫忠. 2002. 环境预警指标体系研究. 长沙电力学院学报(自然科学版), 17(3): 87-90.

杨建新, 徐成, 王如松. 2002. 产品生命周期评价方法及应用. 北京: 气象出版社.

杨洁, 毕军, 周鲸波, 等. 2006. 长江(江苏段)沿江开发环境风险监控预警系统. 长江流域资源与环境, 15(6): 745-750.

杨顺辉. 2009. 液动射流式冲击器的研究现状与发展方向. 石油机械, 2: 73-76.

杨祖荣. 1992. 蒸发器中结垢速率研究. 化工学报, 43(2): 154-159.

尹国栋, 高淮民. 2002. 聚合物减阻机理研究. 油气储运, 21(7): 1-2, 12.

于长江, 孟宪林. 2007. 突发事故水环境污染风险预警模型的研究. 哈尔滨商业大学学报(自然科学版), 23(1): 75-79.

俞露, 陈吉宁, 曾思育, 等. 2006. 区域水环境安全预警系统框架的建立及应用. 环境监测管理与技术, 17(6): 7-10.

俞素芬, 孟繁京, 范伟光, 等. 2002. 化学镀Ni-W-P含金的耐蚀耐磨性. 汽车工艺与材料, (1): 14-17

袁宝荣, 聂祚仁, 狄向华, 等. 2006. 中国化石能源生产的生命周期清单能源消耗与直接排放. 现代化工, 26(3): 59-64.

岳前升, 杨青志, 陈军, 等. 2013. 无机盐和有机盐对盐膏层溶解性的影响. 钻井液与完井液, 30(3): 31-33.

曾光明, 何理, 黄国和, 等. 2002. 河流水环境突发性与非突发性风险分析比较研究. 水电能源科学, 20(3): 13-15.

张贵才, 张乔良, 吴柏志, 等. 2004. 固体防垢块的研制. 精细化工, 21(8): 621-625.

张海平, 索忠伟, 陶兴华. 2011. 液动射流式冲击器结构设计及试验研究. 石油机械, 7: 1-3.

张亨. 2000. 聚氧化乙烯的应用开发. 江苏化工, 28(11): 25-27.

张华平. 2011. 减阻剂的研究现状及应用. 化学工程与工程技术, 32(5): 28-32.

张建枚, 金栋. 2006. 磺化聚环氧琥珀酸制备性能用途. 工业水处理, 26(8): 25-281.

张茂林, 姜幸福, 郭其仲, 等. 2012. 基于井控风险管理对现场应急处置的认识. 西部探矿工程, (9): 203-206.

张启根, 陈馥, 刘彝, 等. 2007. 国外高性能水基钻井液技术发展现状. 钻井液与完井液, 24(3): 74-77.

张清, 李全安, 文九巴, 等. 2005. 温度和压力对N80钢CO_2/H_2S腐蚀速率的影响. 石油矿场机械, 33(3): 42-44.

张琼. 2012. 胜利油田钻井液废弃物危险性鉴别及无害化处理研究. 青岛: 中国石油大学工程硕士学位论文.

张绍和, 鲁凡, 杨凯华. 2001. 高时效长寿命弱包镶钻头研究. 煤田地质与勘探, 29(2):

62-64.

张士宾，黄景岗. 1996. 氯化钠晶体在盐田中生长的结晶动力学条件及控制. 海湖盐与化工，25(5)：25-28.

张桐郡，张明恂，娄轶辉. 2009. 聚丙烯酰胺产业现状及发展趋势. 化学工业，27(6)：26-33.

张旭梅，刘飞. 2001. 产品生命周期成本概念及分析方法. 工业工程与管理，6(3)：26-29.

张学佳，纪巍，康志军，等. 2008. 聚丙烯酰胺应用进展. 化工中间体，(5)：34-39.

张亚平，路平，邓南圣. 2005. 生命周期评价软件系统平台的模块设计与实现. 漳州师范学院学报：自然科学版，48(2)：51-55.

张妍，尚金城. 2002. 长春经济技术开发区环境风险预警系统. 重庆环境科学，24(4)：22-24.

张彦旭. 2010. 中国多环芳烃的排放，大气迁移及肺癌风险. 北京：北京大学博士学位论文.

张艳娜，孙金声，王倩，等. 2011. 国内外钻井液技术新进展. 钻井工程，31(7)：47-54.

张义安，高定，陈同斌，等. 2006. 城市污泥不同处理处置方式的成本和效益分析——以北京市为例. 生态环境，15(2)：234-238.

张勇. 2010. 石盐矿采卤井套管腐蚀与防腐技术研究. 中国井矿盐，41(21)：9-12.

张智. 2005. 恶劣环境油井管腐蚀机理与防护涂层研究. 成都：西南石油学院博士学位论文.

赵尔信，蔡家品，贾美玲，等. 2010. 浅谈国内外金刚石钻头的发展趋势——高效、低耗. 探矿工程：岩土钻掘工程，37(10)：70-73.

赵国仙，吕祥鸿，韩勇. 2008. 流速对 P110 钢腐蚀性为的影响. 材料工程，8：5-8.

赵洪激，董家梅. 1995. 阀式反作用液动冲击器参数计算及性能分析. 中国海上油气（工程），3：21-26.

赵静杰. 2010. 欠饱和盐水钻井液在塔河油田的创新应用. 西部探矿工程，10：42-43.

赵兰坤，范海燕. 2011. 电子感应水处理器在集输设备上的试用及效果评价. 内蒙古石油化工，(17)：23-25.

赵岩，仲玉芳，王卫民，等. 2011. S/D-2 井欠饱和盐水钻井液技术. 探矿工程，38：41-43.

郑海飞，段体玉，刘源，等. 2009. 常温高压下石膏在水中的溶解度突变现象及其意义. 岩石学报，25(5)：1288-1290.

郑文. 1989. 高分子聚合物和流体的减阻. 高分子通报，4：21-24.

郑文. 1992. 混合 α-烯烃的聚合及聚合物对原油的减阻性能. 油田化学，3：42-46.

郑文. 1990. 原油输送减阻技术与减阻效率. 石油学报，11(3)：45-48.

郑文，张玲，杨士林. 1993. 油溶性减阻功能聚合物的研制. 石油化工，23(1)：38-41.

郑文，朱勤勤. 1989. 原油输送中减阻剂聚合物的特性对减阻率的影响. 油田化学，6：351-353.

郑秀君，胡彬. 2013. 我国生命周期评价（LCA）文献综述及国外最新研究进展. 科技进步与对策，30(6)：155-160.

郑志军，高岩. 2004. 化学镀 Ni-W-P 纳米晶沉积层工艺的研究. 材料保护，37(3)：23-26.

中华人民共和国国家统计局能源统计司. 2011. 中国能源统计年鉴. 北京：中国统计出版社.

中华人民共和国国家质量监督检疫总局，中国国家标准化管理委员会. 2009. 城镇污水处理厂污泥处置混合填埋用泥质　混合填埋用泥质（GB/T 23485—2009）. 北京：中国标准出版社.

中华人民共和国环境保护部. 2010. 城镇污水处理厂污泥处理处置污染防治最佳可行技术指南. http://www.zhb.gov.cn/gkml/hbb/bgg/201003/ t20100310_ 186655. htm.

中华人民共和国环境保护部. 2008.《生活垃圾填埋场污染控制标准》(GB 16889—2008). 北京：中国环境科学出版社.

周计明. 2002. 油管钢在含 CO_2/H_2S 高温高压水介质中的腐蚀行为及防护技术的作用. 西安：西北工业大学硕士学位论文.

周宗强. 2009. 长庆油田油水井套管腐蚀机理及防腐工艺技术研究. 成都：西南石油大学博士学位论文.

朱诚意, 姚华新, 倪红卫. 2003. 钨酸钠加入量对铜基镍-钨-磷合金镀层性能的影响. 电镀与涂饰, 22(2)：1-3.

朱剑钊. 1994. 聚丙烯酰胺衍生物的合成及絮凝作用性能评价. 新疆石油科技, 4(1)：54-57.

庄东汉, 王志文. 2009. 材料失效分析. 上海：华东理工大学出版社, 250-286.

邹德永, 梁尔国. 2004. 硬地层 PDC 钻头设计的探讨. 石油机械, 32(9)：28-31.

邹玮, 唐善法, 刘坤, 等. 2012. 丙烯酸/丙烯酸甲酯/马来酸酐共聚物合成与阻垢性能研究. 油田化学, 29(004)：493-496.

附录 发表的相关论文

发表 SCI 收录文章 8 篇,国际会议发表 3 篇,国内会议论文 2 篇。

学术论文:

[1] Cui X, Hong J*, Gao M. Environmental impact assessment of three coal-based electricity generation scenarios in China. Energy, 2012, 45: 952-959. **SCI** (IF=4. 159)

[2] Hong J*, Li X. Speeding up cleaner production in China through the improvement of cleaner production audit. Journal of Cleaner Production, 2013, 40: 129-135. **SCI** (IF=3. 59)

[3] Hong J, Xu C, Hong J*, Tan X, Chen W. Life cycle assessment of sewage sludge co-incineration in a coal-based power station. Waste Management, 2013, 33: 1843-1852. **SCI** (IF=3. 157)

[4] Hong J*, Chen W, Wang Y, Xu C, Xu X. Life cycle assessment of caustic soda production: a case study in China. Journal of Cleaner Production, 2014, 66: 113-120. **SCI** (IF=3. 59)

[5] Xu C, Chen W, Hong J*. Life-cycle environmental and economic assessment of sewage sludge treatment in China. Journal of Cleaner Production, 2014, 67: 79-87. **SCI** (IF=3. 59)

[6] Hong J*, Zhang Y, Xu X, Li X*. Life-cycle assessment of corn-and cassava-based ethylene production. Biomass and Bioenergy, 2014, 67: 304-311. **SCI** (IF=3. 411)

[7] Chen W, Hong J*, Xu C. Pollutants generated by cement production in China, their impacts, and the potential for environmental improvement. Journal of Cleaner Production, 2014, Doi: 10. 1016/j. jclepro. 2014. 04. 048. **SCI** (IF=3. 59)

[8] Hong J*, Shi W, Wang Y, Chen W, Li X*. Life cycle assessment of e-lectricity waste treatment. Waste Management, 2014, Doi: 10. 1016/j. wasman. 12. 022. **SCI** (IF=3. 157)

国际会议:

[1] Hong J. Eco-toxicity assessment of well drilling mud disposal on open pit site. ⅩⅢ International congress of toxicology (ICT 2013), June 30-July 4,

Seoul，Korea（Poster）.

[2] Chen W，Hong J. Human health effect generated from municipal solid waste disposal in China. ISEH 2014：International Symposium on Environment and Health，July 5-July 6，Beijing（Oral presentation）.

[3] Xu C，Hong J. Human toxicity effects of air emissions generated by coal-based electricity generation in China and its improvement potential. ISEH 2014：International Symposium on Environment and Health，July 5-July 6，Beijing（Oral presentation）.

国内会议论文：

[1] 陈伟，徐常青，洪静兰. 生命周期评价在清洁生产审核中的应用浅析. 中国环境科学学会 2013 年学术年会论文集.

[2] 徐常青，陈伟，洪静兰. 我国生命周期评价理论研究对策浅析. 中国环境科学学会 2013 年学术年会论文集.